J. W. Rohen · Ch. Yokochi

Anatomie des Menschen

Band I

coed – 6 Sprachen

Anatomie des Menschen

Photographischer Atlas der systematischen und topographischen Anatomie

Band I

Kopf, Hals, Rumpf

Von

JOHANNES W. ROHEN
Professor Dr. med., Dr. med. h. c.
Vorstand des Anatomischen Institutes der
Universität Erlangen–Nürnberg

und

CHIHIRO YOKOCHI
Professor, M. D.
Direktor des Anatomischen Institutes
Kanagawa Dental College, Yokosuka, Japan

Mit 380 Abbildungen, davon 357 mehrfarbig

19 82

F. K. SCHATTAUER VERLAG · STUTTGART–NEW YORK

CIP-Kurztitelaufnahme der Deutschen Bibliothek

Rohen, Johannes W.:
Anatomie des Menschen : Coed – 6 Sprachen ;
photograph. Atlas d. systemat. u. topograph.
Anatomie / von Johannes W. Rohen u. Chihiro
Yokochi. – Stuttgart ; New York : Schattauer

NE: Yokochi, Chihiro:

Bd. 1. Kopf, Hals, Rumpf. – 1982.
ISBN 3-7945-0876-9

Printed in Germany
Reproduktionen: Graphische Kunstanstalt Brend'amour, Simhart GmbH & Co., München
Satz und Druck: Kastner & Callwey, München
Einband: Grimm + Bleicher GmbH & Co. KG, München

ISBN 3-7945-0876-9

Vorwort

Gute anatomische Atlanten sind in großer Zahl vorhanden, so daß die Herausgabe eines neuen Werkes einer Begründung bedarf. Es waren vor allem drei Gründe, die die Autoren des vorliegenden photographischen Atlas der menschlichen Anatomie bewogen haben, die nicht unerhebliche Arbeit, die mit der Herausgabe eines solchen Werkes verbunden ist, auf sich zu nehmen. Einmal beinhalten fast alle bisherigen Atlanten in der Hauptsache schematische oder halbschematische Zeichnungen, die die Wirklichkeit oft nur begrenzt wiedergeben können und nicht selten die dritte Dimension, d. h. den räumlichen Eindruck, vermissen lassen. Demgegenüber hat die Photographie des tatsächlichen anatomischen Präparates den Vorteil, daß sie die Wirklichkeit des Objektes und damit auch dessen Proportionen und räumliche Dimensionen wesentlich genauer und realistischer wiederzugeben vermag als die doch meist vereinfachte (»schöne«) Zeichnung der üblichen Atlanten. Zudem entspricht die Photographie des Leichenpräparates auch dem, was der Student im Präpariersaal sieht, so daß er sich an den abgebildeten Photos für die Arbeit an der Leiche unmittelbar orientieren kann.

Zum zweiten sind die üblichen Atlanten in der Regel nicht nach topographischen, sondern nach systematischen Gesichtspunkten gegliedert, so daß der Student im Präpariersaal dann meist mehrere Bücher benötigt, um die für das Studium einer bestimmten Region notwendigen Fakten beisammen zu haben. Demgegenüber versucht der vorliegende Atlas, die makroskopische Anatomie nicht nur nach systematischen, sondern vor allem nach topographischen und stratigraphischen Gesichtspunkten zur Darstellung zu bringen und damit dem Studenten der Medizin und Zahnmedizin eine unmittelbare Hilfe für die Präparierübungen zu geben. Den einzelnen Regionen wurde jeweils eine systematische Übersicht vorangestellt, um die wichtigsten Tatsachen der systematischen Anatomie zu wiederholen. Diesem Zwecke dienen auch die Schemazeichnungen über die Astfolgen der wichtigsten Gefäße und Nerven, sowie über die Muskelwirkungen, die an den entsprechenden Stellen eingefügt sind.

Ein weiteres Anliegen der Autoren war schließlich auch, den Stoff auf das wirklich Wesentliche zu reduzieren und in einer didaktisch angemessenen Form anzubieten. So wurde z. B. der komplizierte Aufbau der Schädelknochen nicht einfach nur lexikonartig wiedergegeben, sondern versucht, das Mosaik der einzelnen Schädelknochen von einfacheren zu komplizierteren Zusammenhängen fortschreitend in stufenweisem Nacheinander zur Darstellung zu bringen. Die Darstellung der topographischen Verhältnisse erfolgte in aufeinanderfolgenden Schichten in ähnlicher Weise, wie der Student auch bei den Präparierübungen vorzugehen hat.

Nicht zuletzt wollten die Autoren auch der gegenwärtigen Situation der medizinischen Ausbildung Rechnung tragen. Einerseits fehlt es in vielen Anatomischen Instituten der Welt an Leichen- und Demonstrationsmaterial, andererseits hat aber die Zahl der Studenten fast überall außerordentlich stark zugenommen. Die Folge ist, daß die Studierenden nicht mehr genügend Anschauungsmaterial für ihre anatomischen Studien zur Verfügung haben. Obwohl natürlich niemals eine Abbildung die unmittelbare Anschauung ersetzen kann, scheint es uns jedoch zweckmäßiger und für die anatomische Ausbildung besser zu sein, auch Makrophotos und nicht ausschließlich gezeichnete, vielfach idealisierte Abbildungen für den Unterricht zu verwenden. Schließlich wird aber auch der Kliniker eine Orientierungsmöglichkeit am Präparat selbst begrüßen.

Dieser Atlas soll in zwei Bänden erscheinen, wobei der vorliegende Band die Kapitel Allgemeine Anatomie, Kopf (mit Gehirn und Sinnesorganen), Hals und Rumpf umfaßt und der zweite Band die restlichen Regionen des menschlichen Körpers (Arm, Bein, Brust-, Bauch- und Retrositus) behandeln wird.

Der größte Teil der hier abgebildeten Präparate ist im Anatomischen Institut Erlangen und im Dept. of Anatomy, Kanagawa Dental College, Yokosuka, Japan, entstanden und wurde von den Autoren erstellt. Die Präparate des Halskapitels sowie diejenigen vom Rückenmark und den dorsalen Spinalnervenästen wurden in hervorragender Weise von Herrn Dr. K. Schmidt bearbeitet, die Präparate vom Bandapparat von Herrn Dr. Th. Mokrusch und einige Präparate vom Nacken von Herrn Dr. E. Rappke ebenfalls mit Sorgfalt und technischem Geschick hergestellt.

Die Photos selbst wurden zum allergrößten Teil von Frau K. Pantel in aufopfernder Arbeit und mit großer Fachkenntnis angefertigt. Die neuen Zeichnungen dieses Bandes haben Frl. E. Ott, Herr H. Tröger und Frl. Ch. Wittek in bewährter Sorgfalt angefertigt; sie sind mit den jeweiligen Anfangsbuchstaben der Nachnamen im Text der Bildlegenden gekennzeichnet. Bei der Fertigstellung des Manuskriptes haben uns Frau E. Glas, Frau A. David und Herr E. Matteson wesentlich geholfen. Allen Mitarbeitern möchten wir auch an dieser Stelle für ihre selbstlose, aufopfernde und hochqualifizierte Arbeit sehr herzlich danken.

Erlangen, Sommer 1982

J. W. Rohen und Ch. Yokochi

Inhaltsverzeichnis

Abkürzungen

A. = Arteria
ant. = anterior
dext. = dexter, dextra
dist. = distalis
dors. = dorsalis
ext. = externus
For. = Foramen
Gl. = Glandula
Ggl. = Ganglion
inf. = inferior
int. = internus
lat. = lateralis
Lig. = Ligamentum
M. = Musculus
med. = medialis
N. = Nervus
Nucl. = Nucleus
NS = Nervensystem
post. = posterior
Proc. = Processus
prof. = profundus
prox. = proximalis
rad. = radialis
R. = Ramus
Rec. = Recessus
sin. = sinister, sinistra
sup. = superior
superf. = superficialis
uln. = ulnaris
V. = Vena
ventr. = ventralis
ZNS = Zentralnervensystem

Der Plural eines lateinischen Terminus wird durch Verdoppelung des letzten Buchstabens der Abkürzung ausgedrückt, also z. B. Aa. = Arteriae, Gll. = Glandulae, Mm. = Musculi, Nn. = Nervi, proff. = profundi, Vv. = Venae.

Kapitel I

Allgemeine Anatomie

Allgemeine Gliederung des menschlichen Körpers

Der Mensch besitzt im Unterschied zu den Säugetieren eine aufrechte Körperhaltung. Die Fortbewegung erfolgt durch die unteren Extremitäten, die Arme sind für andere Tätigkeiten frei. Im Aufbau des menschlichen Körpers lassen sich 3 allgemeine Gestaltungsprinzipien erkennen:

1. Das Prinzip der **Metamerie** oder **Segmentation,** das vor allem im mittleren Bereich des Körpers (Rumpf, Thorax, Wirbelsäule) verwirklicht ist. Jedes Segment besteht aus gleichartigen Bauelementen (Wirbeln, Rippen, Muskel- und Nervenpaaren), die sich immer wieder in ähnlicher Form wiederholen.
2. Das Prinzip der **bilateralen Symmetrie.** Beide Seiten des Körpers können durch eine Mediansagittalebene in 2 spiegelbildlich gleiche oder ähnliche Hälften getrennt werden.
3. Das Prinzip der **Polarität,** das vor allem in dem formalen und funktionalen Gegensatz zwischen Kopf und Rumpf sichtbar wird. Der Kopf zeigt eine kugelähnliche Gestalt, während bei den Gliedmaßen eine mehr radiäre Gliederung der Formelemente vorherrscht. Funktionell ist der Kopf Zentrum des Informationssystems (Nervensystem und Sinnesorgane), während der Rumpf mit den Körperhöhlen Zentrum der Stoffwechsel-, Transport- und Fortpflanzungsorgane ist.

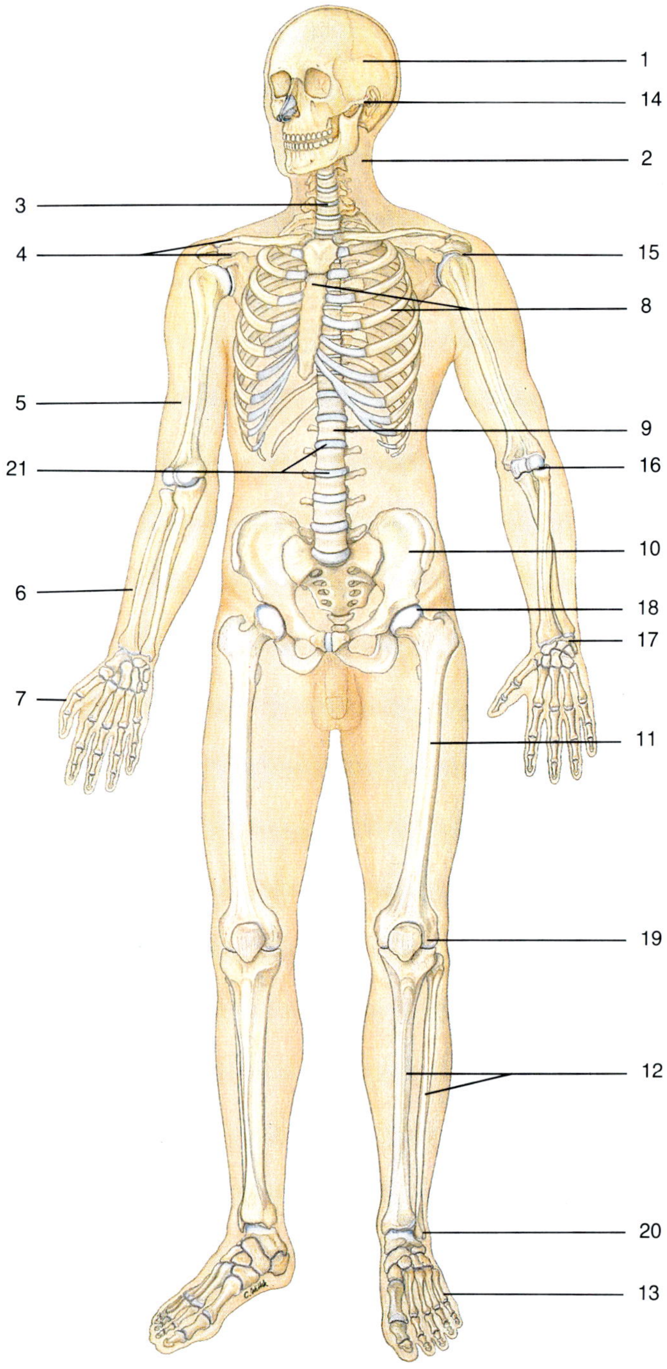

Elementare Gliederung des menschlichen Organismus (Knochensystem = braun, Gelenkflächen = blau).

1 Kopf (Caput)
2 Hals (Collum)
3 Wirbelsäule (Columna vertebralis, pars cervicalis)
4 Schultergürtel (Cingulum membri sup.)
5 Oberarm (Brachium mit Humerus)
6 Unterarm (Antebrachium mit Radius und Ulna)
7 Hand (Manus)
8 Brustkorb (Thorax und Sternum)
9 Wirbelsäule (Columna vertebralis, pars lumbalis)
10 Becken (Cingulum membri inf.)
11 Oberschenkel mit Femur
12 Unterschenkel (Crus mit Tibia und Fibula)
13 Fuß (Pes)

Gelenke (Articulationes)

14 Kiefergelenk (Articulatio temporomandibularis)
15 Schultergelenk (Articulatio humeri)
16 Ellenbogengelenk (Articulatio cubiti)
17 Radiokarpalgelenk (Articulatio radiocarpea)
18 Hüftgelenk (Articulatio coxae)
19 Kniegelenk (Articulatio genus)
20 Oberes Sprunggelenk (Articulatio talocruralis)
21 Bandscheiben (Disci intervertebrales)

A Der **Kopf** gliedert sich in 2 Abschnitte:
1. Das **Neurokranium** mit Gehirn und Sinnesorganen.
2. Das **Splanchno-** oder **Viszerokranium,** das Nasen- und Mundhöhle sowie den Kauapparat und das Gesichtsskelett umfaßt. Die Schädelhöhle setzt sich in den Wirbelkanal fort, der das Rückenmark beherbergt.

B Die **Brusthöhle** (Cavum thoracis) schließt die Zentralorgane des Atmungs- und Kreislaufsystems ein (Lungen, Herz und große Gefäße), aber auch einen Teil der Bauchorgane, die unterhalb des Zwerchfells lokalisiert sind.

C Die **Bauchhöhle** (Cavum abdominis) enthält die wichtigsten Organe des Digestionssystems (Leber, Magen-Darm-Kanal, Pankreas) und des Urogenitalsystems (Nieren, Uterus, Harnblase etc.), die zum Teil im kleinen Becken untergebracht sind.

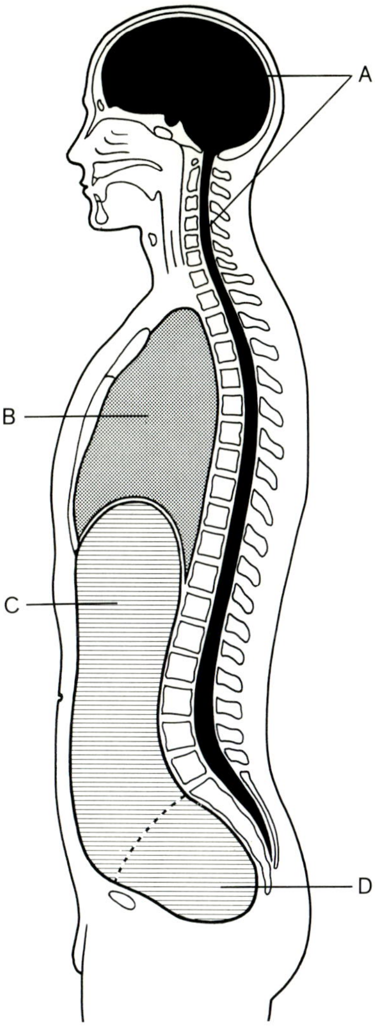

Schema von den Haupthöhlen des menschlichen Körpers.

A Schädelhöhle und Wirbelkanal (Cavum cranii und Canalis vertebralis)
B Brusthöhle (Cavum thoracis)
C Bauchhöhle (Cavum abdominis)
D Beckenraum (Cavum pelvis)

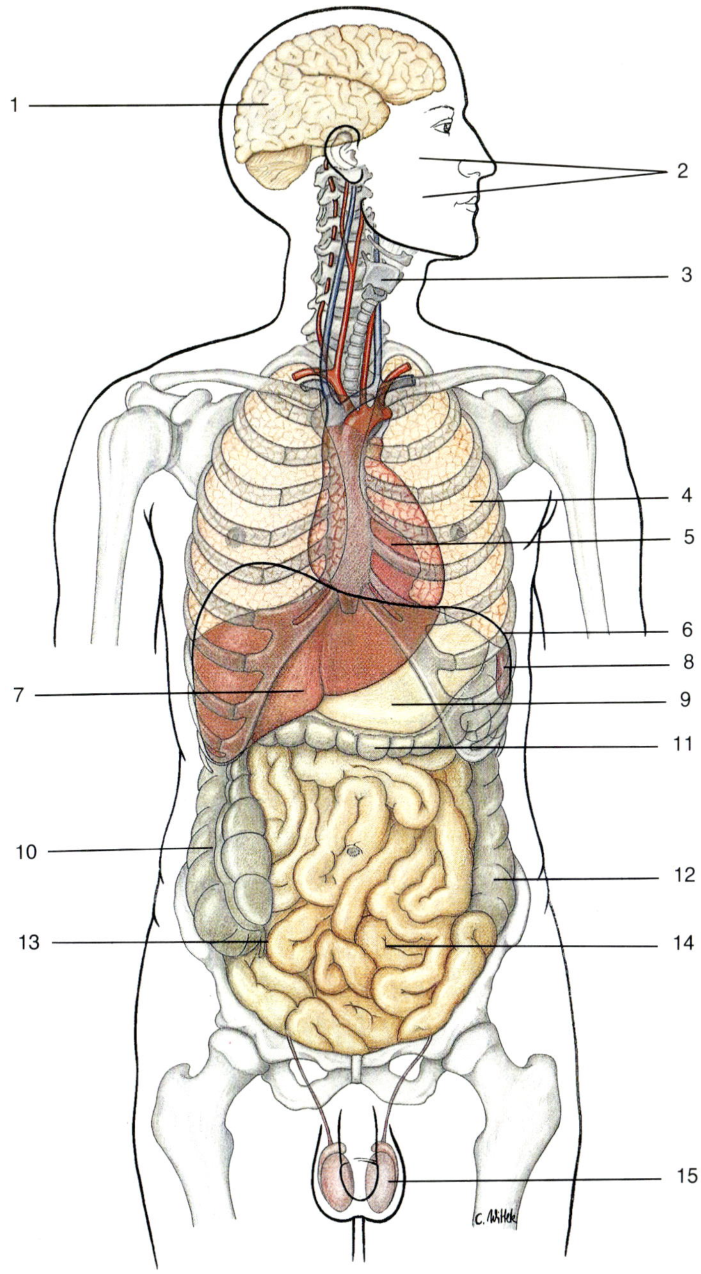

Lage der inneren Organe in bezug zu den Haupthöhlen des menschlichen Körpers (Ansicht von vorne).

1 Kopf (Neurocranium) mit Gehirn (ZNS)
2 Gesichtsknochen (Splanchnocranium) mit Mund- und Nasenhöhle
3 Kehlkopf (Larynx)
4 Brustkorb mit Lungen
5 Herz
6 Projektion des Zwerchfells
7 Leber
8 Milz
9 Magen
10 Colon ascendens
11 Colon transversum
12 Colon descendens
13 Blinddarm (Intestinum coecum und Proc. vermiformis)
14 Dünndarm
15 Hoden

Skelett des menschlichen Körpers (weiblich)

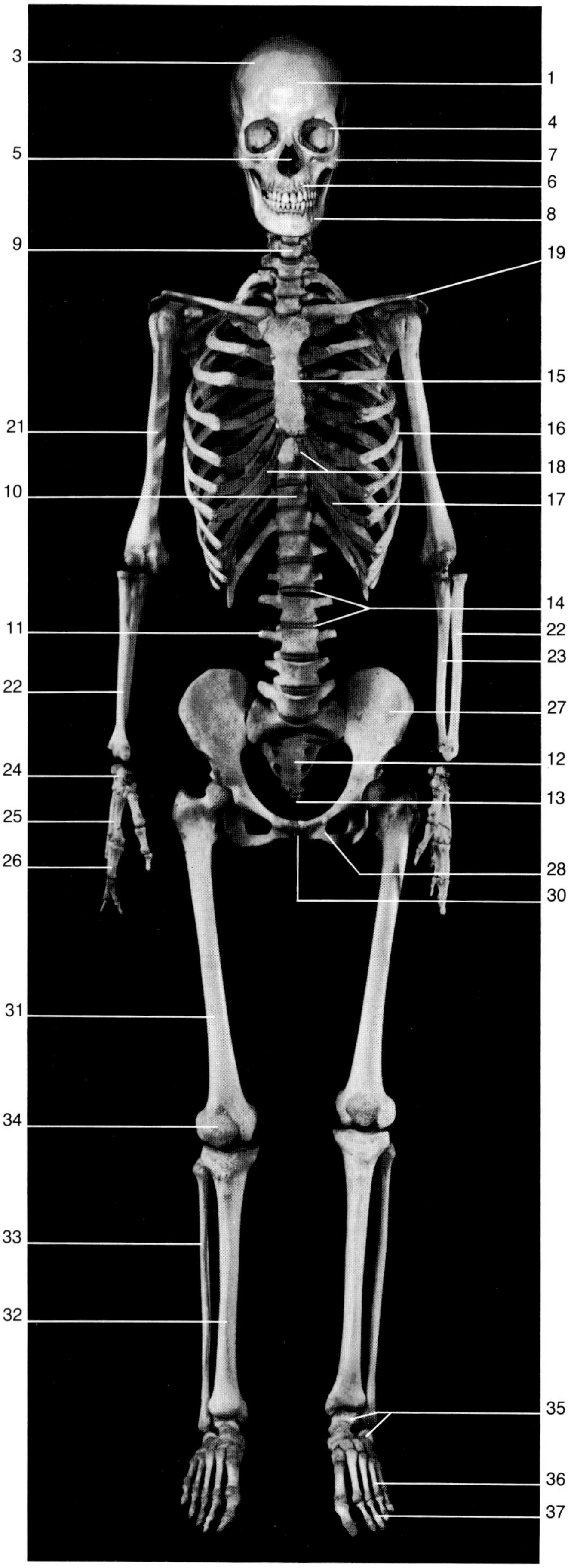

Skelett eines Erwachsenen (Vorderansicht).

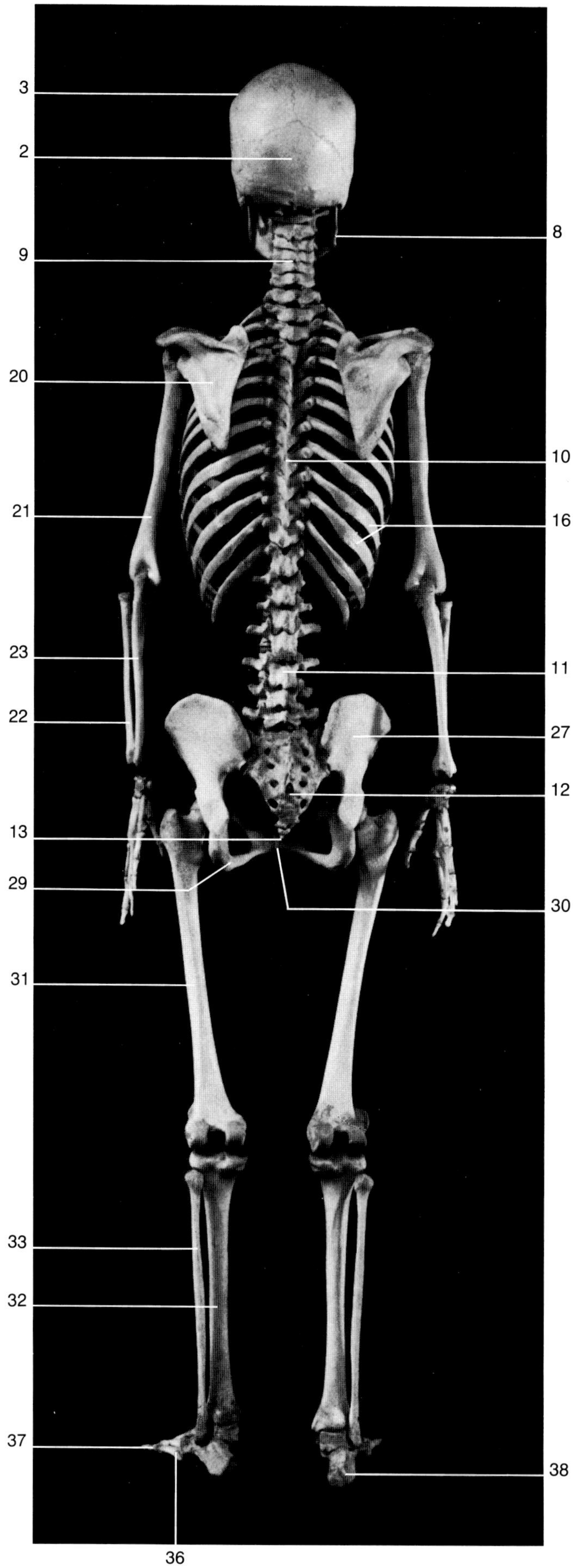

Skelett eines Erwachsenen (Rückansicht).

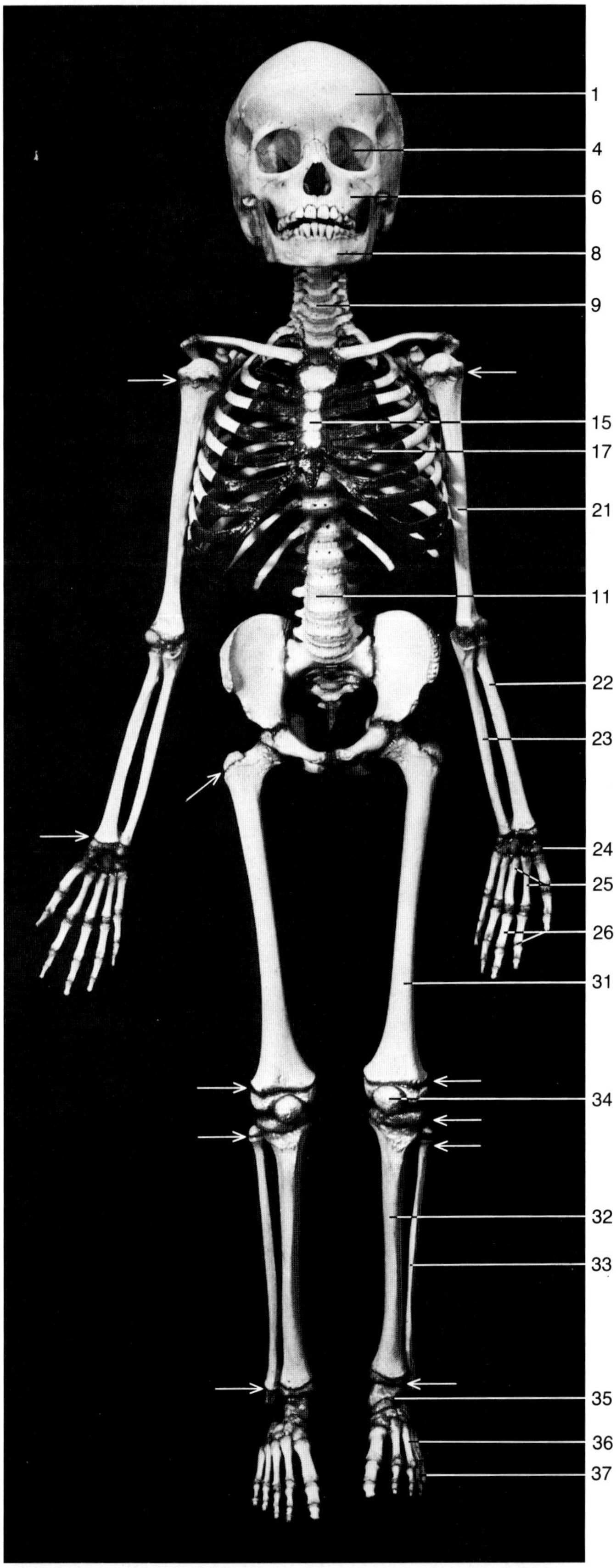

Kindliches Skelett (Ansicht von vorne).
Die noch nicht verknöcherten Epiphysenfugen sind deutlich zu erkennen (Pfeile). Im Gegensatz zum Erwachsenen haben die Rippen beim Kind noch eine fast horizontale Lage.

Kopf

1 Os frontale
2 Os occipitale
3 Os parietale
4 Orbita
5 Apertura piriformis, Eingang zum Cavum nasi
6 Maxilla
7 Os zygomaticum
8 Mandibula

Rumpf und Thorax

Wirbelsäule (Columna vertebralis)

9 Vertebrae cervicales
10 Vertebrae thoracicae
11 Vertebrae lumbales
12 Os sacrum
13 Os coccygis
14 Bandscheiben (Disci intervertebrales)

Thorax

15 Sternum
16 Rippen (Costae)
17 Cartilago costalis
18 Angulus infrasternalis

Oberarm und Schultergürtel (Cingulum membri sup.)

19 Clavicula
20 Scapula
21 Humerus
22 Radius
23 Ulna
24 Ossa carpi
25 Ossa metacarpalia
26 Ossa digitorum manus

Bein und Beckengürtel (Cingulum membri inferioris)

27 Os ilium
28 Os pubis
29 Os ischii
30 Symphysis pubica
31 Femur
32 Tibia
33 Fibula
34 Patella
35 Ossa tarsi
36 Ossa metatarsalia
37 Ossa digitorum pedis
38 Calcaneus

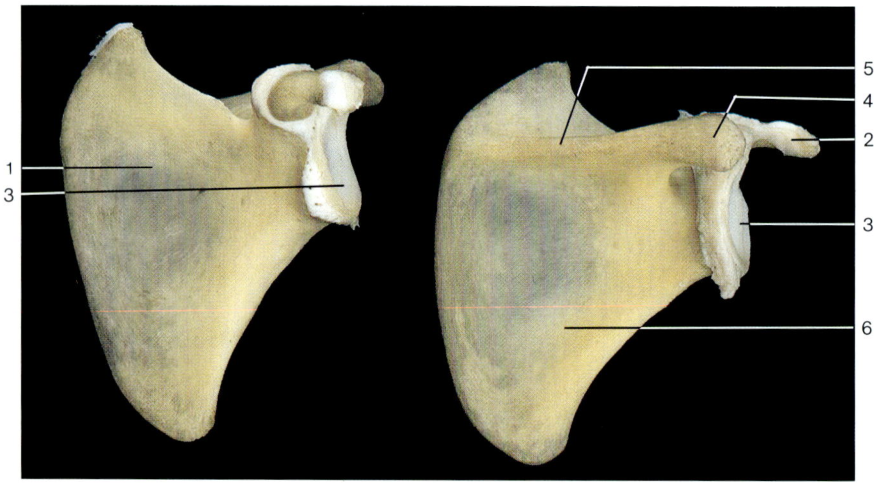

1 Schulterblatt (Scapula)
2 Proc. coracoideus
3 Fossa glenoidalis
4 Acromion
5 Spina scapulae
6 Fossa infraspinata

Verknöcherung des Schulterblattes (Scapula).
Links = Ansicht von vorne; rechts = Ansicht von hinten.

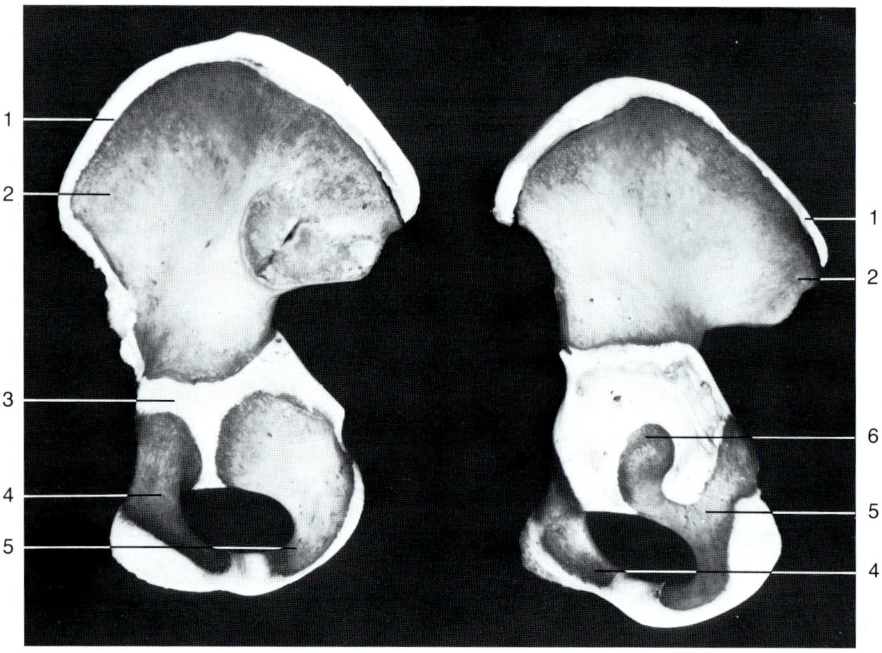

1 Randknorpel
2 Ilium
3 Knorpelgewebe
4 Os pubis
5 Os ischii
6 Acetabulum

Verknöcherung des rechten Hüftbeins (Os coxae). Links = von medial; rechts = von lateral.

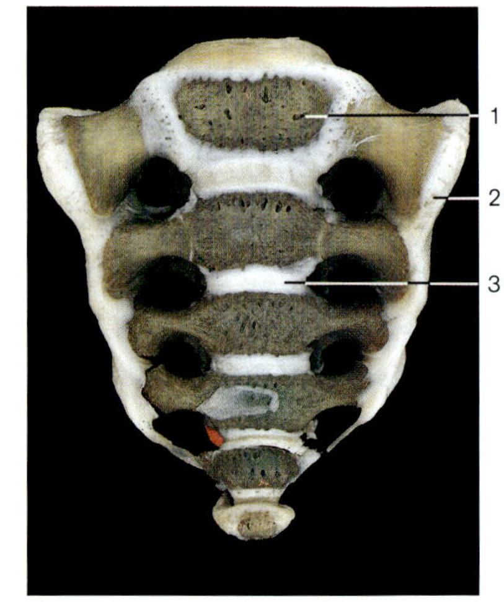

1 Knochengewebe (Corpus vertebrae)
2 Knorpelgewebe (laterale Epiphyse)
3 Bandscheiben

Verknöcherung des Kreuzbeins (Os sacrum) (von vorne). Die 5 Sakralwirbel, die später miteinander verschmelzen, sind noch durch Knorpelscheiben voneinander getrennt.

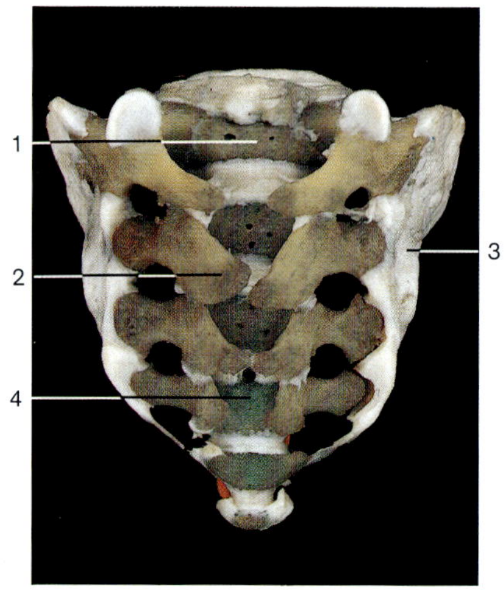

1 Knochengewebe (Ossifikationszentrum)
2 Wirbelbogen (nicht vollständig verschmolzen)
3 Knorpelgewebe (laterale Epiphyse)
4 Canalis sacralis

Verknöcherung des Kreuzbeins (Os sacrum) (von dorsal).

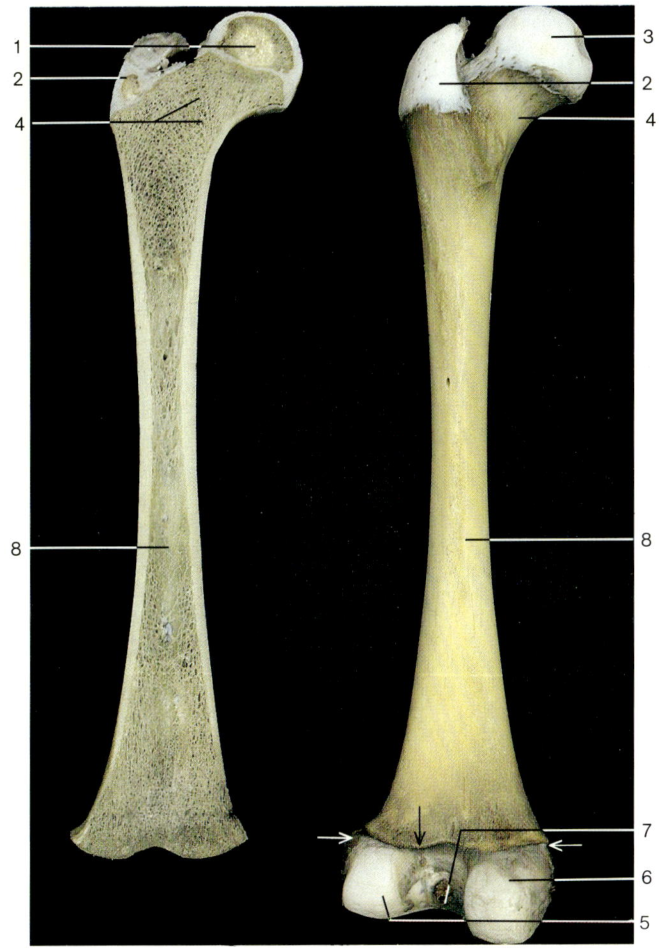

Verknöcherung des Femur. Links = Sagittalschnitt, rechts = Femur (Ansicht von hinten; Pfeile = distale Epiphyse).

◁ 1 Ossifikationszentrum im Caput femoris
2 Trochanter major
3 Caput femoris
4 Collum femoris
5 Condylus lateralis
6 Condylus medialis
7 Fossa intercondylaris
8 Diaphyse

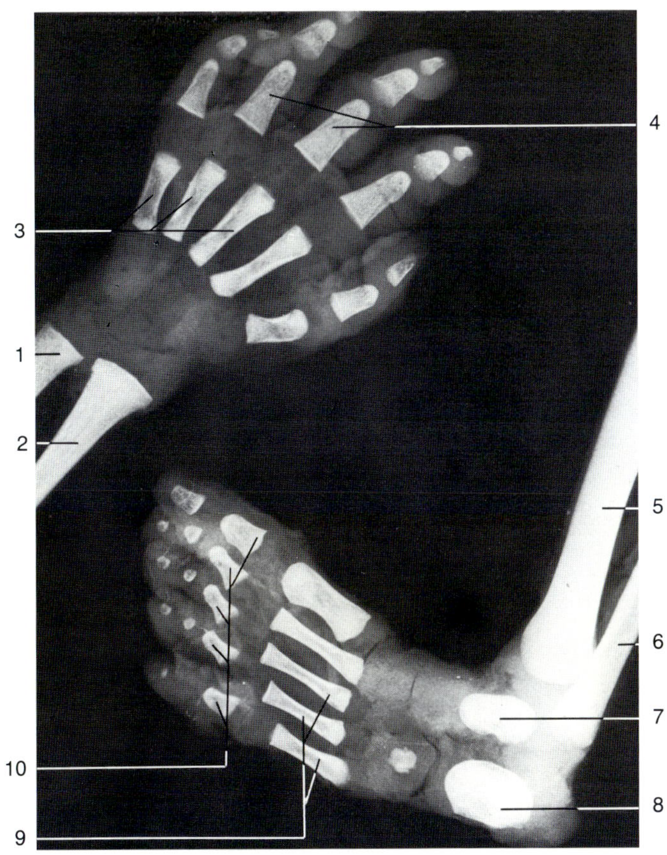

Röntgenaufnahme von Hand und Fuß eines Neugeborenen.

◁
1 Ulna
2 Radius
3 Ossa metacarpalia
4 Phalanges (Hand, Grundphalangen)
5 Tibia
6 Fibula
7 Talus
8 Calcaneus
9 Ossa metatarsalia
10 Phalanges (Fuß, Grundphalangen)

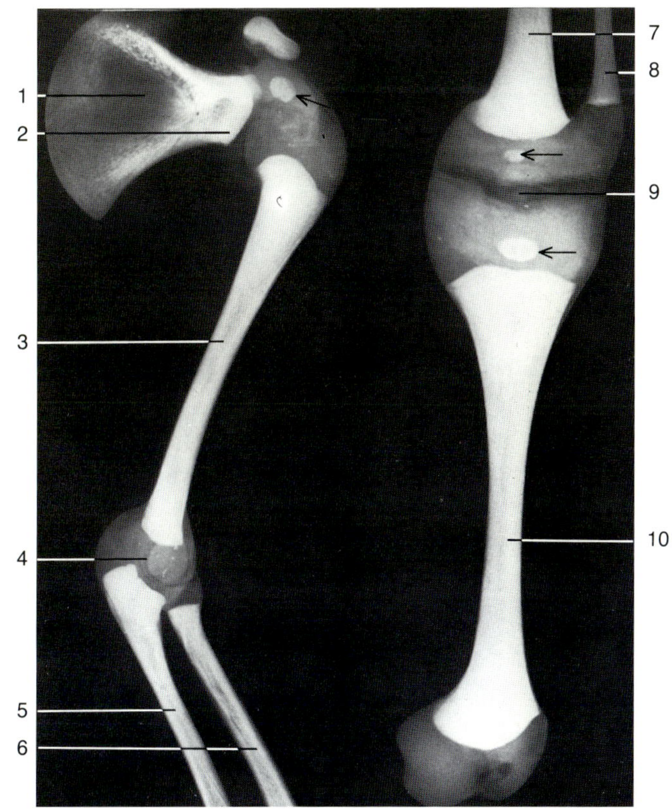

Röntgenaufnahme einzelner Abschnitte von der oberen und unteren Extremität eines Neugeborenen. Links = Arm, rechts = Bein. Die Pfeile zeigen auf die Ossifikationszentren.

1 Scapula 2 Schultergelenk 3 Humerus
4 Ellbogengelenk 5 Ulna 6 Radius 7 Tibia
8 Fibula 9 Kniegelenk 10 Femur

1 Epiphyse
2 Substantia spongiosa
3 Cavum medullare
4 Substantia compacta
5 Foramen nutricium
6 Diaphyse
7 Rest der Epiphysenfuge
8 Caput femoris
9 Fovea capitis femoris
10 Collum femoris mit Spongiosaarchitektur
11 Collum femoris
12 Trochanter major
13 Trochanter minor
14 Facies articularis
15 Periost

Oberschenkelknochen eines Erwachsenen (Femur) (Frontalschnitt). Links ist noch das Periost mit seinen Gefäßen zu erkennen. Rechts wurde das Periost entfernt und der Knochen an beiden Epiphysen halbiert, um die Spongiosa und das Knochenmark zu zeigen.

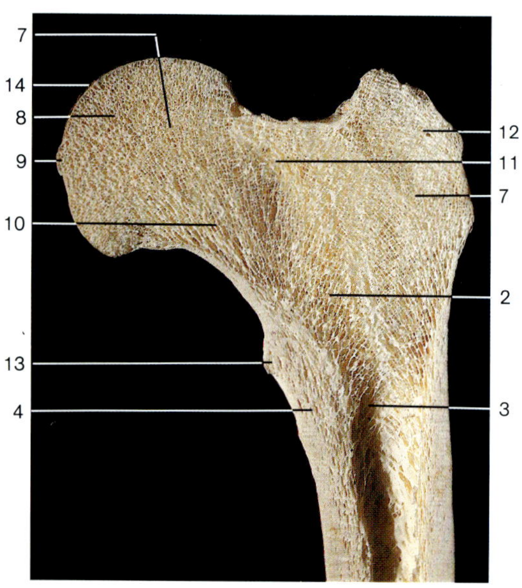

Frontalschnitt durch das proximale Ende des Femur mit seiner charakteristischen Spongiosaarchitektur.

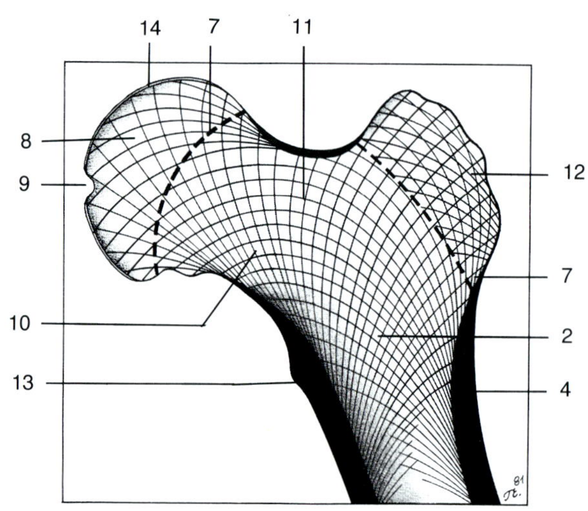

Schema zur Darstellung der **Haupttrajektorien von Oberschenkelkopf und -hals.**

Die Knochen gehören zu den Stützgeweben, die die Weichteile zusammenhalten und den Muskeln als Ansatz dienen. Durch das rote Knochenmark sind sie auch an der Blutbildung beteiligt. Die Spongiosa hat eine trajektorielle Struktur, das heißt, die Knochenbälkchen liegen jeweils in den Hauptspannungslinien (Zug- und Drucktrajektorien).

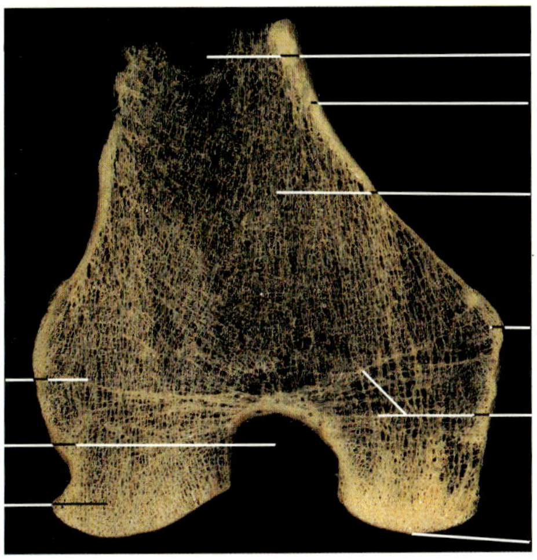

Frontalschnitt durch das distale Ende des Oberschenkelknochens
(distale Epiphyse des Femur eines Erwachsenen).
Man beachte die trajektorielle Struktur der Spongiosa (vgl. nebenstehende Schemazeichnung).

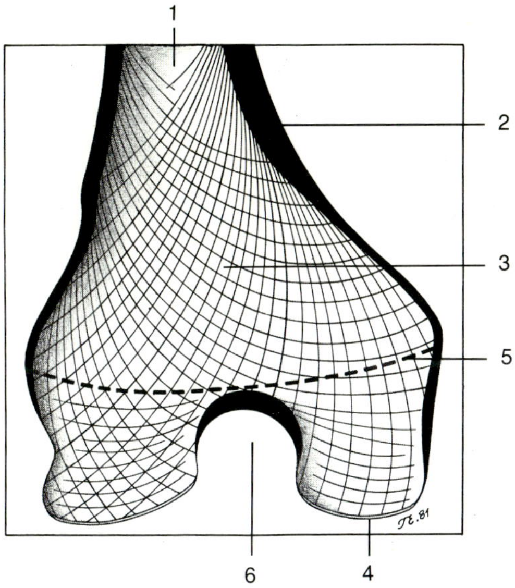

Haupttrajektorien in der Epiphyse des Femur
(vgl. nebenstehendes Foto).

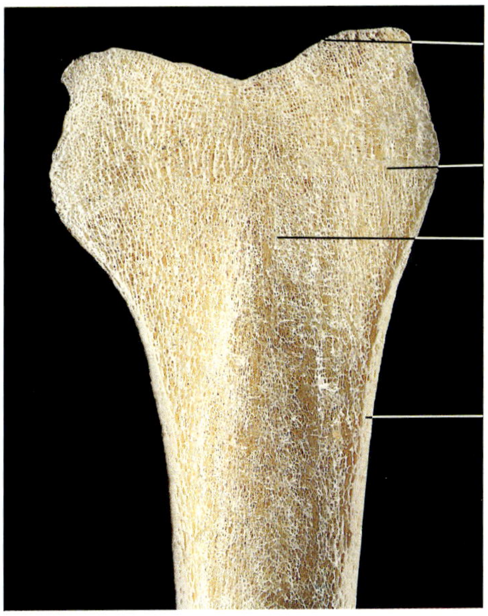

Frontalschnitt durch das proximale Ende des Schienbeins
(proximale Epiphyse der Tibia eines Erwachsenen).
Man beachte die trajektorielle Struktur der Spongiosa und die Verdichtung der Knochensubstanz im Bereich der ehemaligen Epiphysenfuge.

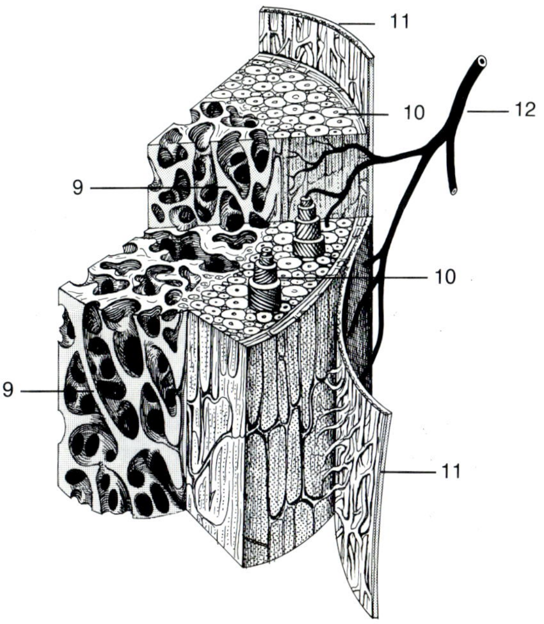

Schema vom Aufbau des Knochens
(modif. nach BENNINGHOFF).

1 Cavum medullare
2 Substantia compacta
3 Substantia spongiosa
4 Facies articularis
5 Lokalisation der Epiphysenfuge
6 Fossa intercondylaris
7 Condylus femoris
8 Epicondylus femoris
9 Substantia spongiosa (Knochenbälkchen)
10 Substantia compacta mit Haversschen Systemen (Osteone)
11 Periost (besteht aus 2 Blättern)
   a) Stratum fibrosum (außen)
   b) Kambiumschicht mit Gefäßen (innen)
12 Blutgefäße und Nerven der Knochen

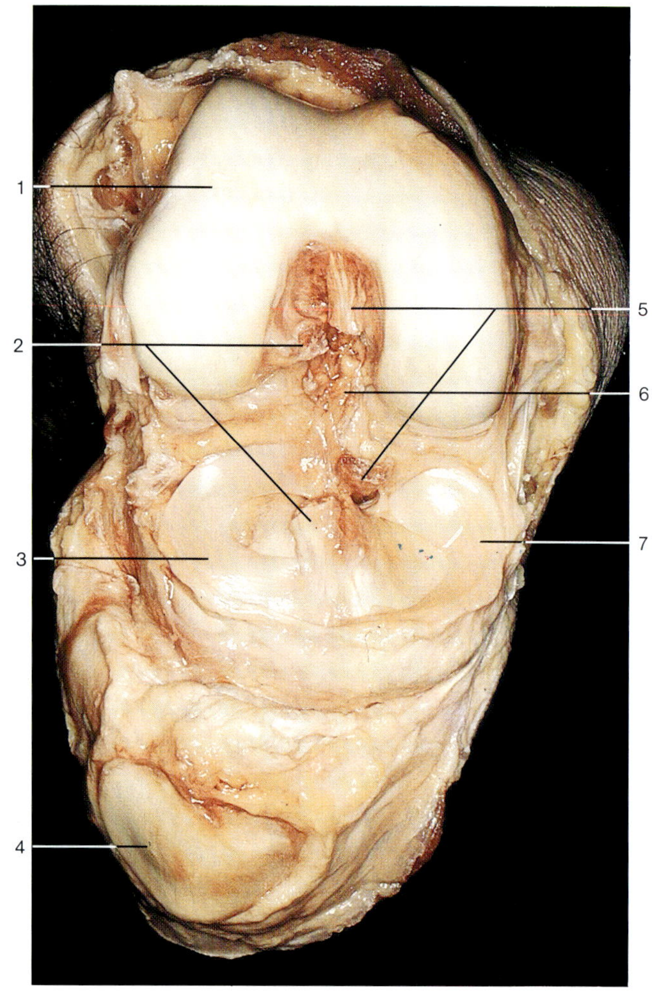

Kniegelenk in Beugestellung (articulatio genus).
Ansicht von vorne. Die beiden Menisci und Ligamenta cruciata (durchschnitten) sind zu erkennen.

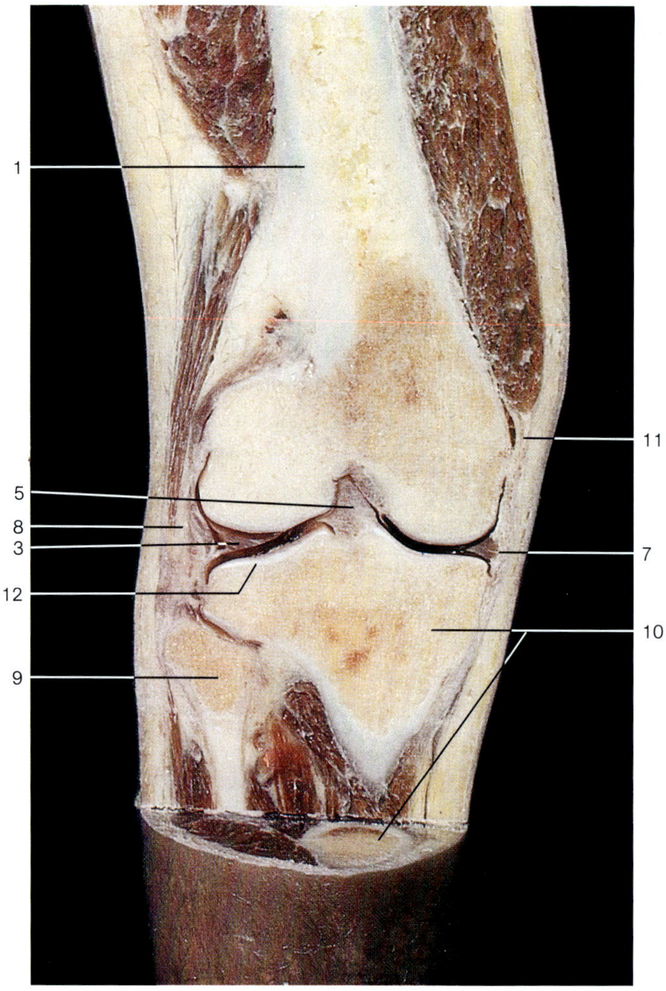

Frontalschnitt durch das rechte Kniegelenk in Streckstellung (Ansicht von vorne).

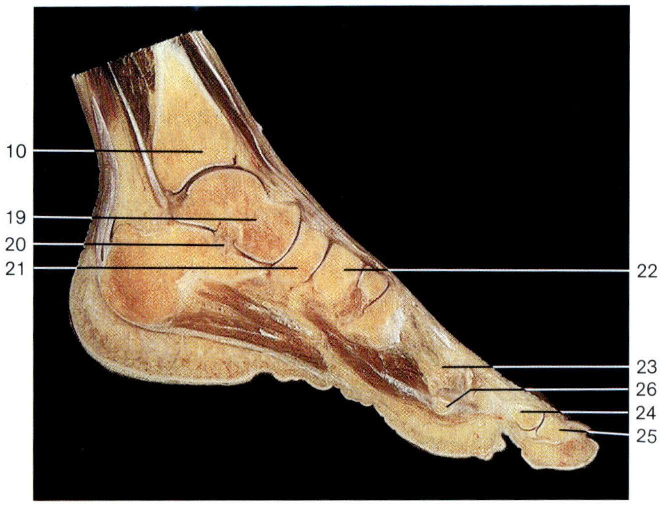

Sagittalschnitt durch den linken Unterschenkel und Fuß.

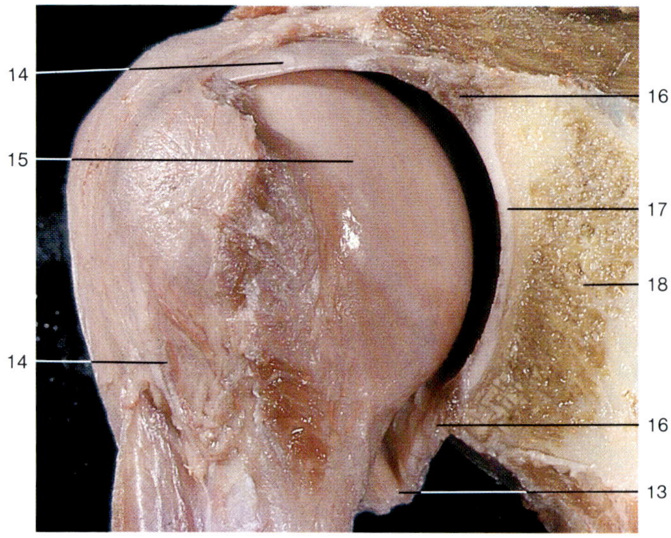

Rechtes Schultergelenk (Articulatio humeri)
(Ansicht von vorne). Die Gelenkkapsel wurde teilweise entfernt, um die Gelenkflächen zu zeigen.

1 Femur
2 Lig. cruciatum ant.
3 Meniscus lat.
4 Patella
5 Lig. cruciatum post.
6 Lig. meniscofemorale post.
7 Meniscus med.
8 Lig. collaterale fibulare
9 Fibula
10 Tibia
11 Lig. collaterale tibiale
12 Facies articularis condyli lat. tibiae
13 Capsula articularis
14 Sehne des langen Bizepskopfes (Tendo capitis longi m. bicipitis brachii)
15 Caput humeri
16 Labrum glenoidale
17 Cavitas glenoidalis
18 Scapula
19 Talus
20 Lig. talocalcaneum interosseum
21 Os naviculare
22 Os cuneiforme med.
23 Os metatarsale I
24 Phalanx prox. hallucis
25 Phalanx dist. hallucis
26 Os sesamoideum

	Bewegungsmöglichkeiten	Beispiele
A. **Synarthrosen (Fugen)**		
1. **Syndesmosen** (Juncturae fibrosae)	keine	Schädelnähte
2. **Synchondrosen** (Juncturae cartilagineae)	keine	Symphysis pubis, Disci intervertebrales
3. **Synostosen**	keine	Os sacrum, Sutura frontalis
B. **Amphiarthrosen (Straffe Gelenke)**	federnde	Art. sacroiliaca, Interkarpal-, bzw. Intertarsalgelenke
C. **Diarthrosen** (Juncturae synoviales)		
1. Scharniergelenke	monaxial	Art. humeroulnaris, Artt. interphalangeae
2. Radgelenke	monaxial	Artt. radioulnares
3. Drehscharniergelenke	biaxial	Art. genus
4. Eigelenke	biaxial	Art. radiocarpea
5. Kugelgelenke	multiaxial	Art. humeri, Art. coxae

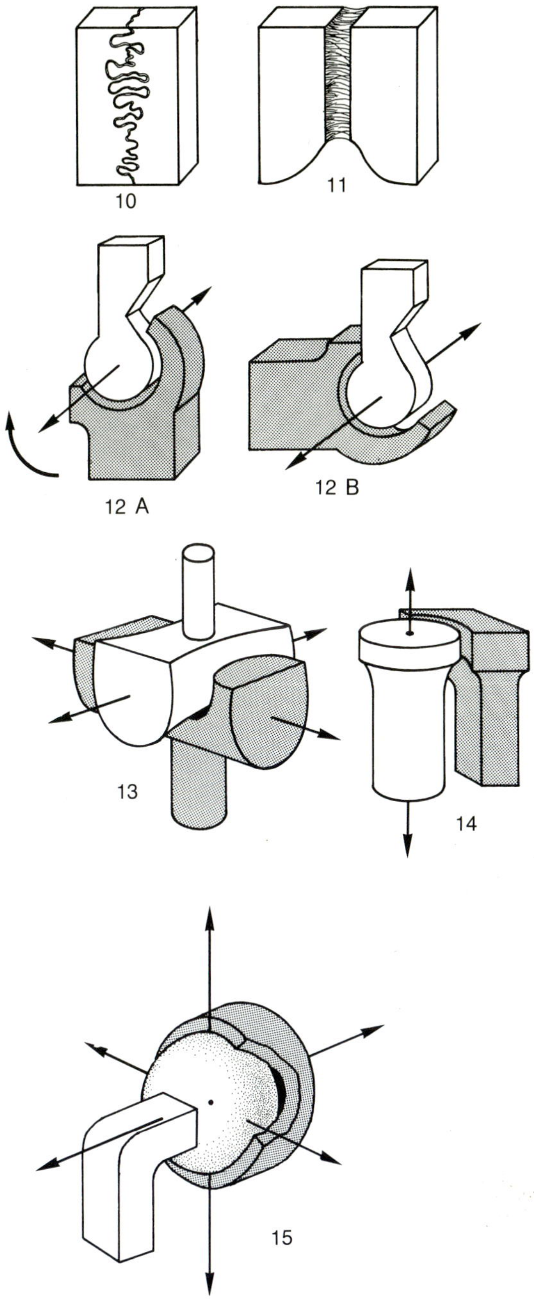

Die wichtigsten Gelenkformen (Achsen und Bewegungen sind durch Pfeile gekennzeichnet).

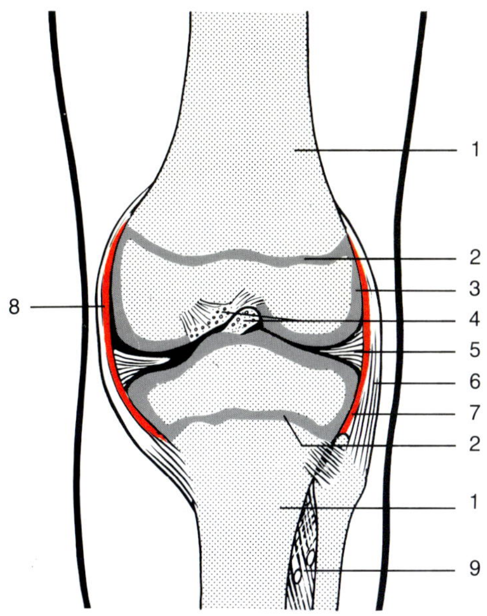

Allgemeiner Aufbau eines echten Gelenkes (Junctura synovialis oder **Diarthrose).**
Frontalschnitt durch das Kniegelenk, in dem 2 Gelenkkörper miteinander artikulieren (rot = Membrana synovialis).

1 Gelenkkörper
2 Epiphysenfuge
3 Gelenkknorpel
4 Ligg. cruciata als »intraartikuläre« Bänder
5 Meniscus (faserknorpelige Scheibe)
6 Ligg. collateralia als »extraartikuläre« Bänder
7 Capsula articularis (Gelenkkapsel)
8 Membana synovialis
9 Membrana interossea

Fasergelenke (Juncturae fibrosae)
10 Sutura serrata
11 Syndesmosis

Synovialgelenke (Juncturae synoviales)
12 Scharniergelenk (einachsig, Ginglymus)
A Streckstellung
B Beugestellung
13 Sattelgelenk (zweiachsig, Articulatio sellaris)
14 Radgelenk (einachsig, Rotation z. B. Pro- und Supination des Armes)
15 Kugelgelenk (dreiachsig, Articulatio sphaeroidea)

Fugen bzw. unbewegliche Gelenke (Synarthrosen).

1. Bandhafte Syndesmosen (Juncturae fibrosae)

A. Naht (Sutura)
   a) Sägenaht (Sutura serrata)

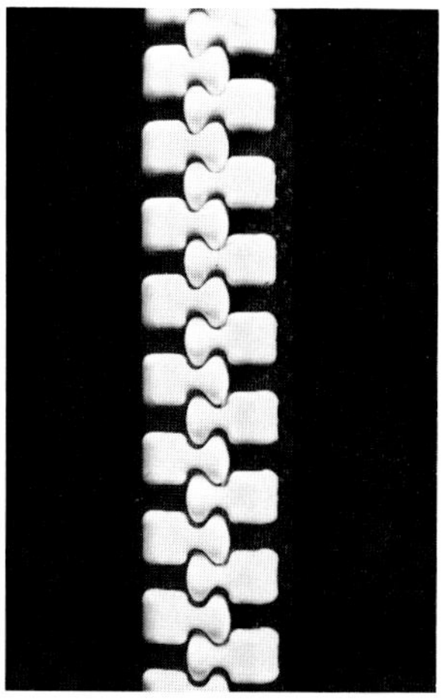
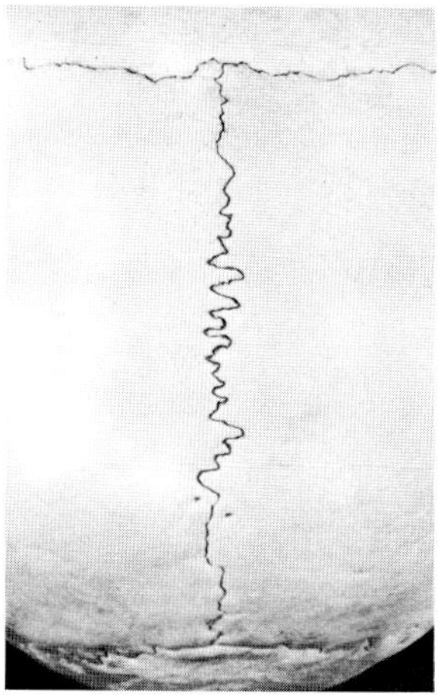
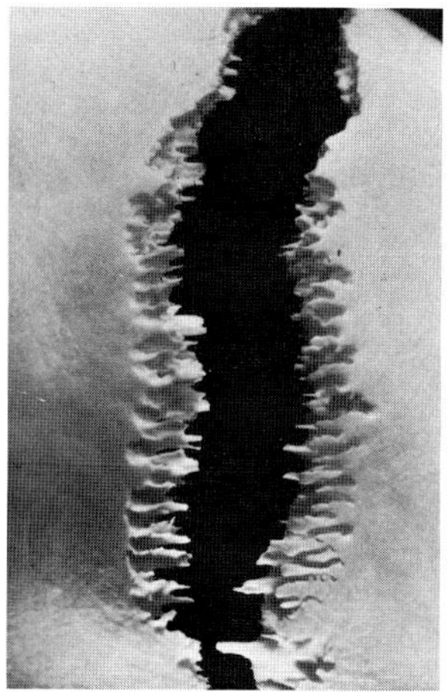

Sutura sagittalis (geschlossen) (getrennt)

b) Schuppennaht (Sutura squamosa)

1 Os parietale
2 Os sphenoidale
3 Os temporale

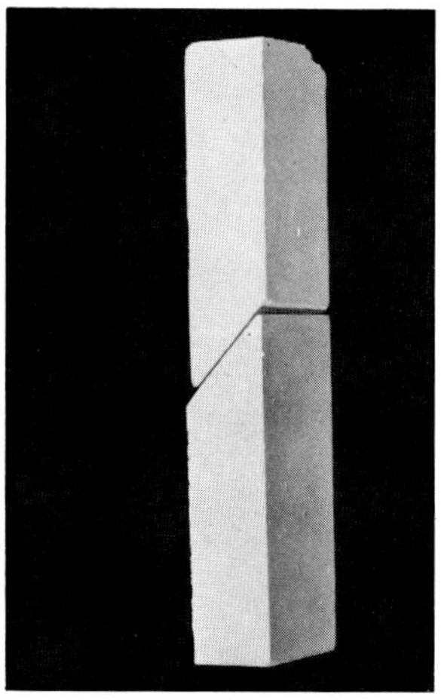
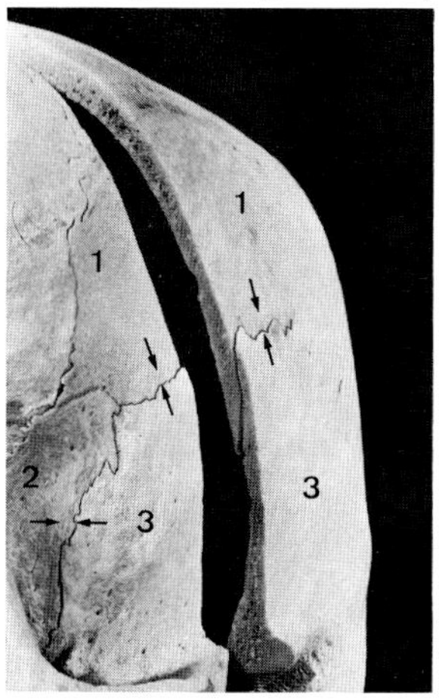

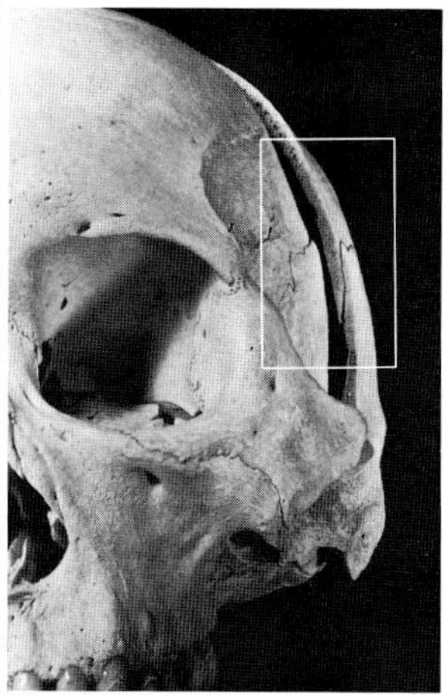

Sutura squamosa des Schläfenbeins

c) Glatte Naht (Sutura plana)

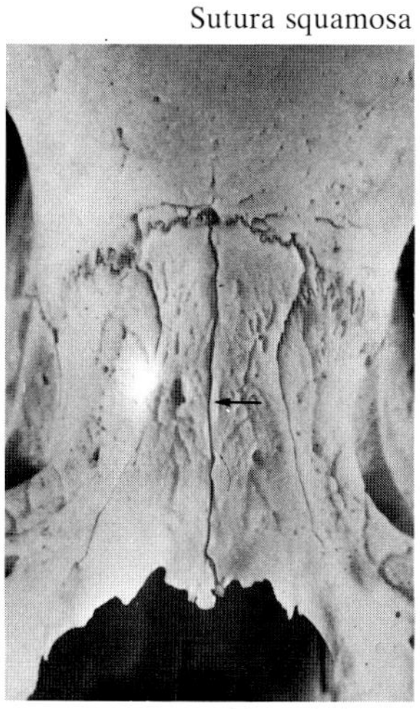
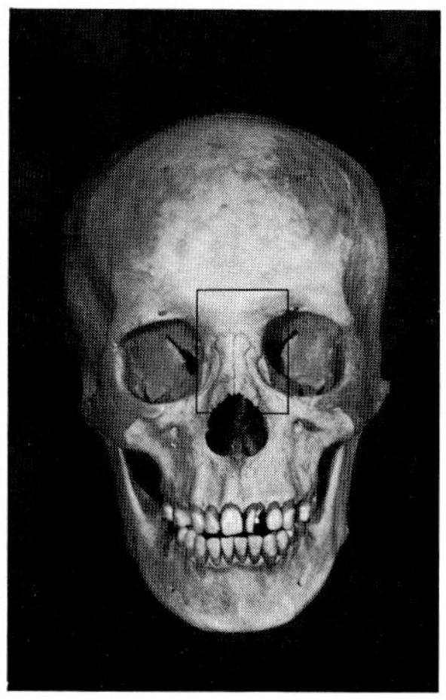

Nasenbeine mit glatter Naht

B. Knöcherne Verkeilung
(Gomphosis)

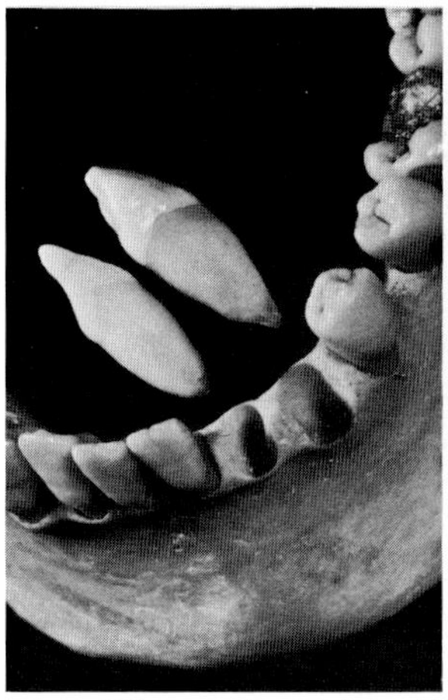

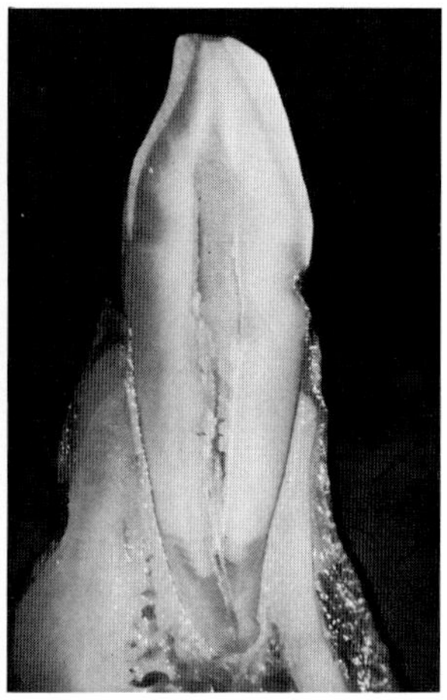

Zähne und zugehörige Zahnalveolen (Verkeilung)

2. Knorpelige Verbindungen
(Synchondrosen)

a) Symphyse
(faserknorpelige
Verbindung)

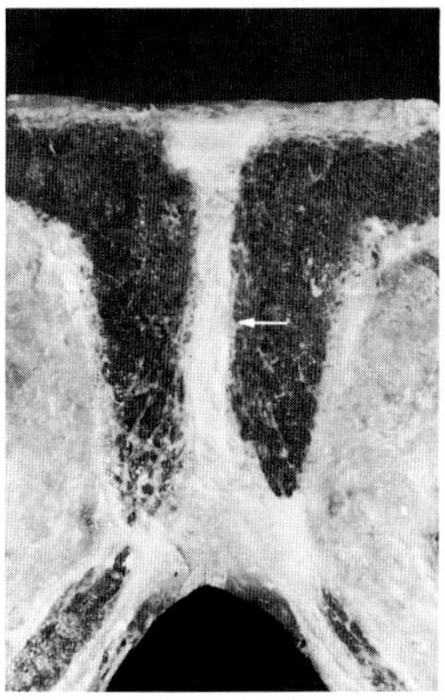

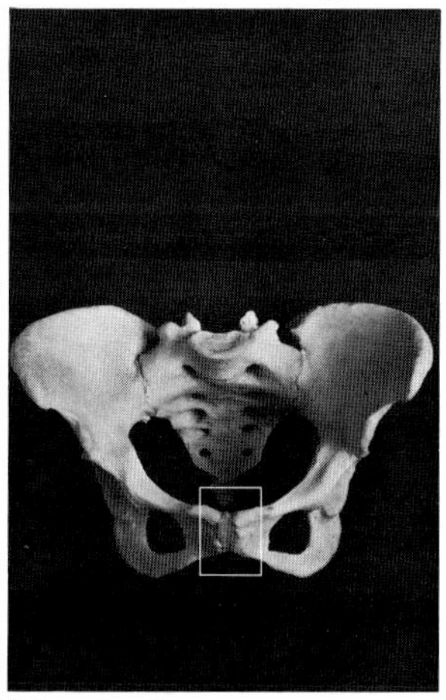

Symphyse (Schamfuge)

b) Synchondrose
(hyalin-knorpelige
Verbindung)

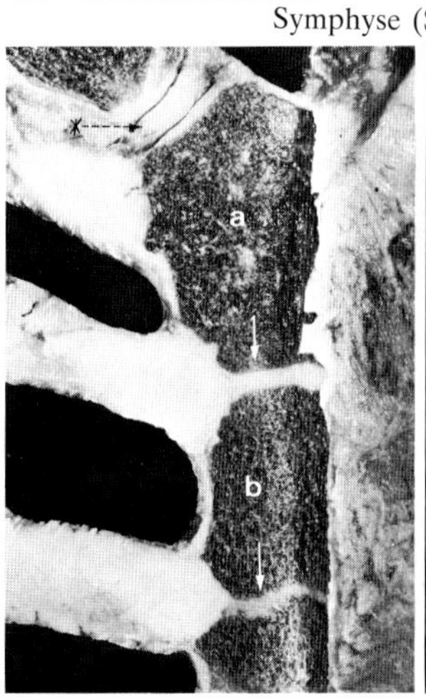

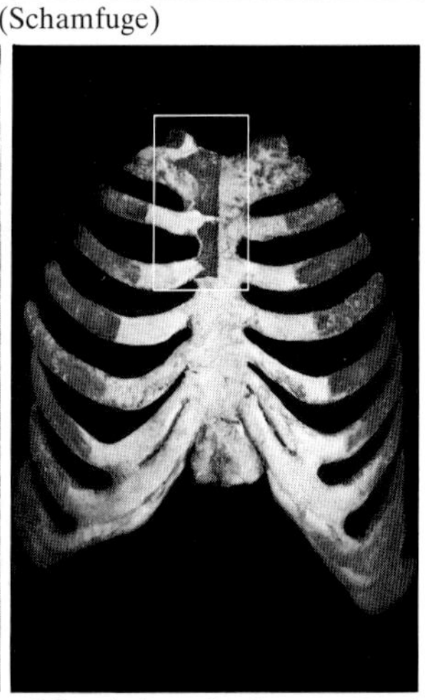

Sternum **a:** Manubrium; **b:** Corpus sterni

3. Knöcherne Verbindungen
(Synostosen)

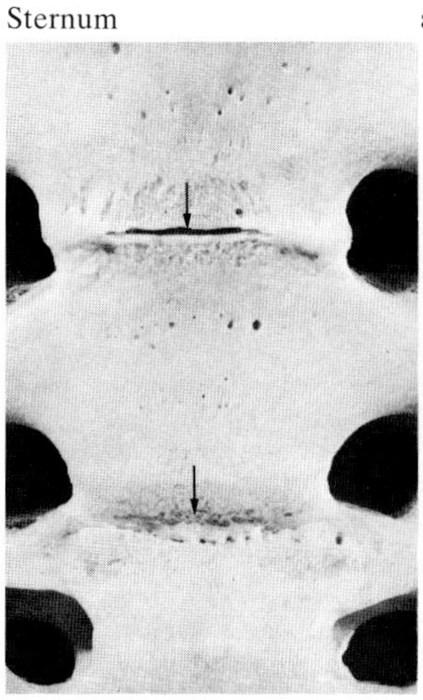

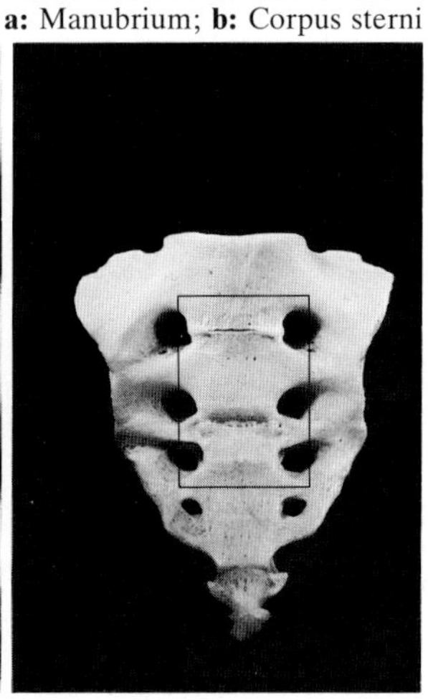

Quere Knochenfugen
(Lineae transversae)

Os sacrum

Echte bzw. bewegliche Gelenke (Diarthrosen oder Juncturae synoviales).

1. Kugelgelenk

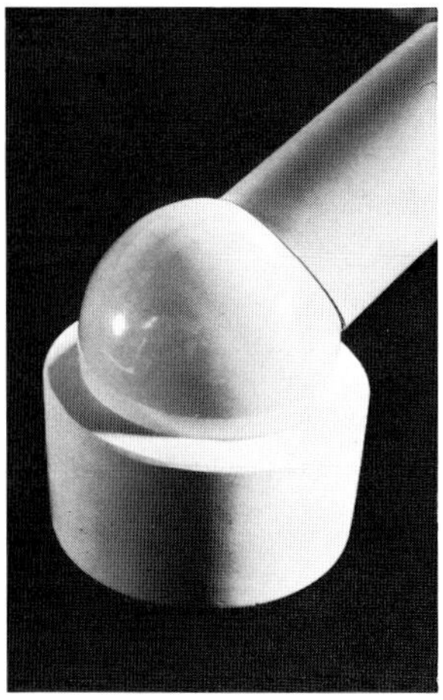

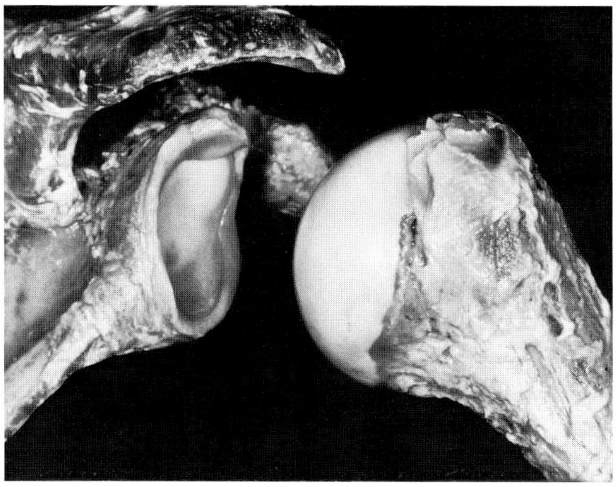

Schultergelenk

2. Nußgelenk

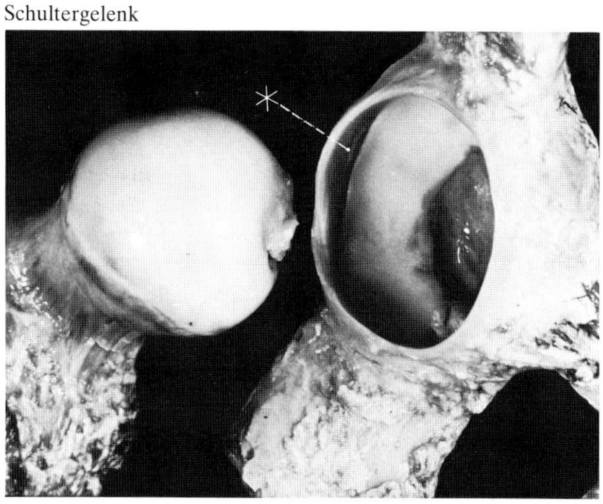

Hüftgelenk * = Labrum glenoidale

3. Ellipsoid- oder Eigelenk

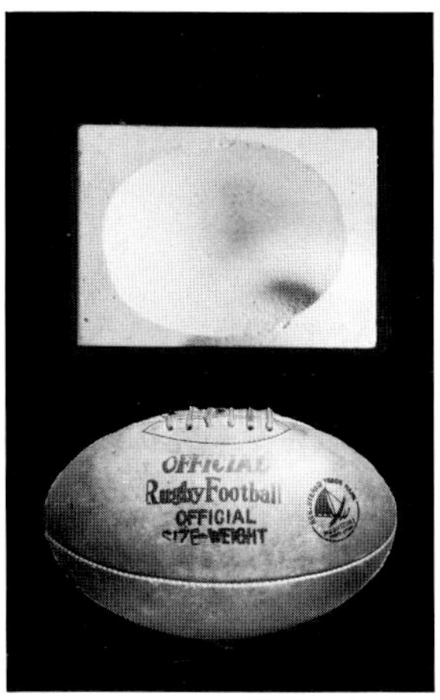

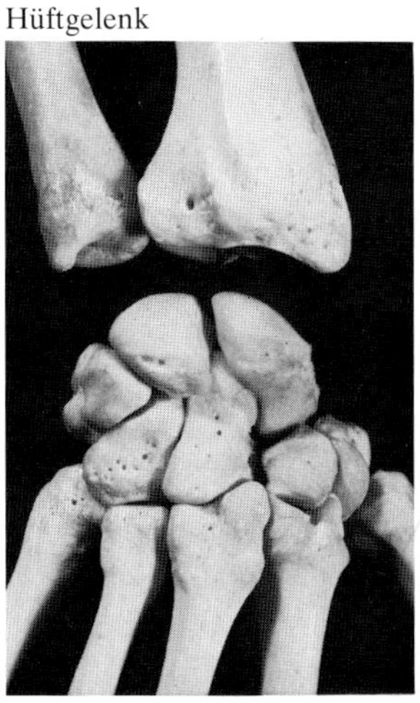

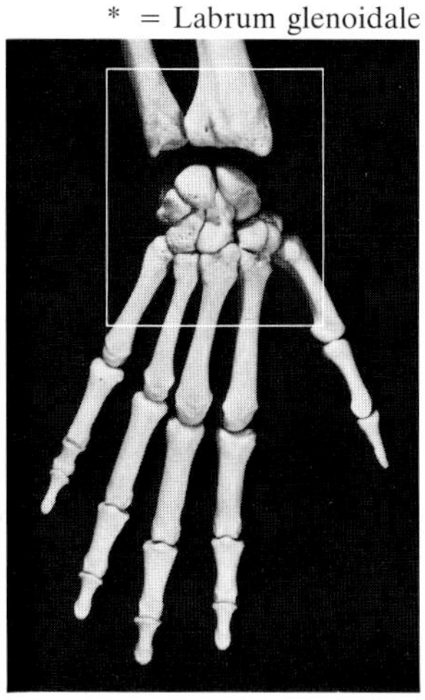

Handgelenk

4. Scharniergelenk

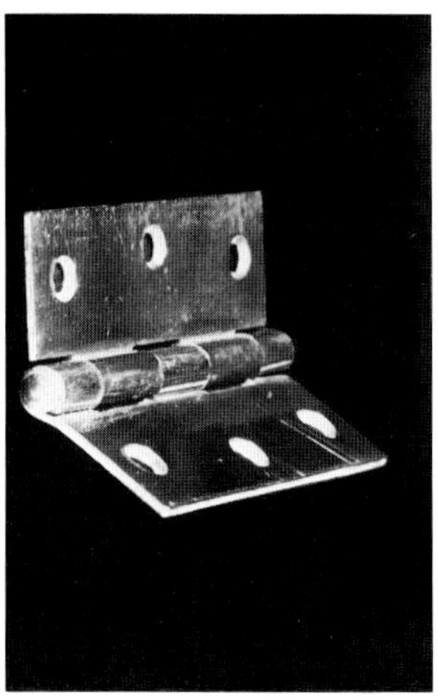

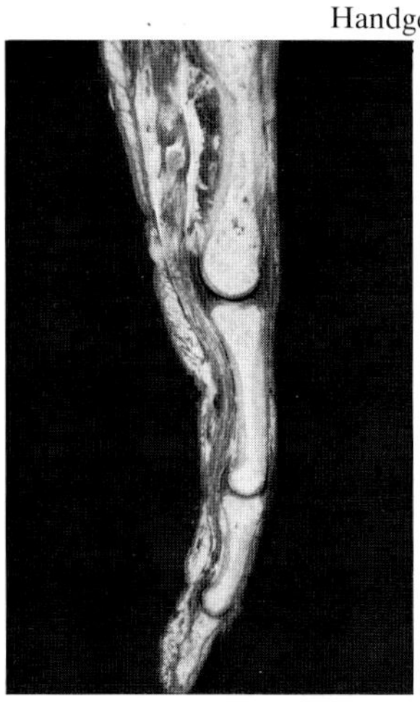

Fingermittelgelenk

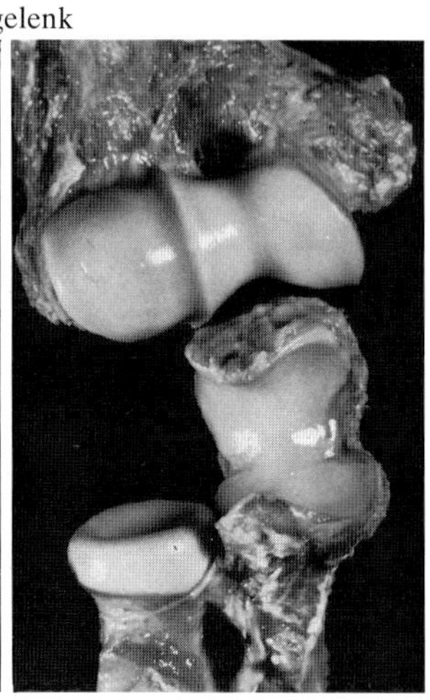

Ellenbogengelenk

5. Drehgelenk

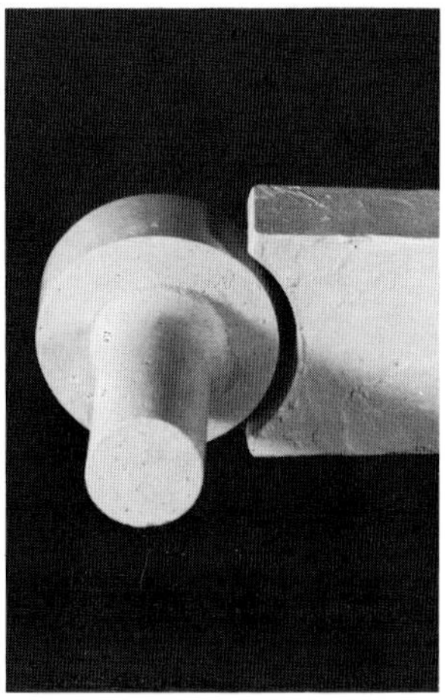
Radioulnargelenk

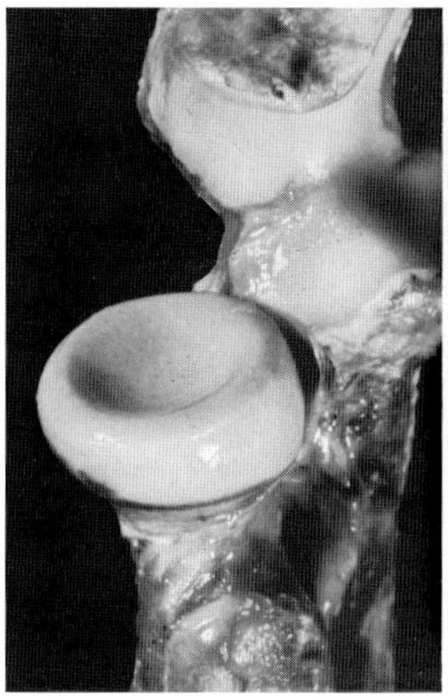

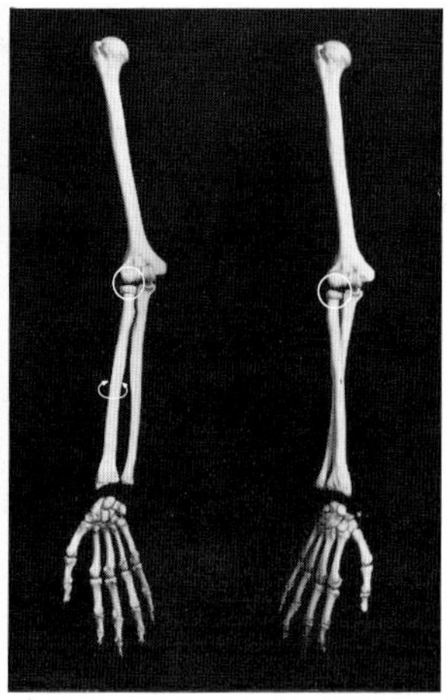
Supinations-Pronations-Stellung

6. Schraubengelenk

Das Schraubengelenk ist eine Art von Scharniergelenk. Die Achsen der beiden Gelenkkörper stehen jedoch nicht senkrecht aufeinander, sondern eher so wie bei einer Schraube.

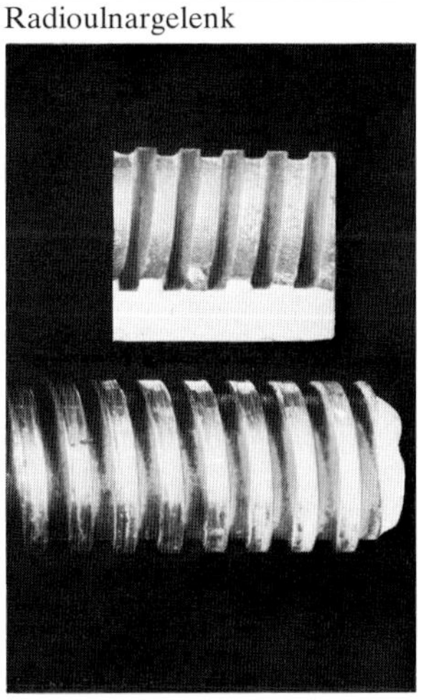

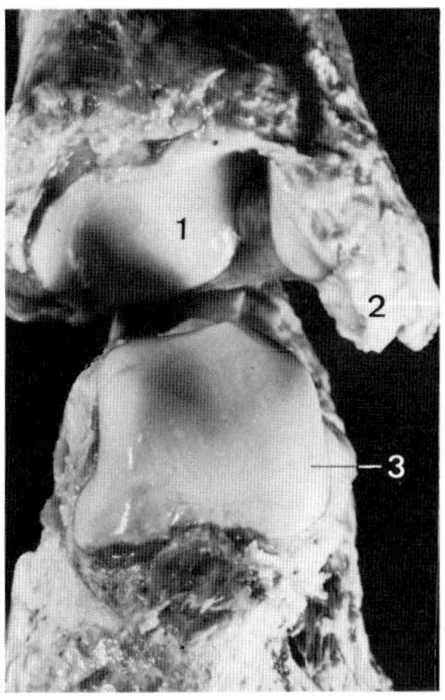

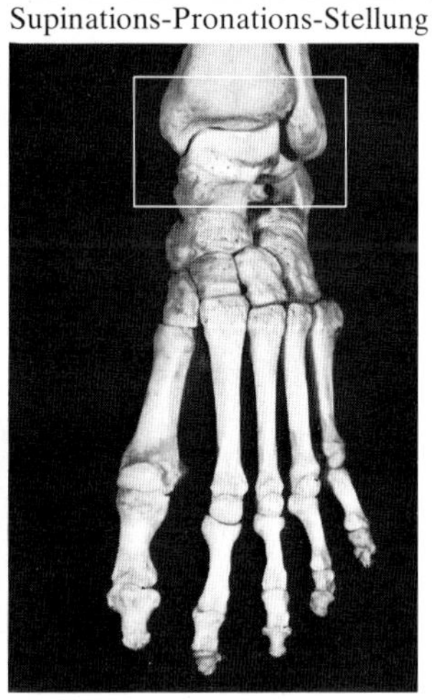

Oberes Sprunggelenk: **1** = Tibia; **2** = Fibula; **3** = Talus

7. Sattelgelenk

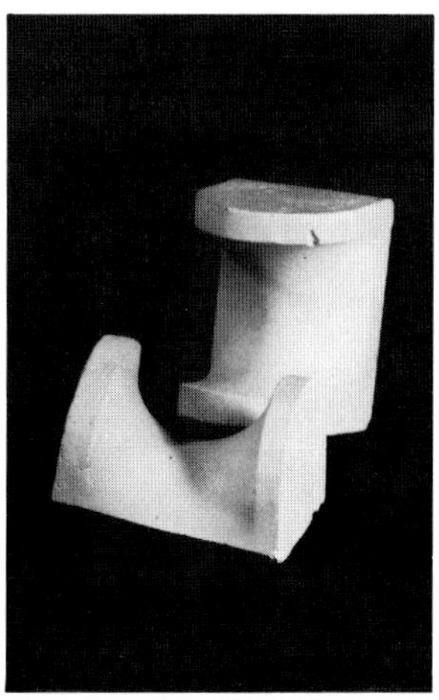

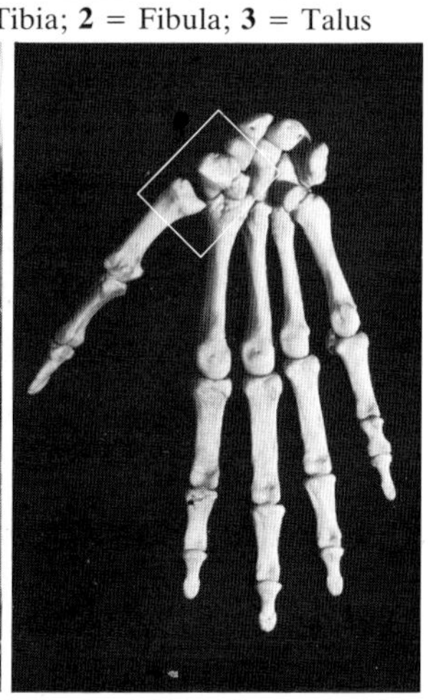

Karpometakarpalgelenk des Daumens

8. Plangelenk

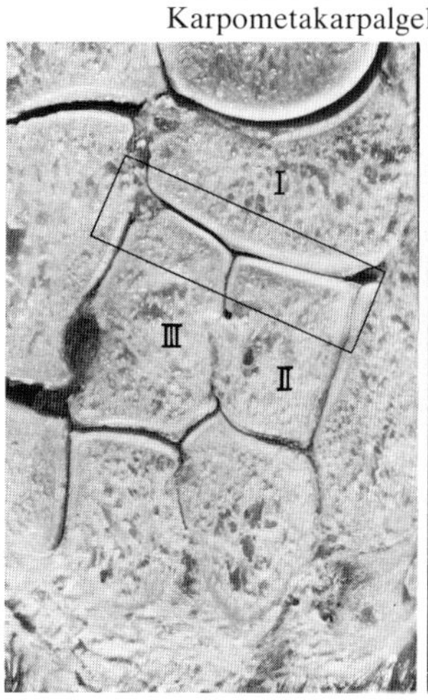

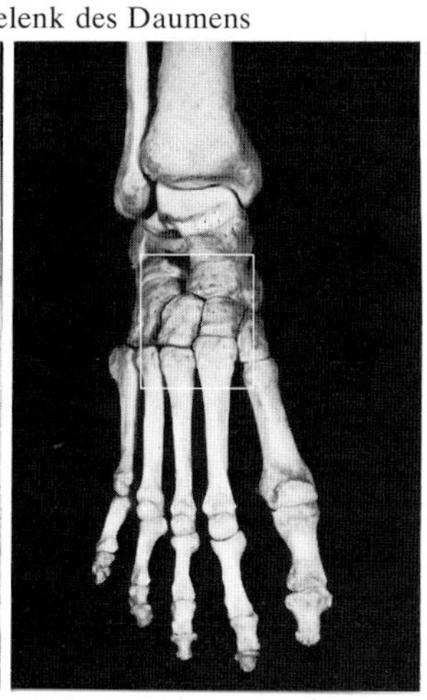

I = Kahnbein; **II** und **III** = Keilbeine der Fußwurzel

Spindelförmiger Muskel (M. palmaris longus)

Zweiköpfiger Muskel (M. biceps femoris)

Dreiköpfiger Muskel (M. triceps surae)

Vierköpfiger Muskel (M. quadriceps femoris)

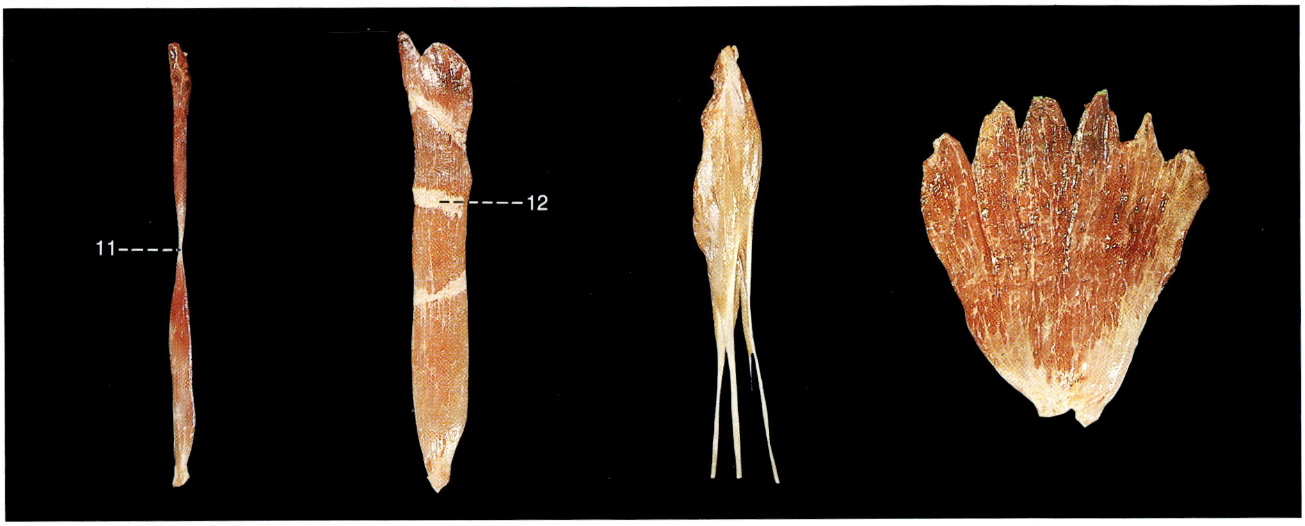

Zweibäuchiger Muskel (M. omohyoideus)

Vielbäuchiger Muskel (M. rectus abdominis)

Mehrsehniger Muskel (M. flexor digitorum prof.)

Sägemuskel (M. serratus anterior)

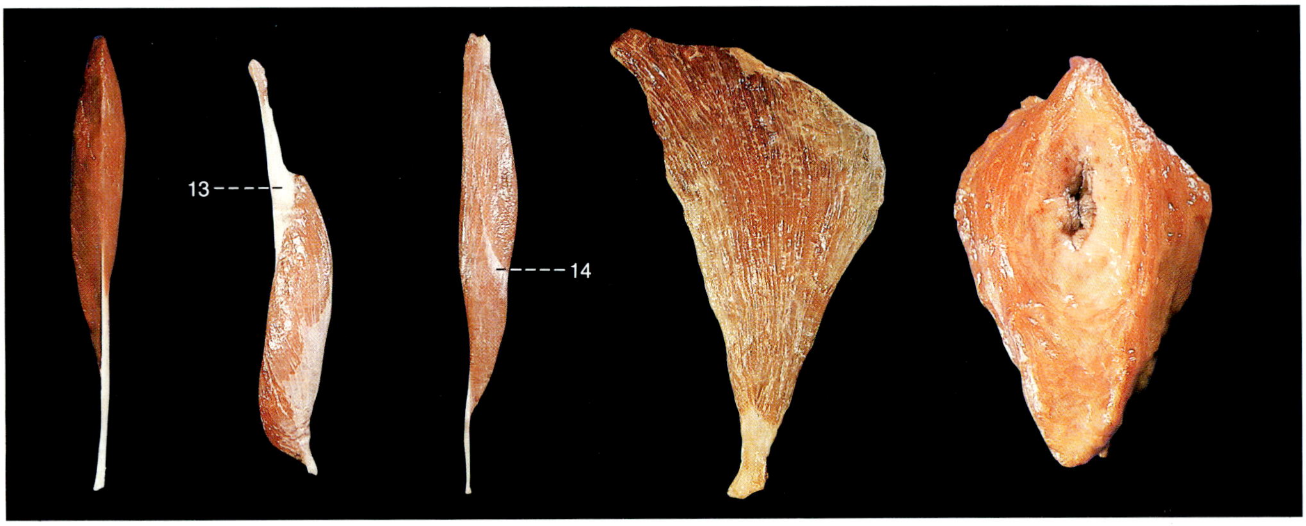

Gefiederter Muskel (M. tibialis anterior)

Einfach gefiederter Muskel (M. semimembranosus)

Halbsehniger Muskel (M. semitendinosus)

Platter Muskel (M. latissimus dorsi)

Ringmuskel (M. sphincter ani externus)

Muskelformen

1 Langer Kopf des M. biceps
2 Kurzer Kopf des M. biceps
3 M. gastrocnemius mit einem medialen und lateralen Kopf
4 M. soleus
5 Achillessehne
6 M. vastus intermedius
7 M. vastus medialis
8 Patella
9 M. rectus femoris
10 M. vastus lateralis
11 Zwischensehne
12 Breite Zwischensehne (Intersectio tendinea)
13 Aponeurose
14 Unvollständige Zwischensehne

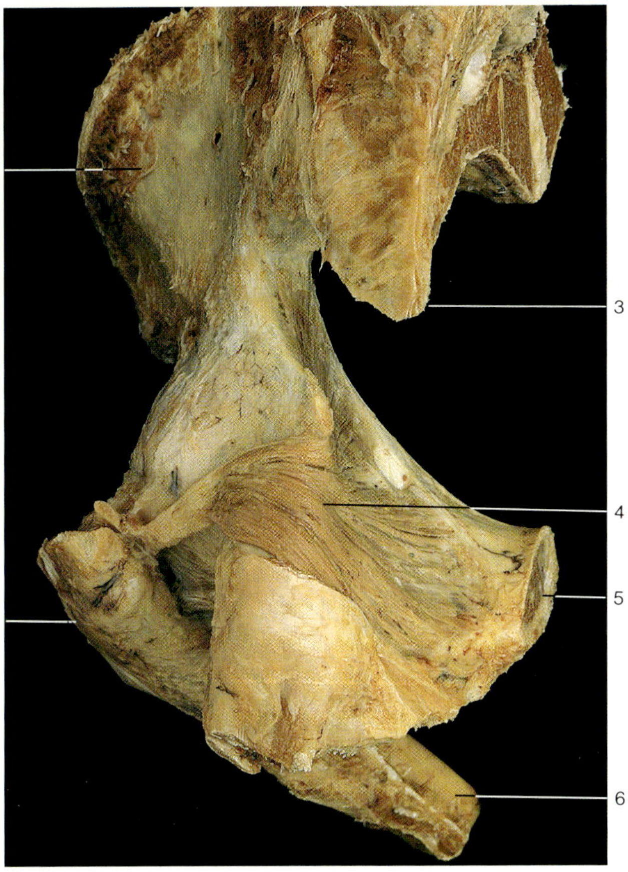

M. obturator internus als Beispiel für einen Muskel, dessen Sehne nicht in Richtung der Muskelbündel verläuft, sondern über ein Hypomochlion (in diesem Falle über den hinteren Rand des Os ischii) zu seinem Ansatzpunkt (Trochanter major) zieht.

1 Os ilium
2 Trochanter major
3 Os coccygis
4 M. obturator internus
5 Os pubis
6 Femur

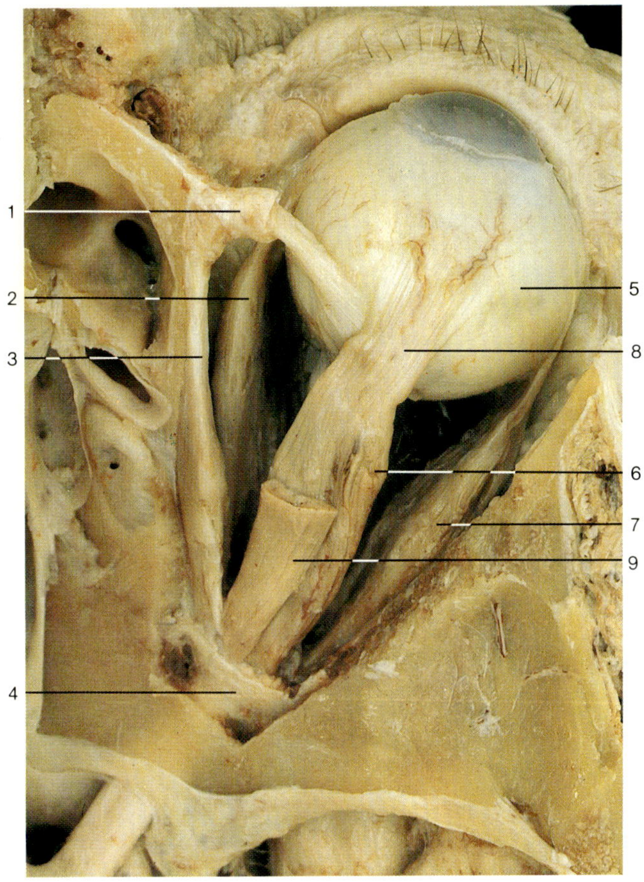

M. obliquus bulbi superior. Die Sehne dieses Augenmuskels zieht durch eine Trochlea und biegt dann schräg nach hinten um, so daß sie im Bereich des hinteren äußeren Quadranten des Auges an der Sklera ansetzen kann.

1 Trochlea
2 M. rectus medialis
3 M. obliquus superior
4 Anulus tendineus communis
5 Bulbus oculi
6 N. opticus
7 M. rectus bulbi lat.
8 M. rectus bulbi sup. (durchtrennt)
9 M. levator palpebrae sup. (durchtrennt)

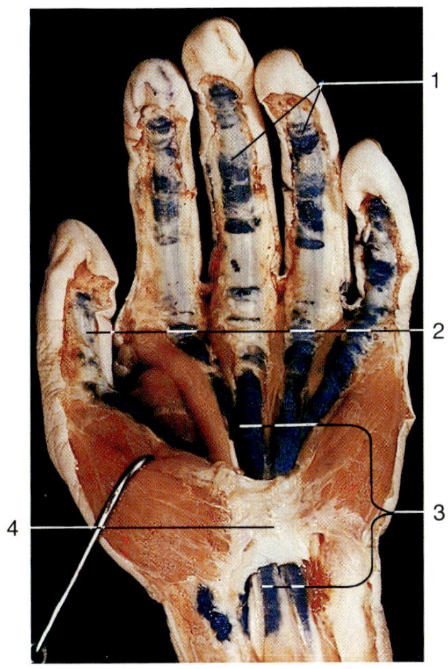

1 Sehnenscheiden der Mm. flexores digitorum superf. et prof.
2 Vagina tendinis m. flexoris pollicis longi
3 Vagina synovialis communis für die Beugersehnen
4 Retinaculum flexorum

Sehnenscheiden an der Palmarseite der linken Hand (Sehnenscheiden sind mit blau gefärbter Gelatine injiziert).

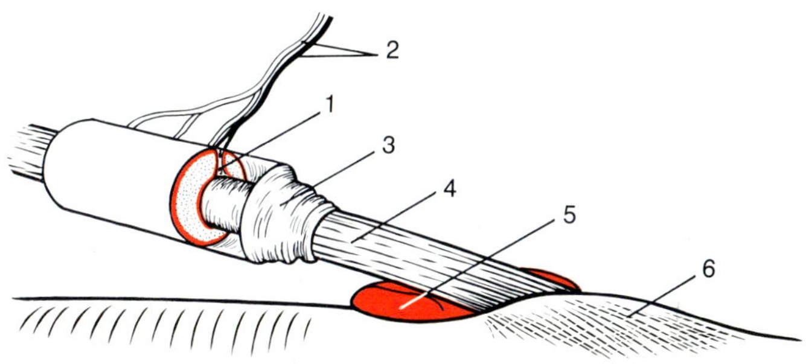

1 Mesotenon und Synovialhöhle
2 Blutgefäße
3 Vagina synovialis
4 Sehne
5 Bursa synovialis
6 Knochenvorsprung (Apophyse)

Schema über den Bau der Sehnenscheiden (rot = Membrana synovialis).

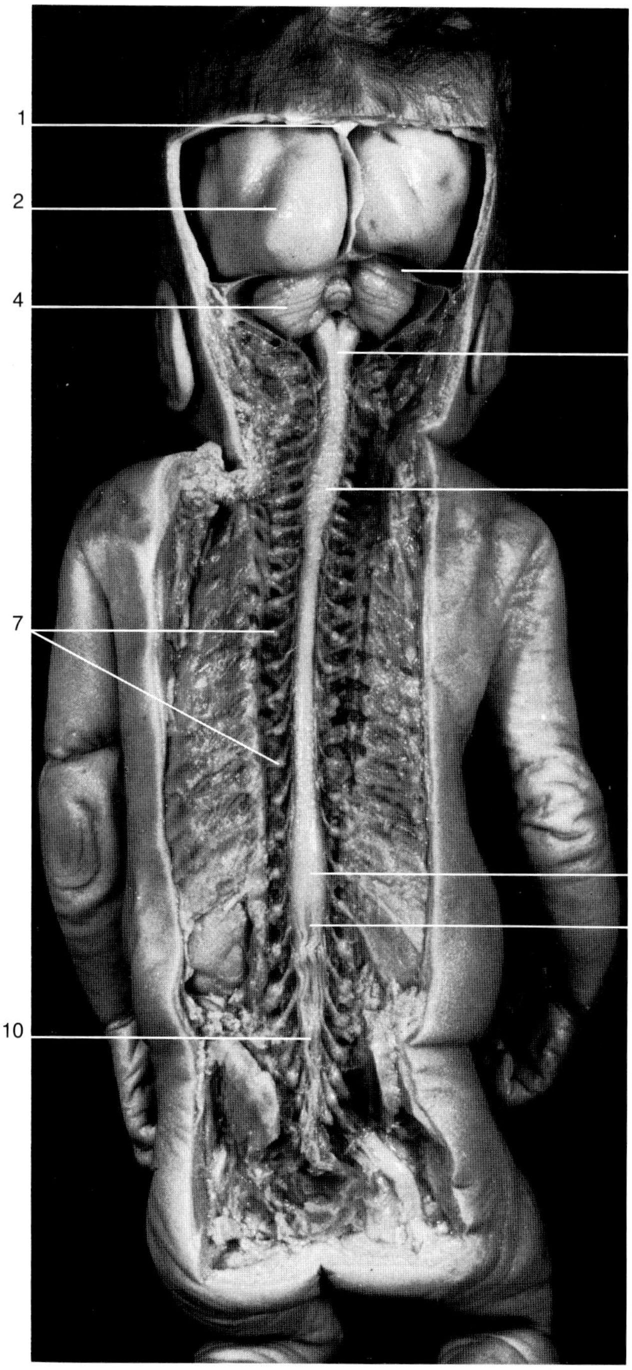

Gehirn und Rückenmark eines menschlichen Fetus in der Ansicht von dorsal.

1 Falx cerebri
2 Cortex, lobus occipitalis
3 Tentorium cerebelli
4 Cerebellum
5 Medulla oblongata
6 Intumescentia cervicalis
7 Ganglia spinalia
8 Intumescentia lumbalis
9 Conus medullaris
10 Cauda equina
11 Plexus cervicalis
12 Plexus brachialis
13 Plexus lumbosacralis
14 Truncus sympathicus

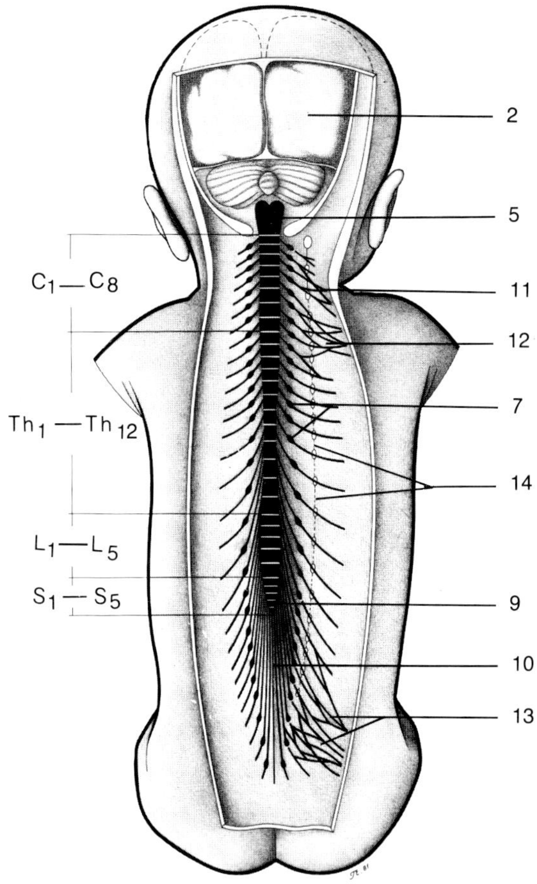

Schema vom Aufbau des Zentralen Nervensystems (ZNS). Die drei Hauptabschnitte des Nervensystems sind angedeutet. Vgl. mit nebenstehender Abbildung.

Das Nervensystem kann in drei Hauptabschnitte unterteilt werden:

1. den zentralen Anteil, der das Gehirn und die großen Sinnesorgane umfaßt und im Kopf lokalisiert ist,
2. das Rückenmark, das eine segmentale Anordnung zeigt und hauptsächlich im Wirbelkanal untergebracht ist, und
3. das periphere sowie das autonome Nervensystem, das zahlreiche Nervengeflechte und Ganglien ausbildet, die in den Organen selbst liegen.

Das Rückenmark entläßt in jedem Segment ein Spinalnervenpaar und spiegelt damit die Metamerie des Rumpfes deutlich wider. 8 zervikale, 12 thorakale, 5 lumbale, 5 sakrale und einige rudimentäre kokzygeale Segmente sind vorhanden. Die ventralen Äste der Spinalnerven bilden im oberen Halsbereich (C_1–C_5) den Plexus cervicalis, im unteren Halsbereich (C_5–Th_1) den Plexus brachialis, im lumbalen und sakralen Bereich den Plexus lumbosacralis (Th_{12}–S_5). Die dorsalen Äste behalten die ursprüngliche metamere Gliederung bei.

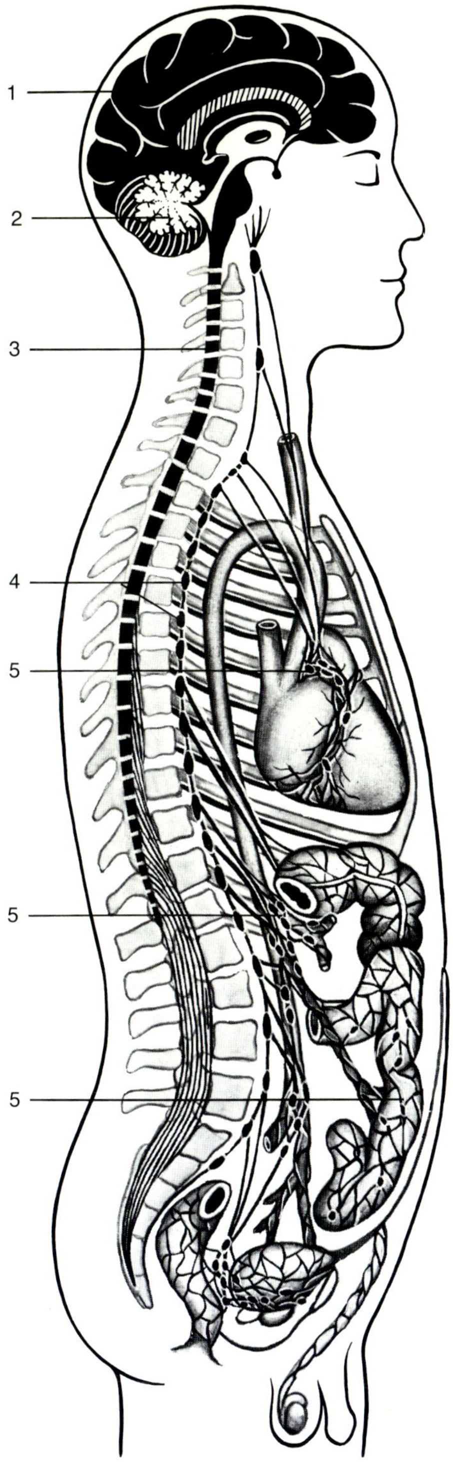

Schema zur **Darstellung der drei Hauptabschnitte des Nervensystems**
(Gehirn, Rückenmark und vegetatives Nervensystem).

1 Cerebrum
2 Cerebellum
3 Medulla spinalis
4 Truncus sympathicus
5 Plexus und Ganglien des vegetativen Nervensystems

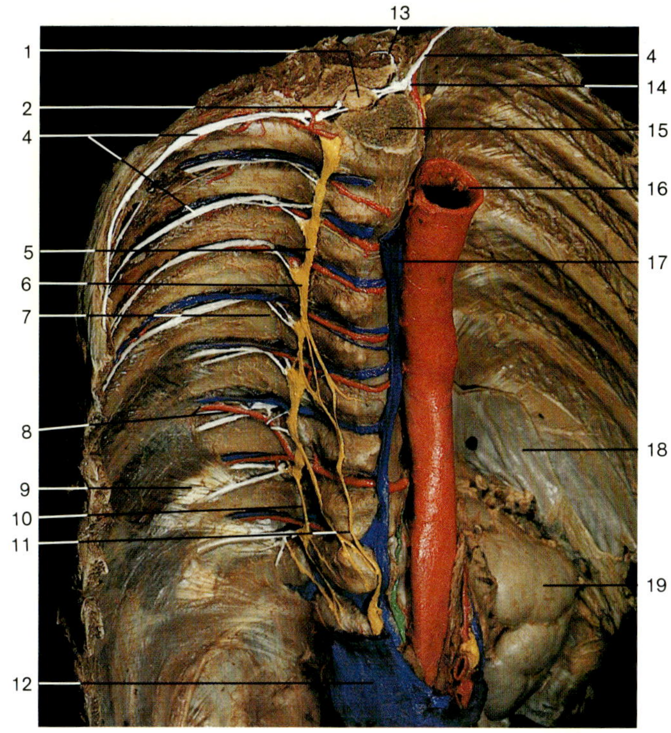

Hinterwand des Brustkorbes in der Ansicht von schräg vorne. Der Querschnitt liegt in Höhe des 5. Thorakalsegmentes. Die Spinalnerven in ihrer metameren Anordnung und deren Verbindung zum Grenzstrang des Sympathicus sind dargestellt.

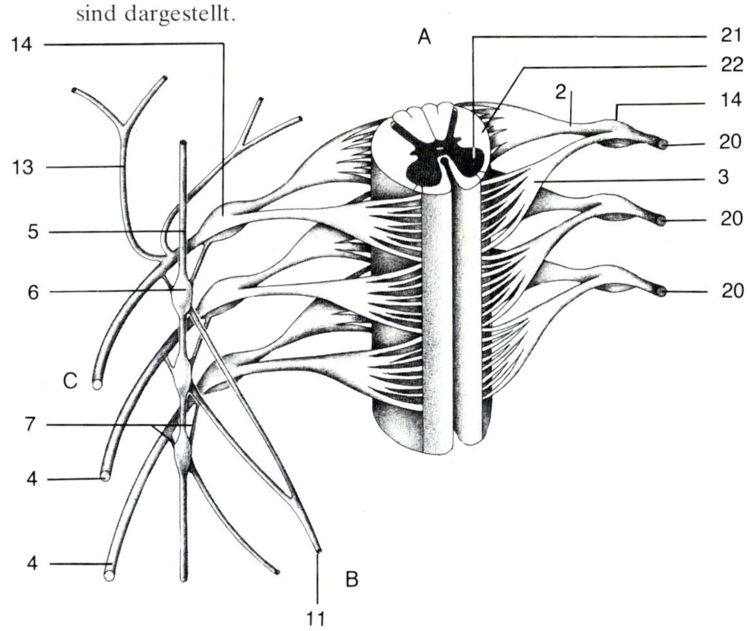

Spinalnervensegment (Schemazeichnung). Die Hinweise deuten die Verbindungen A = mit dem Gehirn, B = mit dem vegetativen Nervensystem über die Nervi splanchnici, und C = mit der Körperwand oder den Extremitäten (durch die Extremitätenplexus oder die Nn. intercostales) an.

1 Medulla spinalis
2 Radix dorsalis
3 Radix ventralis
4 Nn. intercostales
5 Truncus sympathicus
6 Ganglion trunci sympathici
7 Rr. communicantes
8 A. und V. intercostalis
9 M. subcostalis
10 N. splanchnicus minor
11 N. splanchnicus major
12 V. cava inf.
13 R. dorsalis n. spinalis
14 Ggl. spinale
15 Corpus vertebrae
16 Aorta thoracica
17 V. azygos
18 Diaphragma, pars lumbalis
19 Ren sin.
20 N. spinalis
21 Substantia grisea
22 Substantia alba

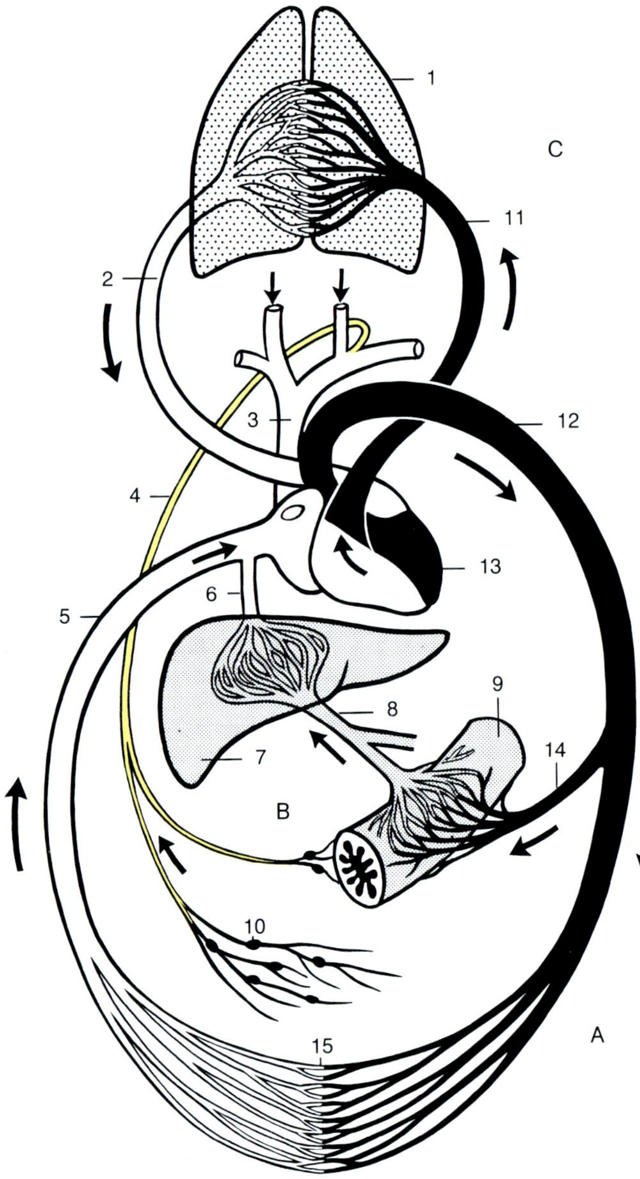

1 Lunge (Pulmo)
2 Vv. pulmonales
3 V. cava sup.
4 Ductus thoracicus
5 V. cava inf.
6 Vv. hepaticae
7 Leber (Hepar)
8 V. portae
9 Dünndarm mit Gefäßen
10 Lymphknoten und Lymphgefäße
11 A. pulmonalis
12 Aorta
13 Herz (Cor)
14 Aa. mesentericae
15 Kapillarnetz des Körpers

Schema vom Aufbau des Kreislaufsystems.
schwarz = Hochdruckgefäße (Arterien)
weiß = Niederdruckgefäße (Venen)
gelb = Lymphgefäße
Pfeile = Richtung des Blutstromes

A = Körperkreislauf
B = Pfortaderkreislauf
C = Lungenkreislauf

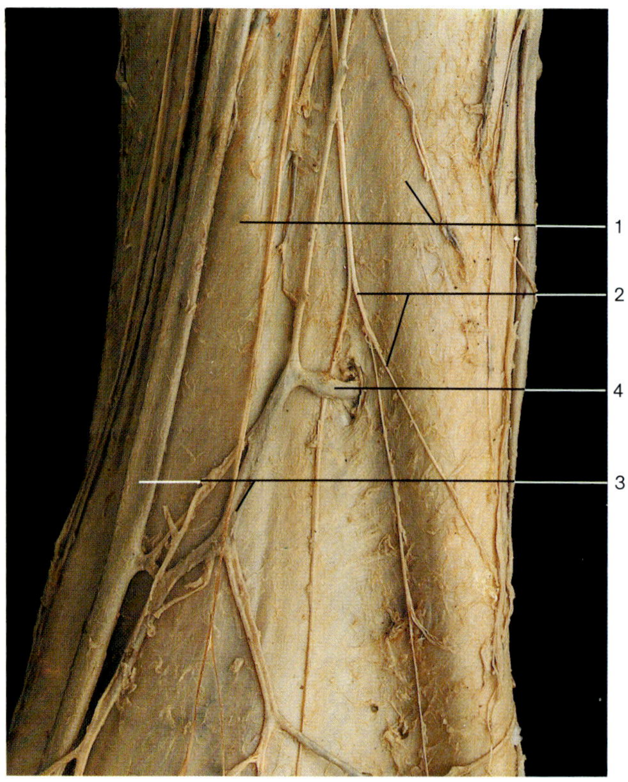

Hautvenen und Nerven des Unterschenkels
zur Darstellung der Unterschiede zwischen Nerven und Venen bei der anatomischen Präparation.

1 Fascia cruris
2 Nn. cutanei
3 Vv. subcutaneae
4 V. perforans

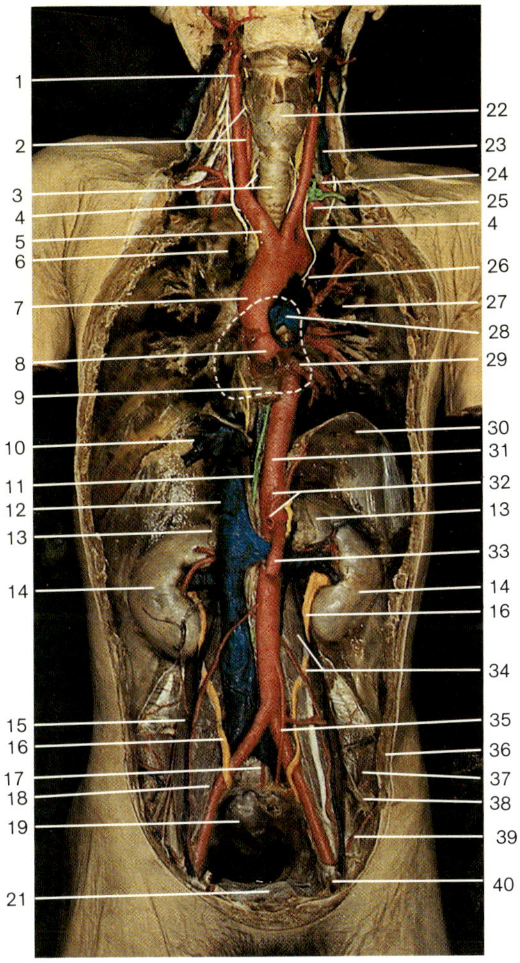

Die großen Gefäßstämme des Rumpfes.
Die Lage des Herzens ist durch eine punktierte Linie angedeutet.

1 A. carotis ext.
2 A. vertebralis, Ggl. cervicale medium
3 Trachea, N. recurrens vagi
4 N. vagus (N. X)
5 Truncus brachiocephalicus
6 A. pulmonalis
7 Aorta ascendens
8 Bulbus aortae
9 Oesophagus
10 Vv. hepaticae
11 Ductus thoracicus
12 V. cava inf.
13 Gl. suprarenalis
14 Niere (Ren)
15 M. psoas major
16 Ureter
17 A. sacralis mediana
18 A. iliaca ext.
19 Rectum
20 N. genitofemoralis
21 Vesica urinaria
22 Kehlkopf (Larynx)
23 V. jugularis int.
24 Truncus lymphaticus
25 A. subclavia
26 N. recurrens, lig. arteriosum
27 Aa., Vv. pulmonales, Bronchi
28 Valva trunci pulmonalis
29 V. pulmonalis
30 Diaphragma
31 Aorta abdominalis
32 Truncus coeliacus
33 A. mesenterica sup.
34 A., V. testicularis
35 A. mesenterica inf.
36 N. iliohypogastricus
37 N. ilioinguinalis
38 N. cutaneus femoris lat.
39 A. circumflexa ilium prof.
40 Vasa epigastrica inf., Ductus deferens
41 V. brachiocephalica dext.
42 V. cava sup.
43 Aa. intercostales
44 A. carotis communis sin.

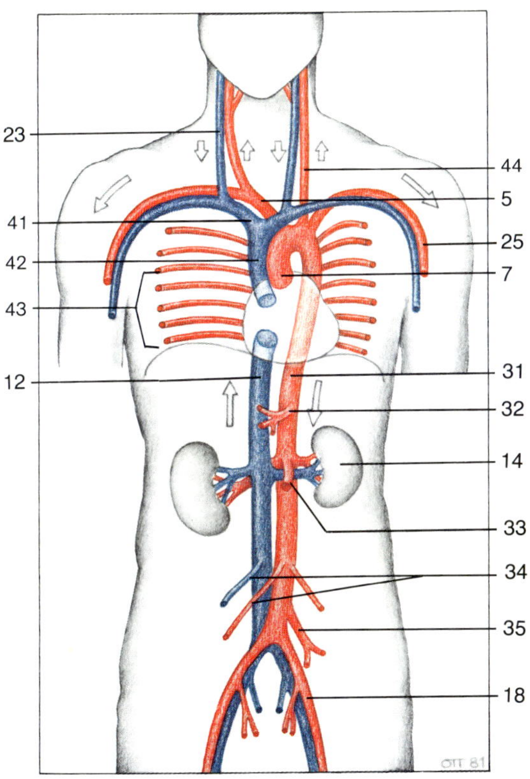

Schema über die Hauptgefäßstämme des Rumpfes (O.).

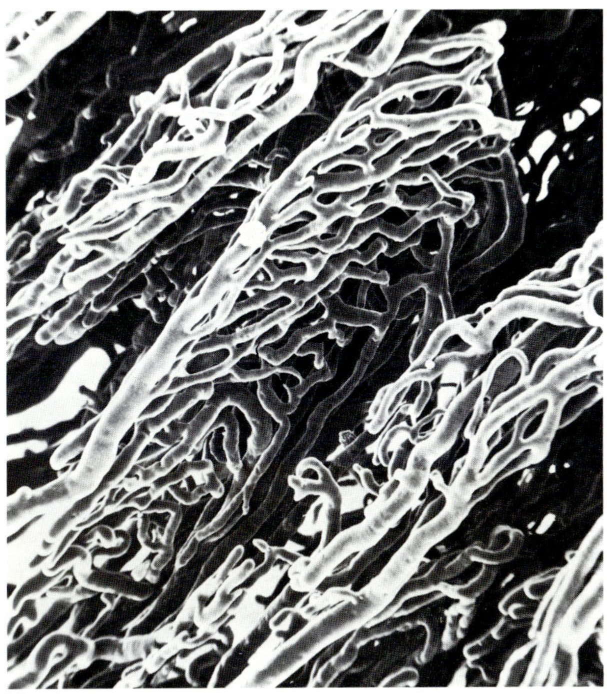

Rasterelektronenmikroskopische Aufnahme von den Blutgefäßen der Ziliarfortsätze des Auges als Beispiel für den **Aufbau des Kapillarsystems.**

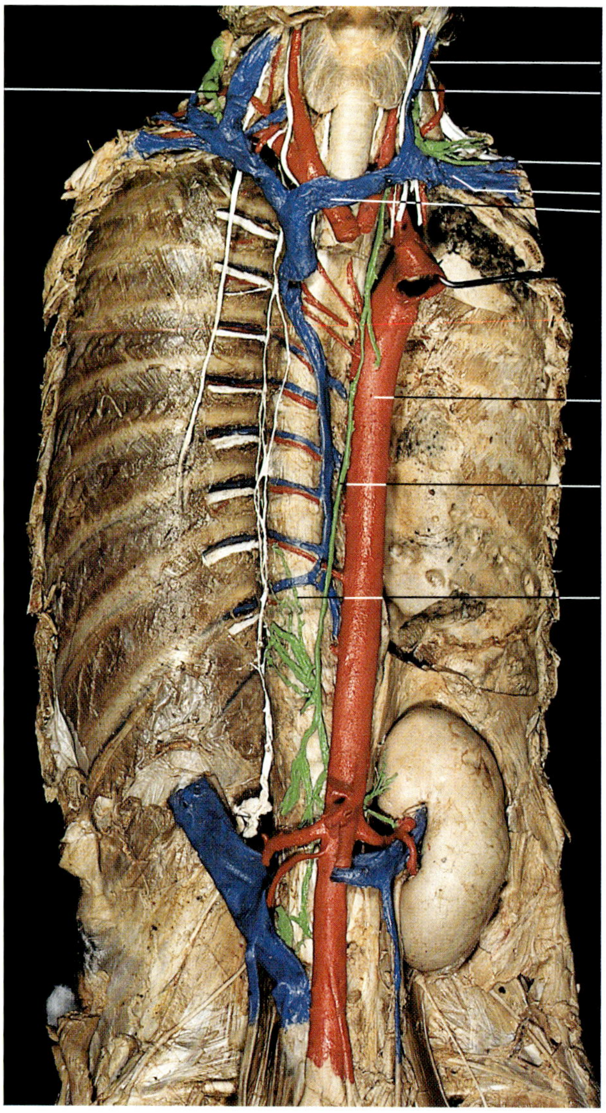

Hauptlymphgefäße des Rumpfes.

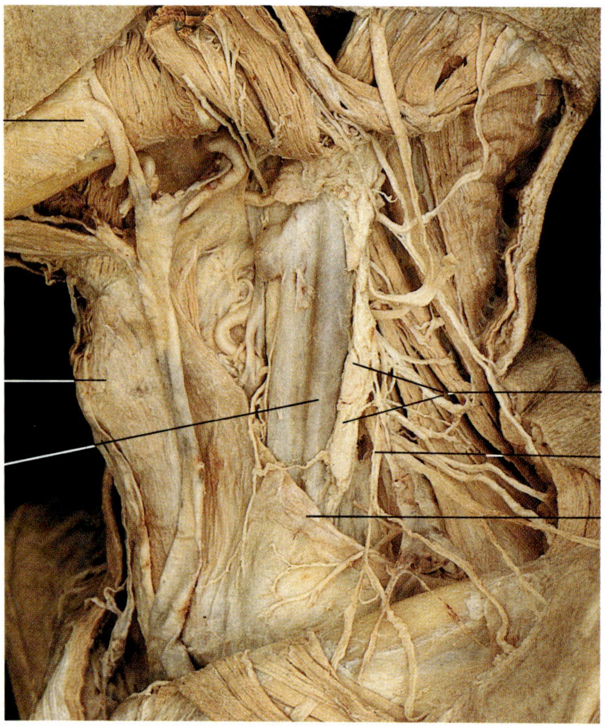

Nodi lymphatici cervicales proff., in der Nachbarschaft der V. jugularis int.

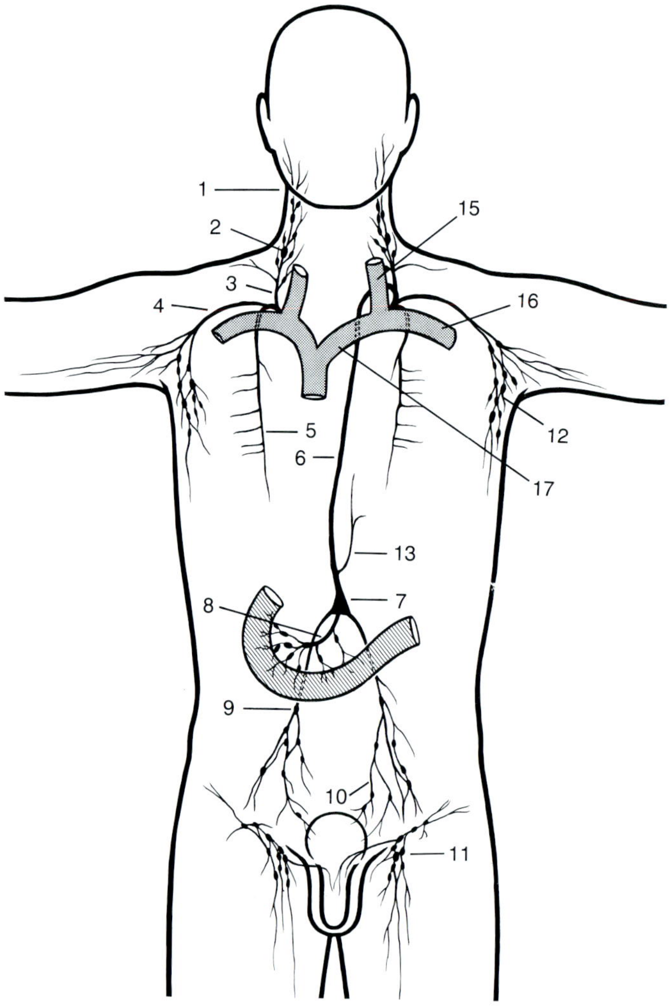

Schema über die Organisation des Lymphgefäßsystems. Verlauf der Hauptlymphgefäße und Lage der wichtigsten Lymphknoten des Körpers.

1 Nodi lymphatici submandibulares
2 Nodi lymphatici cervicales prof.
3 Truncus jugularis dext.
4 Truncus subclavius
5 Truncus bronchomediastinalis dext.
6 Ductus thoracius
7 Cisterna chyli
8 Truncus intestinalis
9 Truncus lumbalis dext.
10 Nodi lymphatici iliaci int.
11 Nodi lymphatici inguinales
12 Nodi lymphatici axillares
13 Truncus descendens
14 Aorta descendens
15 V. jugularis int.
16 V. subclavia
17 V. brachiocephalica
18 Mandibula
19 Kehlkopf (Larynx)
20 V. jugularis int.
21 Nodi lymphatici cervicales proff.
22 N. supraclavicularis des Plexus cervicalis
23 Lamina praetrachealis fasciae cervicalis

Die Lymphgefäße entspringen als blinde, dünnwandige Gefäße im Zwischengewebe (Lymphkapillaren), vereinigen sich dann zu größeren Gefäßen (Lymphgefäße), deren dünne Wand den Venen gleicht, aber häufig durch Klappen und durch eingeschaltete Lymphknoten charakterisiert ist.

Größere Lymphknotengruppen finden sich in der Regio inguinalis, Regio axillaris sowie am Kieferwinkel, am Hals in der Nachbarschaft der V. jugularis int. und innerhalb der mesenterialen Duplikaturen des Bauchraumes.

Kapitel II

Kopf

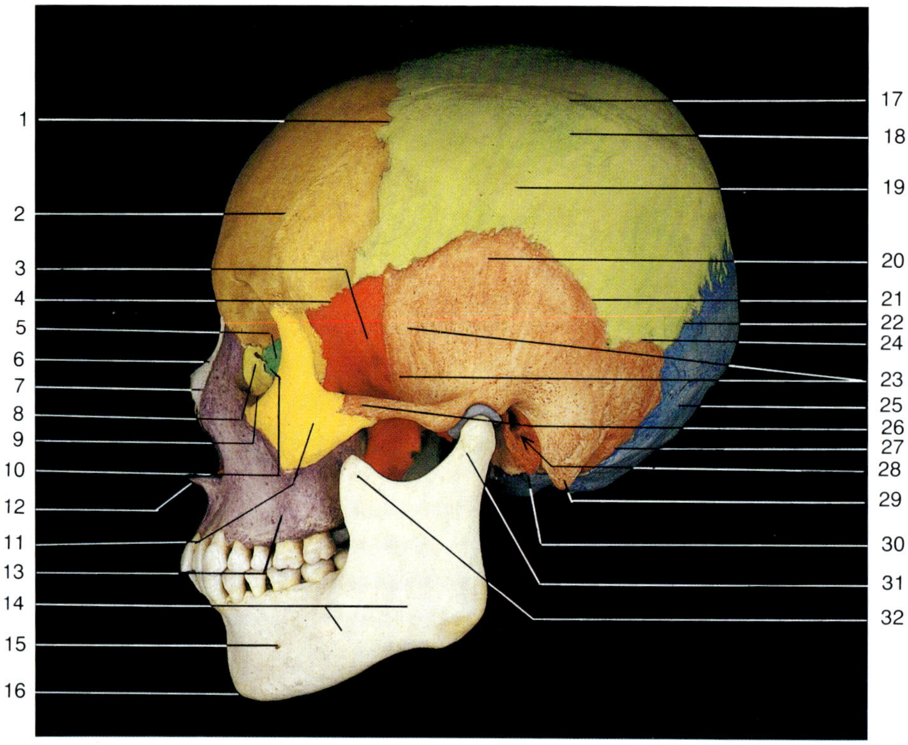

Allgemeiner Aufbau des Schädels (Ansicht von lateral). Die Schädelbasis bildet die Grenze zwischen **Neurokranium** und **Splanchnokranium.** Das Neurokranium bildet die schützende Kapsel für das Gehirn, das Splanchnokranium für Nasen- und Mundhöhle.

1 Sutura coronalis
2 Os frontale
3 Os sphenoidale
4 Sutura sphenofrontalis
5 Os ethmoidale
6 Os nasale
7 Sutura nasomaxillaris
8 Os lacrimale
9 Sutura lacrimomaxillaris
10 Sutura lacrimoethmoidalis
11 Os zygomaticum
12 Spina nasalis ant.
13 Maxilla
14 Mandibula
15 For. mentale
16 Protuberantia mentalis
17 Linea temporalis sup.
18 Linea temporalis inf.
19 Os parietale
20 Os temporale
21 Sutura squamosa
22 Sutura lambdoidea
23 Fossa temporalis
24 Sutura parietomastoidea
25 Os occipitale
26 Arcus zygomaticus
27 Sutura occipitomastoidea
28 Porus et Meatus acusticus ext.
29 Proc. mastoideus
30 Pars tympanica ossis temporalis
31 Proc. condylaris mandibulae
32 Proc. coronoideus mandibulae

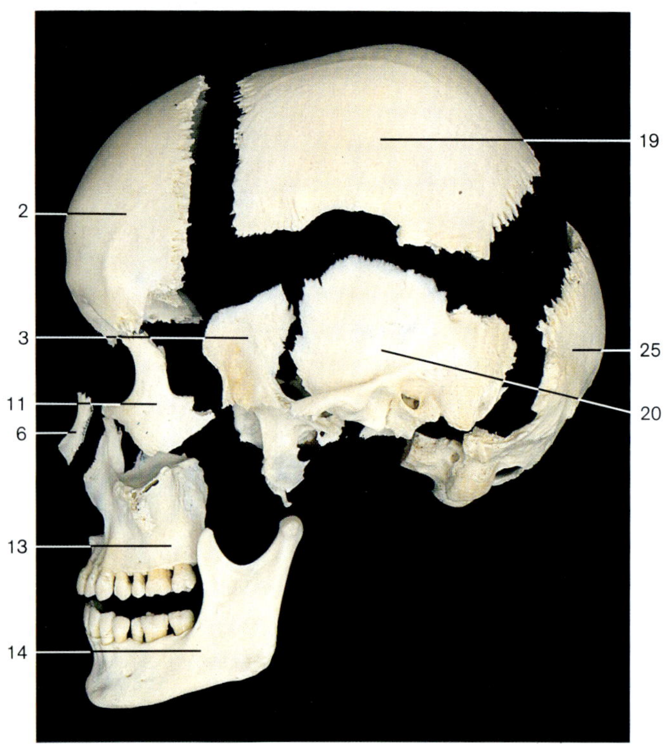

Zersprengter Schädel (Ansicht von lateral).
(Os palatinum, Os ethmoidale, Os lacrimale und Vomer sind nicht abgebildet).

Os occipitale (blau) Os sphenoidale (rot) Os frontale (orange) Os parietale (hellgrün) Os temporale (braun) Pars tympanica (rot)	Neurocranium	
Os ethmoidale (dunkelgrün) Os nasale (hellblau) Os lacrimale (gelb) Concha nasalis inf. Vomer Maxilla (violett) Os zygomaticum (hellgelb) Os palatinum Mandibula (weiß)	Cranium faciale	Splanchnocranium (Cranium viscerale)
Malleus Incus Stapes	Ossicula auditus	
Os hyoideum		

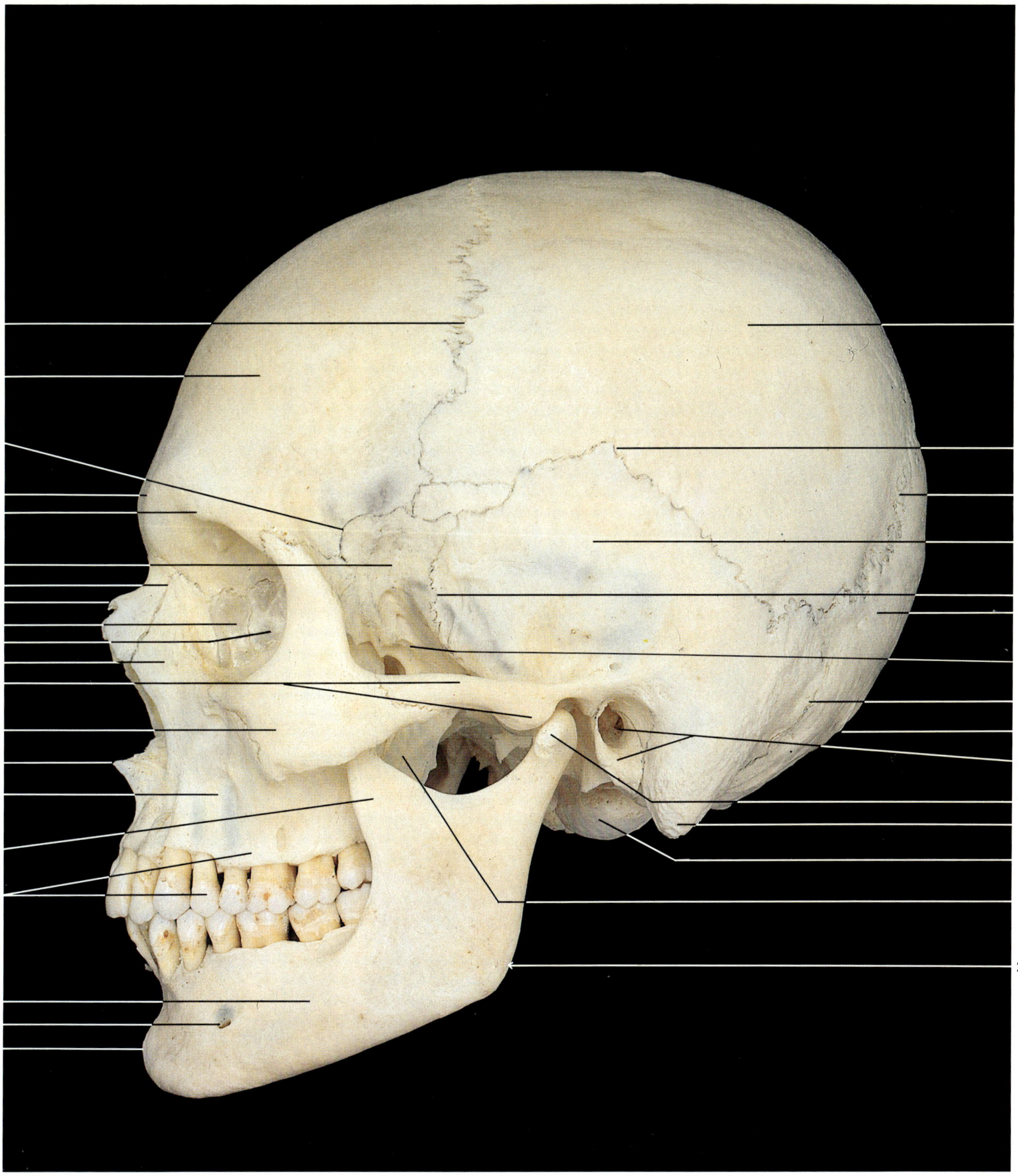

Knöcherner Schädel (Ansicht von lateral).

1 **Os frontale,** squama frontalis
2 Glabella
3 Margo supraorbitalis
4 **Os parietale**
5 **Os temporale.** squama temporalis
6 Proc. zygomaticus, tuberculum articulare
7 Processus mastoideus
8 Pars tympanica, meatus acusticus ext.
9 **Os occipitale**
10 Protuberantia occipitalis ext.
11 Condylus occipitalis

12 **Os sphenoidale,** ala major
13 Crista infratemporalis
14 Proc. pterygoideus, lamina lat.
15 **Os nasale**
16 **Os ethmoidale,** lamina orbitalis
17 **Os lacrimale**
18 **Os zygomaticum**
19 **Maxilla** (Corpus maxillae)
20 Proc. alveolaris und Dens praemolaris I
21 Proc. frontalis
22 Spina nasalis ant.
23 **Mandibula** (Corpus mandibulae)
24 Proc. coronoideus

25 Proc. condylaris
26 For. mentale
27 Protuberantia mentalis
28 Angulus mandibulae

Suturen (Suturae)

29 Sutura coronalis
30 Sutura lambdoidea
31 Sutura squamosa
32 Sutura nasomaxillaris
33 Sutura sphenofrontalis
34 Sutura sphenosquamosa
35 Sutura occipitomastoidea

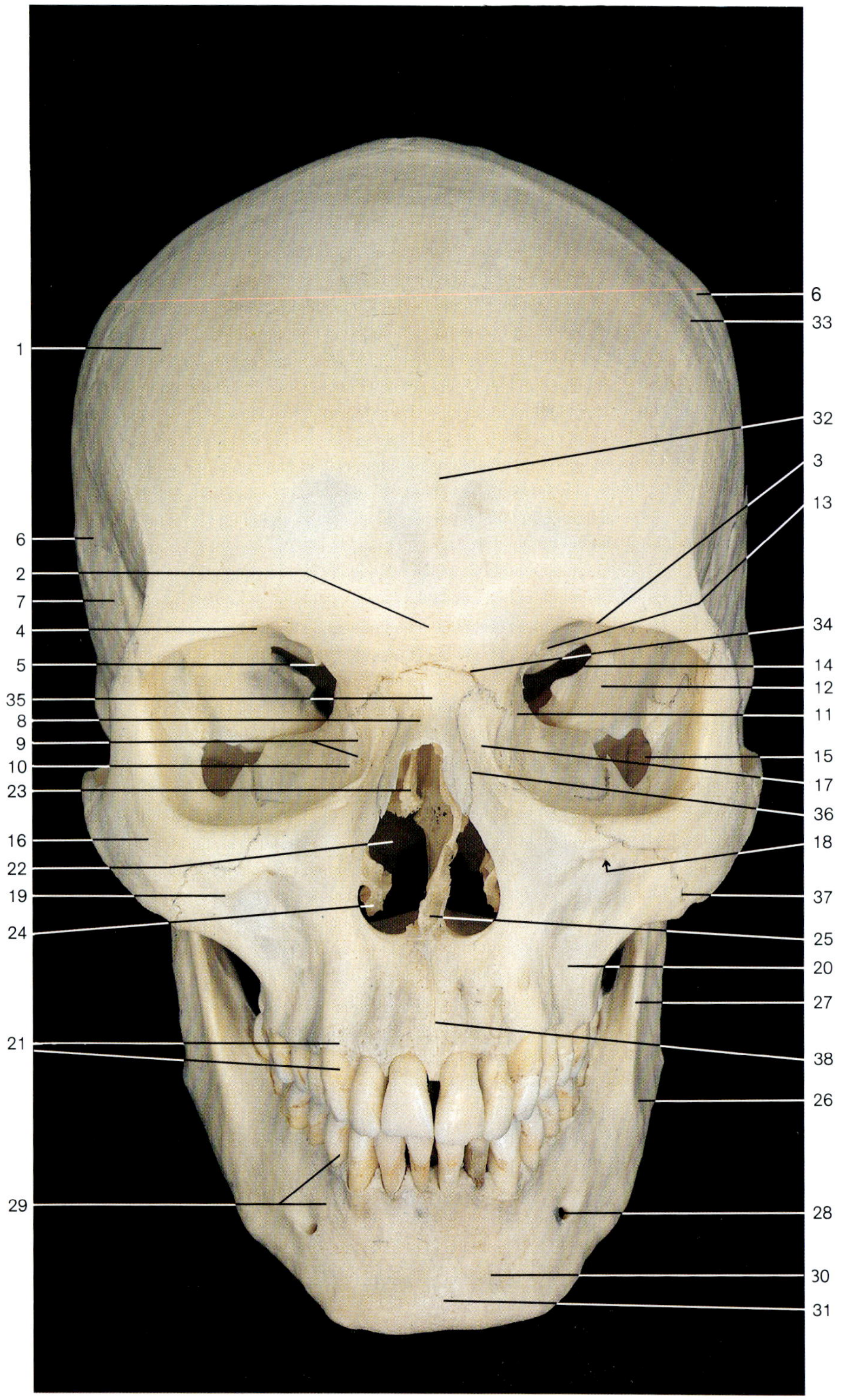

Knöcherner Schädel (Ansicht von vorne).

1 **Os frontale**
2 Glabella
3 Margo supraorbitalis
4 Incisura supraorbitalis
5 Spina trochlearis (var.)
6 **Os parietale** (Sutura squamosa)
7 **Os temporale**
8 **Os nasale**

Orbita
9 Os lacrimale
10 Crista lacrimalis post.
11 Lamina orbitalis ossis ethmoidalis

Os sphenoidale
12 Ala major ossis sphenoidalis
13 Ala minor ossis sphenoidalis
14 Fissura orbitalis sup.
15 Fissura orbitalis inf.
16 **Os zygomaticum**

Maxilla
17 Proc. frontalis
18 For. infraorbitale
19 Proc. zygomaticus
20 Corpus maxillae
21 Proc. alveolaris, Dentes

Cavum nasi
22 Cavum nasi
23 Concha nasalis media
24 Concha nasalis inf.
25 Septum nasi osseum, Vomer

Mandibula
26 Corpus mandibulae
27 Ramus mandibulae, proc. coronoideus
28 Foramen mentale
29 Pars alveolaris, Dens praemolaris I
30 Basis mandibulae
31 Protuberantia mentalis

Suturen (Suturae)
32 Sutura frontalis (Variation)
33 Sutura coronalis
34 Sutura frontonasalis
35 Sutura internasalis
36 Sutura nasomaxillaris
37 Sutura zygomaticomaxillaris
38 Sutura intermaxillaris

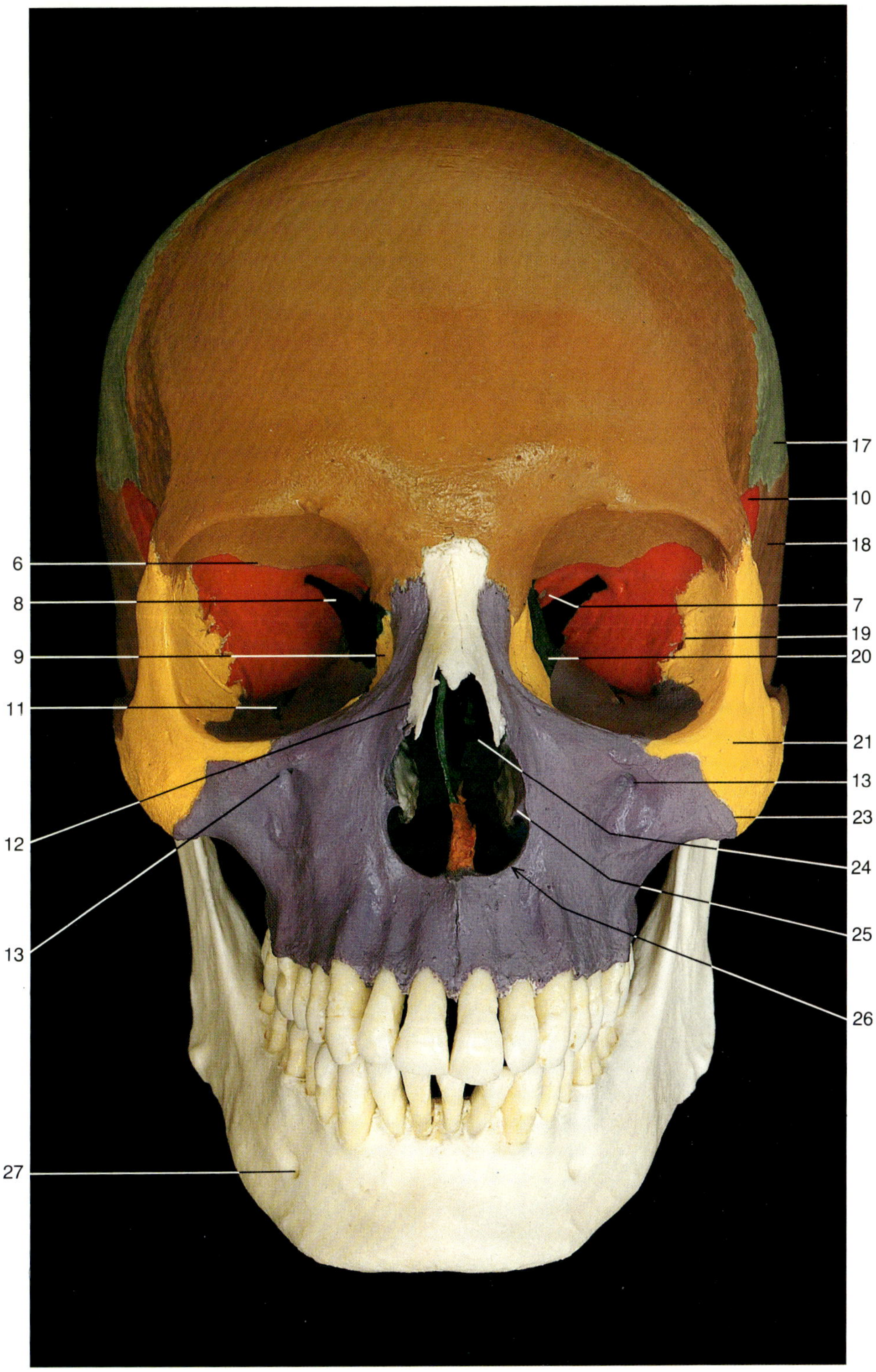

1 Os frontale
2 Sutura frontonasalis
3 Sutura frontomaxillaris
4 Incisura supraorbitalis
5 Sutura internasalis
6 Sutura sphenofrontalis
7 Canalis opticus
8 Fissura orbitalis
9 Os lacrimale
10 Ala major ossis sphenoidalis, fascies orbitalis
11 Fissura orbitalis inf.
12 Sutura nasomaxillaris
13 For. infraorbitale
14 Maxilla
15 Vomer
16 Mandibula
17 Os parietale
18 Os temporale
19 Sutura sphenozygomatica
20 Os ethmoidale, lamina orbitalis
21 Os zygomaticum, facies malaris
22 Os nasale
23 Sutura zygomaticomaxillaris
24 Concha nasalis media
25 Concha nasalis inf.
26 Apertura piriformis
27 For. mentale

Knöcherner Schädel (Ansicht von vorne).
Die einzelnen Knochen sind durch unterschiedliche Farbgebung gekennzeichnet.

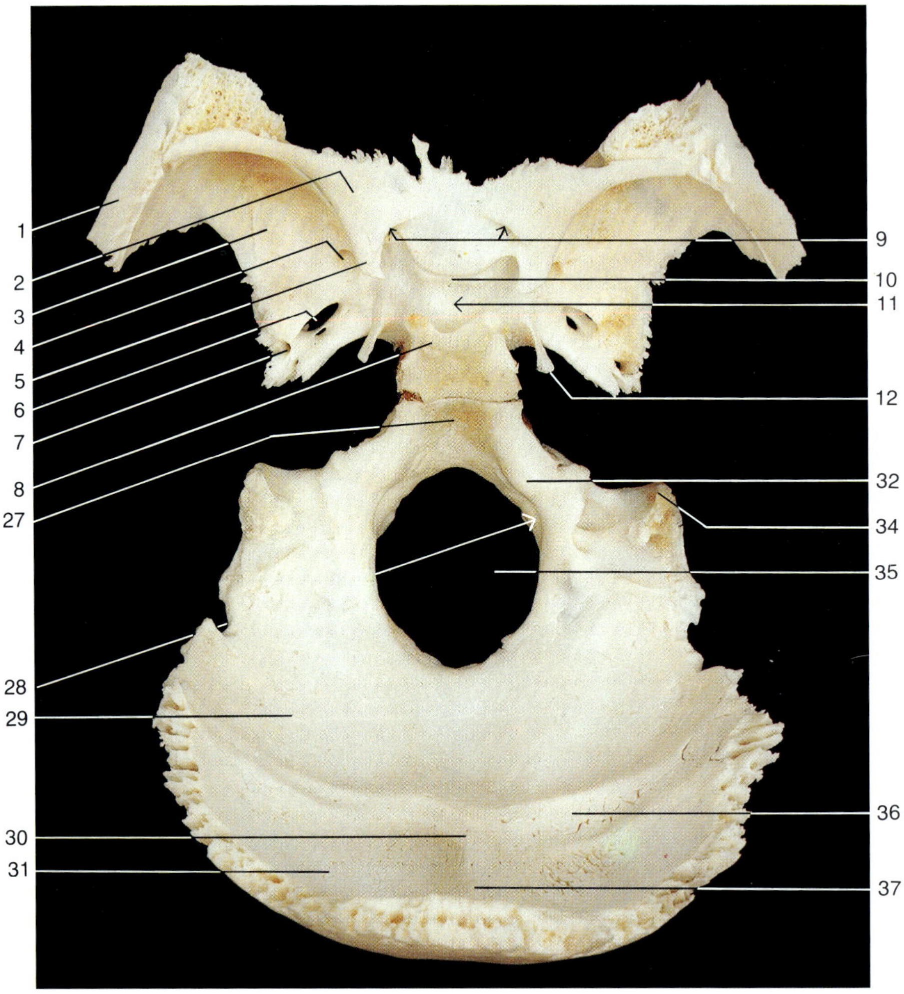

Os sphenoidale und Os occipitale (von oben).

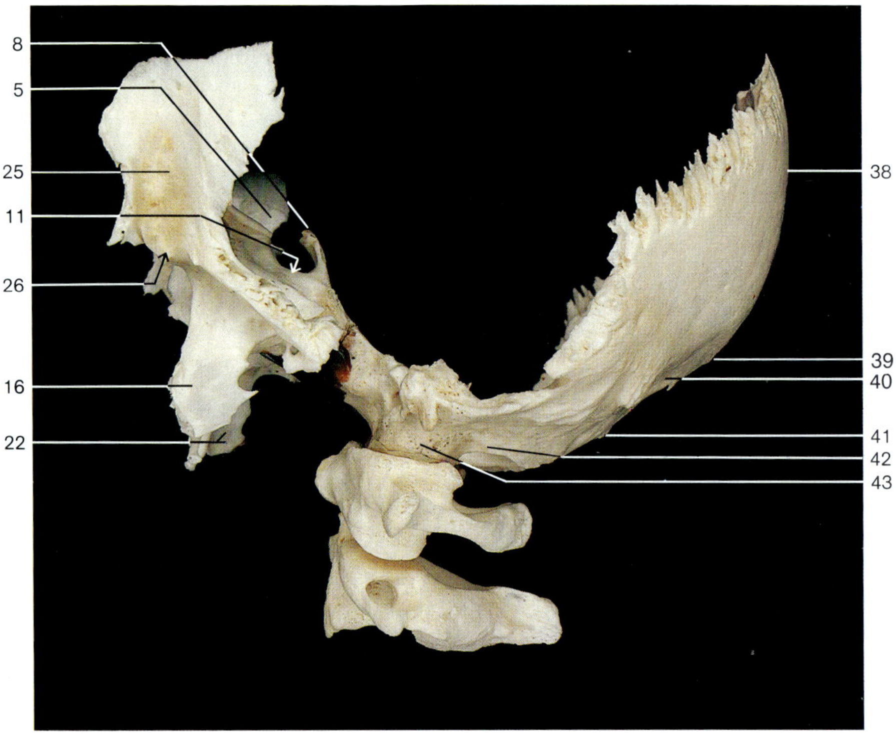

Os sphenoidale und Os occipitale in Verbindung mit Atlas und Axis (von lateral).

Os sphenoidale (von vorne).

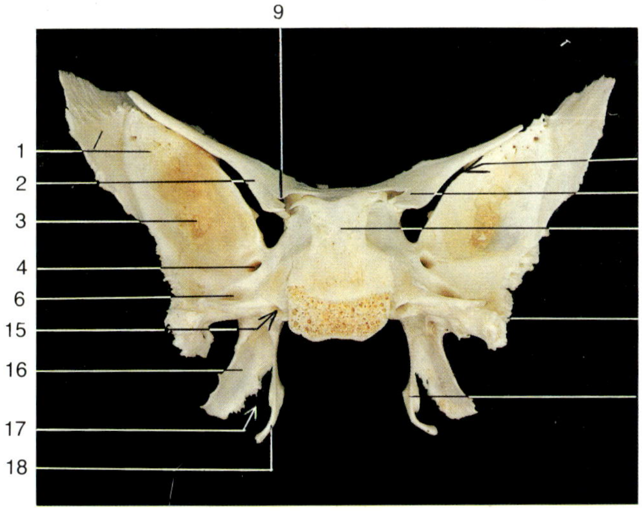

Os sphenoidale (von hinten).

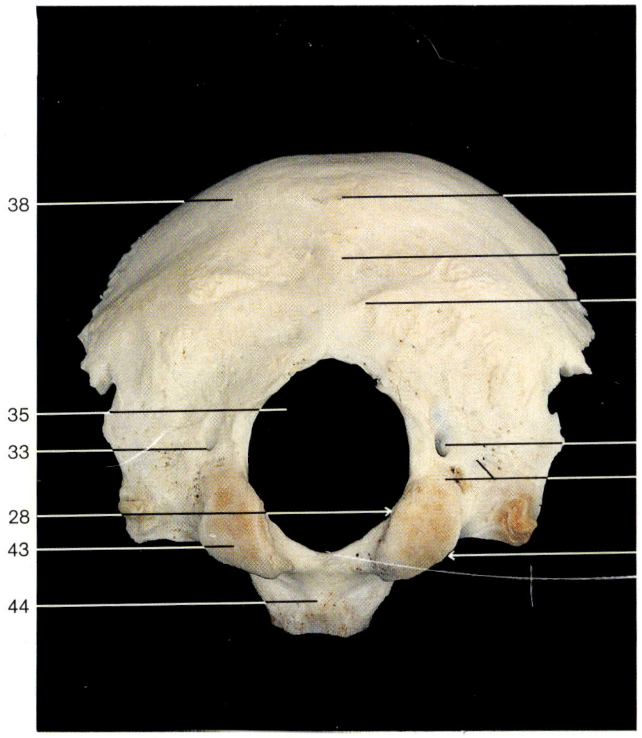

Os occipitale (von unten).

Os sphenoidale

1 Ala major
2 Ala minor
3 Ala major, facies cerebralis
4 For. rotundum
5 Proc. clinoideus ant.
6 For. ovale
7 For. spinosum
8 Dorsum sellae
9 Canalis opticus
10 Sulcus chiasmatis
11 Fossa hypophysialis
12 Lingua sphenoidalis
13 Apertura sinus sphenoidalis
14 Proc. clinoideus post.
15 Canalis pterygoideus
16 Lamina lat. proc. pterygoidei
17 Incisura pterygoidea
18 Hamulus pterygoideus
19 Ala major, facies orbitalis
20 Crista sphenoidalis
21 Rostrum sphenoidale
22 Lamina med. proc. pterygoidei
23 Fissura orbitalis sup.
24 Spina sphenoidalis
25 Ala major, facies temporalis
26 Crista infratemporalis

Os occipitale

27 Clivus
28 Canalis hypoglossi
29 Fossa occipitalis (cerebellaris)
30 Protuberantia occipitalis int.
31 Fossa occipitalis (cerebralis)
32 Tuberculum jugulare
33 Canalis condylaris
34 Proc. jugularis
35 For. magnum
36 Sulcus sinus transversi
37 Sulcus sinus sagittalis sup.
38 Squama occipitalis
39 Protuberantia occipitalis ext.
40 Linea nuchae sup.
41 Planum nuchae inf.
42 Fossa condylaris
43 Condylus occipitalis
44 Tuberculum pharyngeum
45 Crista occipitalis ext.

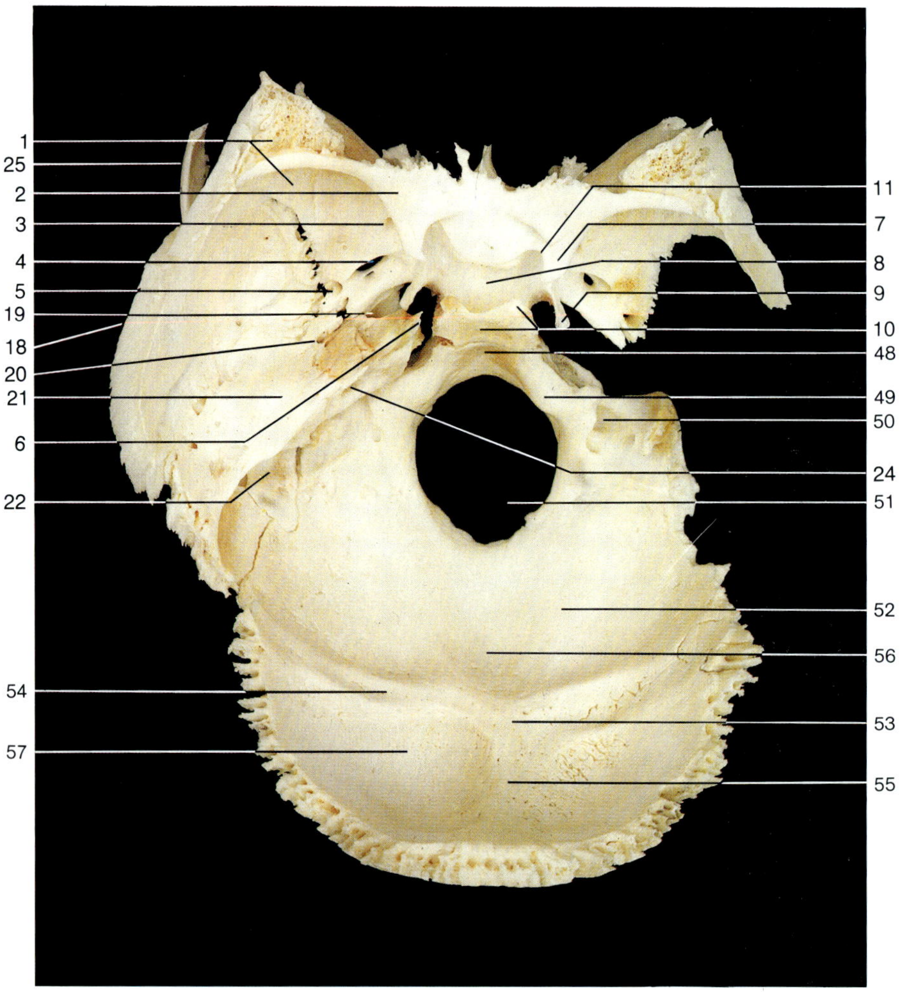

Schädelbasis, zersprengter Schädel (von oben).
Zu den beiden Knochen der vorangegangenen Abbildungen (Os occipitale, Os sphenoidale) ist das linke **Os temporale** hinzugekommen.

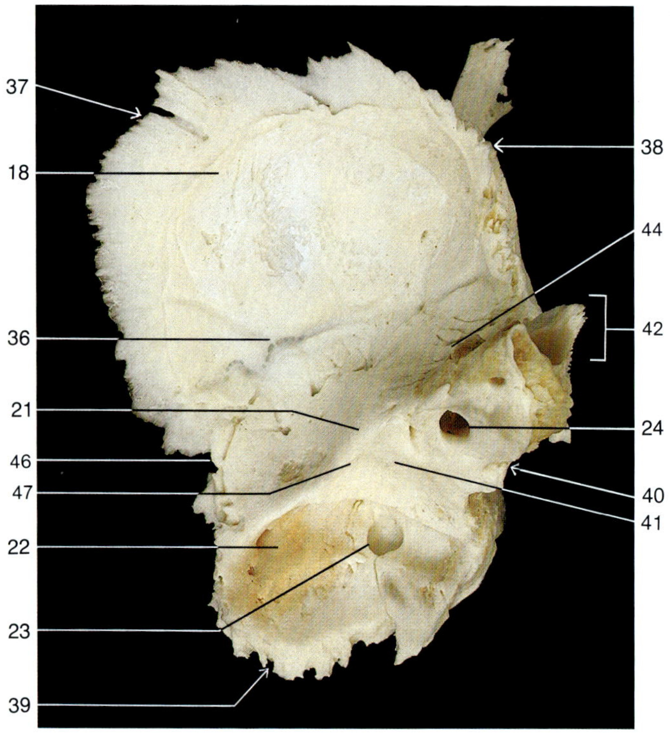

Os temporale (von medial).

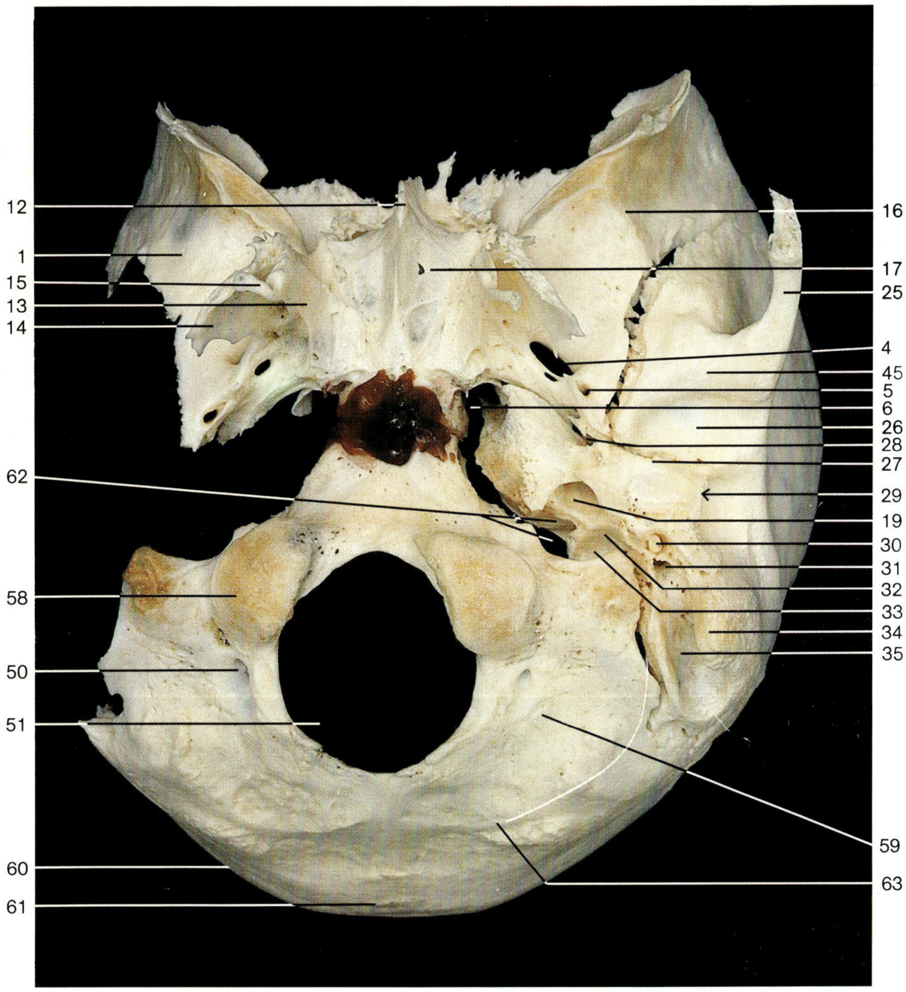

Schädelbasis, zersprengter Schädel (von unten). Os sphenoidale, Os occipitale und linkes Os temporale.

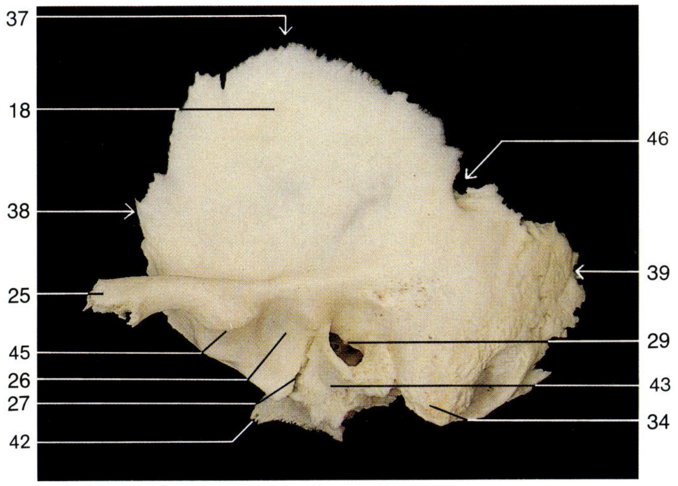

Os temporale (von lateral).

Os sphenoidale
1 Ala major
2 Ala minor
3 For. rotundum
4 For. ovale
5 For. spinosum
6 For. lacerum
7 Proc. clinoideus ant.
8 Fossa hypophysialis
9 Lingula sphenoidalis
10 Dorsum sellae und Proc. clinoideus post.
11 Canalis opticus
12 Rostrum sphenoidale
13 Lamina med. proc. pterygoidei
14 Lamina lat. proc. pterygoidei
15 Hamulus pterygoideus
16 Crista infratemporalis
17 Corpus ossis sphenoidalis

Os temporale
18 Pars squamosa ossis temporalis
19 Canalis caroticus
20 Hiatus canalis n. petrosi majoris
21 Eminentia arcuata
22 Sulcus sinus sigmoidei
23 For. mastoideum
24 Porus acusticus int.
25 Proc. zygomaticus
26 Fossa mandibularis
27 Fissura petrotympanica
28 Canalis musculotubarius
29 Porus et meatus acusticus ext.
30 Proc. styloideus (abgebrochen)
31 For. stylomastoideum
32 Canalicus mastoideus
33 Fossa jugularis
34 Proc. mastoideus
35 Incisura mastoidea
36 Sulcus arteriosus
37 Margo parietalis
38 Margo sphenoidalis
39 Margo occipitalis
40 Apertura ext. canaliculi cochleae
41 Apertura int. canaliculi vestibuli
42 Apex partis petrosae
43 Pars tympanica
44 Impressio trigemini
45 Tuberculum articulare
46 Incisura parietalis
47 Sulcus sinus petrosi sup.

Os occipitale
48 Clivus
49 Tuberculum jugulare
50 Canalis condylaris
51 For. magnum
52 Squama occipitalis (Fossa occipitalis)
53 Protuberantia occipitalis int.
54 Sulcus sinus transversi
55 Sulcus sinus sagittalis sup.
56 Crista occipitalis int.
57 Squama occipitalis (Fossa occipitalis)
58 Condylus occipitalis
59 Planum nuchale
60 Linea nuchae sup.
61 Protuberantia occipitalis ext.
62 For. jugulare
63 Linea nuchae inf.

Zusammensetzung des Schädels, III. (Neurocranium)

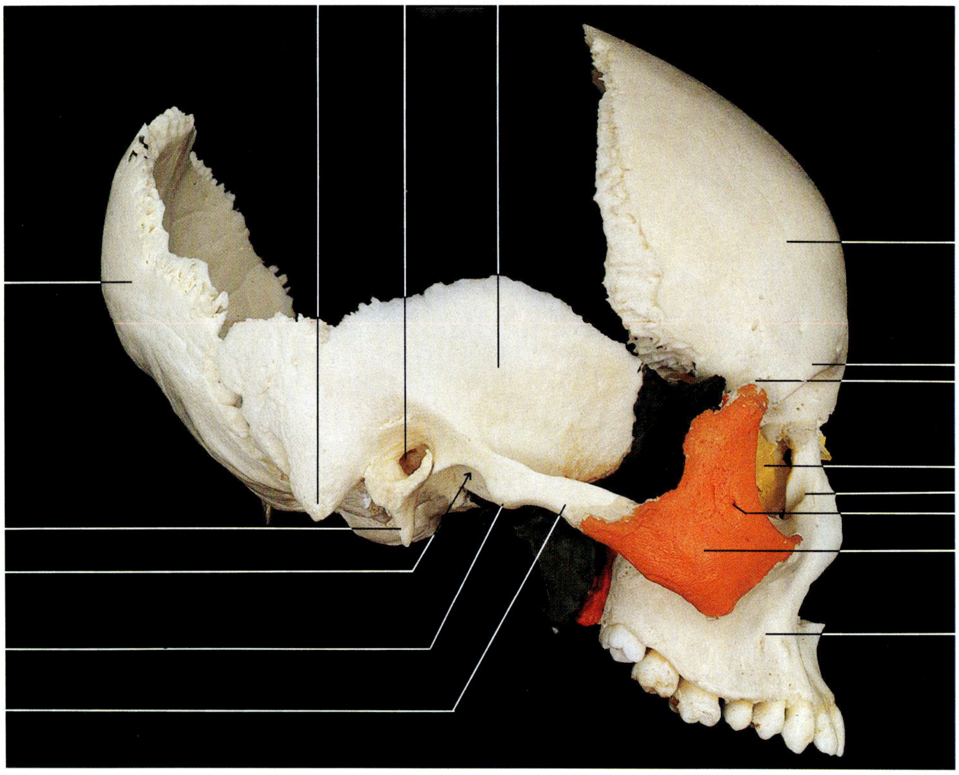

Teil eines **zersprengten Schädels** (Seitenansicht).
In Ergänzung zu den vorhergehend abgebildeten Knochen wurden jetzt noch das **Os frontale, das Os zygomaticum** (orange) und die **Maxilla** mit abgebildet.

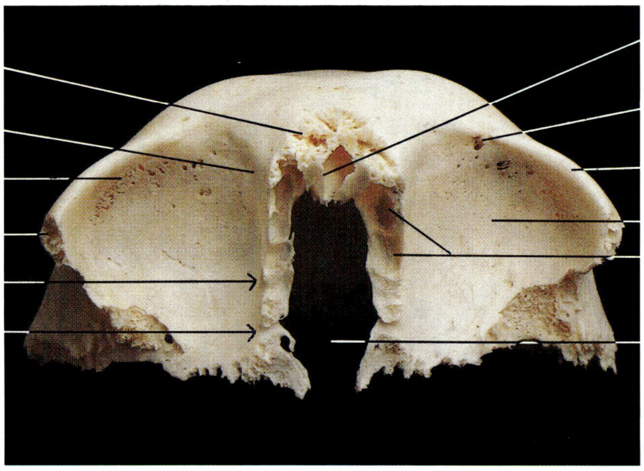

Os frontale (von unten). Die Foveolae ethmoidales bilden mit den entsprechenden Höhlungen des Siebbeins zusammen die Cellulae ethmoidales.

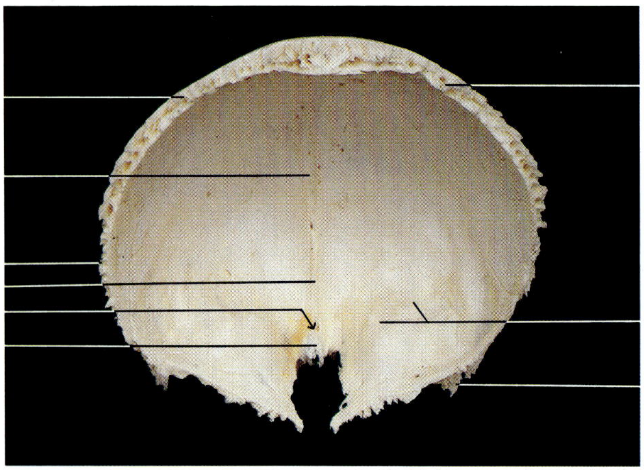

Os frontale (von dorsal).

Os frontale
1 Margo nasalis
2 Fossa trochlearis
3 Fossa glandulae lacrimalis
4 For. ethmoidale ant.
5 For. ethmoidale post.
6 Spina nasalis
7 Incisura supraorbitalis
8 Margo supraorbitalis
9 Facies orbitalis
10 Foveolae ethmoidales
11 Incisura ethmoidalis
12 Margo parietalis
13 Sulcus sinus sagittalis sup.
14 Squama frontalis
15 Crista frontalis
16 For. caecum
17 Spina nasalis
18 Proc. zygomaticus
19 Juga cerebralia
20 **Maxilla**
21 Proc. frontalis maxillae
22 **Os lacrimale**
23 **Os zygomaticum**
24 For. zygomaticofaciale

Os temporale
25 Os temporale, pars squamosa
26 Porus acusticus ext.
27 Proc. mastoideus
28 Proc. styloideus
29 Fossa mandibularis
30 Tuberculum articulare
31 Proc. zygomaticus

Os occipitale
32 Squama occipitalis

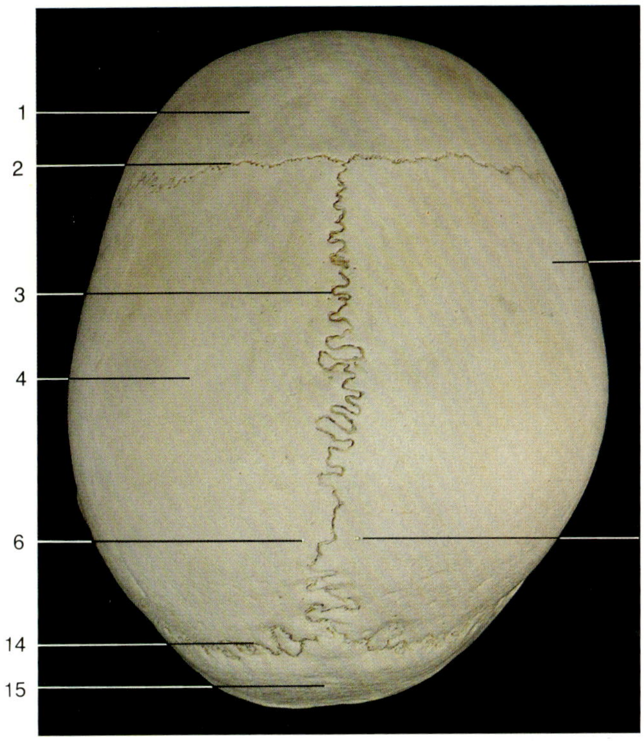

Schädeldach (Calvaria) (von oben).

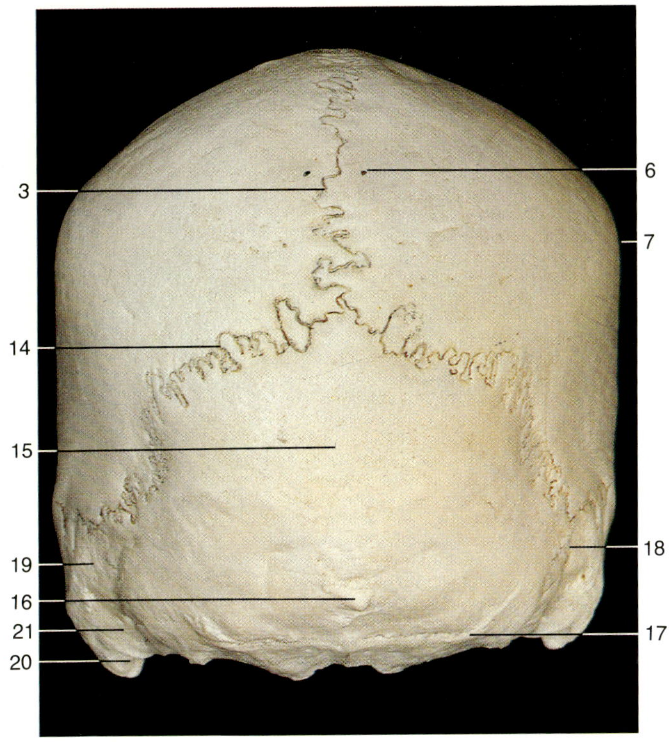

Neurokranium (von dorsal).

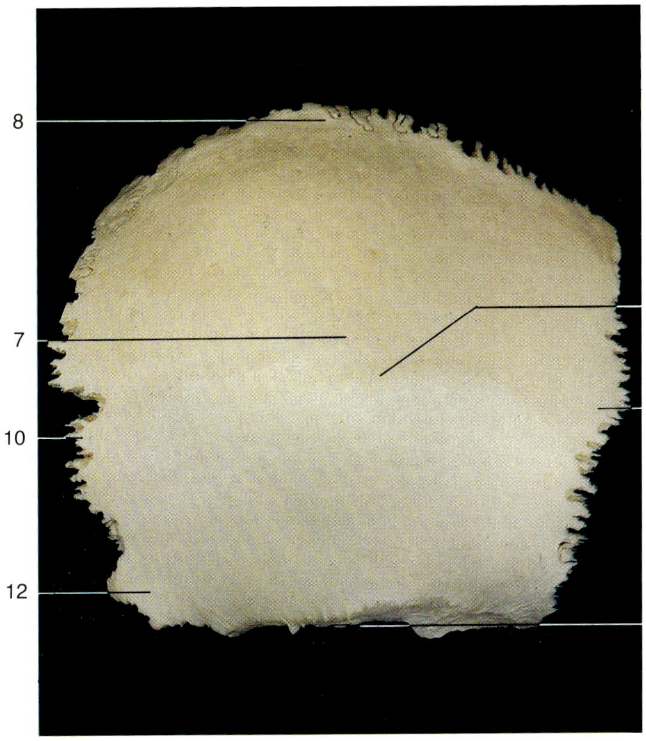

Os parietale (li.) (von außen).

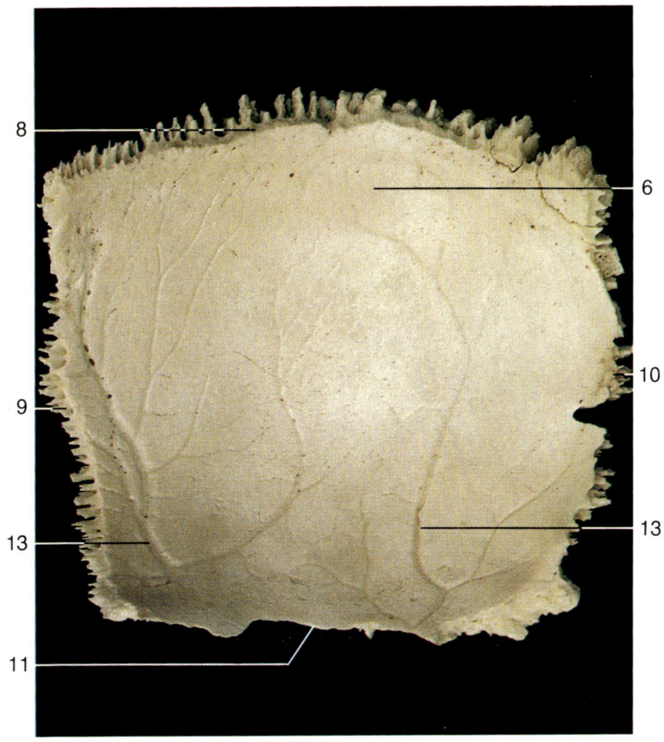

Os parietale (li.) (von innen).

1 **Os frontale**
2 Sutura coronalis
3 Sutura sagittalis
4 **Os parietale**
5 Linea temporalis sup.
6 For. parietale
7 Tuber parietale
8 Margo sagittalis
9 Margo occipitalis
10 Margo frontalis
11 Margo squamosus
12 Angulus sphenoidalis
13 Sulci arteriosi für die A. meningea media
14 Sutura lambdoidea
15 **Os occipitale**
16 Protuberantia occipitalis ext.
17 Linea nuchae inf.
18 Sutura occipitomastoidea
19 **Os temporale**
20 Proc. mastoideus
21 Incisura mastoidea

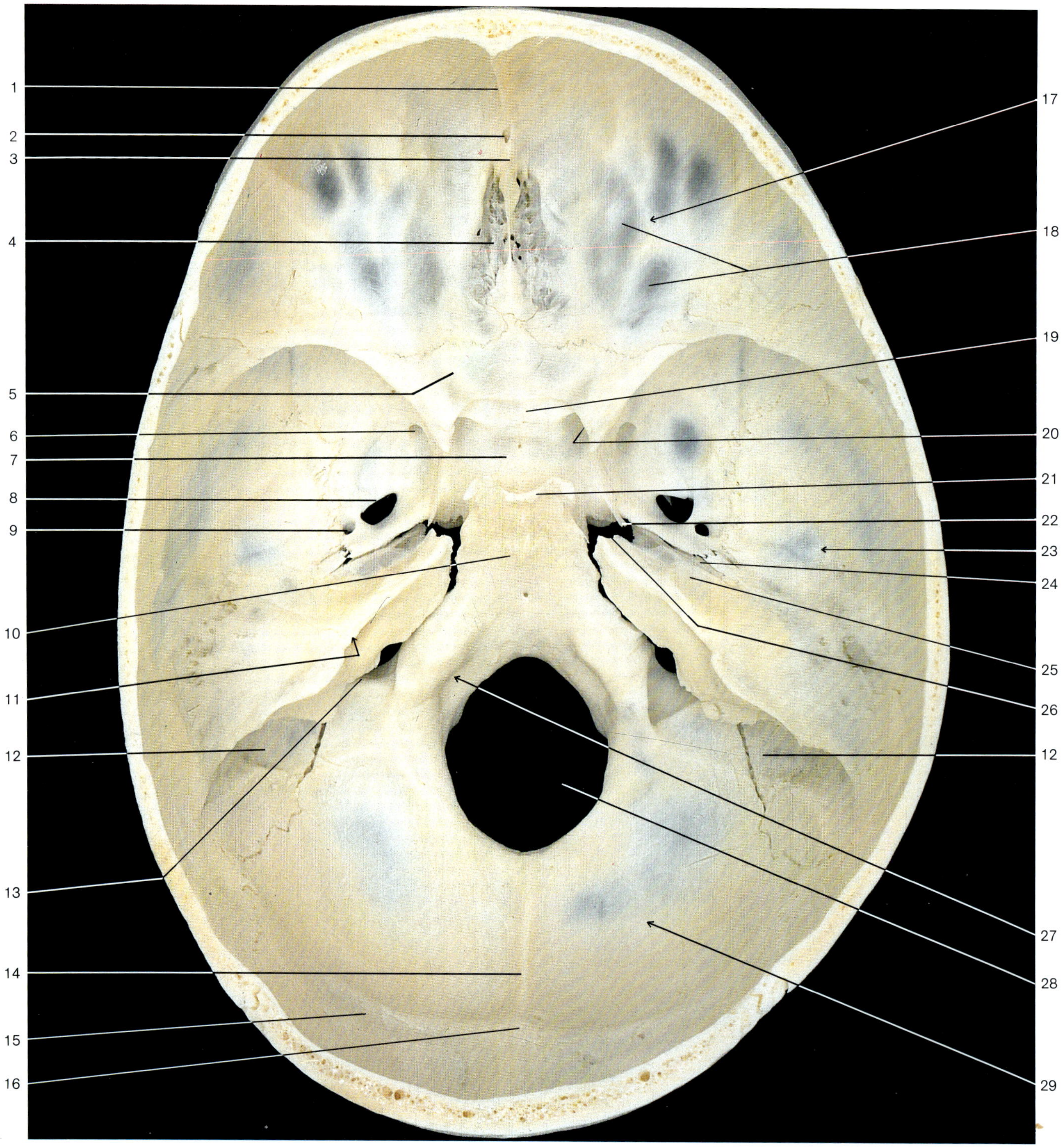

Schädelbasis, Basis cranii int. (von oben).

1 Crista frontalis
2 For. caecum
3 Crista galli
4 Lamina cribrosa ossis ethmoidalis
5 Ala minor ossis sphenoidalis
6 For. rotundum
7 Fossa hypophysialis
8 For. ovale
9 For. spinosum
10 Clivus
11 Porus acusticus int.
12 Sulcus sinus sigmoidei
13 For. jugulare
14 Crista occipitalis int.
15 Sulcus sinus transversi
16 Protuberantia occipitalis int.
17 **Fossa cranii ant.**
18 Impressiones digitatae
19 Sulcus chiasmatis
20 Canalis opticus
21 Dorsum sellae
22 Lingula sphenoidalis
23 **Fossa cranii media**
24 Sulcus nervi petrosi majoris
25 Margo sup. partis petrosae
26 For. lacerum
27 Canalis hypoglossi
28 For. magnum
29 **Fossa cranii post.**

▷

B **Sagittalschnitt durch den Schädel** (von medial). (Einzelknochen durch Farben markiert.)

1 Os frontale
2 Os nasale
3 Os ethmoidale
4 Concha nasalis inf.
5 Vomer
6 Maxilla
7 Mandibula
8 Os parietale
9 Os temporale, pars squamosa
10 Os sphenoidale
11 Os temporale, pars petrosa
12 Os occipitale

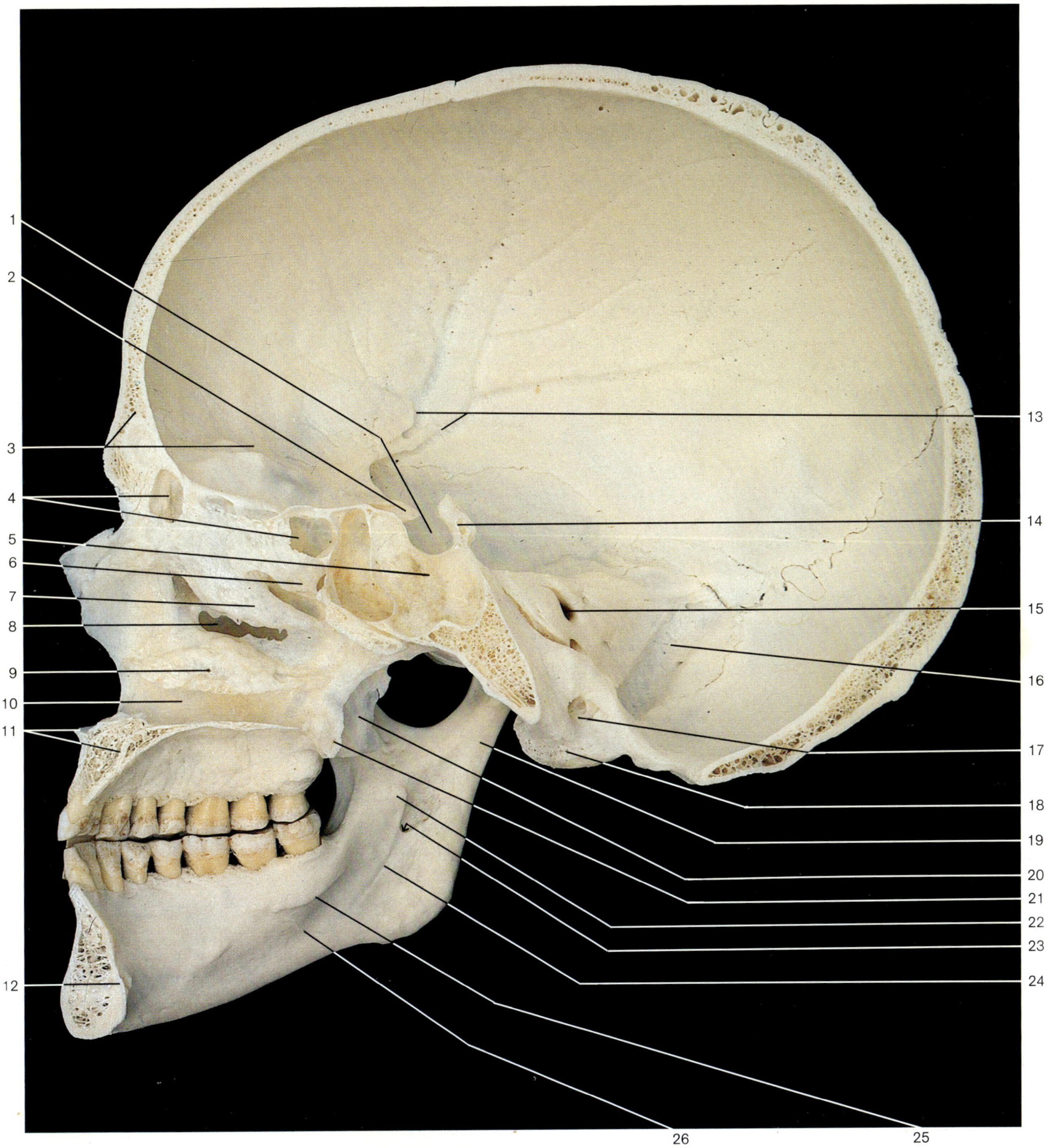

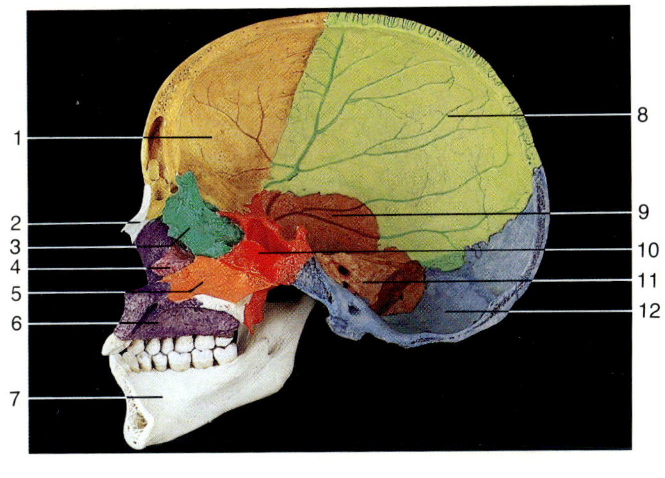

A **Sagittalschnitt durch den Schädel** (von medial).

1 Sella turcica
2 Proc. clinoideus ant., Ala minor ossis sphenoidalis
3 Os frontale
4 Cellulae ethmoidales
5 Sinus sphenoidalis
6 Concha nasalis sup.
7 Concha nasalis media
8 Hiatus maxillaris
9 Concha nasalis inf.
10 Meatus nasi inf.
11 Maxilla, Spina nasalis ant.
12 Spina mentalis
13 Sulci arteriosi
14 Dorsum sellae
15 Porus acusticus int.
16 Sulcus sinus sigmoidei
17 Canalis hypoglossi
18 Condylus occipitalis
19 Proc. condylaris
20 Lamina lat. proc. pterygoidei
21 Lamina med. proc. pterygoidei
22 Lingula mandibulae
23 For. mandibulae
24 Sulcus mylohyoideus
25 Linea mylohyoidea
26 Fovea submandibularis

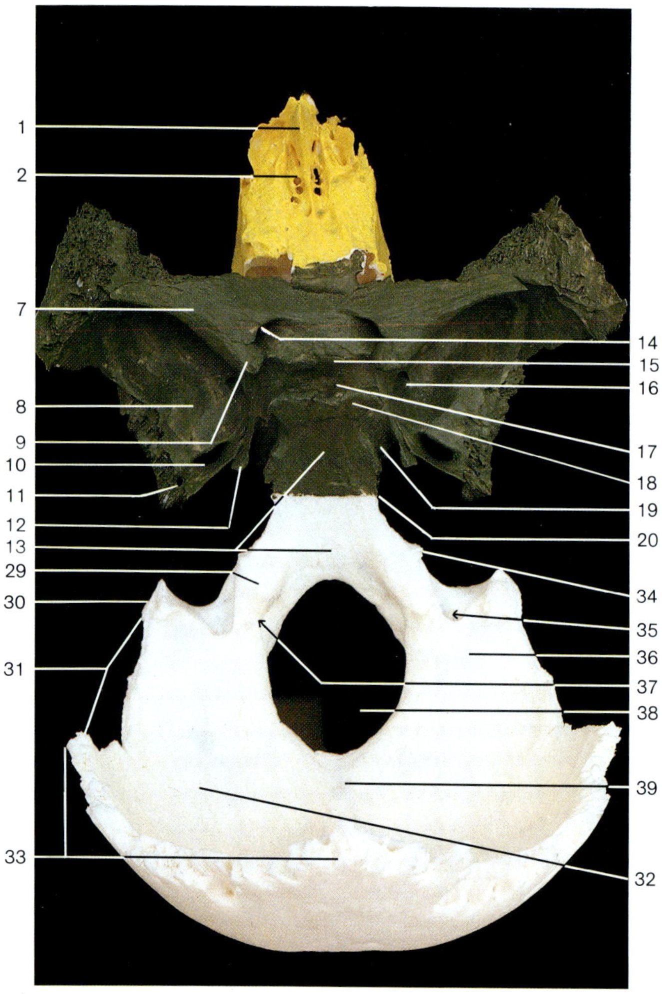

Zersprengter Schädel, Teil der Schädelbasis (von oben). **Os sphenoidale** (grün) und **Os occipitale** sind von vorne durch das **Os ethmoidale** (gelb) ergänzt worden.

Os ethmoidale

1 Crista galli
2 Lamina cribrosa
3 Cellulae ethmoidales
4 Concha nasalis media
5 Lamina perpendicularis
6 Lamina orbitalis

Os sphenoidale

7 Ala minor
8 Ala major
9 Proc. clinoideus ant.
9′ Proc. clinoideus post.
10 For. ovale
11 For. spinosum
12 Lingula sphenoidalis
13 Clivus
14 Canalis opticus
15 Tuberculum sellae
16 For. rotundum
17 Fossa hypophysialis
18 Dorsum sellae
19 Sulcus caroticus
20 Synchondrosis sphenooccipitalis
21 Lamina lat. proc. pterygoidei
22 Facies orbitalis alae majoris
23 Facies maxillaris alae majoris
24 For. rotundum
25 Fissura orbitalis sup.
26 Crista infratemporalis

Os palatinum

27 Lamina horizontalis
28 Proc. pyramidalis

Os occipitale

29 Tuberculum jugulare
30 Proc. jugularis
31 Margo mastoideus
32 Fossa occipitalis (cerebellaris)
33 Margo lambdoideus
34 Proc. intrajugularis
35 Canalis condylaris
36 Pars lat. ossis occipitalis
37 Canalis hypoglossi
38 For. magnum
39 Crista occipitalis int.
40 Squama occipitalis
41 Protuberantia occipitalis int.

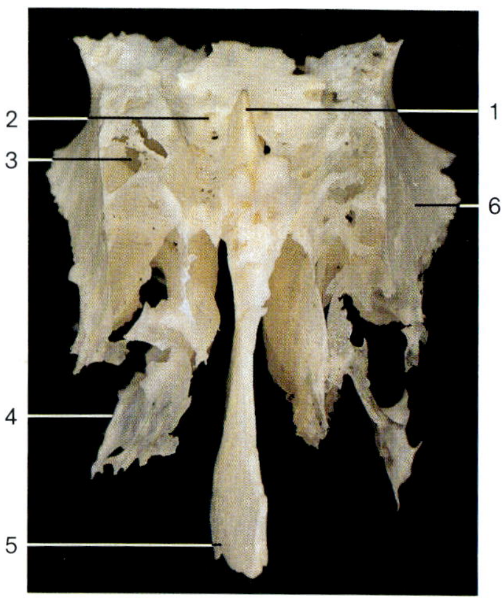

Os ethmoidale (von vorne).

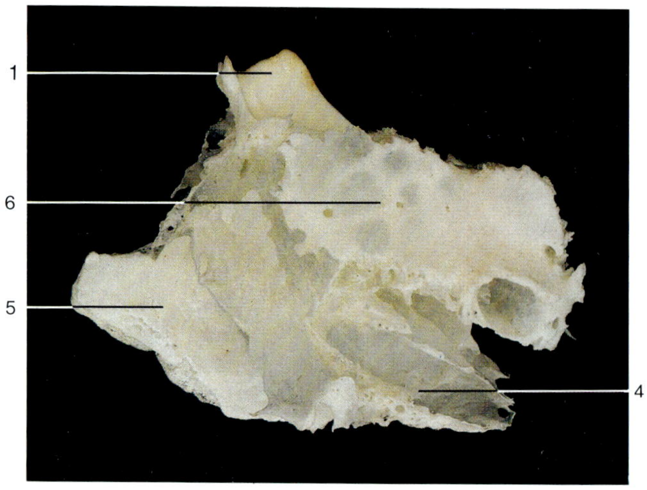

Os ethmoidale (von lateral).

Zersprengter Schädel, Teil der Schädelbasis (von vorn).
Das **Os sphenoidale** (grün) wurde durch das **Os ethmoidale** (gelb) und das **Os palatinum** (rot) ergänzt.

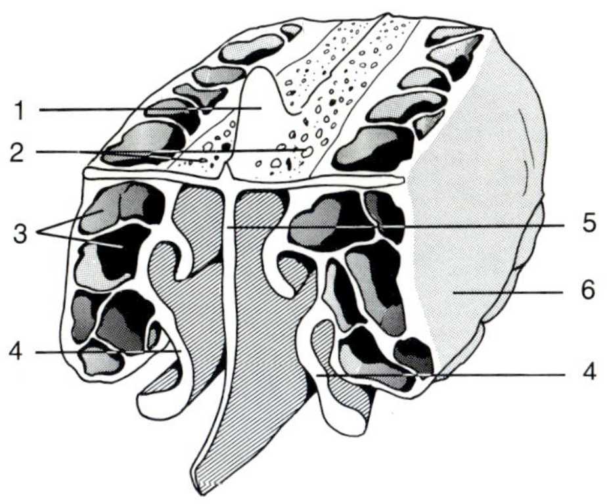

Os ethmoidale, schräg von vorne gesehen (Schemazeichnung).

Das **Siebbein** (Os ethmoidale) geht entwicklungsgeschichtlich aus dem knorpelig angelegten **Primordialkranium** hervor und bildet gewissermaßen den Grundstein des gesamten Gesichtsskeletts **(Splanchnocranium).** Es zeigt eine T-förmige Grundgestalt. An der horizontalen Platte dieses T, die zugleich die Grenze zur Schädelhöhle und damit zum **Neurokranium** darstellt, hängen zu beiden Seiten die zunächst offenen Siebbeinzellen. Sie werden durch die angrenzenden Knochen (Os frontale, Maxilla, Os palatinum) zugedeckt und damit zu geschlossenen Höhlen ergänzt **(Cellulae ethmoidales).** Diese bilden die knöcherne Grundlage für die Nebenhöhlen der Nase (Sinus paranasales des Siebbeins).

Gaumenbein (Os palatinum)

Os ethmoidale
1 Crista galli
2 Lamina orbitalis
3 Concha nasalis media

Os palatinum
4 Lamina horizontalis
5 Sulcus palatinus major
6 Proc. pyramidalis
7 Os palatinum
8 Proc. orbitalis
9 Incisura sphenopalatina
10 Lamina perpendicularis
11 Crista conchalis
12 Spina nasalis post.
13 Proc. sphenoidalis

Os sphenoidale
14 Ala major, facies orbitalis
15 Fissura orbitalis sup.
16 Ala major
17 Ala minor

Os occipitale
18 Os occipitale, squama occipitalis

Zersprengter Schädel, Teil der Schädelbasis in der Ansicht von rechts vorne. Dasselbe Präparat wie das der vorangegangenen Abbildungen. An das **Os sphenoidale** (grün) lagern sich das **Os ethmoidale** (gelb) und das **Os palatinum** (rot) an.

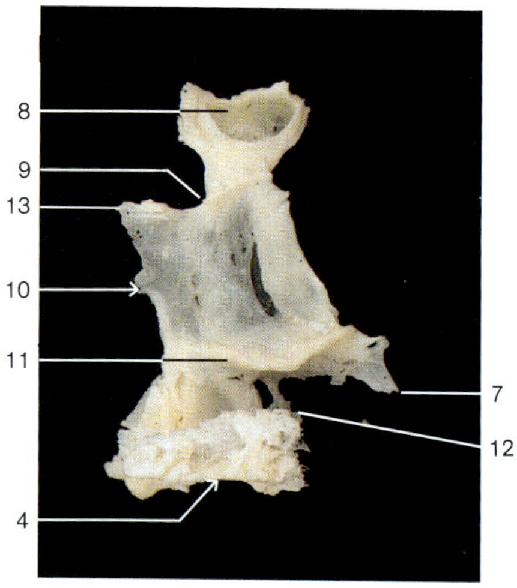

Os palatinum sin. (von medial).

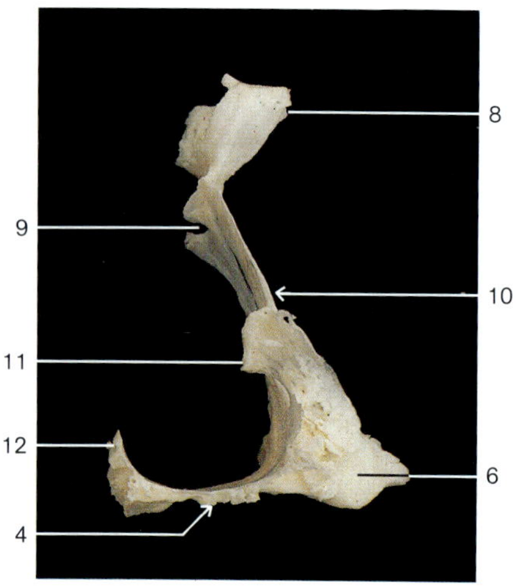

Os palatinum sin. (von vorne).

Das **Gaumenbein** (Os palatinum) schiebt sich in die Lücke zwischen Flügelgaumenfortsatz (Processus pterygoideus), Siebbein (Os ethmoidale) und Oberkiefer (Maxilla) hinein und gleicht damit die gestaltlichen Differenzen zwischen **Neurokranium** (Schädelbasis mit Os sphenoidale und Os ethmoidale) und **Splanchnokranium** (Gesichtsskelett mit Oberkiefer und Kauapparat) weitgehend aus, woraus sich die bizarre Form dieses Knochens verstehen läßt. Das Gaumenbein hat eine winkelförmige Grundgestalt mit einer vertikalen und einer horizontalen Knochenplatte. Es vervollständigt das Gaumendach sowie die laterale Wand der Nasenhöhle und hat wesentlichen Anteil an der Bildung der **Fossa pterygoplatina,** die hinter dem Tuber maxillae zwischen diesem, dem Processus pterygoideus und dem Gaumenbein liegt (vgl. auch die Abb. über die Fossa pterygopalatina weiter unten).

Zersprengter Schädel, Splanchnokranium (von vorne).
Das Präparat der vorangegangenen Abb. wurde durch den **Oberkiefer** (Maxilla) ergänzt.

Os occipitale
1 Os occipitale, squama occipitalis

Os sphenoidale
2 Dorsum sellae
3 Fissura orbitalis sup.
4 Ala minor
5 Ala major
6 Lamina lat. proc. pterygoidei
7 Lamina med. proc. pterygoidei

Os ethmoidale
8 Crista galli
9 Cellulae ethmoidales
10 Os ethmoidale, lamina perpendicularis
11 Os ethmoidale, lamina orbitalis

Os palatinum
12 Lamina horizontalis

Maxilla
13 Proc. frontalis
14 Fissura orbitalis inf.
15 Sulcus infraorbitalis
16 Facies orbitalis
17 For. infraorbitale
18 Proc. zygomaticus
19 Crista lacrimalis ant.
20 Fossa canina
21 Proc. alveolaris et dens
22 Spina nasalis ant.
23 Juga alveolaria
24 Sulcus lacrimalis
25 Tuber maxillae et Forr. alveolaria post.
26 Proc. palatinus

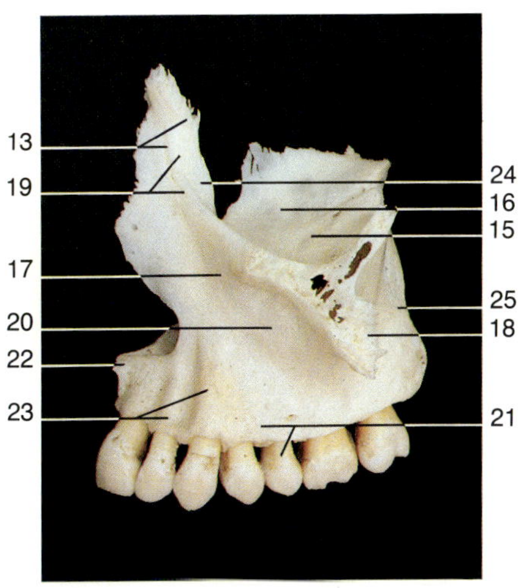

Maxilla sin. (von lateral).

Zersprengter Schädel, Teil der Schädelbasis, **Splanchnokranium** (von links vorne). **Os sphenoidale** (grün). **Os ethmoidale** (gelb), **Os palatinum** (rot) und **Maxilla.** Die Außenwand des Oberkieferkörpers wurde teilweise entfernt, um die zu den Zahnwurzeln ziehenden Nerven und Gefäße modellartig darzustellen (Plexus dentalis sup.).

Os occipitale
1 Sulcus sinus sagittalis sup.
2 Sulcus sinus transversi
3 Protuberantia occipitalis int.
4 Crista occipitalis int.

Os sphenoidale
5 Ala major, facies temporalis
6 Lamina lateralis proc. pterygoidei
7 Dorsum sellae
8 Ala minor
9 Fissura orbitalis sup.
10 Ala major, facies orbitalis

Os ethmoidale
11 Crista galli
12 Cellulae ethmoidales
13 Lamina orbitalis

Maxilla
14 Proc. frontalis
15 Proc. zygomaticus
16 Proc. alveolaris et dentes
17 Proc. palatinus
18 Spina nasalis ant.
19 For. infraorbitale
20 Sulcus infraorbitalis
21 Fissura orbitalis inf.
22 Nn. alveolares sup. post.
23 Plexus dentalis sup.
24 Hiatus maxillaris
25 Tuber maxillae, sulcus pterygopalatinus
26 Sulcus lacrimalis
27 Crista conchalis
28 Facies nasalis corporis maxillae
29 Crista nasalis
30 Canalis incisivus

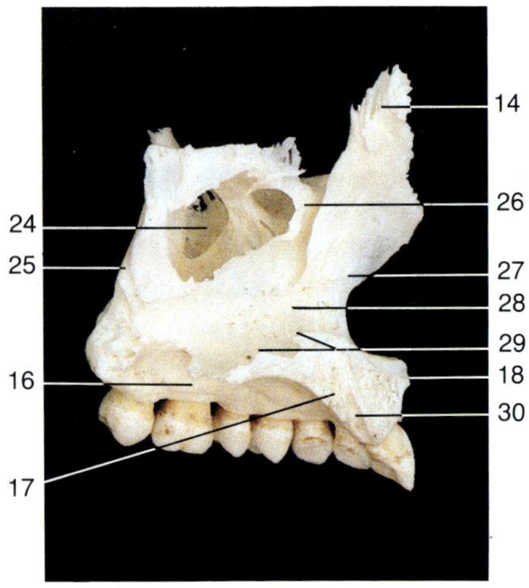

Maxilla sin. (von medial).

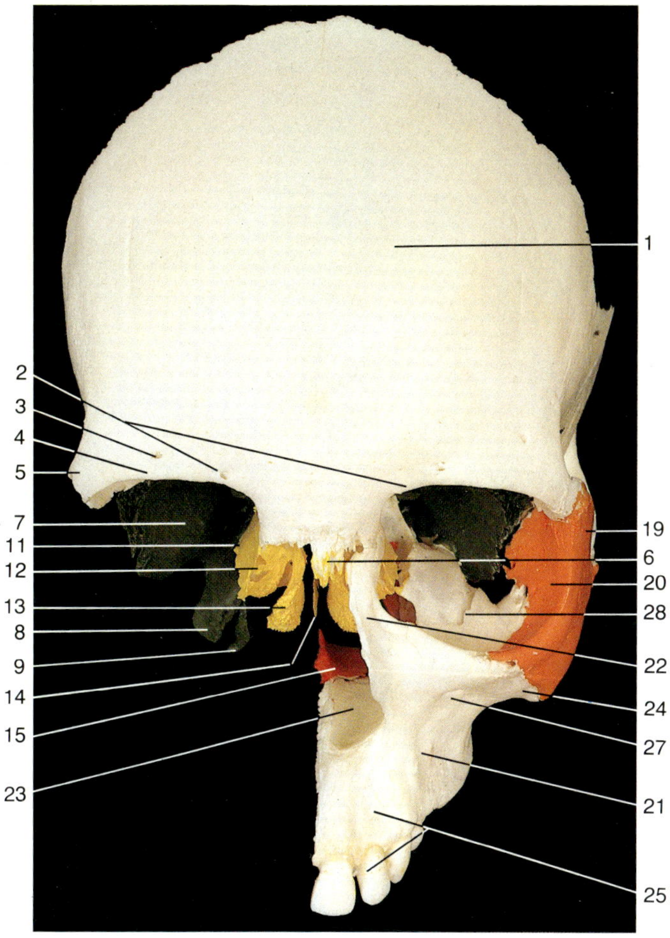

Zersprengter Schädel, Teil des Gesichtsschädels in der Ansicht von vorne. Die klammerartige Verbindung von **Maxilla** und **Os frontale** durch das **Os zygomaticum** (orange) kommt zur Darstellung. **Os ethmoidale** (gelb), **Os sphenoidale** (grün) und **Os palatinum** (rot).

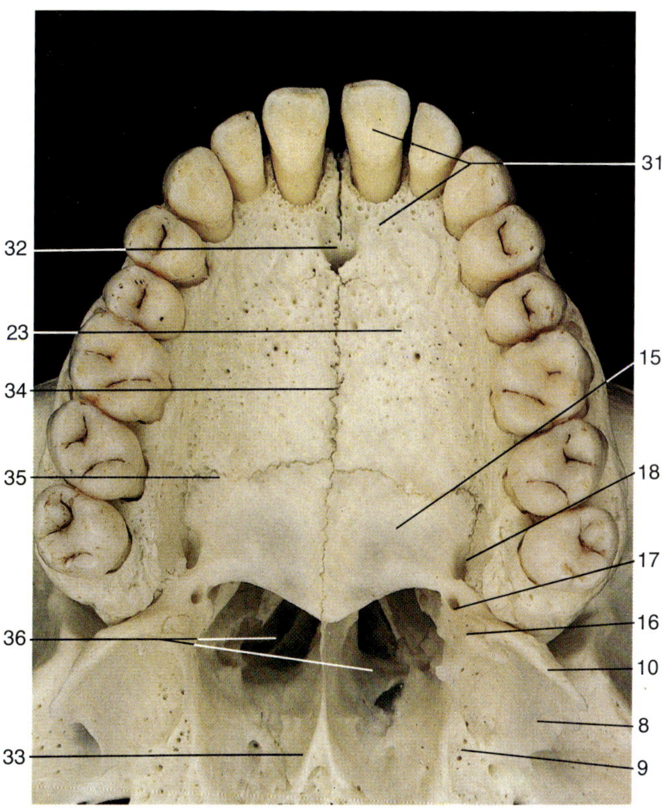

Harter Gaumen (Palatum osseum) und **Zähne des Oberkiefers** (von unten).

Os frontale
1 Squama
2 For. frontale sive incisura frontalis
3 For. supraorbitale
4 Margo supraorbitalis
5 Proc. zygomaticus ossis frontalis
6 Spina nasalis

Os sphenoidale
7 Ala major, facies orbitalis
8 Lamina lat. proc. pterygoidei
9 Lamina med. proc. pterygoidei
10 Hamulus pterygoideus

Os ethmoidale
11 Lamina orbitalis
12 Cellulae ethmoidales
13 Concha nasalis media
14 Lamina perpendicularis

Os palatinum
15 Lamina horizontalis
16 Proc. pyramidalis
17 Forr. palatina minora
18 For. palatinum majus

Os zygomaticum
19 Proc. frontalis
20 Facies orbitalis

Maxilla
21 Fossa canina
22 Proc. frontalis
23 Proc. palatinus maxillae
24 Proc. zygomaticus
25 Proc. alveolaris et dentes
26 Juga alveolaria
27 For. infraorbitale
28 Sulcus infraorbitalis
29 Apertura piriformis
30 Spina nasalis ant.

Os incisivum
31 Dentes incisivi, Os incisivum
32 Fossa incisiva

Vomer
33 Ala vomeris

Suturae et Choanae
34 Sutura palatina mediana
35 Sutura palatina transversa
36 Choanae

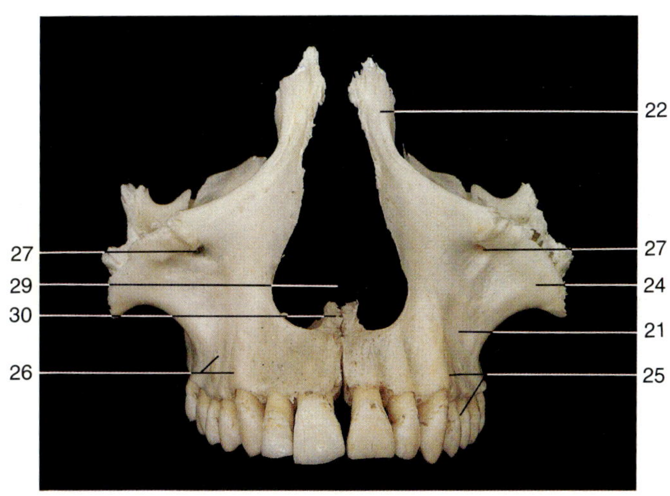

Maxilla dext. et sin. (von vorne). Beide Oberkieferknochen umranden die Apertura piriformis.

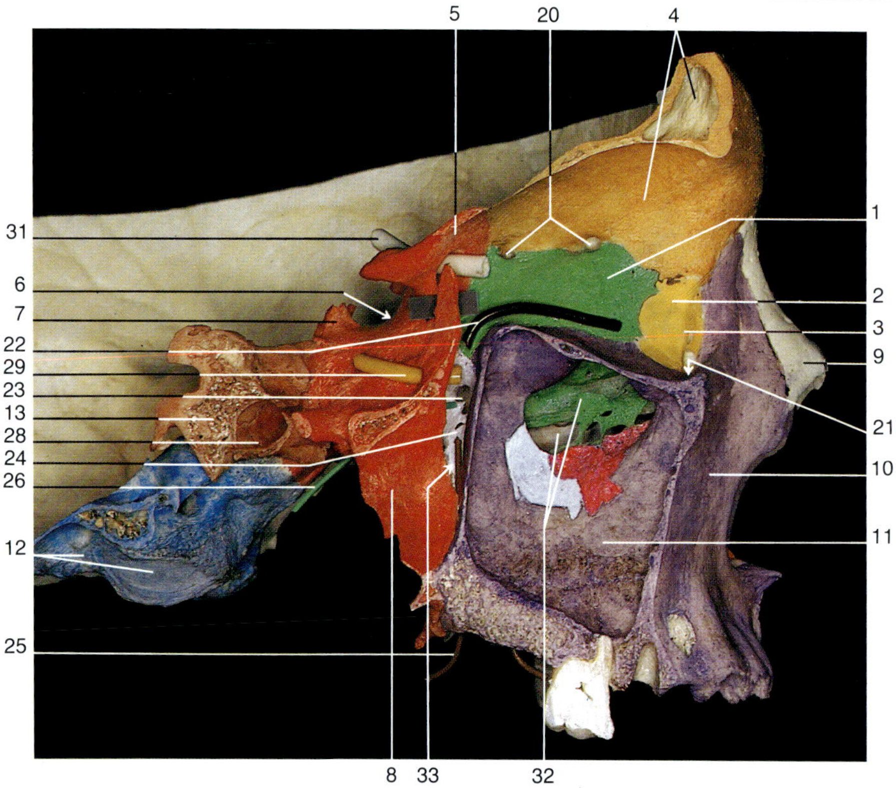

Fossa pterygopalatina, Orbita und **Sinus maxillaris** (eröffnet), in der Ansicht von lateral (Paramedianschnitt durch den Gesichtsschädel).
Die wichtigsten Kanäle und Foramina sind durch Sonden gekennzeichnet.

1 **Os ethmoidale** (Lamina orbitalis) (grün)
2 **Os lacrimale** (gelb)
3 Crista lacrimalis post.
4 **Os frontale,** Sinus frontalis (orange)
5 **Os sphenoidale** (rot) (Ala minor)
6 Fossa hypophysialis
7 Dorsum sellae
8 Proc. pterygoideus (rot)
9 **Os nasale** (weiß)
10 **Maxilla** (violett)
11 Sinus maxillaris
12 **Os occipitale** (Condylus und Pars basilaris) (blau)
13 **Os temporale** (Pars petrosa) (Schnittfläche) (braun)
14 Proc. zygomaticus
15 Proc. mastoideus
16 Tuberculum articulare
17 Os zygomaticum
18 Ala vomeris

Fossae, Foraminae et Canales

19 Fissura orbitalis sup.
20 For. ethmoidale ant. et post.
21 Canalis nasolacrimalis
22 Fissura orbitalis inf. (schwarze Sonde)
23 For. sphenopalatinum
24 Fossa pterygopalatina
25 For. palatinum majus (braune Sonde)
26 Canalis pterygoideus (grüne Sonde)
27 For. ovale
28 Canalis caroticus
29 For. rotundum (gelbe Sonde)
30 Porus et Meatus acusticus int.
31 Canalis opticus (weiße Sonde)
32 Hiatus maxillaris und Proc. uncinatus ossis ethmoidalis (grün)
33 Fissura pterygomaxillaris
34 Fissura tympanomastoidea
35 Fissura petrotympanica
36 Porus et Meatus acusticus ext.
37 Fossa temporalis
38 Fossa mandibularis
39 Forr. palatina minora

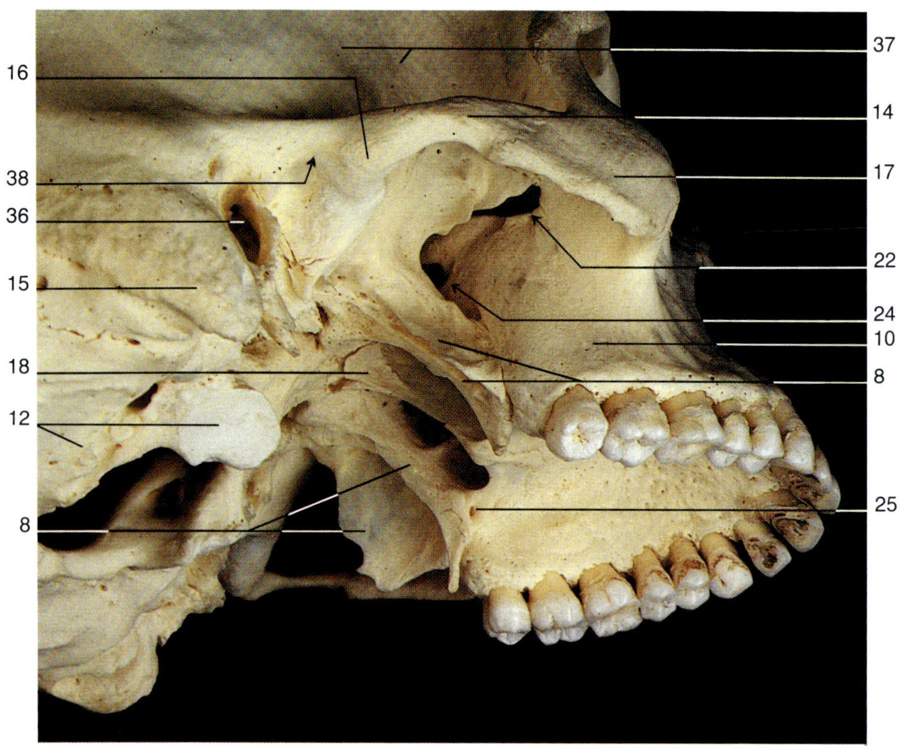

Fossa pterygopalatina und **Oberkiefer** in der Ansicht schräg von lateral unten.

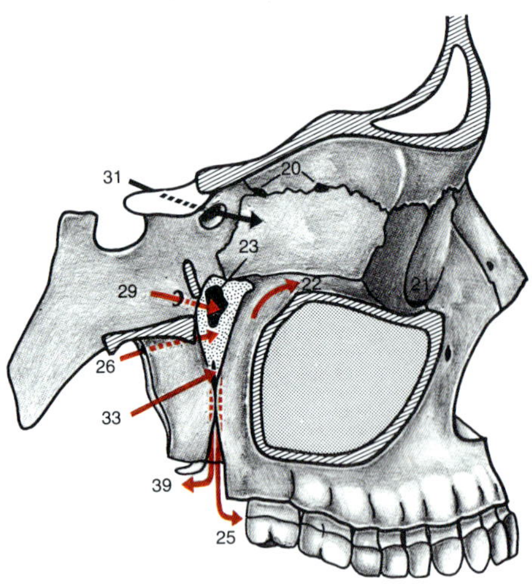

Fossa pterygopalatina und die **benachbarten Höhlen des Kopfes.** Zu- und abführende Kanäle der Fossa pterygopalatina (Schemazeichnung).

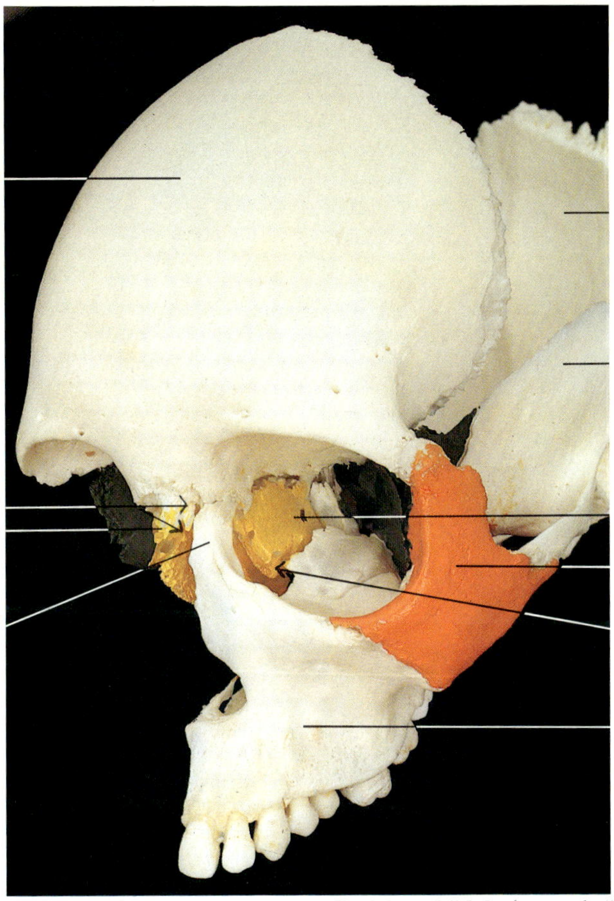

Zersprengter Schädel, Teil des **Gesichtsschädels** (von schräg vorne). **Os lacrimale** und **Os nasale** wurden aus dem Mosaik des Gesichtsschädels entfernt und isoliert abgebildet (vgl. Pfeile). **Os zygomaticum** (orange), **Os ethmoidale** (gelb), **Os sphenoidale** (grün).

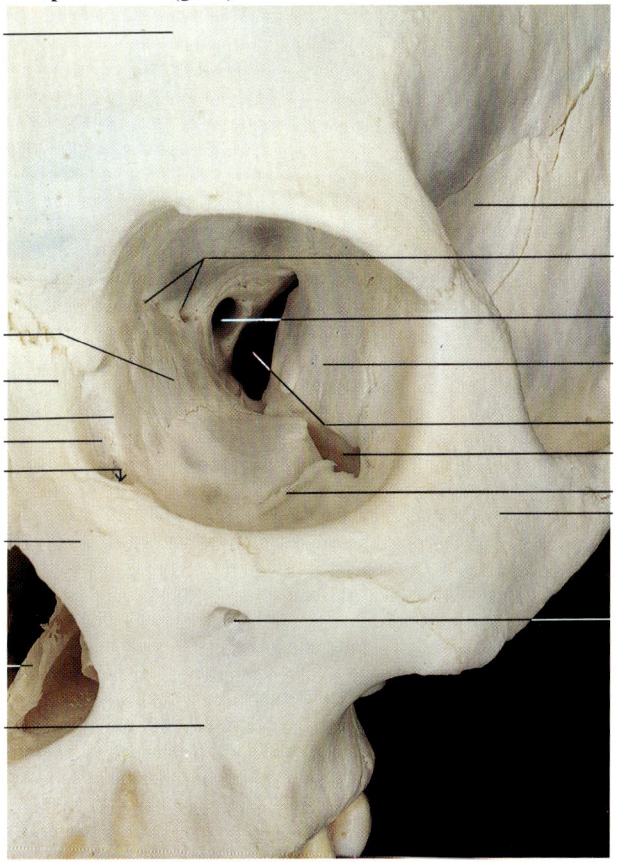

Linke Orbita und **Naseneingang** (von vorne).

1 **Os occipitale**
2 **Os temporale**
3 **Os frontale**
4 Spina nasalis
5 **Os zygomaticum**
6 Maxilla
7 Proc. frontalis maxillae
8 **Os ethmoidale**
9 Lamina orbitalis ossis ethmoidalis
10 Lamina perpendicularis ossis ethmoidalis

Os lacrimale
11 Lücke für den Os lacrimale
12 Sulcus lacrimalis
13 Crista lacrimalis post.
14 Fossa sacci lacrimalis
15 Hamulus lacrimalis
16 Canalis nasolacrimalis

Os nasale
17 Lücke für das Os nasale
18 Forr. nasalia
19 Sutura internasalis
20 **Vomer**
21 Os sphenoidale, Ala major
22 For. ethmoidale ant. et post.
23 Canalis opticus
24 Fissura orbitalis sup.
25 Fissura orbitalis inf.
26 Sulcus infraorbitalis
27 For. infraorbitale

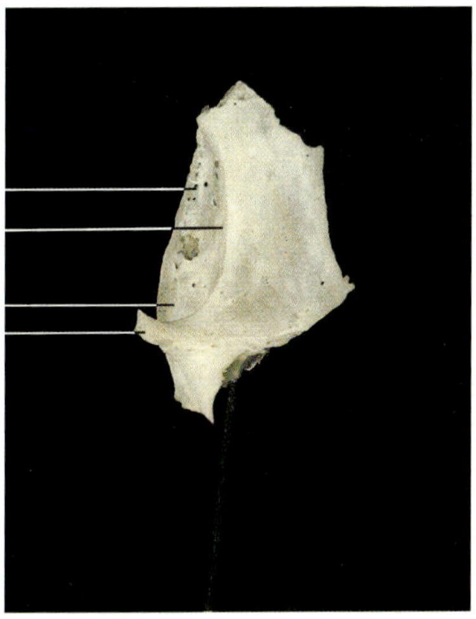

Os lacrimale sin. (von lateral vorne).

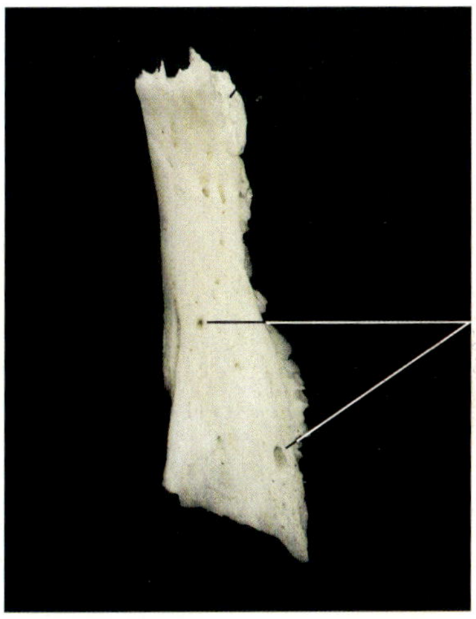

Os nasale sin. (von vorne).

Knöcherne Nasenhöhle

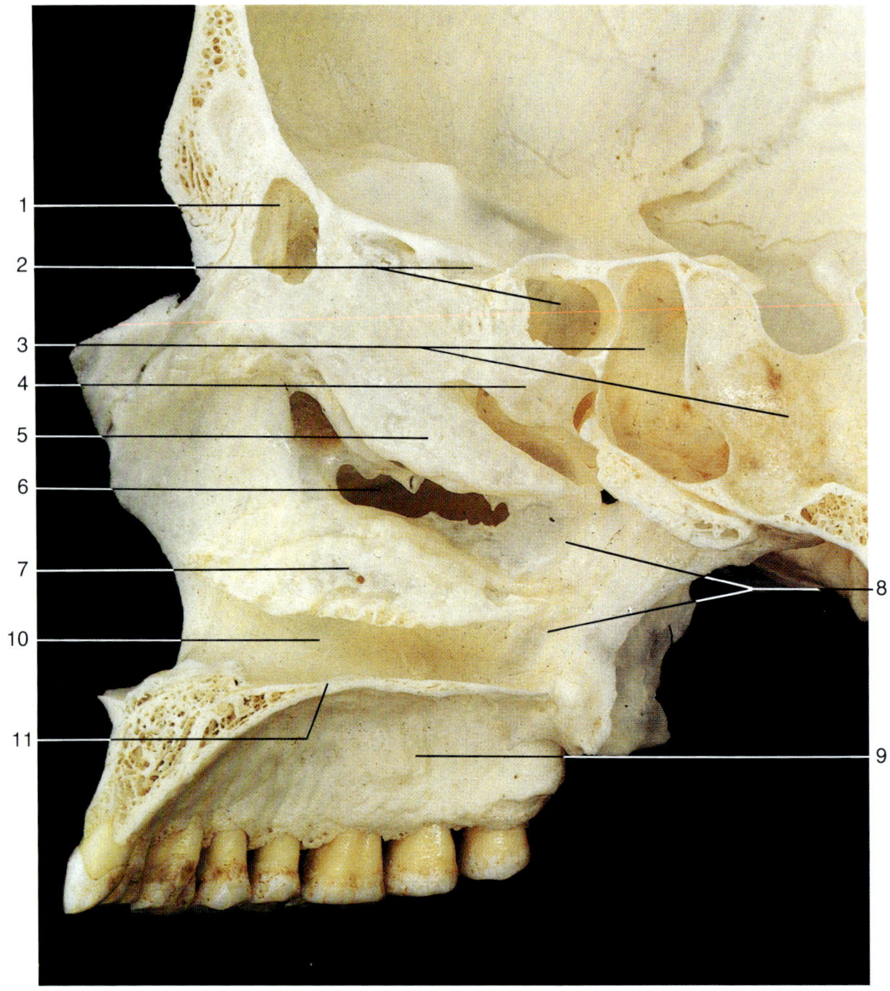

1 Sinus frontalis
2 Cellulae ethmoidales
3 Sinus sphenoidalis
4 Concha nasalis sup.
5 Concha nasalis media
6 Hiatus sinus maxillaris
7 Concha nasalis inf.
8 Os palatinum
9 Maxilla
10 Meatus nasi inf.
11 Proc. palatinus maxillae

Laterale Wand der knöchernen Nasenhöhle. Sagittalschnitt durch den Gesichtsschädel.

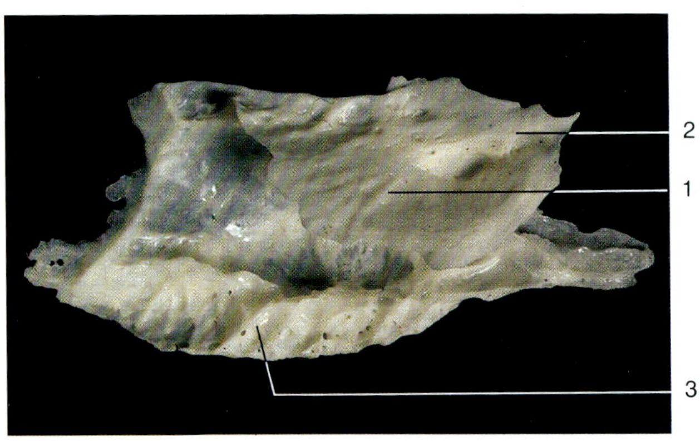

Concha nasalis inf. dext. (von lateral). Vordere Spitze zeigt nach rechts.

Concha nasalis inf. dext. (von medial). Vordere Spitze zeigt nach rechts.

1 Proc. maxillaris conchae nasalis inf.
2 Proc. lacrimalis
3 Unterrand der Concha nasalis inf.
4 Ala vomeris
5 Hintere Begrenzung des Septum nasi
6 Proc. ethmoidalis conchae nasalis inf.

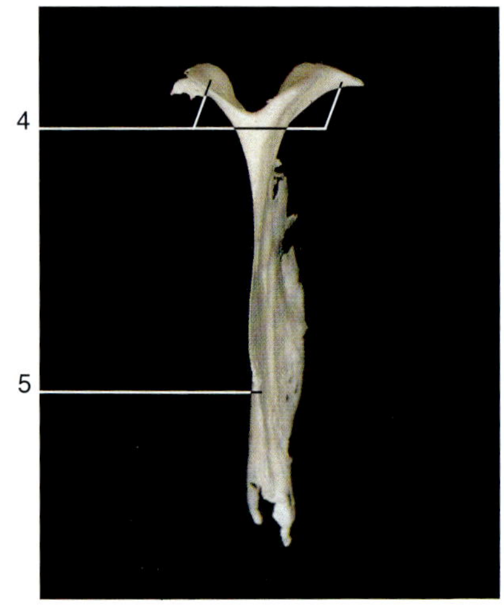

Vomer (von hinten).

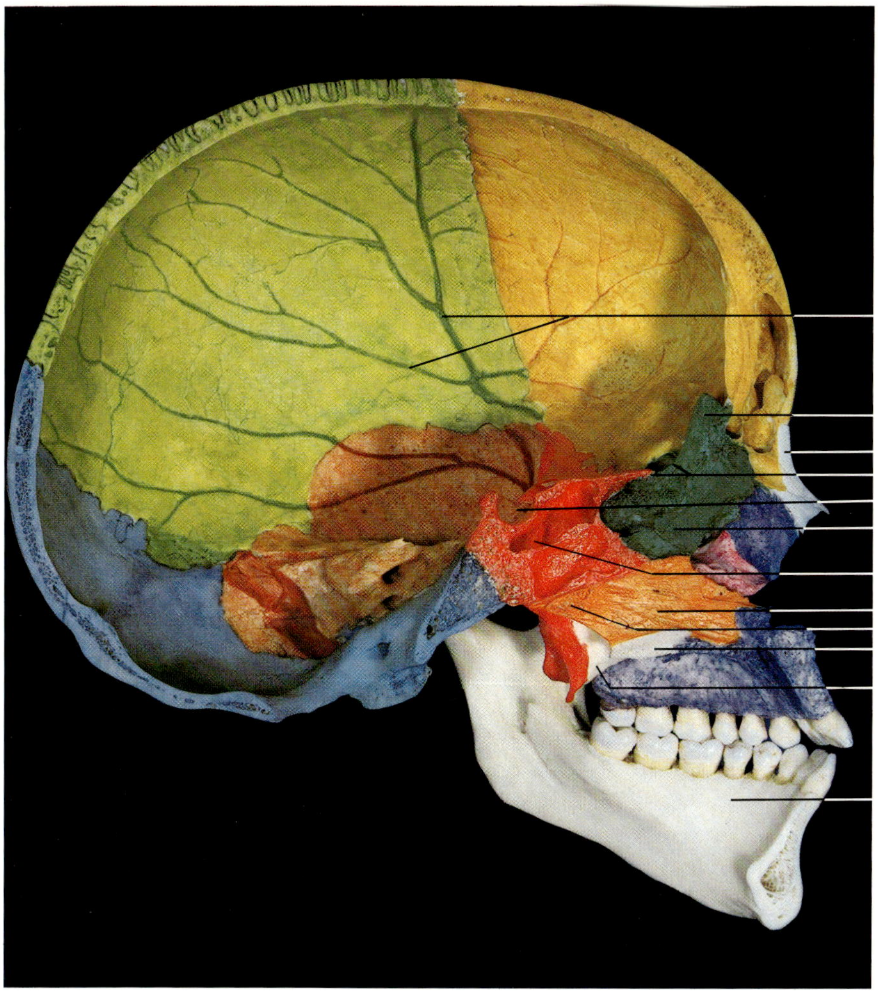

Paramedianschnitt durch den Schädel mit Nasenseptum.

1 Crista galli
2 Lamina cribrosa ossis ethmoidalis
3 Lamina perpendicularis ossis ethmoidalis
4 Vomer
5 Ala vomeris
6 Lamina perpendicularis ossis palatini
7 Lamina horizontalis ossis palatini
8 Mandibula
9 Os nasale
10 Sinus sphenoidalis
11 Sella turcica
12 Sulci a. meningeae mediae

Cartilagines nasi

13 Cartilago nasi lat.
14 Cartilago alaris major cum crus med. et lat.
15 Cartilagines alares minores
16 Septum nasi cartilaginei
17 Os nasale
18 Cartilago vomeronasalis

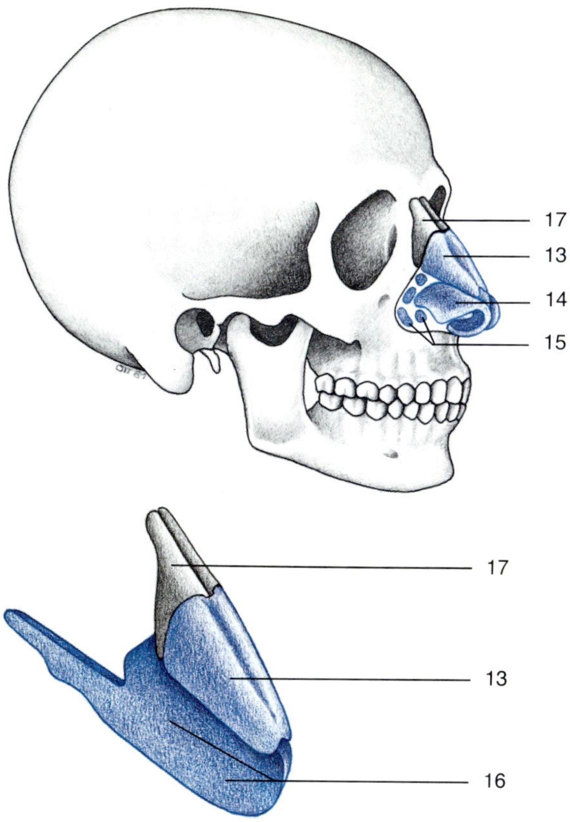

Form und Lage der **Nasenknorpel** (Schemazeichnung) (O.).

Durch die Aufrichtung des menschlichen Organismus in der Evolution hat der Schädel eine annähernd kugelförmige Gestalt angenommen und das Splanchnokranium ist größtenteils unter das Neurokranium verlagert worden, was die charakteristische Abknickung der Schädelbasis (besonders gut am Sagittalschnitt zu erkennen) zur Folge hatte. Der **Klivuswinkel,** d. h. der Winkel zwischen der Ebene der vorderen Schädelgrube (Höhe der Lamina cribrosa) und der Ebene des Clivus beträgt beim Menschen etwa 120°. Die Abknickung der Schädelbasis wird bei der Verknöcherung des knorpeligen **Primordialkraniums,** von dem beim Erwachsenen nur noch die Knorpel der Nasenspitze übrig geblieben sind, manifest. Das fein differenzierte Knorpelskelett der Nase erlaubt zwar keinen Verschluß der Nasenöffnung wie bei vielen Säugetieren, wohl aber eine gewisse Beweglichkeit der Nasenflügel, die ganz in den Dienst des mimischen Ausdrucks getreten ist.

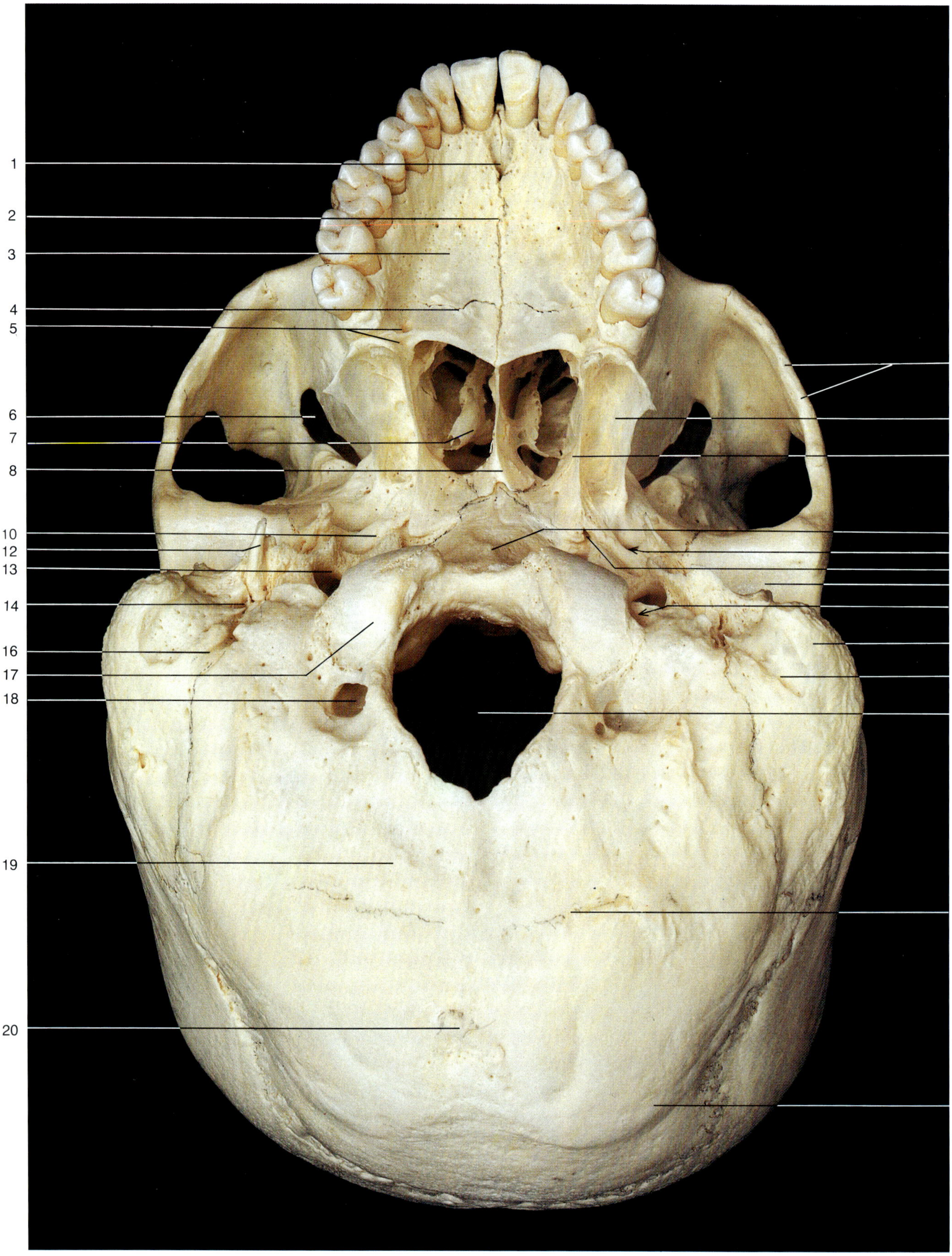

Schädelbasis, Basis cranii ext. (von unten).

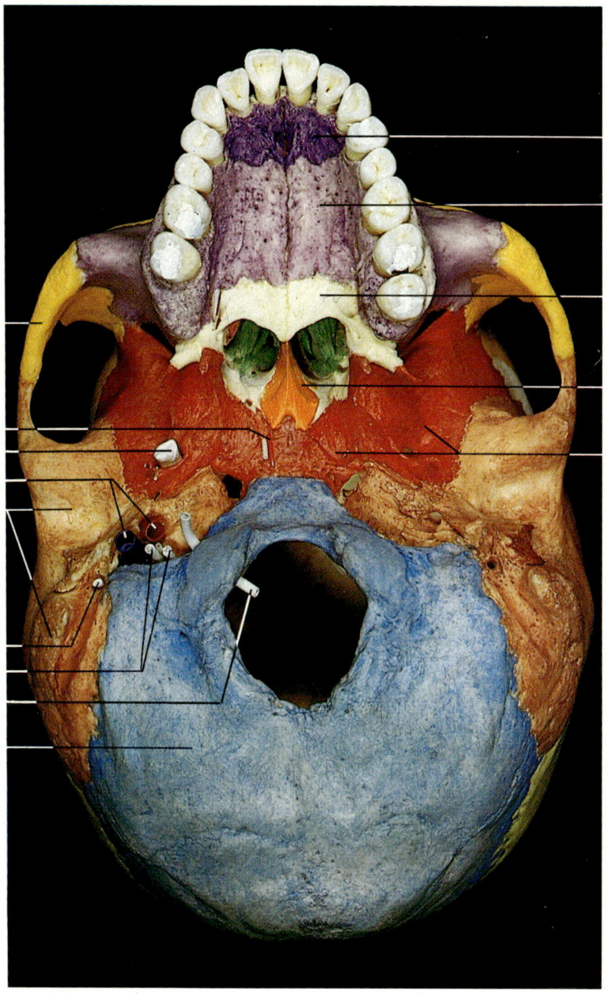

Schädelbasis, Basis cranii ext. (von unten). Die einzelnen Schädelknochen sind durch Farben gekennzeichnet. Das Os ethmoidale (grün) ist nur andeutungsweise sichtbar. Links sind die wichtigsten Foramina durch Sonden markiert.

A = Canalis pterygoideus für N. petrosus major und A. canalis pterygoidea
B = Foramen ovale für N. mandibularis des N. trigeminus (N. V_3)
C = Canalis caroticus für A. carotis interna und Fossa jugularis für V. jugularis interna
D = Foramen stylomastoideum für N. facialis (N. VII)
E = Foramen jugulare für N. glossopharyngeus (N. IX), N. vagus (N. X) und N. accessorius (N. XI)
F = Canalis hypoglossi für N. hypoglossus (N. XII)

1 Canalis incisivus
2 Sutura palatina mediana
3 Palatum osseum
4 Sutura palatina transversa
5 For. palatinum majus et minus
6 Fissura orbitalis inf.
7 Concha nasalis media
8 Vomer
9 For. ovale
10 Sulcus tubae auditivae
11 Canalis pterygoideus
12 Proc. styloideus
13 Canalis caroticus
14 For. stylomastoideum
15 For. jugulare
16 Sulcus a. occipitalis
17 Condylus occipitalis
18 Canalis condylaris
19 Planum nuchale
20 Protuberantia occipitalis ext.
21 Arcus zygomaticus
22 Lamina lat. proc. pterygoidei
23 Lamina med. proc. pterygoidei
24 Fossa mandibularis
25 Tuberculum pharyngeum
26 Linea nuchae sup.
27 Proc. mastoideus
28 Linea nuchae inf.
29 Incisura mastoidea
30 For. magnum

Knochen

31 Os incisivum (dunkelviolett)
32 Maxilla (violett)
33 Os palatinum (weiß)
34 Vomer (orange)
35 Os sphenoidale (rot)
36 Os zygomaticum (gelb)
37 Os temporale (braun)
38 Os occipitale (blau)

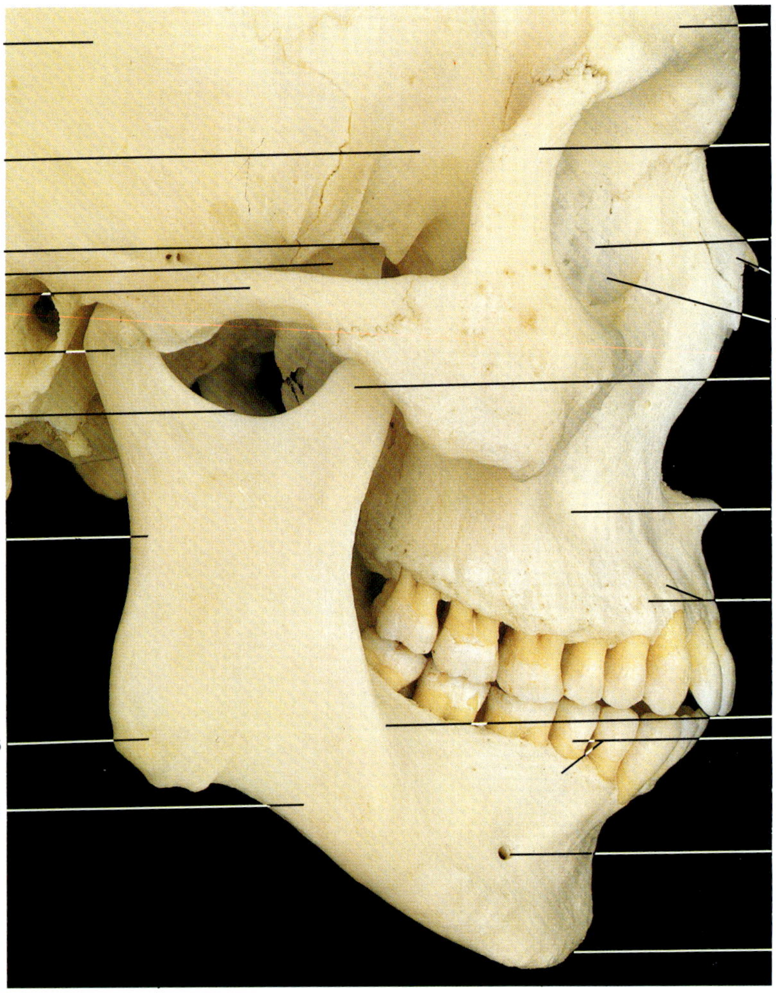

Gesichtsschädel (von lateral). Mandibula. Lage des Kiefergelenkes. Gebiß in Okklusionsstellung.

1 **Os temporale**
2 Fossa temporalis, Ala major ossis sphenoidalis
3 Crista infratemporalis
4 Fossa infratemporalis
5 Arcus zygomaticus
6 **Os frontale**
7 **Os zygomaticum,** proc. frontalis
8 **Os lacrimale**
9 **Os nasale**
10 Fossa sacci lacrimalis
11 **Maxilla,** fossa canina
12 Juga alveolaria

Mandibula

13 Proc. condylaris
14 Incisura mandibulae
15 Ramus mandibulae
16 Tuberositas masseterica
17 Basis mandibulae
18 Corpus mandibulae
19 Proc. coronoideus
20 Proc. alveolaris et Dentes
21 Linea obliqua
22 For. mentale
23 Protuberantia mentalis
24 Caput mandibulae
25 Spina mentalis
26 For. mandibulae

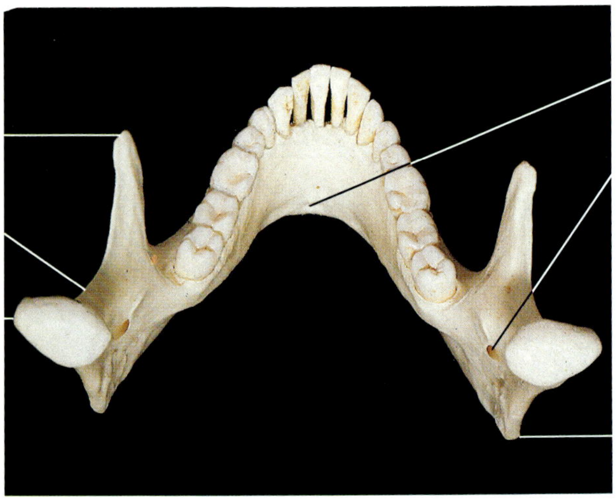

Mandibula (von hinten).

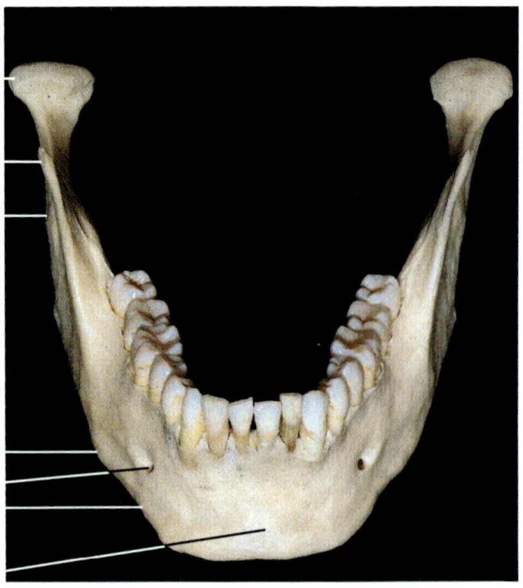

Mandibula (von vorne).

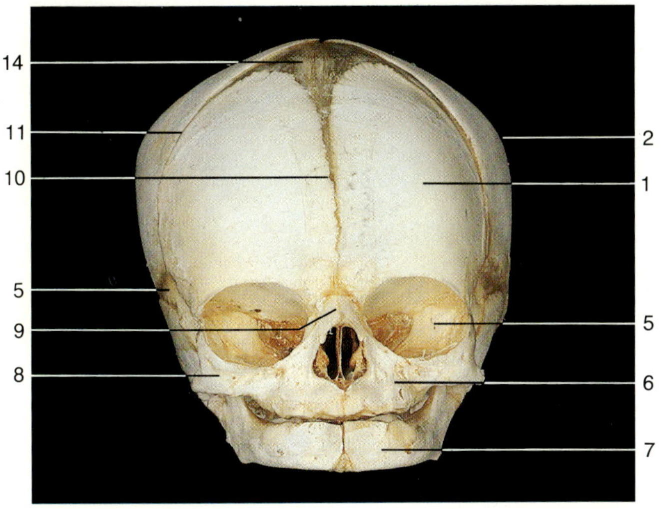

Schädel eines Neugeborenen (von vorne).

Schädel eines Neugeborenen (von oben).

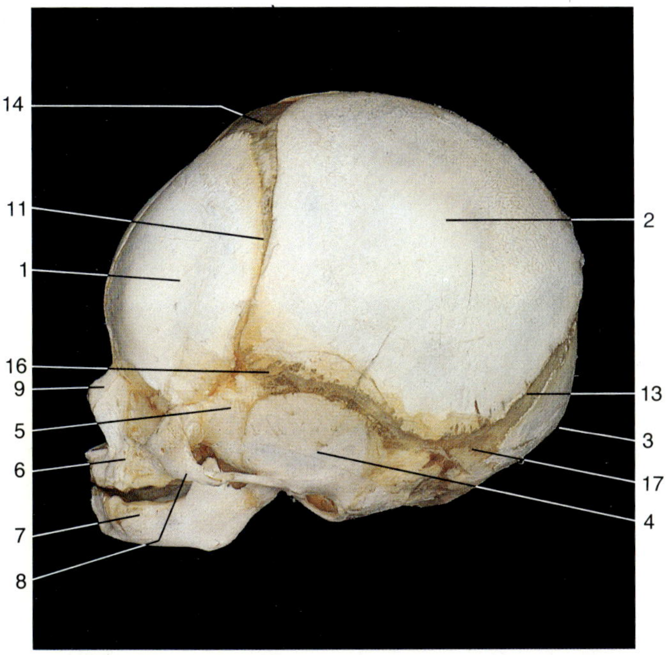

Schädel eines Neugeborenen (von lateral).

Neurocranium
1 Os frontale, Tuber frontale
2 Os parietale, Tuber parietale
3 Os occipitale
4 Pars squamosa ossis temporalis
5 Ala major ossis sphenoidalis

Splanchnocranium
6 Maxilla
7 Mandibula
8 Os zygomaticum
9 Os nasale

Suturae et Fonticuli
10 Sutura frontalis
11 Sutura coronalis
12 Sutura sagittalis
13 Sutura lambdoidea
14 Fonticulus ant. sive major
15 Fonticulus post. sive minor
16 Fonticulus sphenoidalis
17 Fonticulus mastoideus

Beim Neugeborenen ist das Gesichtsskelett (Splanchnocranium) im Gegensatz zum Hirnschädel (Neurocranium) noch sehr klein, vergrößert sich aber mit dem Durchbruch der Zähne (Dentition) erheblich. Die schuppenartigen Knochen des Schädeldaches sind durch breite Suturen und Fontanellen voneinander getrennt.

Kiefergelenk (Articulatio temporomandibularis) und Gebiß

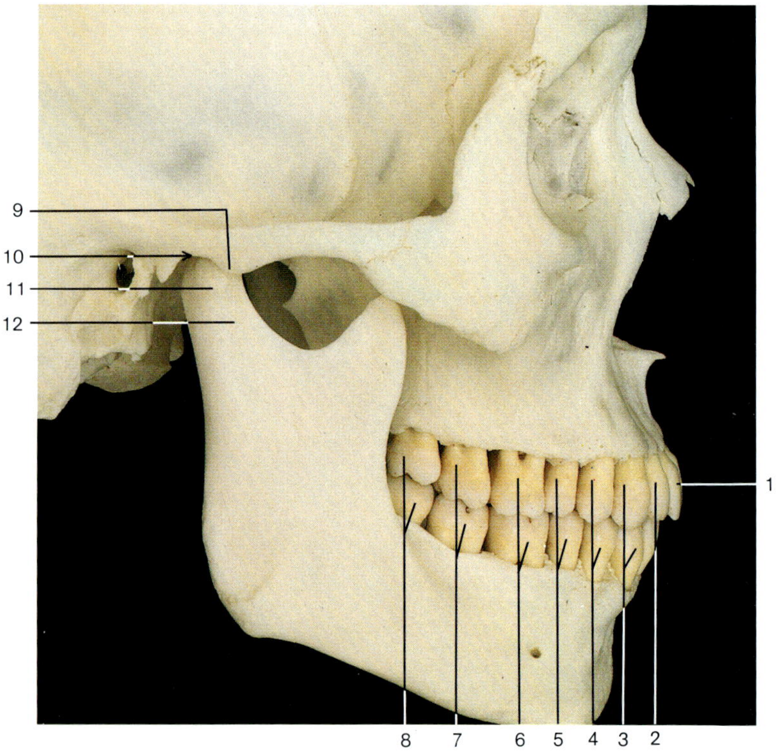

Gebiß und Kiefergelenk (von lateral). Zähne in Okklusionsstellung.

1 Erster Schneidezahn (Dens incisivus I)
2 Zweiter Schneidezahn (Dens incisivus II)
3 Eckzahn (Dens caninus)
4 Dentes praemolares I
5 Dentes praemolares II
6 Dentes molares I
7 Dentes molares II
8 Dentes molares III
9 Tuberculum articulare
10 Fossa mandibularis
11 Caput mandibulae
12 Proc. condylaris

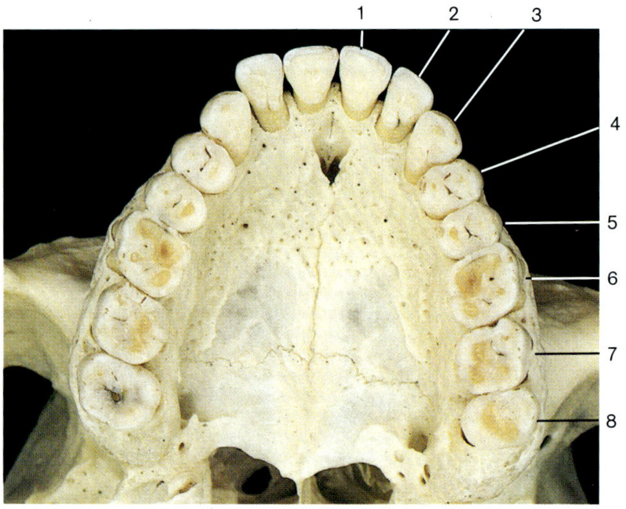

Oberkieferzähne und harter Gaumen (von unten).

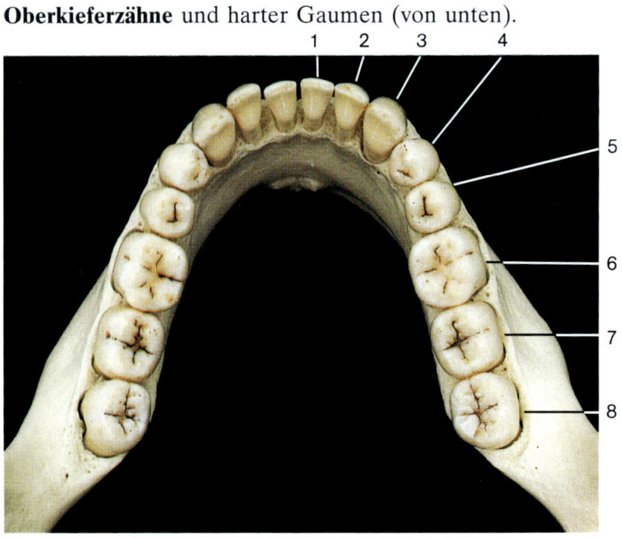

Unterkieferzähne und Mandibula (von oben).

Durchbruchszeiten für die 1. und 2. Dentition
(nach C. Röse aus A. Kröncke).

Dentes decidui (1. Dentition)	Oberkiefer (Monate)	Unterkiefer (Monate)
1. Dens incisivus I	10.3	8.6
2. Dens incisivus II	12.2	14.4
3. Dens caninus	19.5	20.1
4. Dens molaris I	15.5	16.5
5. Dens molaris II	24.8	24.5

Dentes permanentes (2. Dentition)	Jahre und Monate		Jahre und Monate	
1. Dens incisivus	7/8	7/5	6/10	6/7
2. Dens incisivus II	8/11	8/6	7/11	7/7
3. Dens caninus	12/2	11/7	11/12	10/3
4. Dens praemolaris I	10/5	10/1	11/3	10/8
5. Dens praemolaris II	11/4	11/1	12/0	11/7
6. Dens molaris I	6/7	6/6	6/5	6/3
7. Dens molaris II	12/9	12/5	12/3	11/9

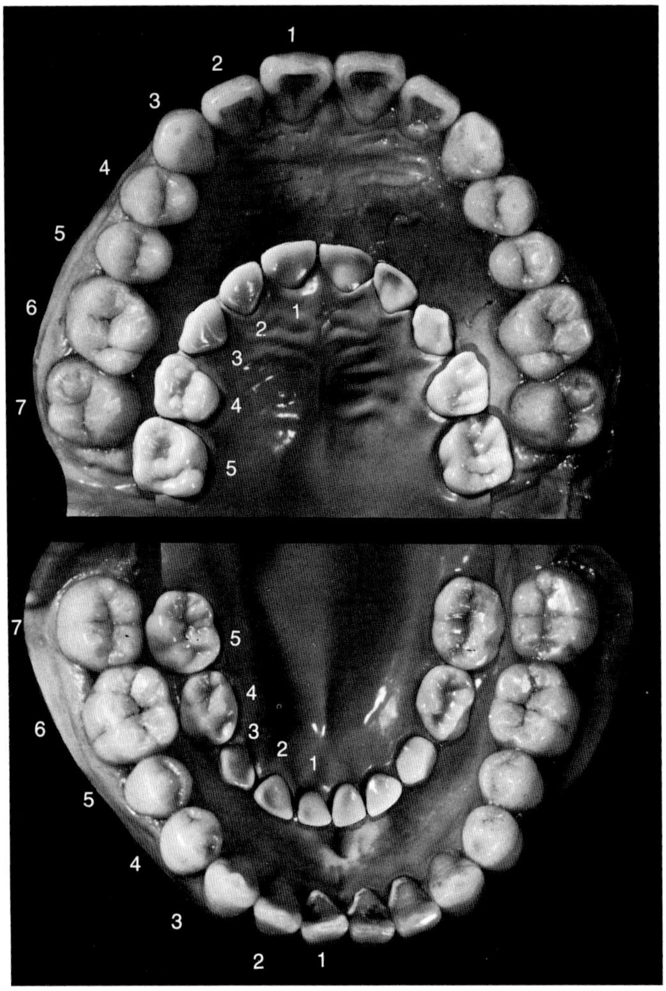

Vergleich des kindlichen und erwachsenen Gebisses. Man beachte, daß der kindliche Zahnbogen etwa die gleiche Größe und Form hat wie der entsprechende Abschnitt des erwachsenen Gebisses. Man beachte das Fehlen der Weisheitszähne.
(Die Zahlen entsprechen den Nummern der Zähne.)

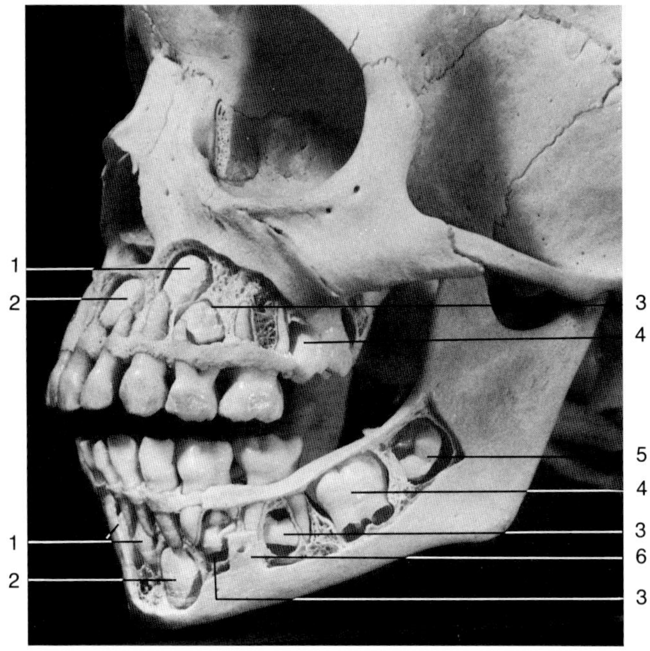

Milchzahngebiß, Kindlicher Schädel. Die Anlagen der bleibenden Zähne (2. Dentition) innerhalb der Kieferknochen sind präpariert.

1. Anlagen der ersten permanenten Schneidezähne
2. Anlagen der permanenten Eckzähne
3. Anlagen der permanenten Prämolaren I
4. Anlagen der permanenten Molaren I
5. Anlage des permanenten zweiten Unterkiefermolaren
6. For. mentale

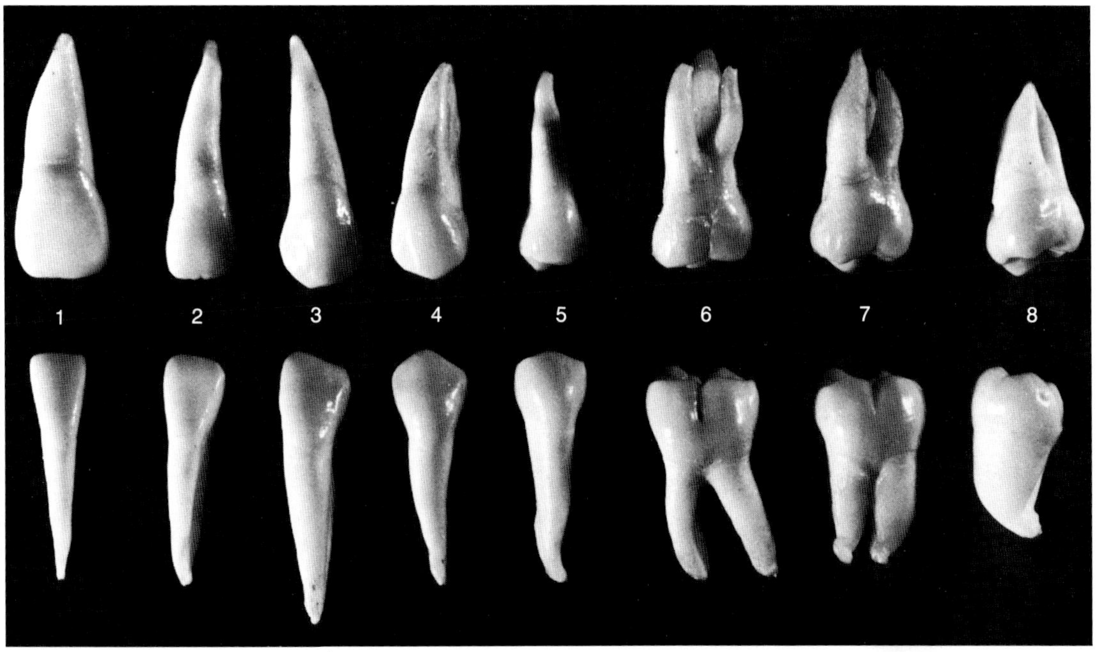

Zähne des erwachsenen Gebisses. (Oberkieferzähne – oben; Unterkieferzähne – unten) (Ansicht von labial bzw. bukkal).

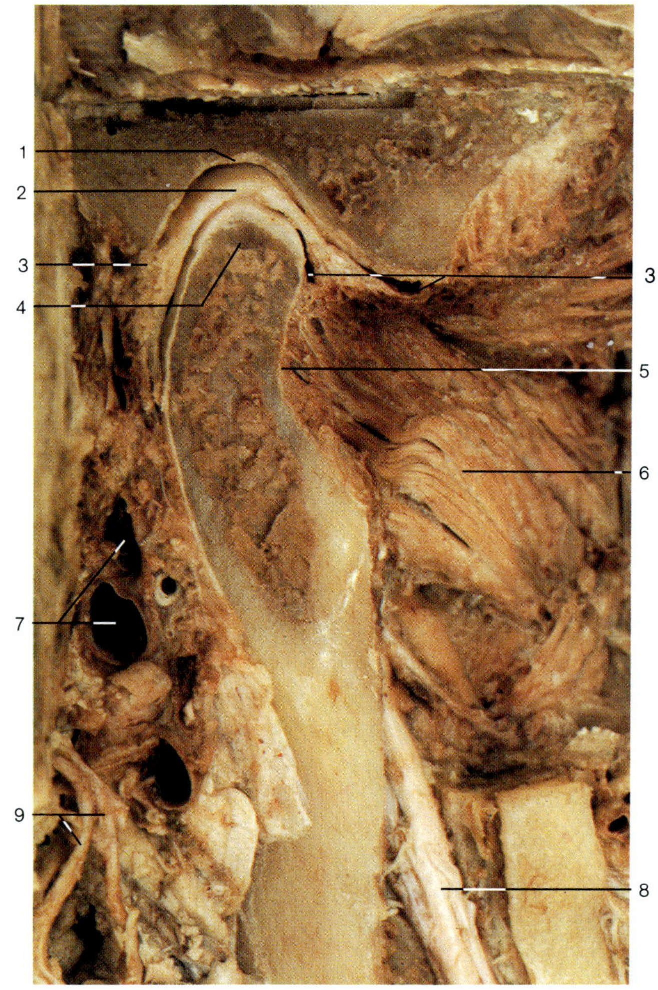

Sagittalschnitt durch das Kiefergelenk (Articulatio temporomandibularis). Canalis mandibulae von lateral eröffnet.

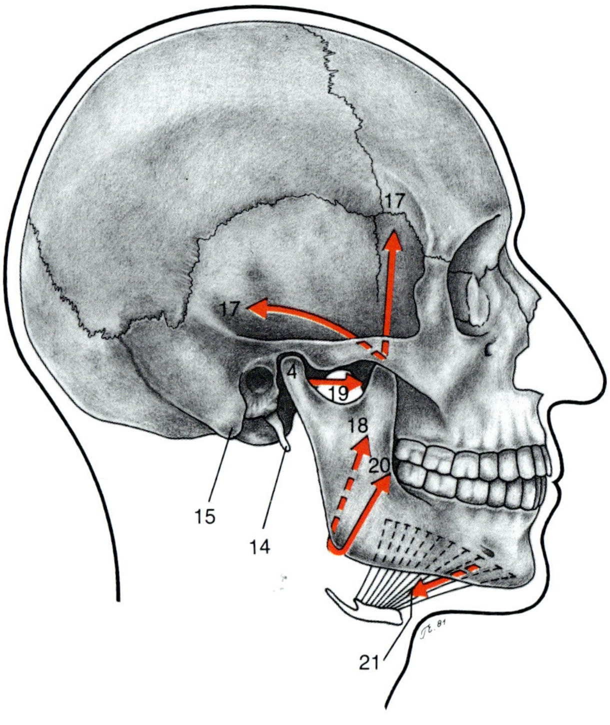

Wirkung der Kaumuskulatur auf die Kieferbewegungen (Schema) (Tr.).

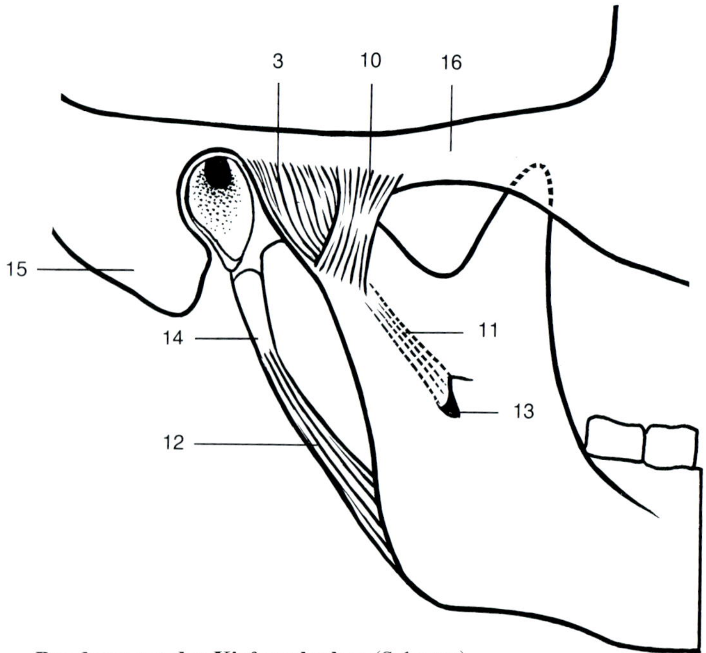

Bandapparat des Kiefergelenkes (Schema).
Mandibula ist durchsichtig gedacht, um die Lokalisation des Lig. sphenomandibulare darzustellen.

1 Gelenkknorpel der Fossa mandibularis
2 Discus articularis
3 Capsula articularis
4 Caput mandibulae
5 Fovea pterygoidea
6 M. pterygoideus lat.
7 Retroartikulärer Venenplexus
8 N. alveolaris inferior im Canalis mandibulae
9 N. facialis
10 Lig. laterale
11 Lig. sphenomandibulare
12 Lig. stylomandibulare
13 For. mandibulae
14 Proc. styloideus
15 Proc. mastoideus
16 Arcus zygomaticus
17 M. temporalis
18 M. pterygoideus med.
19 M. pterygoideus lat.
20 M. masseter
21 M. mylohyoideus

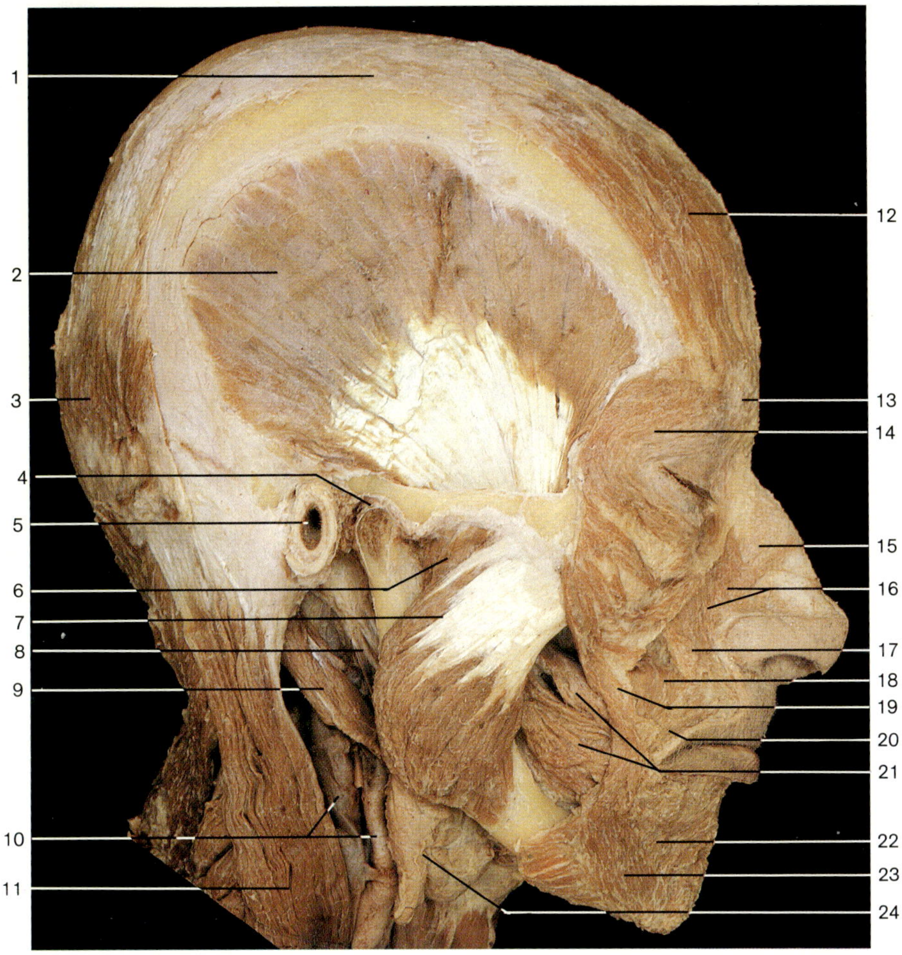

M. temporalis und M. masseter. Die beiden Faszien des M. temporalis wurden entfernt und das Kiefergelenk eröffnet.

1 Galea aponeurotica
2 M. temporalis
3 Venter occipitalis m. occipitofrontalis
4 Articulatio temporomandibularis
5 Porus et Meatus acusticus ext.
6 Pars profunda m. masseteris
7 Pars superficalis m. masseteris
8 M. stylohyoideus
9 Venter post. m. digastrici
10 A. carotis ext., V. jugularis int.
11 M. sternocleidomastoideus
12 Venter frontalis m. occipitofrontalis
13 M. depressor supercilii
14 M. orbicularis oculi, pars orbitalis
15 Pars transversa m. nasalis
16 M. levator labii sup. alaeque nasi
17 M. levator labii sup.
18 M. levator anguli oris
19 M. zygomaticus major
20 M. orbicularis oris
21 M. buccinator
22 M. depressor labii inf.
23 M. depressor anguli oris
24 Gl. submandibularis
25 Cartilago nasi lat.
26 Crus laterale cartilaginis alaris majoris
27 Cartilagines alares minores
28 Crus mediale cartilaginis alaris majoris
29 N. infraorbitalis
30 Venter anterior m. digastrici
31 M. hyoglossus
32 A. thyroidea sup.
33 Arcus zygomaticus (durchtrennt)
34 A. carotis int. sin.
35 A. carotis communis sin.

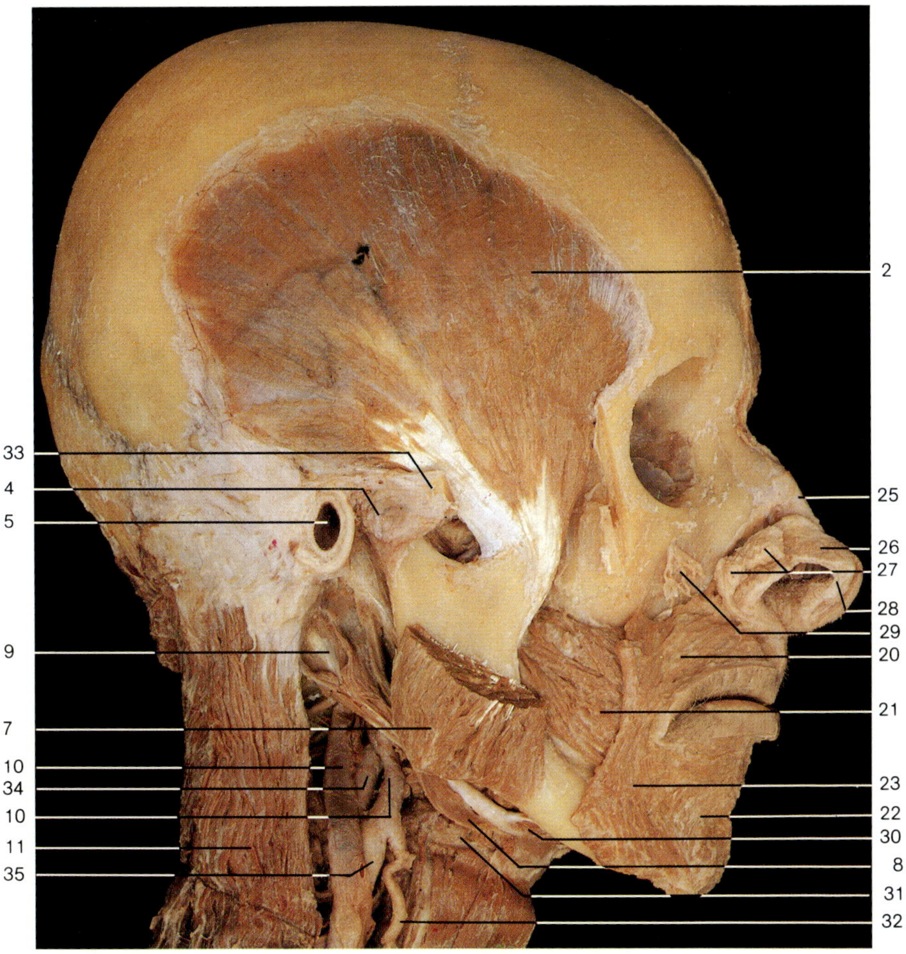

M. temporalis. Der Jochbogen wurde teilweise entfernt, um den Ansatz des M. temporalis zu zeigen. Äußeres Ohr und M. masseter wurden durchtrennt.

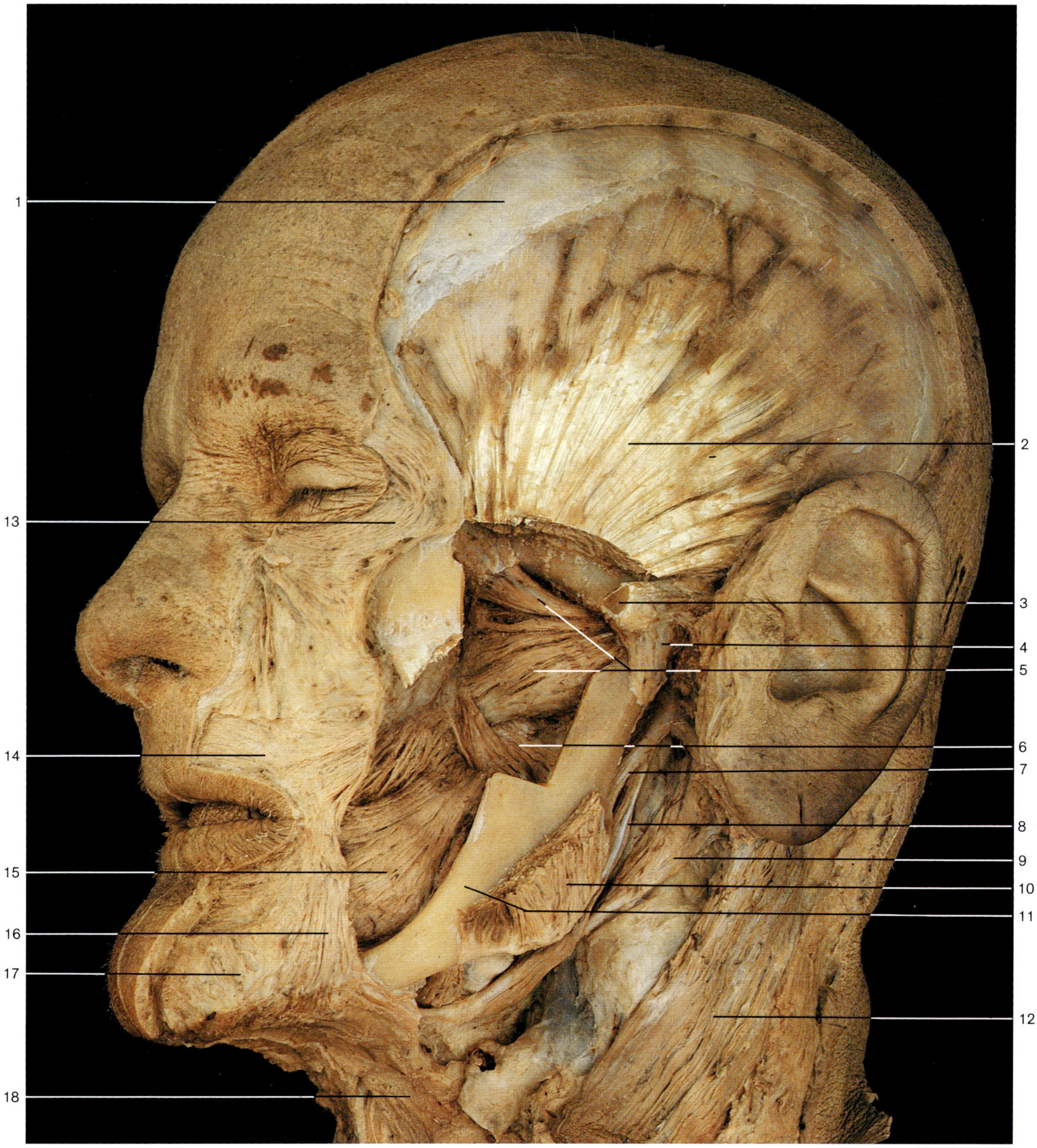

M. pterygoideus medialis und lateralis. Jochbogen und Proc. coronoideus mandibulae mit dem Ansatz des M. temporalis wurden entfernt, um die Mm. pterygoidei zeigen zu können.

1 Periosteum
2 M. temporalis
3 Arcus zygomaticus
4 Capsula articularis mit Lig. laterale
5 M. pterygoideus lat.
6 M. pterygoideus med.
7 M. styloglossus
8 M. stylohyoideus
9 Venter post. m. digastrici
10 M. masseter
11 Mandibula
12 M. sternocleidomastoideus
13 M. orbicularis oculi
14 M. orbicularis oris
15 M. buccinator
16 M. depressor anguli oris
17 M. depressor labii inf.
18 Platysma

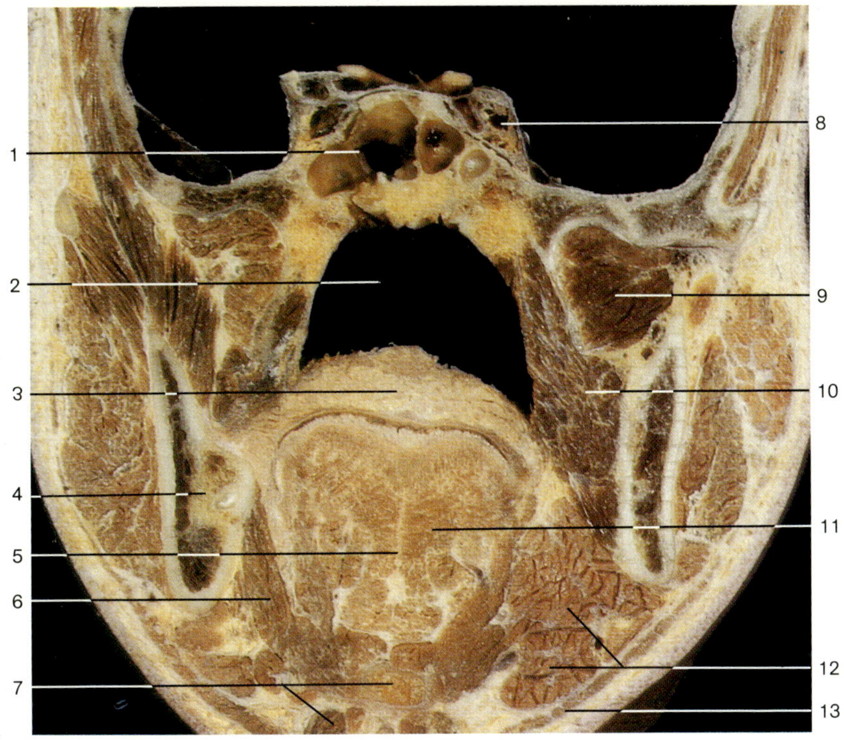

Frontalschnitt durch den Kopf. Die Lage der Mm. pterygoidei im Verhältnis zur Mundhöhle und Mandibula ist zu erkennen.

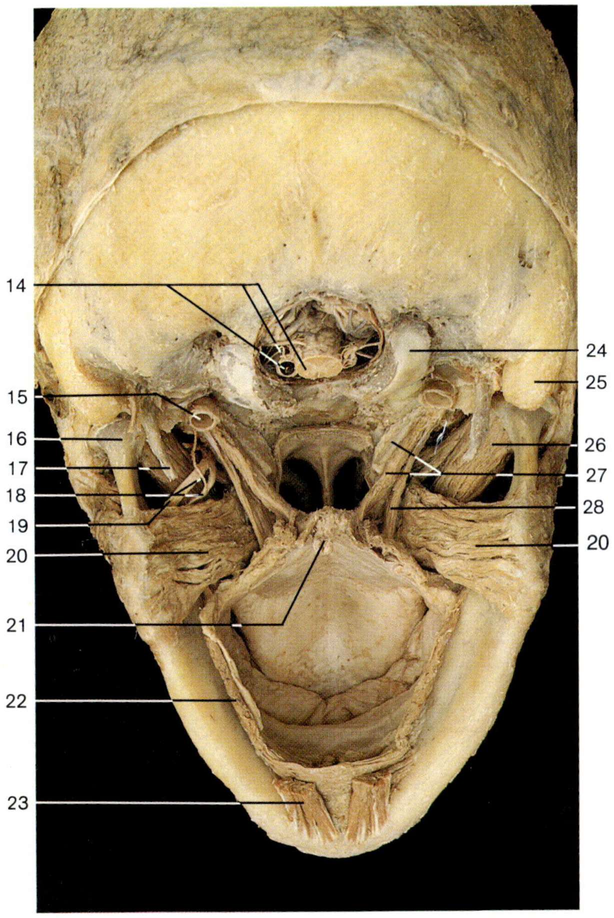

Mm. pterygoidei und **Mm. palatini** (von hinten unten).

1 Sinus sphenoidalis
2 Cavum nasi
3 Gaumen (Palatum)
4 Mandibula
5 Septum linguae
6 M. mylohyoideus
7 M. geniohyoideus, venter ant. m. digastrici
8 Sinus cavernosus
9 M. pterygoideus lat. (Schnittfläche)
10 M. pterygoideus med. (Schnittfläche)
11 Zunge (M. transversus linguae)
12 Gl. submandibularis
13 Platysma
14 For. magnum,
A. vertebralis und Medulla oblongata
15 A. carotis interna
16 Caput mandibulae
17 Proc. styloideus
18 N. lingualis und Chorda typmani
19 N. alveolaris inf.
20 M. pterygoideus med.
21 Uvula
22 M. mylohyoideus
23 Venter ant. m. digastrici
24 Condylus occipitalis
25 Proc. mastoideus
26 M. pterygoideus lat.
27 Tuba auditiva, M. levator veli palatini
28 M. tensor veli palatini

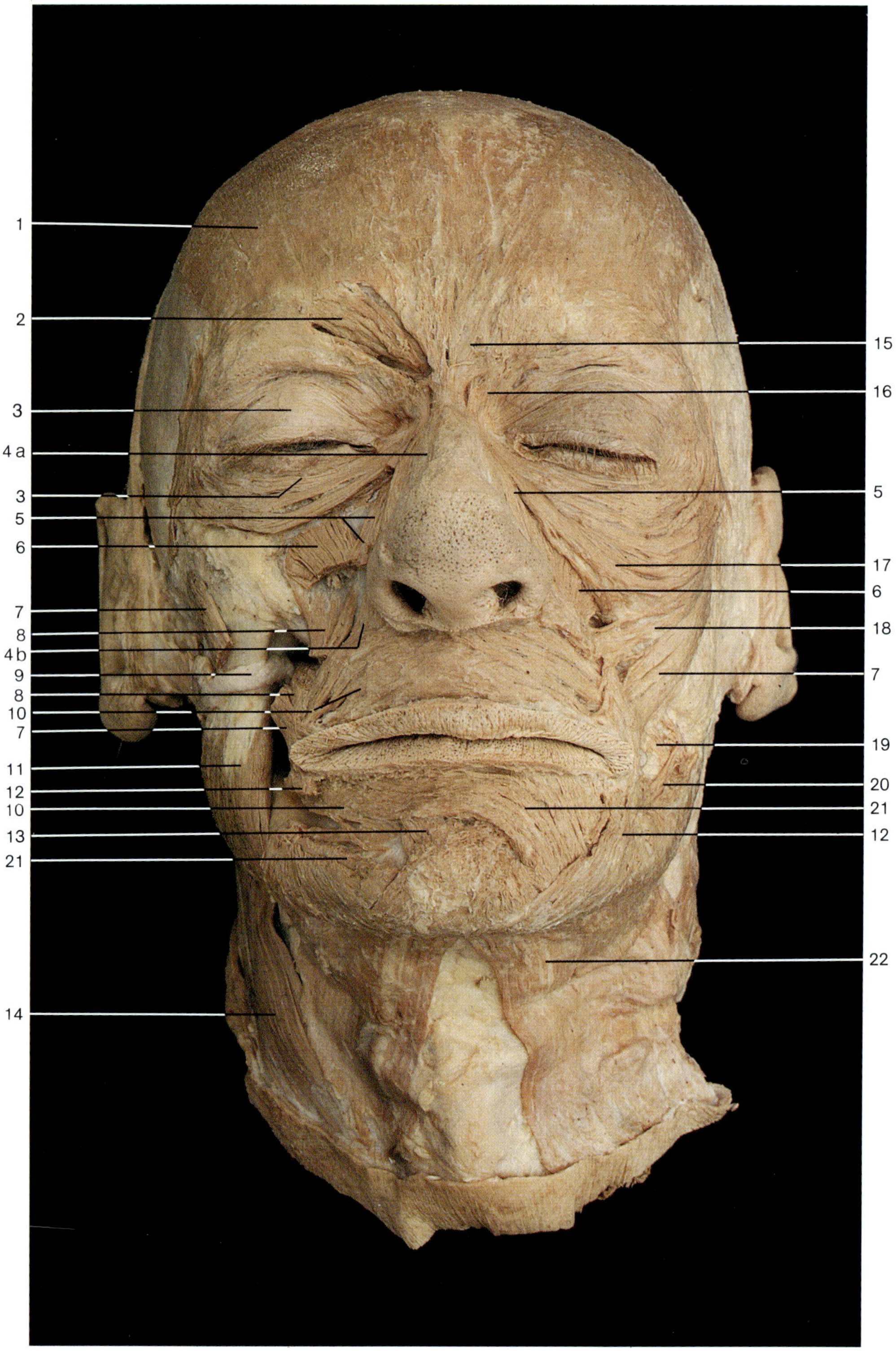

Mimische Muskulatur (von vorne); links = oberflächliche Schicht, rechts = tiefe Schicht.

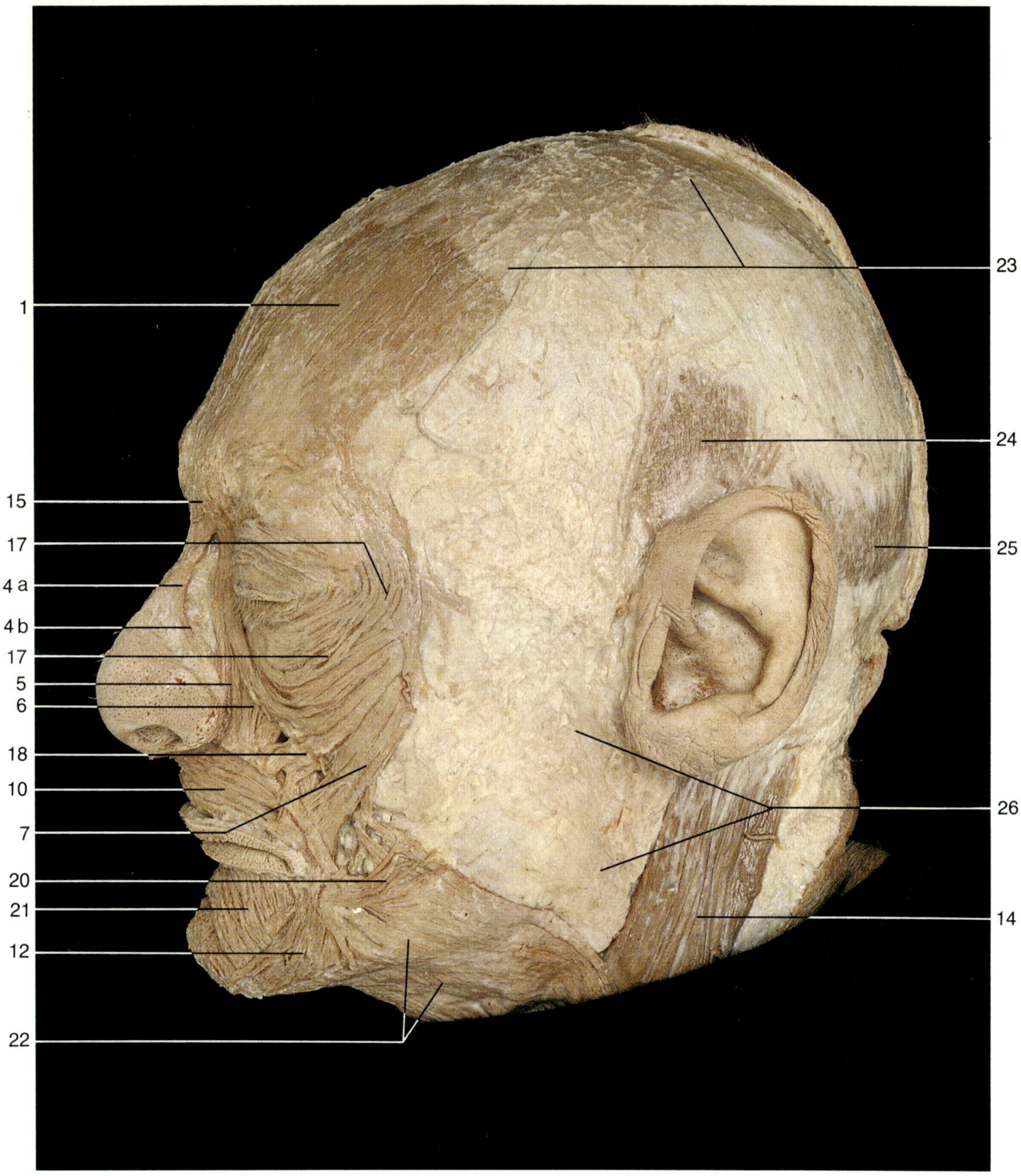

Mimische Muskulatur, oberflächliche Schicht (von lateral).

1 Venter frontalis m. occipitofrontalis
2 M. corrugator supercilii
3 Pars palpebralis m. orbicularis oculi
4a M. nasalis, pars transversa
4b M. nasalis, pars alaris
5 M. levator labii sup. alaeque nasi
6 M. levator labii sup.
7 M. zygomaticus major
8 M. levator anguli oris
9 Ductus parotideus
10 M. orbicularis oris, pars labialis
11 M. masseter
12 M. depressor anguli oris
13 M. mentalis
14 M. sternocleidomastoideus
15 M. procerus
16 M. depressor supercilii
17 Pars orbitalis m. orbicularis oculi
18 M. zygomaticus minor
19 M. buccinator
20 M. risorius
21 M. depressor labii inf.
22 Platysma
23 Galea aponeurotica
24 M. temporoparietalis
25 Venter occipitalis m. occipitofrontalis
26 Gl. parotis

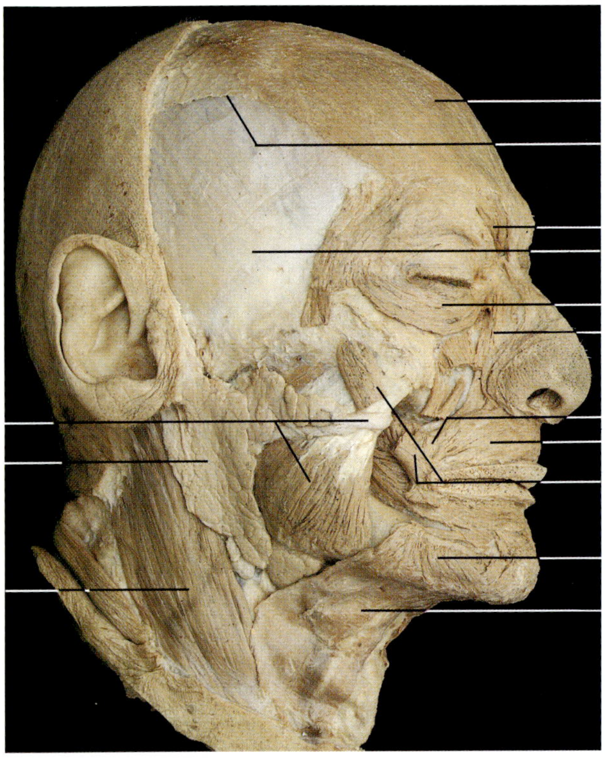

Mimische Muskulatur, Masseter und Gl. parotis (von lateral).

1 M. temporoparietalis
2 R. parietalis a. temporalis superfic., N. auriculotemporalis
3 Venter occipitalis m. occipitofrontalis, N. occipitalis major
4 N. facialis
  a) R. temporalis
  b) R. zygomaticus
  c) Rr. buccales
  d) R. marginalis mandibulae
5 N. occipitalis minor, A. occipitalis
6 A. transversa faciei
7 Ductus parotideus, M. masseter
8 Gl. parotis, N. auricularis magnus
9 M. sternocleidomastoideus, V. retromandibularis
10 M. splenius capitis
11 Plexus cervicalis, A. transversa colli
12 M. trapezius
13 R. frontalis a. temporalis superf., venter frontalis m. occipitofrontalis
14 R. lat. et med. n. supraorbitalis
15 N. supratrochlearis
16 A. angularis
17 M. orbicularis oculi
18 M. levator labii sup.
19 A. facialis, M. zygomaticus minor
20 M. levator anguli oris
21 M. zygomaticus major

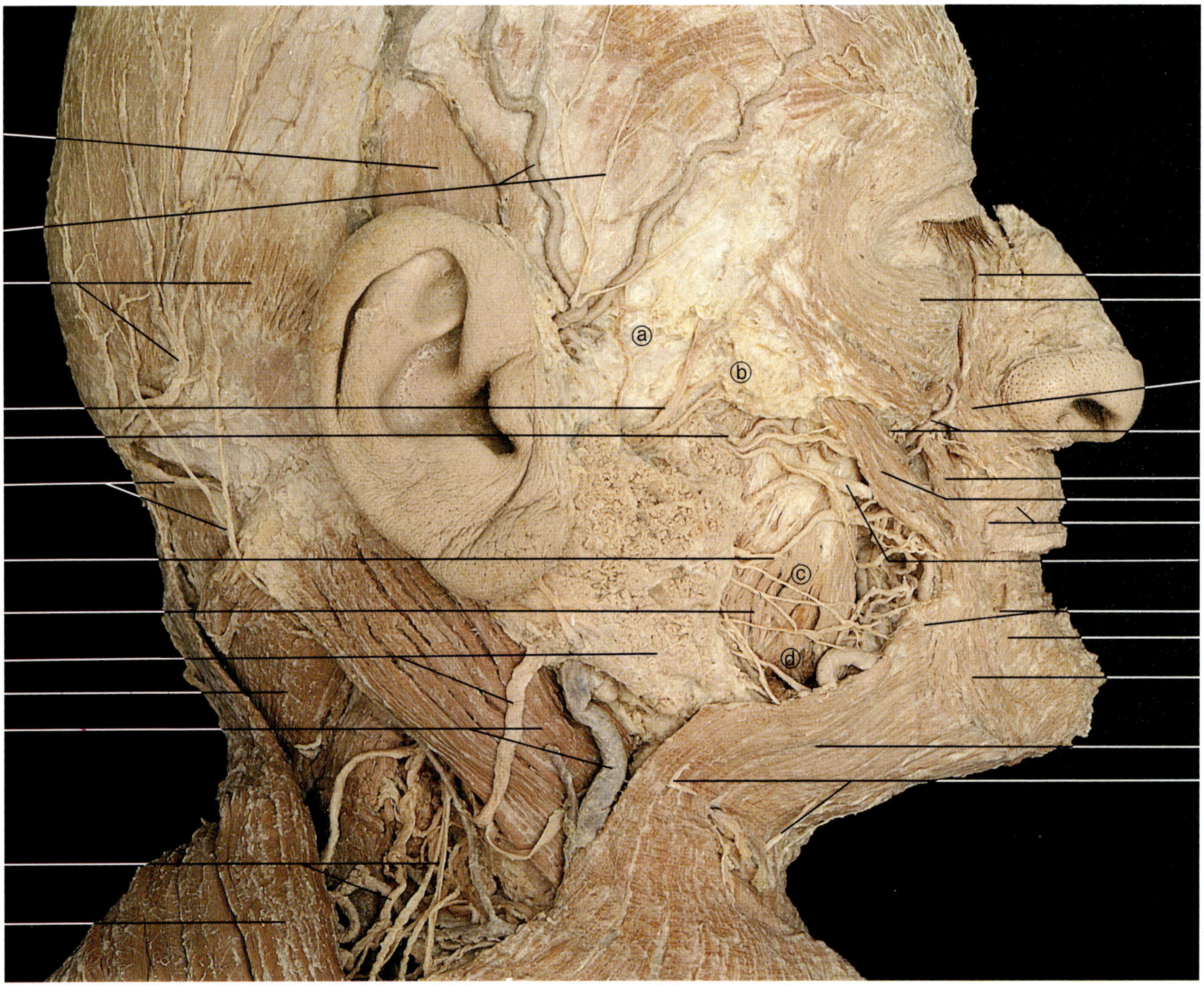

Regio faciei lateralis superficialis I. Präparation der oberflächlichen Nerven und Gefäße. Endäste des **N. facialis.**

22 A. labialis sup., M. orbicularis oris
23 M. risorius, A. labialis inf.
24 M. depressor labii inf.
25 M. depressor anguli oris
26 Platysma, A. facialis
27 Endäste des N. transversus colli
28 M. corrugator supercilii
29 Fascia temporalis
30 Galea aponeurotica
◁

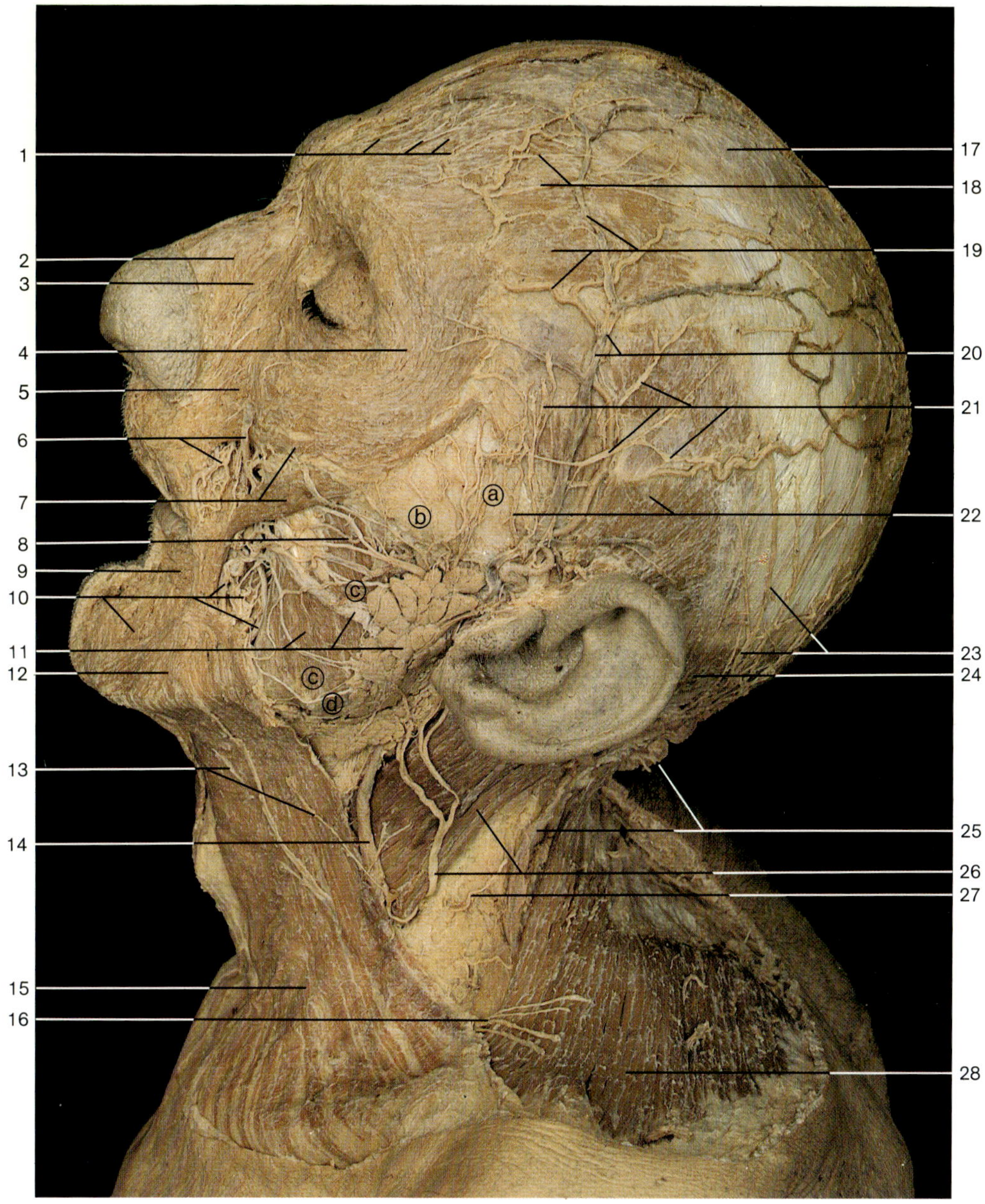

Regio faciei lat. superficialis II. Fascia parotideomasseterica teilweise entfernt.

1 Rr. med. n. supraorbitalis
2 M. nasalis, pars transversa
3 M. levator labii sup. alaeque nasi
4 M. orbicularis oculi, pars orbitalis
5 M. levator labii sup.
6 A., V. facialis
7 M. zygomaticus minor, M. zygomaticus major
8 A. transversa faciei
9 M. orbicularis oris
10 Nn. buccales, M. depressor labii inf., A. und V. facialis
11. Gl. parotis, ductus parotideus und M. masseter
12 M. depressor anguli oris
13 Endäste des N. transversus colli
14 V. retromandibularis
15 Platysma
16 N. supraclavicularis post.
17 Galea aponeurotica
18 Rr. lat. n. supraorbitalis
19 Venter frontalis m. occipitofrontalis,
R. frontalis der A. und V. temporalis superf.
20 A., V. temporalis superf.
21 N. auriculotemporalis
22 A. zygomaticoorbitalis, M. temporoparietalis
23 N. occipitalis major
24 Venter occipitalis m. occipitofrontalis
25 V. jugularis ext., A. occipitalis
26 N. auricularis magnus, M. sternocleidomastoideus
27 N. occipitalis minor
28 M. trapezius

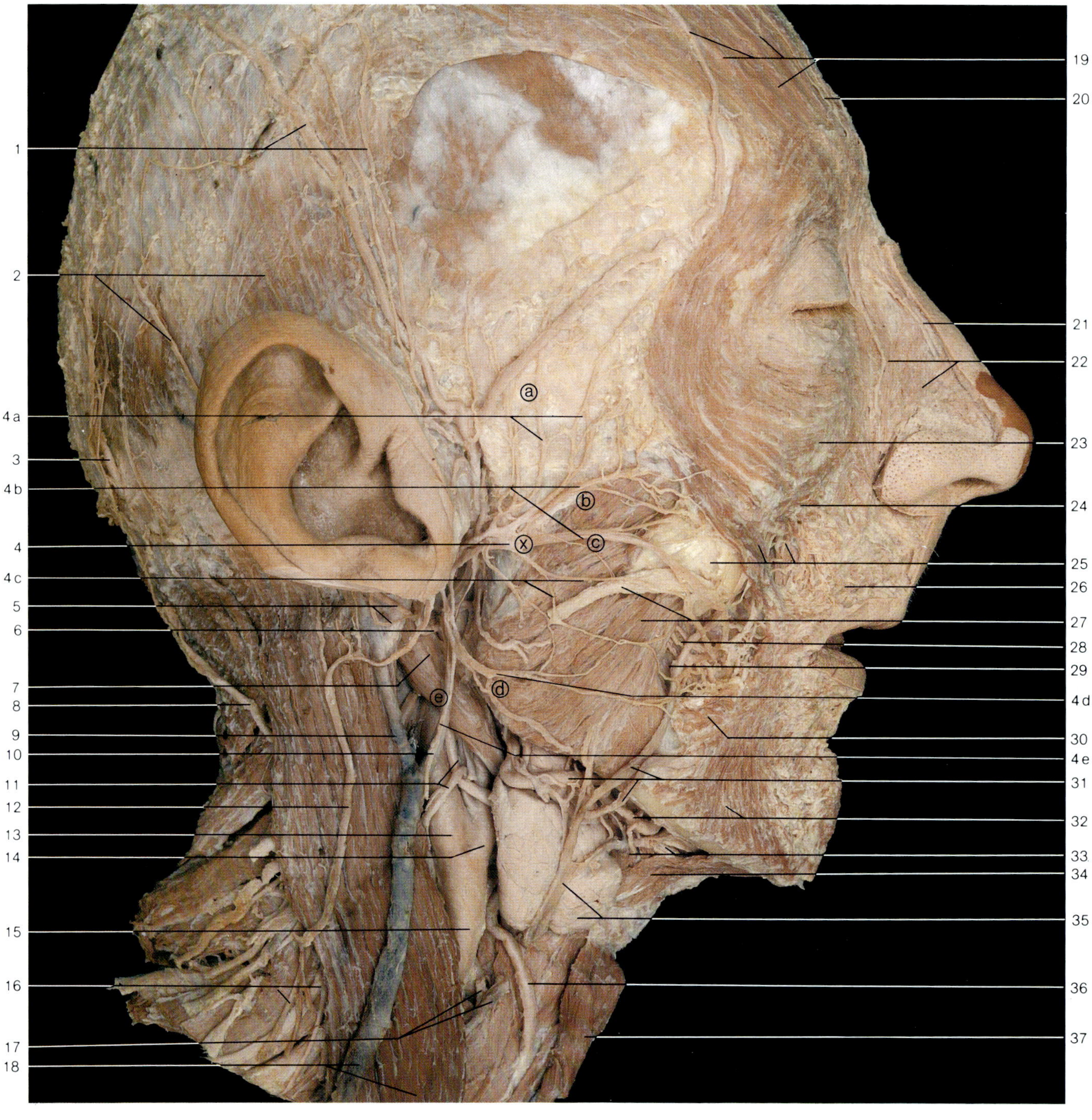

Regio faciei lat. superf. III. Gl. parotis wurde entfernt und der Plexus parotideus des N. facialis (×) dargestellt.

1 A. temporalis superf., N. auriculotemporalis
2 A., N. auricularis post., M. temporoparietalis
3 A. occipitalis
4 N. facialis (N. VII), Plexus parotideus
  a) Rr. temporales
  b) Rr. zygomatici
  c) Rr. buccales
  d) R. marginalis mandibulae
  e) R. colli
5 N. auricularis post.
6 A. auricularis post.
7 M. digastricus, venter post.
8 N. occipitalis minor
9 V. auricularis post.
10 V. retromandibularis
11 N. hypoglossus (N. XII) mit A. sternocleidomastoidea
12 N. auricularis magnus
13 A. carotis int.
14 A. carotis ext.
15 A. carotis communis
16 Plexus cervicalis
17 A., V. laryngea sup.
18 V. jugularis ext. (var.), M. sternocleidomastoideus
19 R. frontalis a. temporalis superf., R. lat. n. supraorbitalis, venter frontalis m. occipitofrontalis
20 Ramus med. n. supraorbitalis
21 A. dorsalis nasi
22 A. angularis, M. nasalis, pars transversa
23 Pars orbitalis, m. orbicularis oculi
24 M. levator anguli oris
25 Corpus adiposum buccae, M. zygomaticus major, N. infraorbitalis
26 M. orbicularis oris
27 Ductus parotideus, M. masseter
28 A., V. buccalis
29 M. buccinator
30 M. risorius
31 A. und V. facialis
32 A. submentalis, M. depressor anguli oris
33 M. mylohyoideus, N. mylohyoideus
34 Venter ant. m. digastrici
35 V. facialis, Gl. submandibularis
36 A. thyroidea sup.
37 M. sternohyoideus

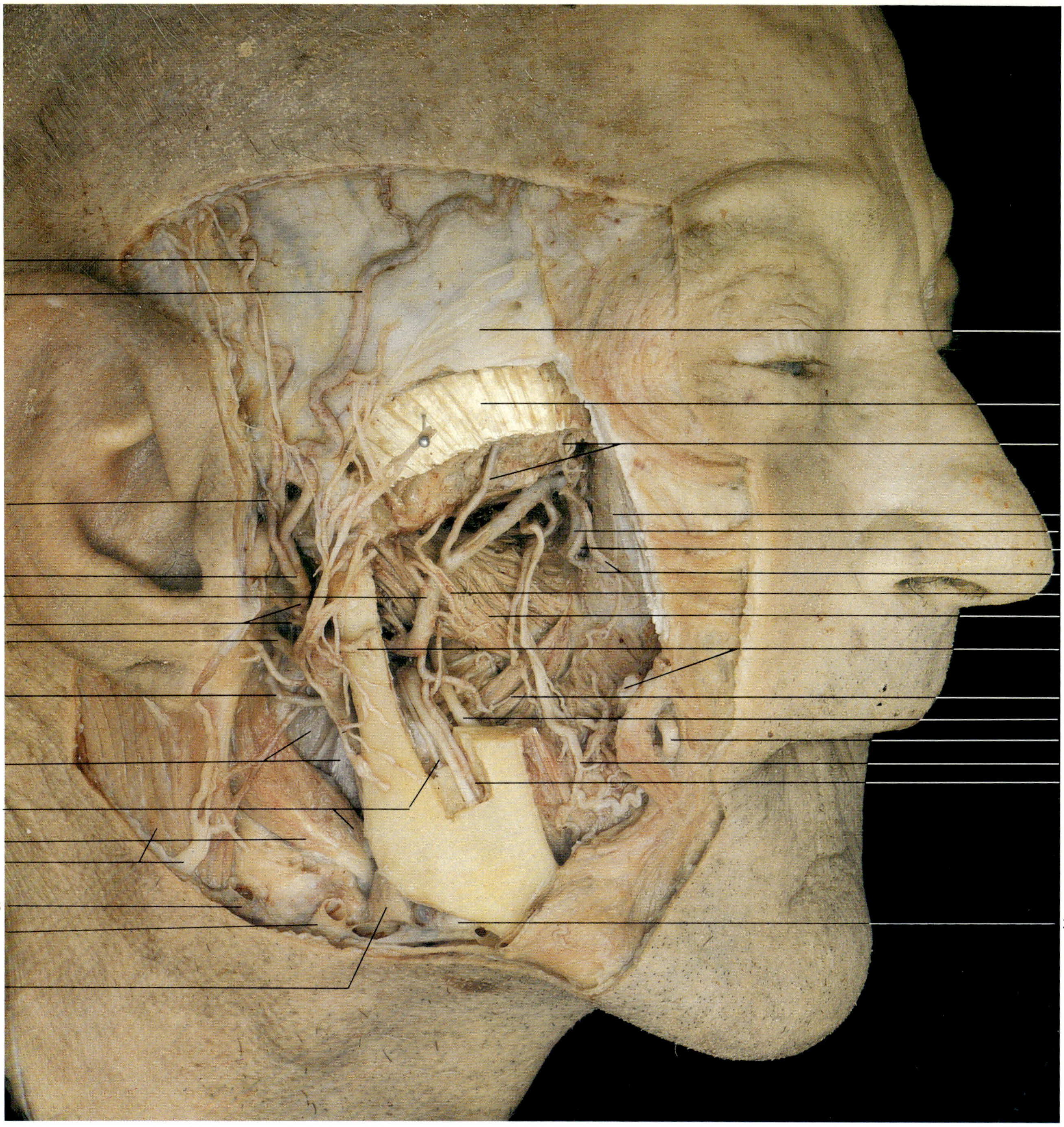

Regio faciei prof. und Regio retromandibularis. Jochbogen wurde ganz und Mandibula teilweise entfernt. Der Anfang des Canalis mandibulae wurde eröffnet. Man beachte den Verlauf der A. maxillaris.

1 R. parietalis a. temporalis superf.
2 R. frontalis a. temporalis superf.
3 A. auriculotemporalis
4 A. temporalis superf.
5 A. maxillaris
6 Rr. communicantes zwischen n. facialis und n. auriculotemporalis
7 N. facialis
8 A. auricularis post.
9 A. carotis ext., V. jugularis int.
10 N. mylohyoideus, M. stylohyoideus
11 M. digastricus, venter post.
12 N. auricularis magnus, M. sternocleidomastoideus
13 V. jugularis ext.
14 V. retromandibularis
15 Gl. submandibularis
16 M. temporalis
17 Aa. temporales proff.
18 N. alveolaris sup. post.
19 A. infraorbitalis
20 A. sphenopalatina
21 A. alveolaris sup. post.
22 A. masseterica, N. massetericus
23 M. pterygoideus lat.
24 A. transversa faciei und Ductus parotideus
25 M. pterygoideus med.
26 A. facialis
27 A. lingualis
28 N. buccalis
29 N. und A. alveolaris inf.
30 Fascia temporalis (lamina superficialis)

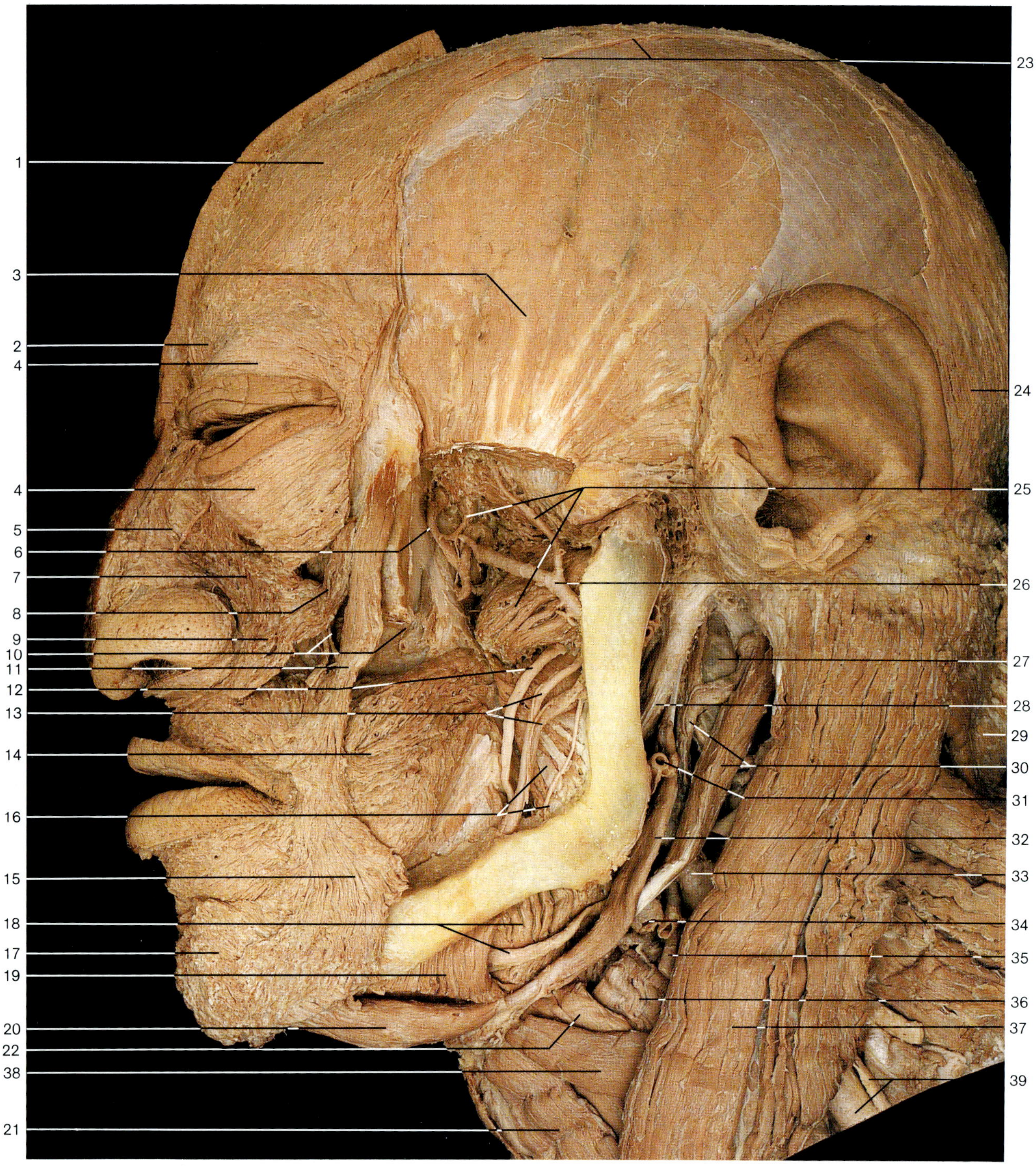

Regio retromandibularis mit A. maxillaris und Trigeminusästen.

1 Venter frontalis m. occipitofrontalis
2 M. depressor supercilii
3 M. temporalis
4 M. orbicularis oculi, pars orbitalis
5 M. nasalis, pars transversa
6 A. infraorbitalis
7 M. levator labii sup. alaeque nasi
8 M. zygomaticus minor
9 M. levator labii sup.
10 A., V. infraorbitalis,
A. alveolaris sup. post.
11 M. zygomaticus major
12 N. lingualis, M. orbicularis oris
13 A., N. alveolaris inf.
14 M. buccinator
15 M. depressor anguli oris
16 M. pterygoideus med., N. mylohyoideus
17 M. depressor labii inf.
18 N. hypoglossus, M. hyoglossus
19 M. mylohyoideus
20 M. digastricus, venter ant.
21 M. sternohyoideus
22 M. thyrohyoideus
23 Galea aponeurotica
24 Venter occipitalis m. occipitofrontalis
25 M. pterygoideus lat., Aa. temporales proff.
26 A. maxillaris
27 V. jugularis int.
28 M. styloglossus
29 M. splenius capitis
30 M. digastricus venter post., A. occipitalis
31 A. temporalis superf. (quergeschnitten)
32 M. stylohyoideus
33 A. carotis ext.
34 V. retromandibularis
35 A. thyroidea sup.
36 M. constrictor pharyngis inf.
37 M. sternocleidomastoideus
38 M. omohyoideus
39 A. carotis comm. und N. vagus

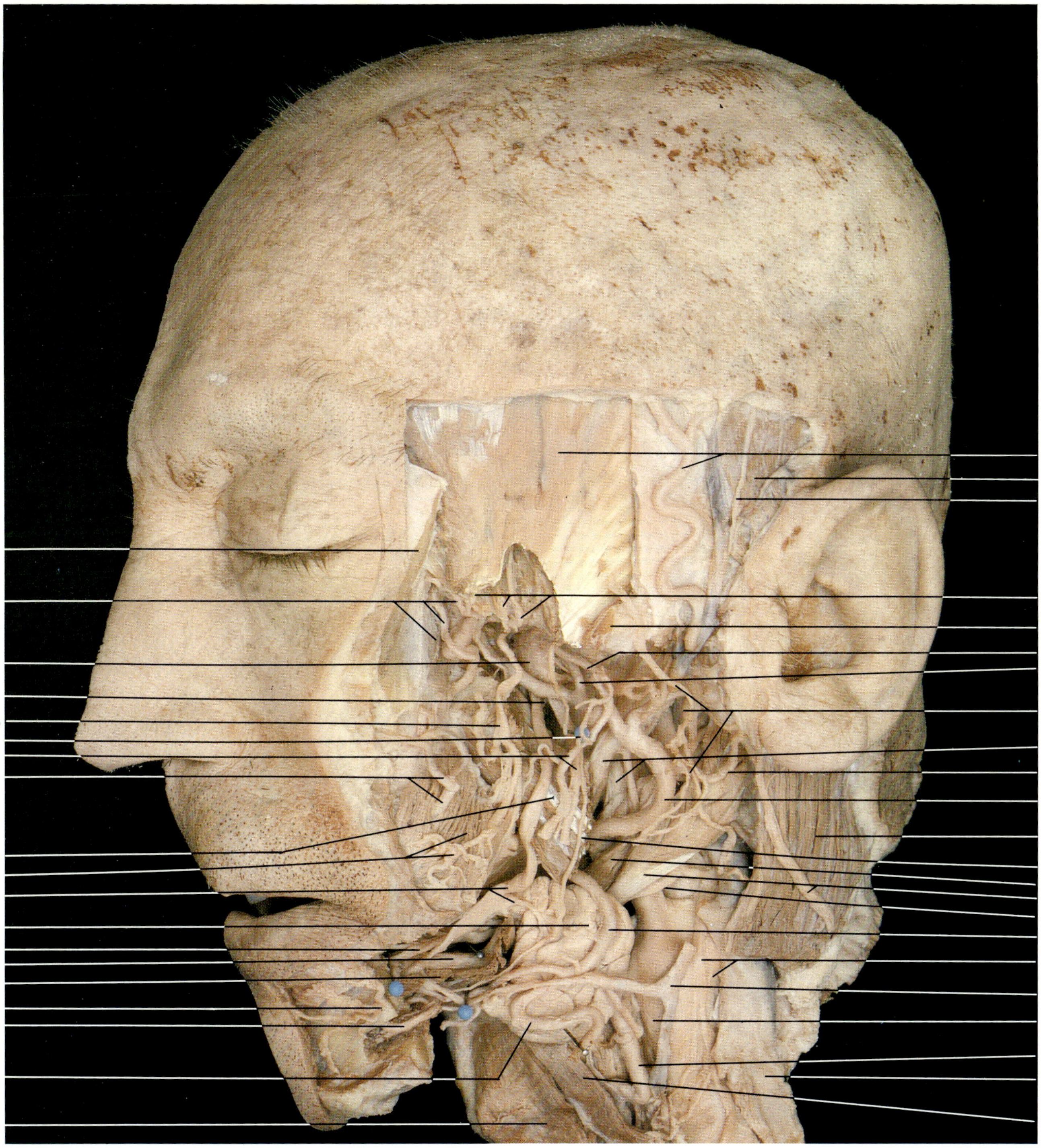

Spatium parapharyngeum und retromandibulare mit Gefäßen und Nerven. Mandibula und Mm. pterygoidei wurden entfernt.

1 Arcus zygomaticus (durchtrennt)
2 Rr. alveolares sup. post., N. und A. infraorbitalis
3 N. mandibularis (N. V_3)
4 Chorda tympani, M. pterygoideus lat.
5 N. buccalis
6 A., N. massetericus (durchtrennt)
7 N., A. alveolaris inf.
8 A. transversa faciei, ductus parotideus
9 M. pterygoideus med.
10 A. und N. buccalis, M. buccinator
11 N. lingualis, Ggl. submandibulare
12 Ductus submandibularis
13 N. hypoglossus (N. XII)
14 Gl. sublingualis
15 M. mylohyoideus (durchtrennt)
16 N. mentalis
17 A. und N. alveolaris inf. (durchtrennt)
18 A. facialis
19 M. sternohyoideus
20 M. temporalis, A. temporalis superf.
21 M. temporoparietalis
22 A. temporalis profunda, N. temporalis prof.
23 A. meningea media
24 N. auriculotemporalis
25 N. facialis (N. VII)
26 M. stylopharyngeus und M. styloglossus
27 A. auricularis post.
28 A. maxillaris
29 M. sternocleidomastoideus
30 N. mylohyoideus
31 M. stylohyoideus
32 M. digastricus (Zwischensehne), N. auricularis magnus
33 Arcus n. hypoglossi (N. XII)
34 Radix sup. ansae cervicalis und A. carotis int.
35 A. facialis
36 V. retromandibularis
37 A. carotis ext.
38 A. thyroidea sup.
39 V. jugularis int.
40 M. omohyoideus

Nervus trigeminus und Arteria maxillaris

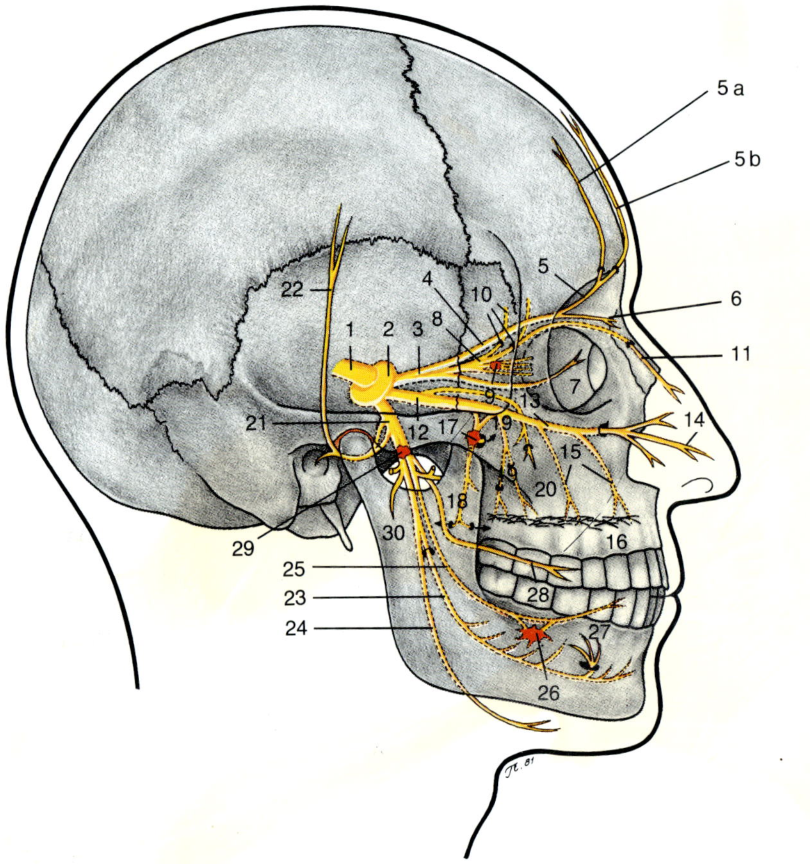

Äste des N. trigeminus (Schema) (Tr.).

1 N. trigeminus (N. V)
2 Ggl. trigeminale
3 **N. ophthalmicus** (N. V_1)
4 N. frontalis
5 N. supraorbitalis
a) R. lat.
b) R. med.
6 N. supratrochlearis
7 N. lacrimalis
8 N. nasociliaris
9 Ggl. ciliare
10 N. ethmoidalis ant. et post.
11 N. infratrochlearis
12 **N. maxillaris** (N. V_2)
13 N. infraorbitalis
14 Nn. palpebrales, nasales et labiales sup.
15 Rr. alveolares sup. ant., med. et post.
16 Plexus dentalis sup.
17 Ggl. pterygopalatinum, Nn. pterygopalatini
18 N. palatinus major, Nn. palatini minores
19 Rr. nasales post. inf.
20 N. zygomaticus
21 **N. mandibularis** (N. V_3)
22 N. auriculotemporalis
23 N. alveolaris inf.
24 N. mylohyoideus
25 N. lingualis
26 Ggl. submandibulare
27 N. mentalis
28 N. buccalis
29 Ggl. oticum, N. massetericus, Nn. temporales, Nn. pterygoidei
30 N. massetericus

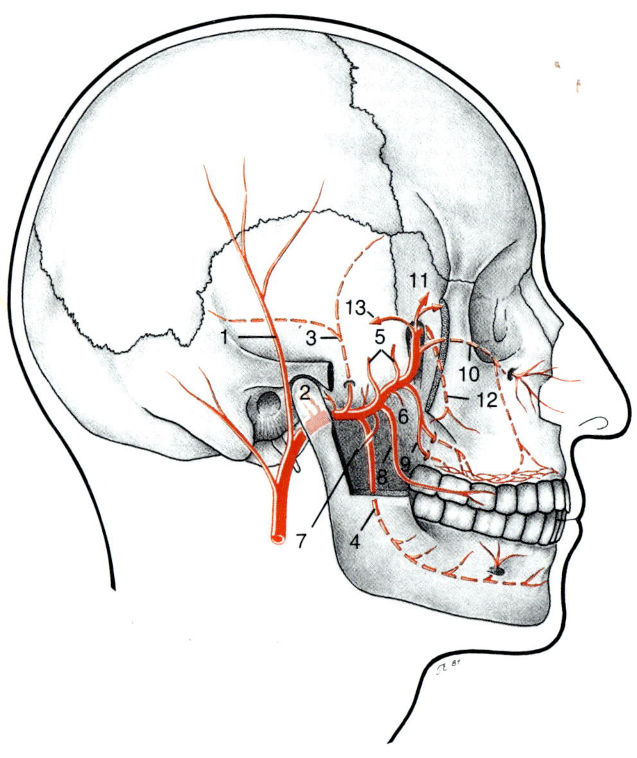

Äste der A. maxillaris (Schema) (O.).

1 A. temporalis superf.

A. maxillaris, pars mandibularis

2 A. auricularis prof., A. tympanica ant.
3 A. meningea media
4 A. alveolaris inf.

A. maxillaris, pars pterygoidea

5 Aa. temporales proff.
6 Rr. pterygoidei
7 A. masseterica
8 A. buccalis

A. maxillaris, pars pterygopalatina

9 A. alveolaris sup. post.
10 A. infraorbitalis
11 A. sphenopalatina, Aa. nasales post. lat. et septi
12 A. palatina descendens
13 A. canalis pterygoidei

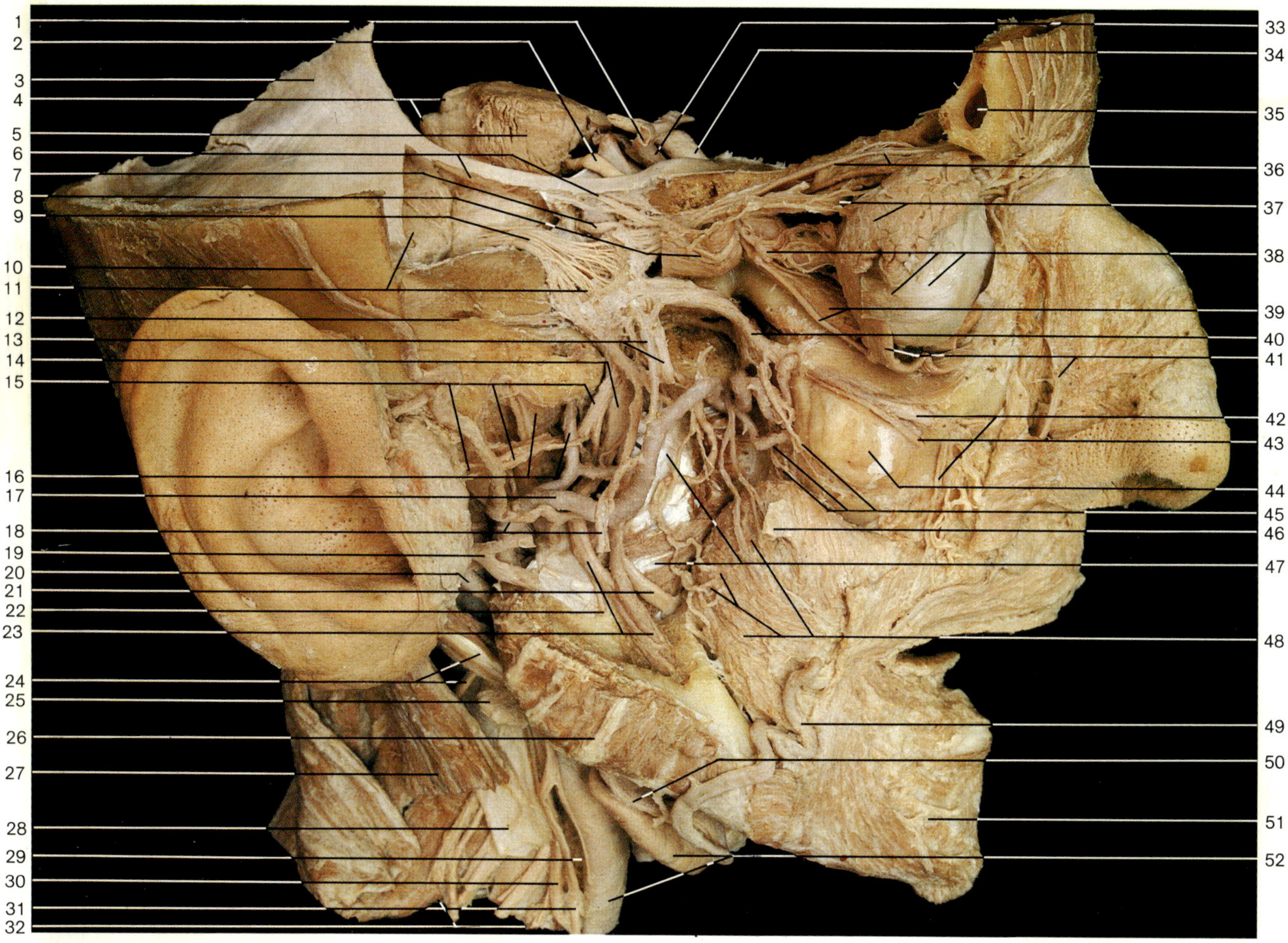

Präparation des N. trigeminus. Mandibula und laterale Orbitawand wurden entfernt. Der M. rectus lat. wurde durchtrennt und nach hinten geklappt.

1 A. cerebri media
2 N. oculomotorius (N. III)
3 Tentorium cerebelli
4 Lamina tecti (Mittelhirn)
5 Crus cerebri
6 N. trochlearis (N. IV)
7 N. abducens (N. VI)
8 M. rectus lat., N. abducens (N. VI)
9 N. trigeminus (N. V)
10 A. temporalis superf.
11 Ggl. trigeminale und Cerebellum
12 Sulcus n. petrosi majoris
13 A. und N. temporalis prof.
14 N. mandibularis (N. V_3)
15 N. auriculotemporalis
16 A. meningea media, Lig. sphenomandibulare
17 A. maxillaris
18 A. und N. massetericus, A. transversa faciei
19 N. facialis (N. VII)
20 A. occipitalis
21 N. lingualis
22 N. mylohyoideus
23 A. und N. alveolaris inf.
24 M. digastricus, venter post., N. accessorius (N. XI)
25 Nodi lymphatici submandibulares
26 M. masseter (durchtrennt)
27 M. sternocleidomastoideus
28 V. jugularis int.
29 R. thyrohyoideus ansae cervicalis
30 N. vagus (N. X)
31 Radix sup. ansae cervicalis
32 Plexus cervicalis
33 A. carotis int.
34 N. opticus (N. II)
35 Sinus frontalis
36 N. frontalis, M. levator palpebrae sup.
37 M. rectus sup., A., N. lacrimalis, Gl. lacrimalis
38 Ggl. ciliare, Nn. ciliares breves, N. opticus, Bulbus oculi, M. rectus bulbi lat.
39 M. rectus bulbi inf., R. inf. n. oculomotorii
40 N. maxillaris, A. sphenopalatina
41 M. obliquus inf., A. angularis
42 A., N. infraorbitalis
43 N. und A. alveolaris sup. ant.
44 Schleimhaut des Sinus maxillaris
45 A. und N. alveolaris sup. post.
46 Ductus parotideus
47 M. pterygoideus med.
48 A. und N. buccalis, M. buccinator
49 A. facialis
50 N. hypoglossus (N. XII)
51 N. mentalis
52 Gl. submandibularis, A. carotis communis

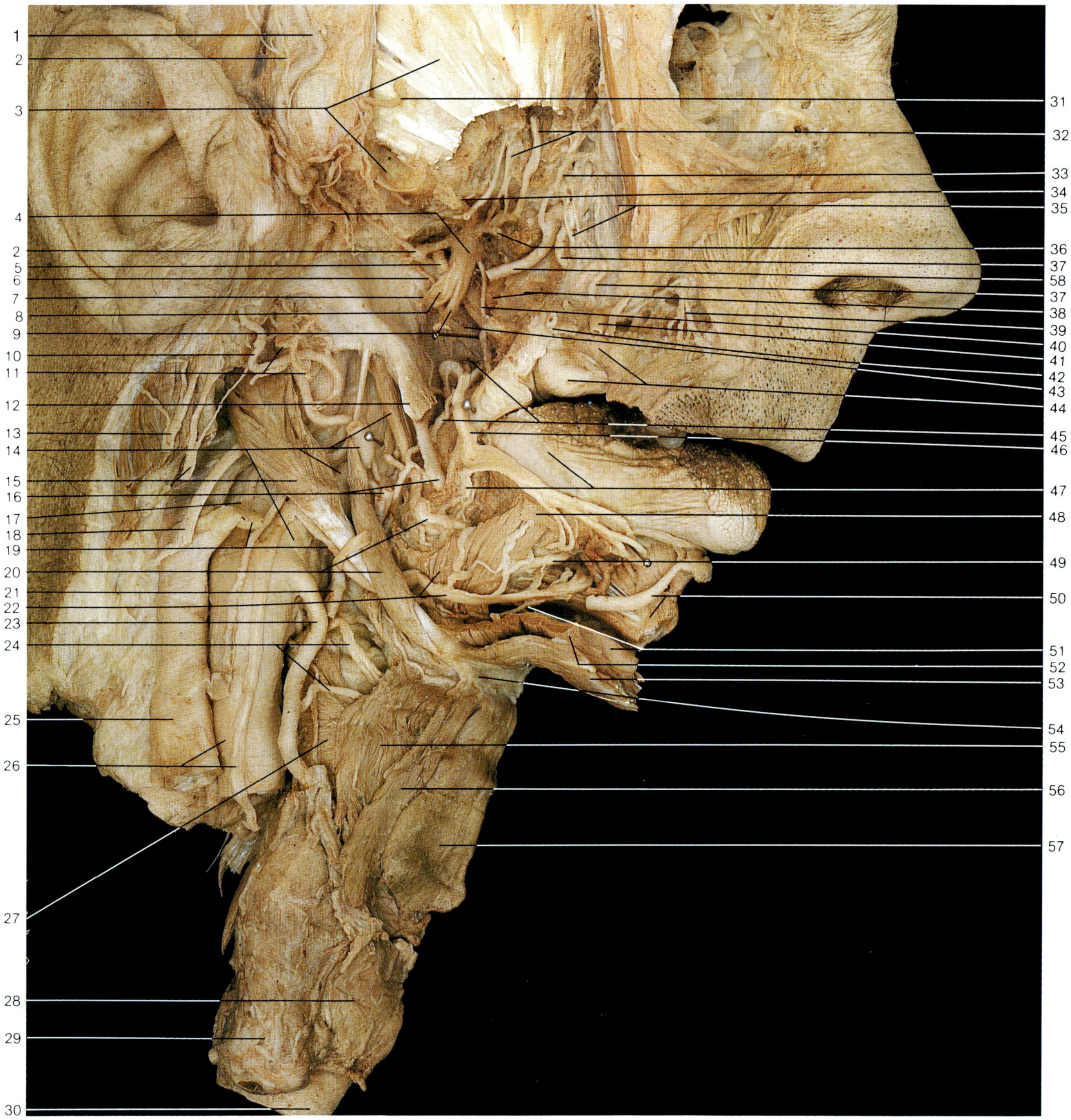

Regio parapharyngea und sublingualis. Arcus zygomaticus und Mandibula wurden vollständig entfernt.

1 A. temporalis superf.
2 N. auriculotemporalis
3 M. temporalis, arcus zygomaticus (Schnittfläche)
4 N. mandibularis (N. V_3)
5 A. meningea media
6 Chorda tympani
7 N. mylohyoideus
8 N. alveolaris inf.
9 N. lingualis
10 A. auricularis post.
11 N. facialis (N. VII)
12 M. styloglossus
13 N. auricularis magnus
14 A. maxillaris, A. carotis ext., M. stylopharyngeus
15 M. digastricus, venter post.
16 Proc. styloideus, A. facialis
17 N. vagus (N. X)
18 N. accessorius (N. XI)
19 N. hypoglossus (N. XII)
20 M. stylohyoideus, N. glossopharyngeus (N. IX)
21 V. facialis
22 N. hypoglossus (N. XII), M. hyoglossus
23 A. thyroidea sup.
24 N. laryngeus sup., A. laryngea sup.
25 V. jugularis int.
26 A. carotis communis, Radix sup. ansae cervicalis
27 M. constrictor pharyngis inf.
28 Gl. thyroidea
29 Oesophagus
30 Trachea

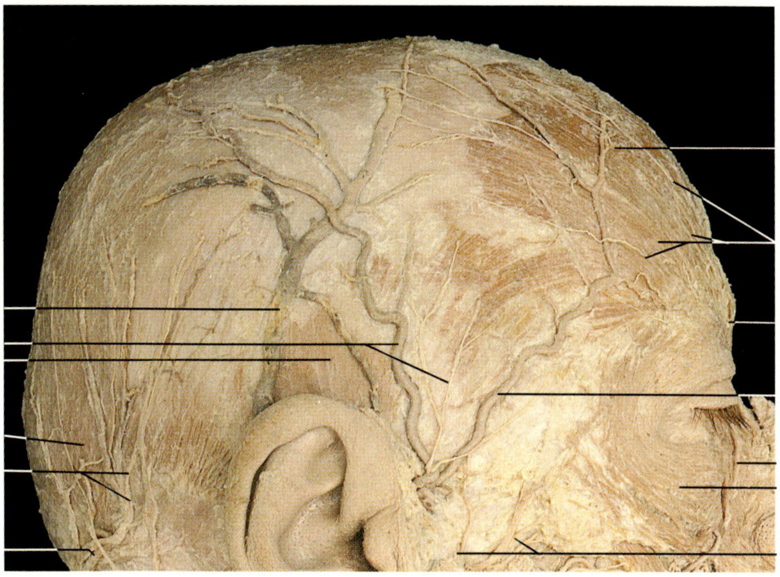

Nerven und Gefäße der Kopfhaut.

1 V. auricularis post.
2 R. parietalis a. temporalis superf., N. auriculotemporalis
3 M. temporoparietalis
4 N. occipitalis major
5 Venter occipitalis m. occipitofrontalis
6 A. occipitalis
7 Rr. temporales n. facialis
8 R. frontalis a. temporalis superf.
9 R. lat. et med. n. supraorbitalis
10 N. supratrochlearis
11 A. angularis
12 M. orbicularis oculi
13 Venter frontalis m. occipitofrontalis

◁
31 A. temporalis media
32 Nn. temporales proff., A. temporalis prof. post.
33 A. temporalis prof. ant.
34 N. massetericus
35 Rr. alveolares sup. post.
36 Rr. pterygoidei des N. mandibularis
37 A. alveolaris sup. post.
38 Lamina lat. proc. pterygoidei, M. pterygoideus med.
39 N. infraorbitalis
40 N. buccalis
41 A. facialis
42 Ductus parotideus
43 M. levator veli palatini
44 Gingiva, M. buccinator
45 A. pharyngea ascendens, M. constrictor pharyngis sup. pars pterygopharyngea
46 N. lingualis
47 Ggl. submandibulare und Zunge
48 M. palatoglossus
49 A. profunda linguae
50 Ductus submandibularis, M. genioglossus
51 N. und M. geniohyoideus
52 M. mylohyoideus
53 M. digastricus, venter ant.
54 Os hyoideum
55 M. thyrohyoideus
56 M. omohyoideus, venter sup.
57 M. sternohyoideus
58 A. maxillaris

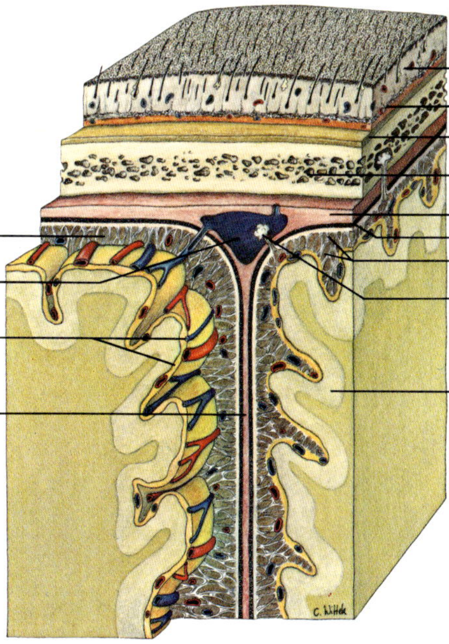

Schichtengliederung im Bereich des Neurokraniums (Kopfhaut, Schädeldach und Hirnhäute). (Schematischer Frontalschnitt in Höhe des Sinus sagittalis sup.)

1 Kopfhaut
2 Galea aponeurotica
3 Pericranium = Periosteum
4 Calvaria mit Diploe
5 Dura mater
6 Spatium subdurale
7 Arachnoidea
8 Cavum subarachnoideale
9 Granulatio arachnoidealis
10 Sinus sagittalis sup.
11 Pia mater
12 Falx cerebri
13 Cortex cerebri

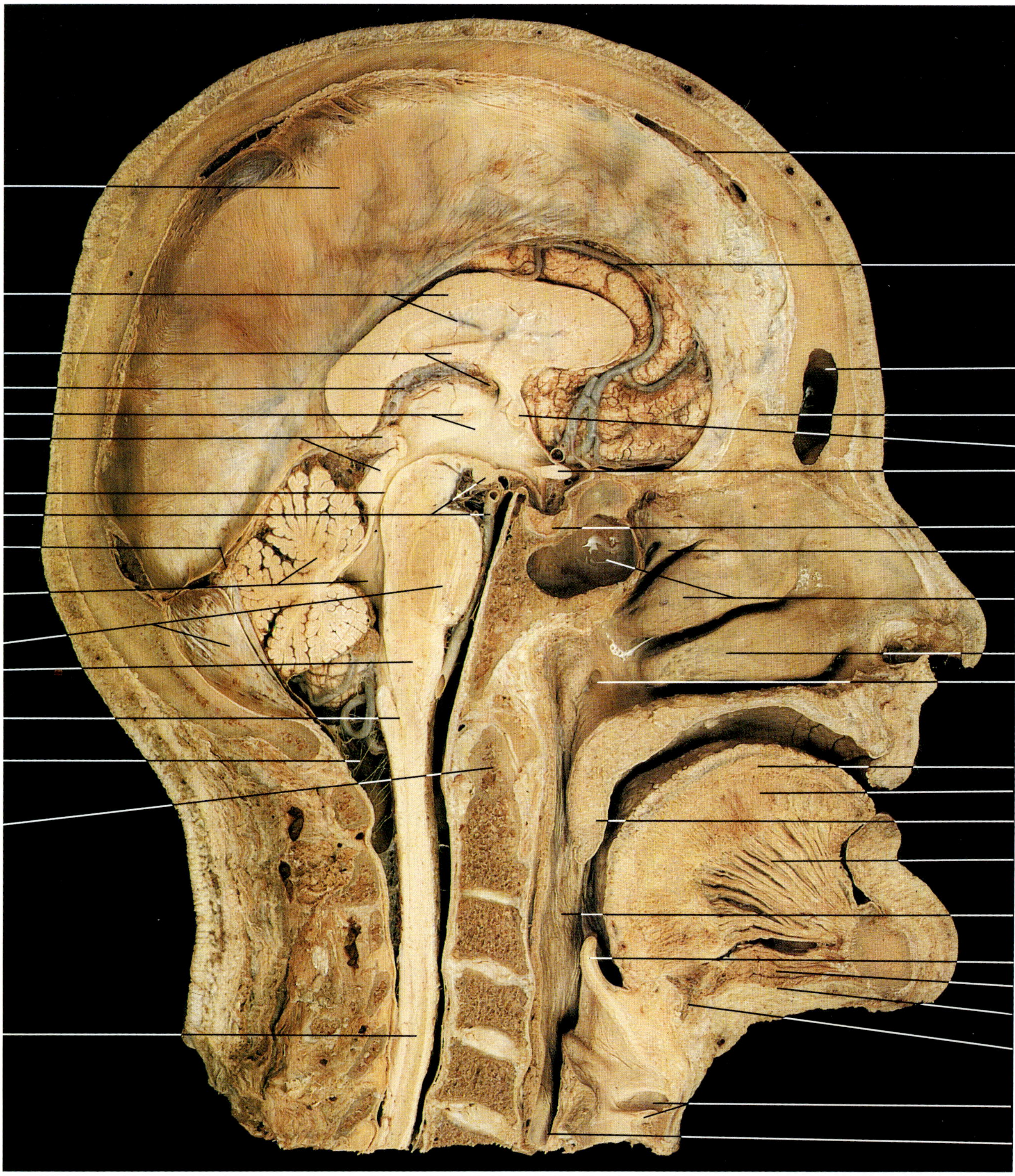

Mediansagittalschnitt durch den Kopf.

1 Falx cerebri
2 Corpus callosum, Septum pellucidum
3 Fornix, For. interventriculare
4 Plexus choroideus ventriculi tertii
5 Adhaesio interthalamica, Ventriculus tertius
6 Corpus pineale (Epiphysis), Lamina tecti
7 Aqueductus cerebri
8 Corpus mamillare, A. basilaris
9 Sinus rectus
10 Vermis cerebelli, Ventriculus quartus
11 Pons, Falx cerebelli
12 Medulla oblongata
13 Canalis centralis
14 Cisterna cerebellomedullaris
15 Axis (Dens)
16 Medulla spinalis
17 Sinus sagittalis sup.
18 A. cerebri ant.
19 Commissura ant.
20 Sinus frontalis
21 Crista galli
22 Chiasma opticum
23 Hypophysis
24 Concha nasalis sup.
25 Concha nasalis media, Sinus sphenoidalis
26 Concha nasali inf.
27 Ostium pharyngeum tubae
28 M. longitudinalis sup. linguae
29 M. verticalis linguae
30 Uvula
31 M. genioglossus
32 Pharynx (pars oralis)
33 Epiglottis
34 M. geniohyoideus
35 M. mylohyoideus
36 Os hyoideum
37 Plica vocalis, Ventriculus laryngis
38 Oesophagus

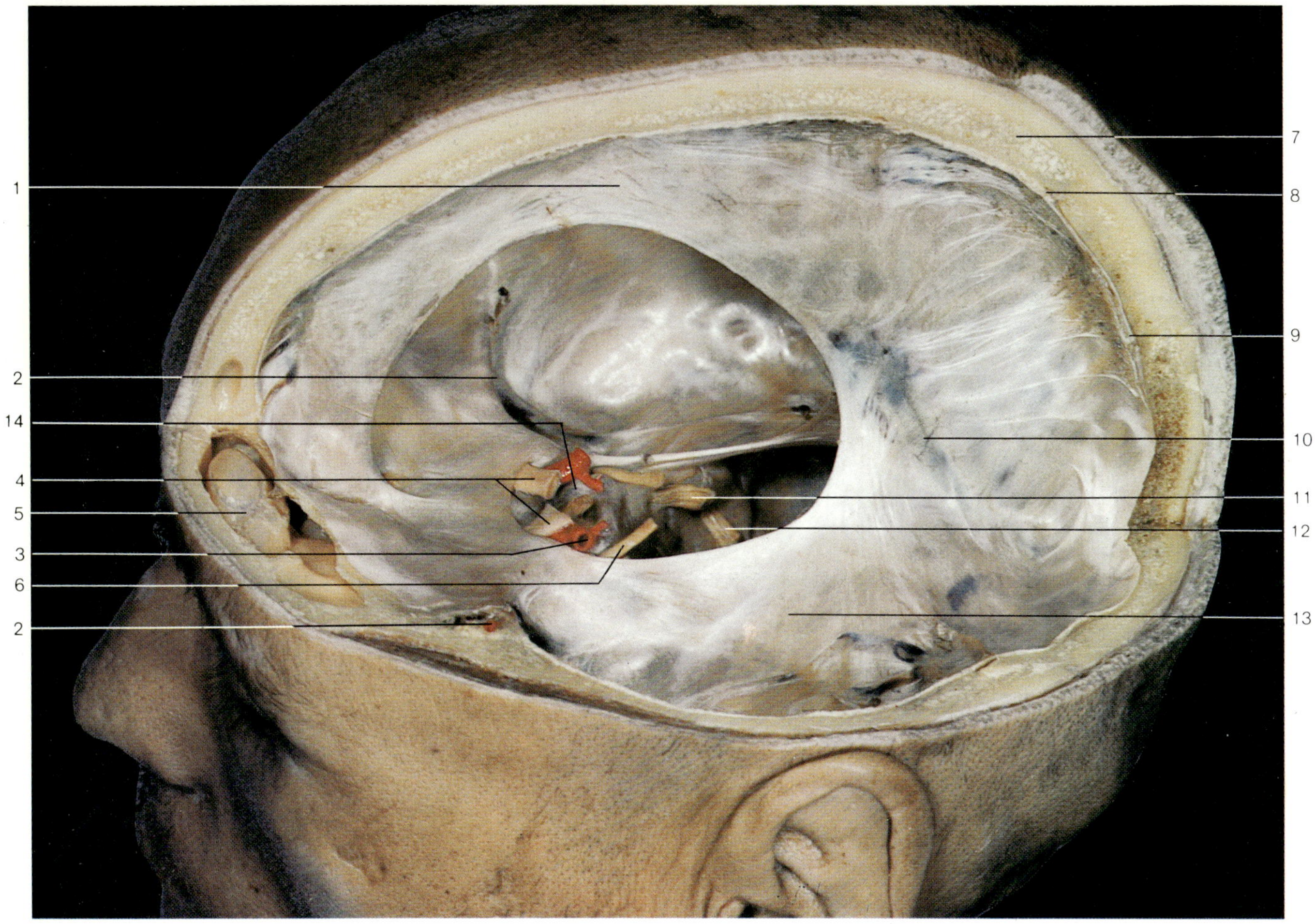

Dura mater nach Entfernung des Gehirns (schräg von vorne oben). Falx cerebri, Tentorium und Sinus durae matris sind zu erkennen.

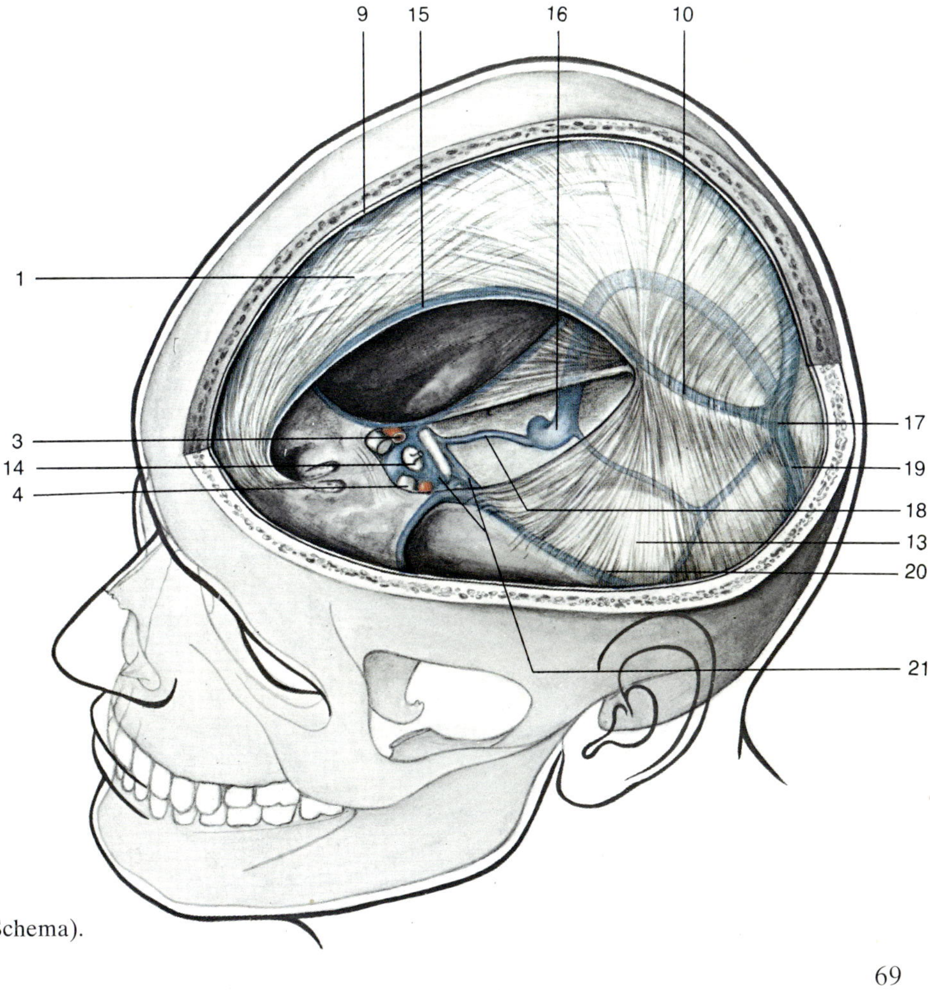

1 Falx cerebri
2 A. meningea media
3 A. carotis int. (durchtrennt)
4 Nn. optici (N. II)
5 Sinus frontalis
6 N. oculomotorius (N. III)
7 Diploe
8 Dura mater (encephali)
9 Sinus sagittalis sup.
10 Sinus rectus
11 N. trigeminus (N. V)
12 N. abducens (N. VI)
13 Tentorium cerebelli
14 Hypophysenstiel
15 Sinus sagittalis inf.
16 Sinus sigmoideus
17 Confluens sinuum
18 Sinus petrosus inf.
19 Sinus transversus
20 Sinus petrosus sup.
21 Sinus cavernosus et intercavernosus

Dura mater und Sinus durae matris (Schema).

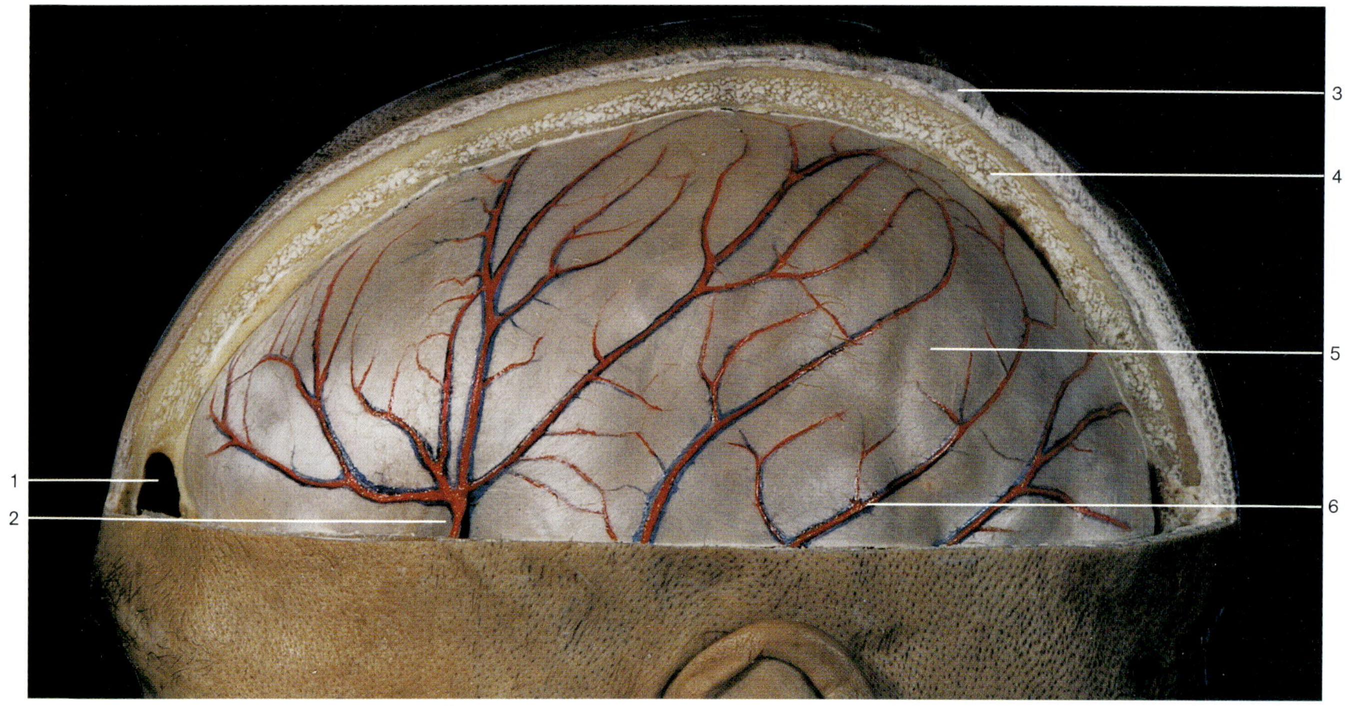

Dura mater und Meningeagefäße. Schädeldach mit Kopfhaut teilweise entfernt.

1 Sinus frontalis
2 A. und V. meningea media, R. frontalis
3 Cutis
4 Calvaria mit Pericranium, Tabula ext., Tabula int. und Diploe (Canales diploici)
5 Dura mater
6 A. und V. meningea, R. parietalis

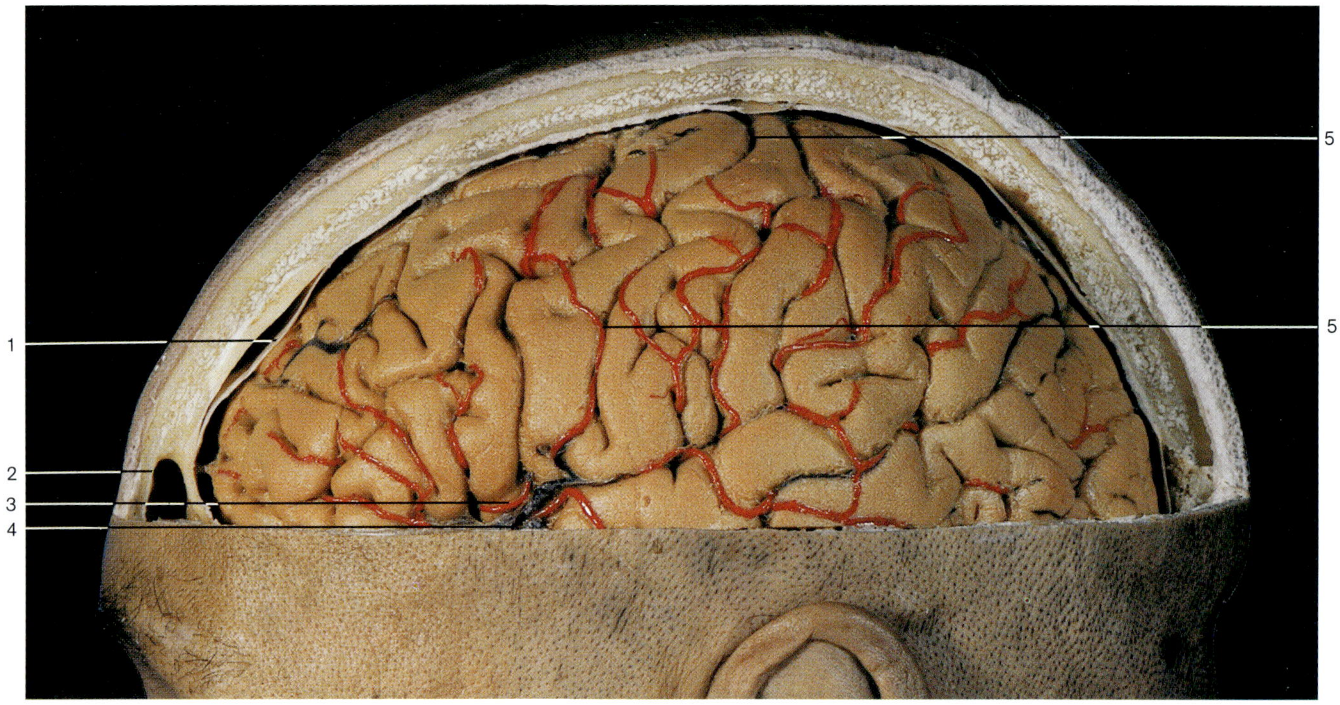

Lage des Gehirns und der Hirngefäße in situ. In Ergänzung zum oben abgebildeten Präparat wurde hier auch die Dura und die Pia mater entfernt, um die Gehirnoberfläche und deren Gefäße zu zeigen.

1 Dura mater
2 Sinus frontalis
3 A. cerebri media
4 A. cerebri media superf.
5 Sulcus centralis

1 Granulae arachnoideales
2 Vv. cerebellares sup.
3 Cisterna chiasmatis
4 Cisterna interpeduncularis
5 Cisterna cerebellomedullaris
6 Tractus olfactorius
7 N. opticus (N. II)
8 N. oculomotorius (N. III)
9 N. trigeminus (N. V)
10 A. basilaris
11 A. vertebralis sin.
12 Lobus frontalis cerebri
13 Lobus occipitalis cerebri
14 Cerebellum

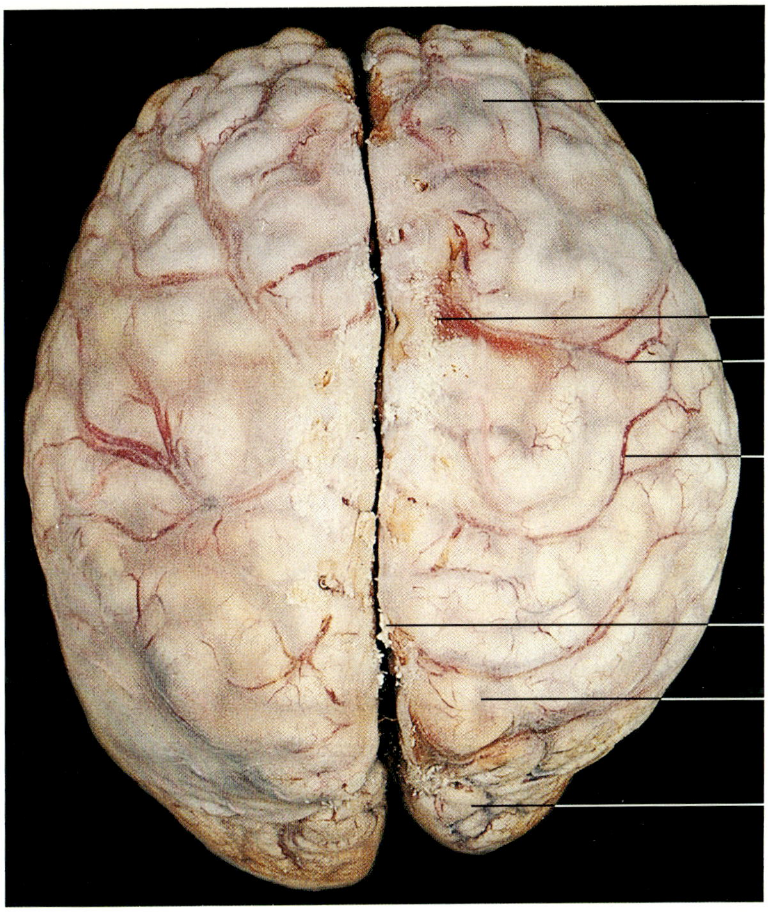

Gehirn mit Pia mater und Arachnoidea (von oben).
Lobus frontalis am oberen Bildrand.

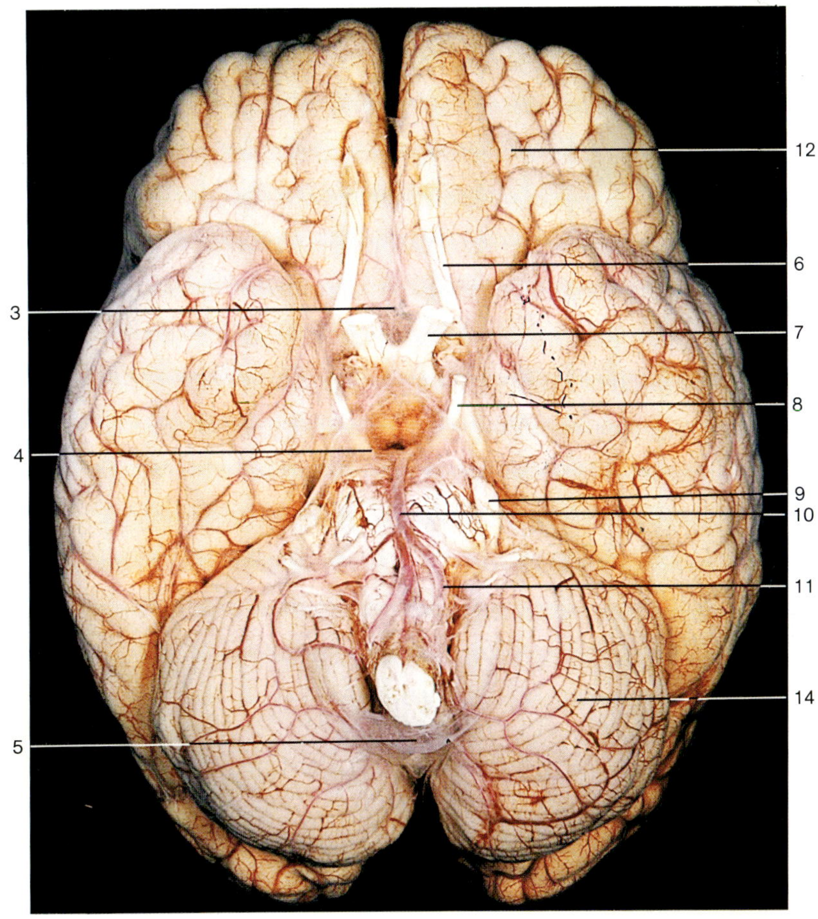

Gehirn mit Pia mater (von unten). Lobus frontalis am oberen Bildrand.

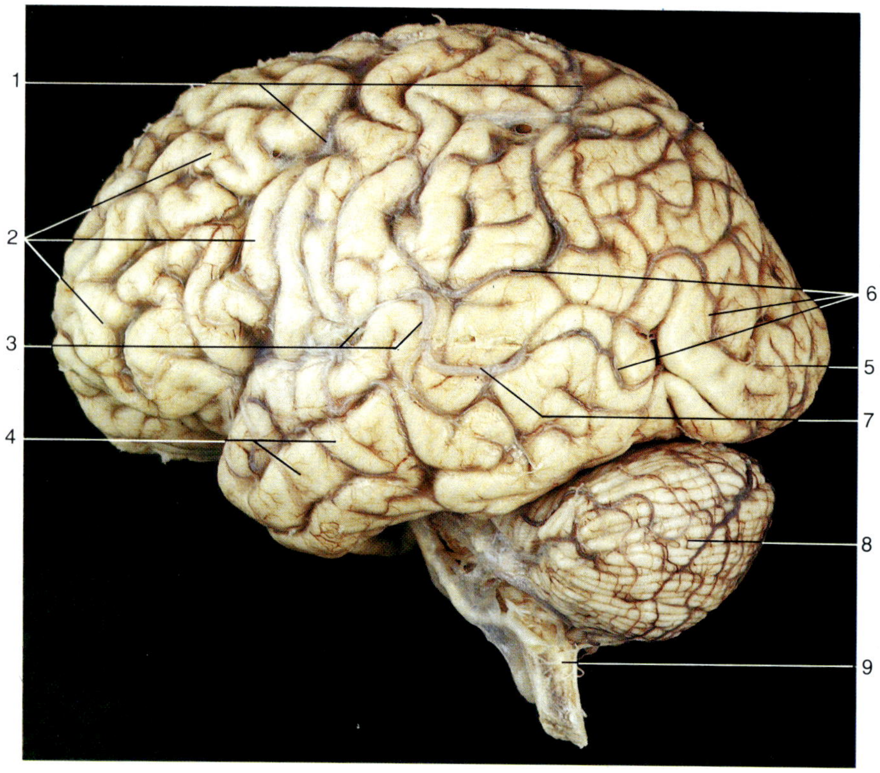

1 Vv. cerebri sup.
2 Lobus frontalis
3 V. cerebri media superf.
4 Lobus temporalis
5 Lobus occipitalis
6 Vv. cerebri inff. und Sulcus occipitalis transversus
7 V. anastomotica inf. (Rolandi)
8 Cerebellum
9 Medulla oblongata

Gehirn mit Pia mater und Arachnoidea (von lateral).
Hirnvenen (blau). Die Cisterna fossae lat. cerebri ist deutlich erkennbar. Lobus frontalis zeigt nach links.

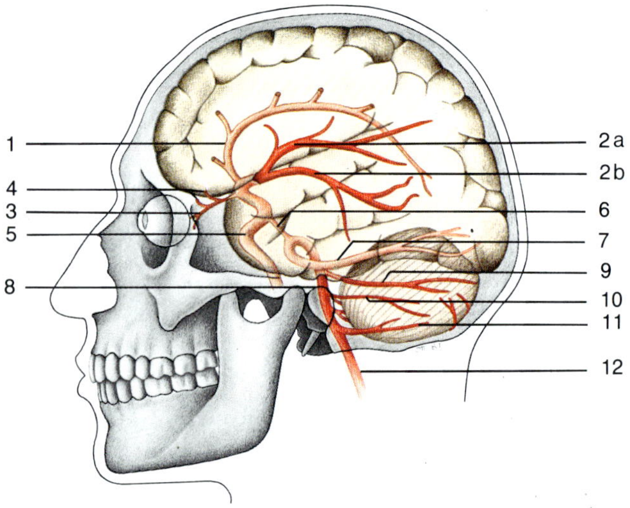

Hirnarterien (Schema) (O.). Hauptäste der A. carotis int. und A. vertebralis in der Seitenansicht.

1 A. cerebri ant.
2 A. cerebri media
a) Rr. parietales
b) Rr. temporales
3 A. ophthalmica
4 Aa. ethmoidales ant. et post.
5 A. carotis int.
6 A. communicans post.
7 A. cerebri post.
8 A. basilaris
9 A. cerebelli sup.
10 A. cerebelli inf. ant.
11 A. cerebelli inf. post.
12 A. vertebralis

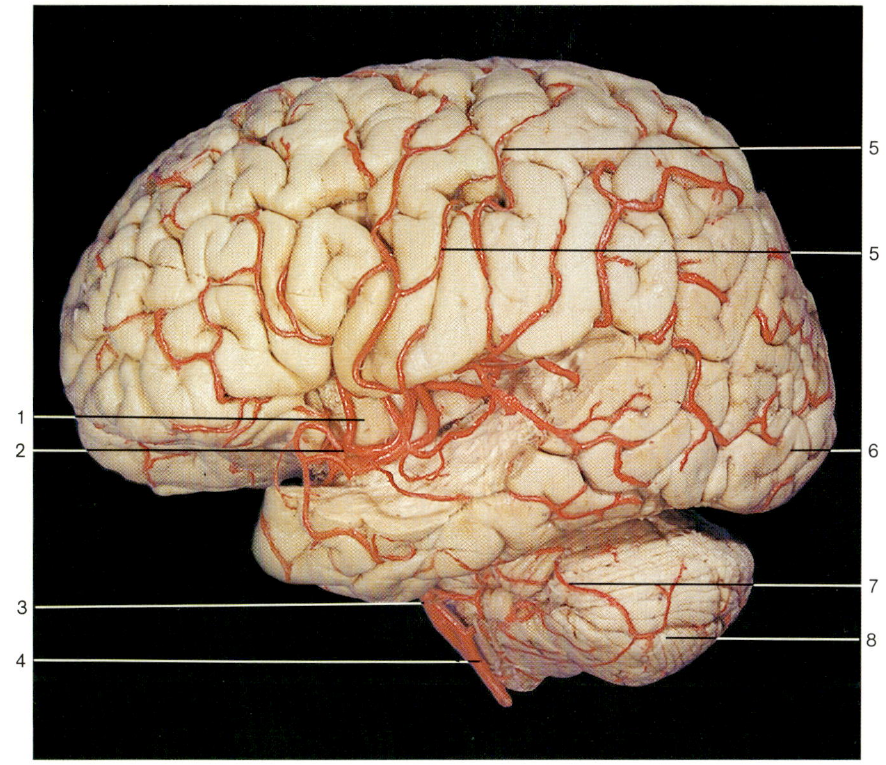

1 Insula
2 A. cerebri media (2 Äste)
3 A. basilaris
4 A. vertebralis
5 Sulcus centralis
6 Lobus occipitalis cerebri
7 A. cerebellaris sup.
8 Cerebellum

Hirnarterien (von lateral). Der obere Teil des Temporallappens wurde entfernt, um die A. cerebri media und die Insel zu zeigen.

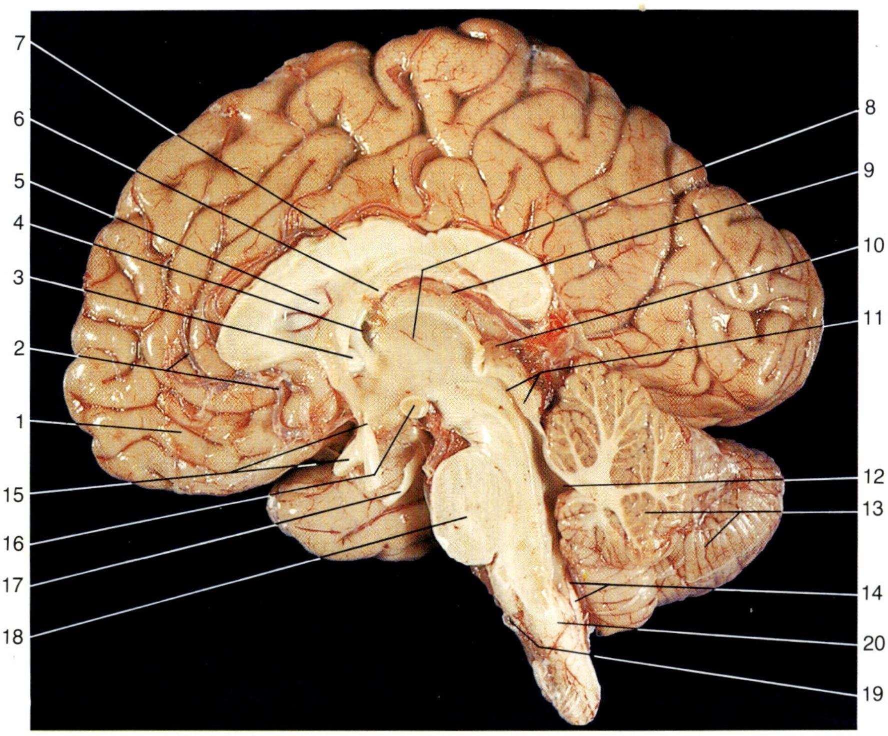

1 Lobus frontalis
2 A. cerebri ant.
3 Commissura ant.
4 For. interventriculare
5 Septum pelludicum
6 Fornix
7 Corpus callosum
8 Ventriculus III
9 Plexus choroideus
10 Corpus pineale
11 Lamina tecti und aqueductus cerebri
12 Ventriculus IV
13 Cerebellum (Arbor vitae, Vermis)
14 For. Magendi (Apertura mediana rhombencephali)
15 Chiasma opticum
16 Corpus mamillare
17 N. oculomotorius (N. III)
18 Pons
19 A. basilaris
20 Medulla oblongata

Medianschnitt durch das Gehirn mit Pia mater und Hirnarterien.

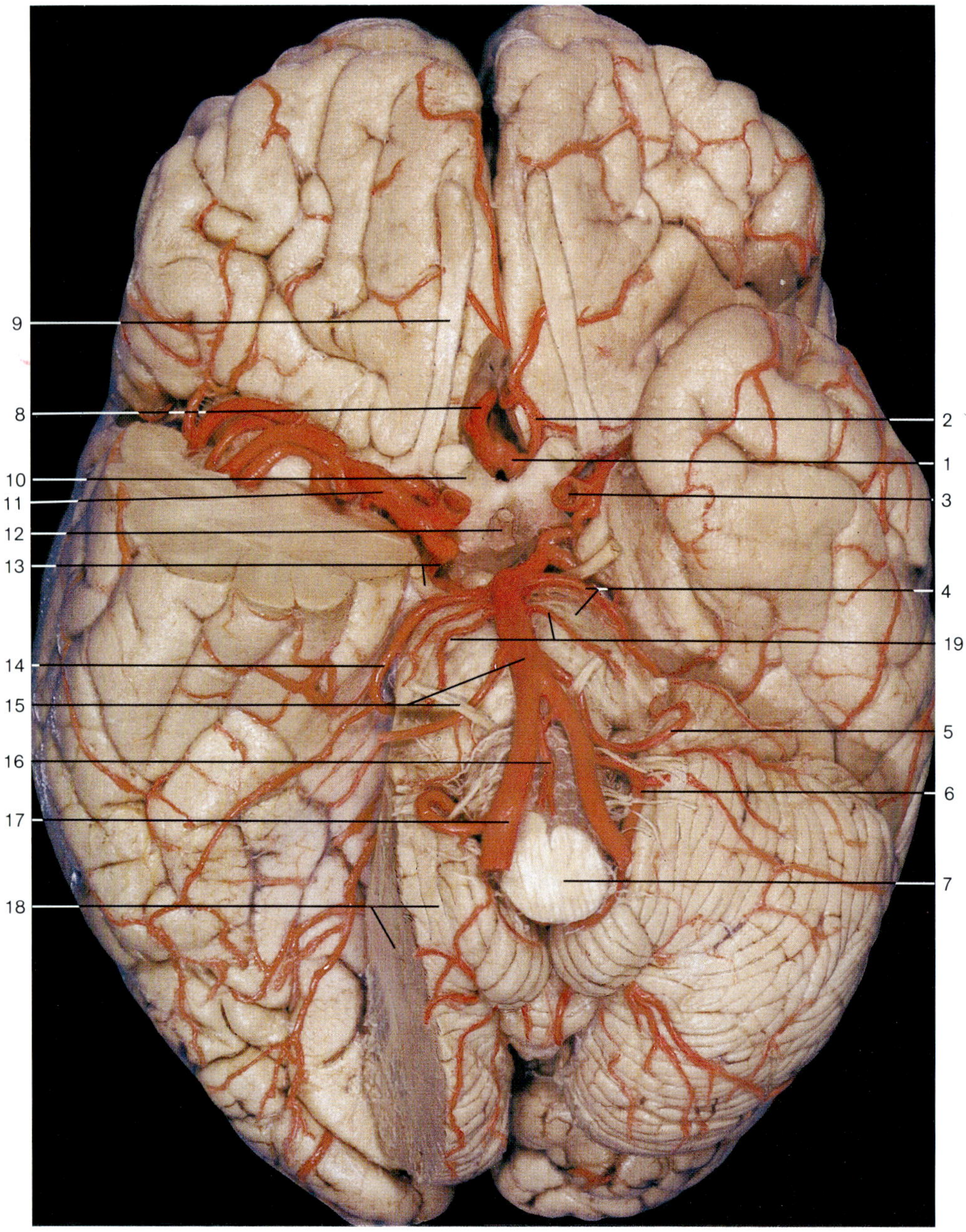

Hirnarterien Ansicht des Gehirns (von unten). Der obere Teil des rechten Temporallappens wurde entfernt, um die **A. cerebri media** darzustellen; der größte Teil der rechten Kleinhirnhemisphäre wurde entfernt, um die **A. cerebri post.** sowie die oberen Kleinhirnarterien zu zeigen.

1 A. communicans ant.
2 A. cerebri ant. sin.
3 A. carotis int. sin.
4 A. cerebelli sup. und Pons
5 A. cerebelli inf. ant.
6 A. cerebelli inf. post.
7 Medulla oblongata
8 A. cerebri ant. dext.
9 Tractus olfactorius dext.
10 N. opticus (N. II)
11 A. cerebri media
12 Infundibulum
13 A. communicans post., N. oculomotorius (N. III)
14 A. cerebri post.
15 A. basilaris, N. abducens (N. VI)
16 A. spinalis ant.
17 A. vertebralis dext.
18 Cerebellum
19 Rr. ad pontem
20 A. ophthalmica
21 A. spinalis post.

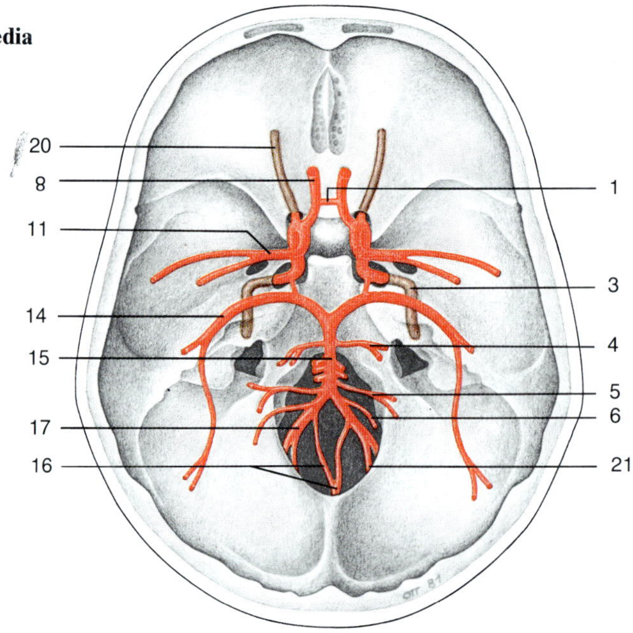

Circulus arteriosus cerebri (von oben), Schemazeichnung (O.).

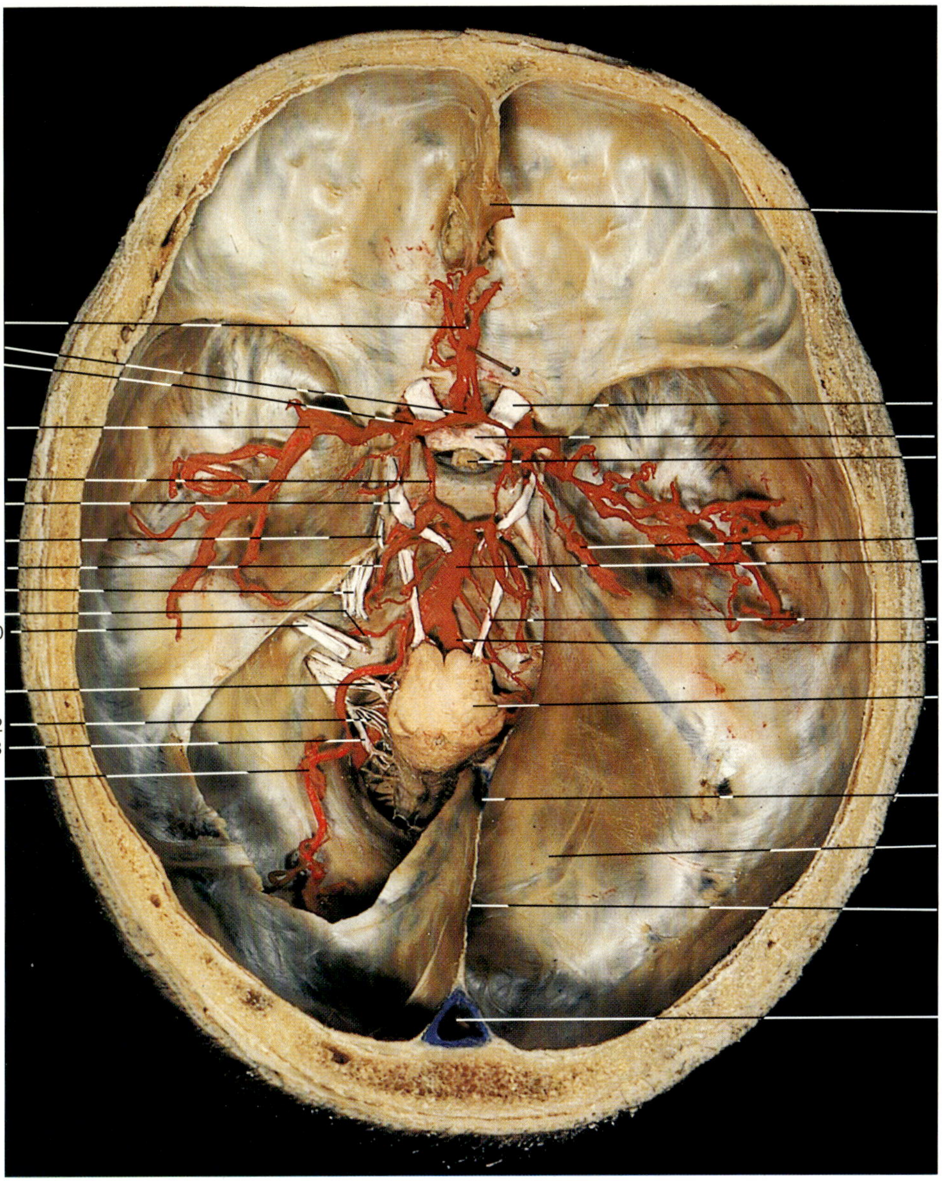

Schädelbasis mit Hirnnerven und Gefäßen (von oben).
Man beachte den Circulus arteriosus cerebri.

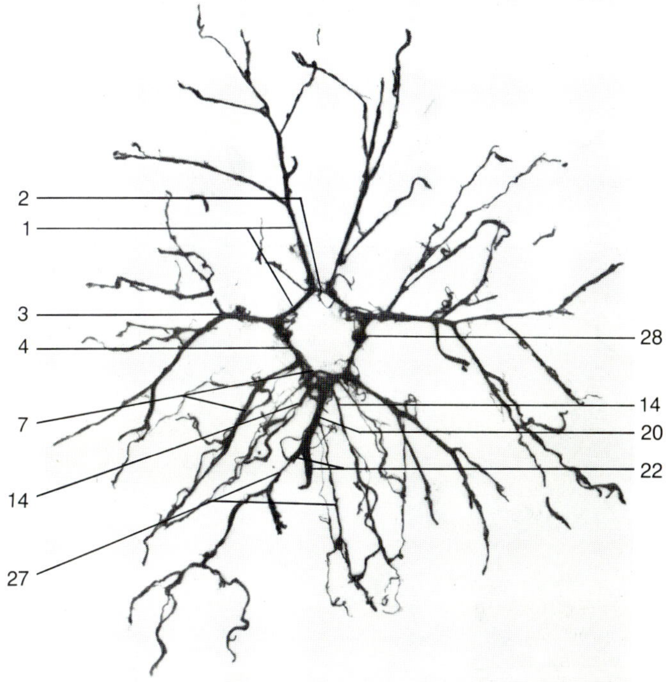

Circulus arteriosus cerebri (isoliert und auf einen Karton montiert).

1 A. cerebri ant.
2 A. communicans ant.
3 A. cerebri media
4 A. communicans post.
5 N. oculomotorius (N. III)
6 N. trochlearis (N. IV)
7 A. cerebri post.
8 N. trigeminus (N. V)
9 A. labyrinthi
10 N. facialis (N. VII), N. vestibulocochlearis (N. VIII)
11 N. glossopharyngeus (N. IX), N. vagus (N. X)
12 N. hypoglossus (N. XII)
13 N. accessorius (N. XI)
14 A. cerebelli inf. ant.
15 Ansatz der Falx cerebri
16 N. opticus (N. II)
17 Chiasma opticum
18 Infundibulum (Hypophysenstiel)
19 A. choroidea ant., Plexus choroideus
20 A. basilaris
21 N. abducens (N. VI)
22 A. vertebralis dext. et sin.
23 Medulla oblongata (Schnittfläche)
24 Sinus sagittalis inf.
25 Tentorium cerebelli
26 Sinus sagittalis sup. und confluens sinuum
27 A. cerebelli inf. post.
28 A. carotis int.

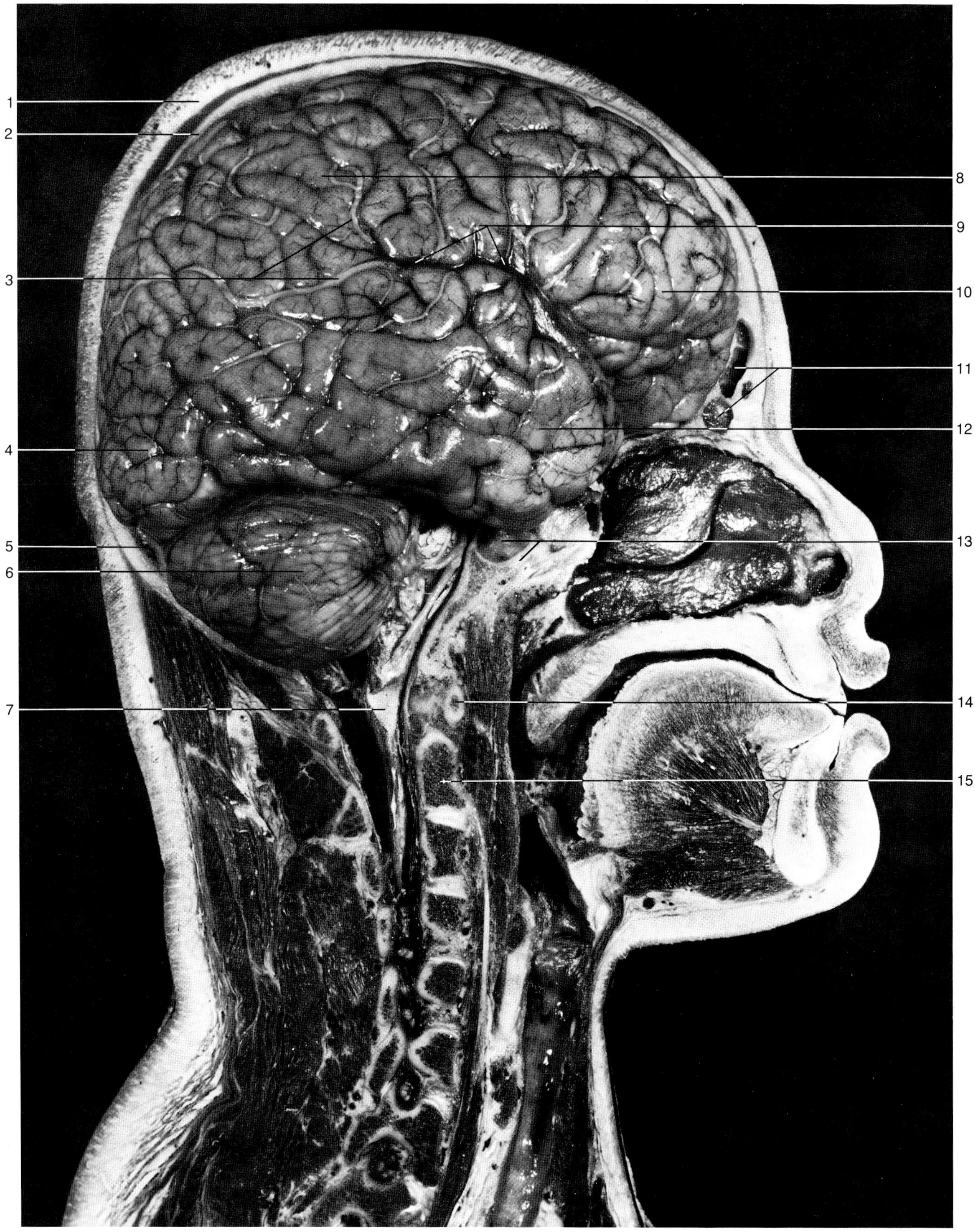

Lokalisation des Gehirns in situ, übrige Anteile von Kopf und Hals in der Medianebene durchtrennt und entfernt.

1 Haut und Galea aponeurotica
2 Calvaria
3 Hirnarterien (Äste des A. cerebri media)
4 Lobus occipitalis cerebri
5 Sinus transversus
6 Cerebellum
7 Medulla oblongata
8 Lobus parietalis cerebri
9 Sulcus lateralis (Sylvii)
10 Lobus frontalis cerebri
11 Sinus frontalis
12 Lobus temporalis cerebri
13 Hypophysis in der Sella turcica
14 Arcus ant. atlantis
15 Dens axis

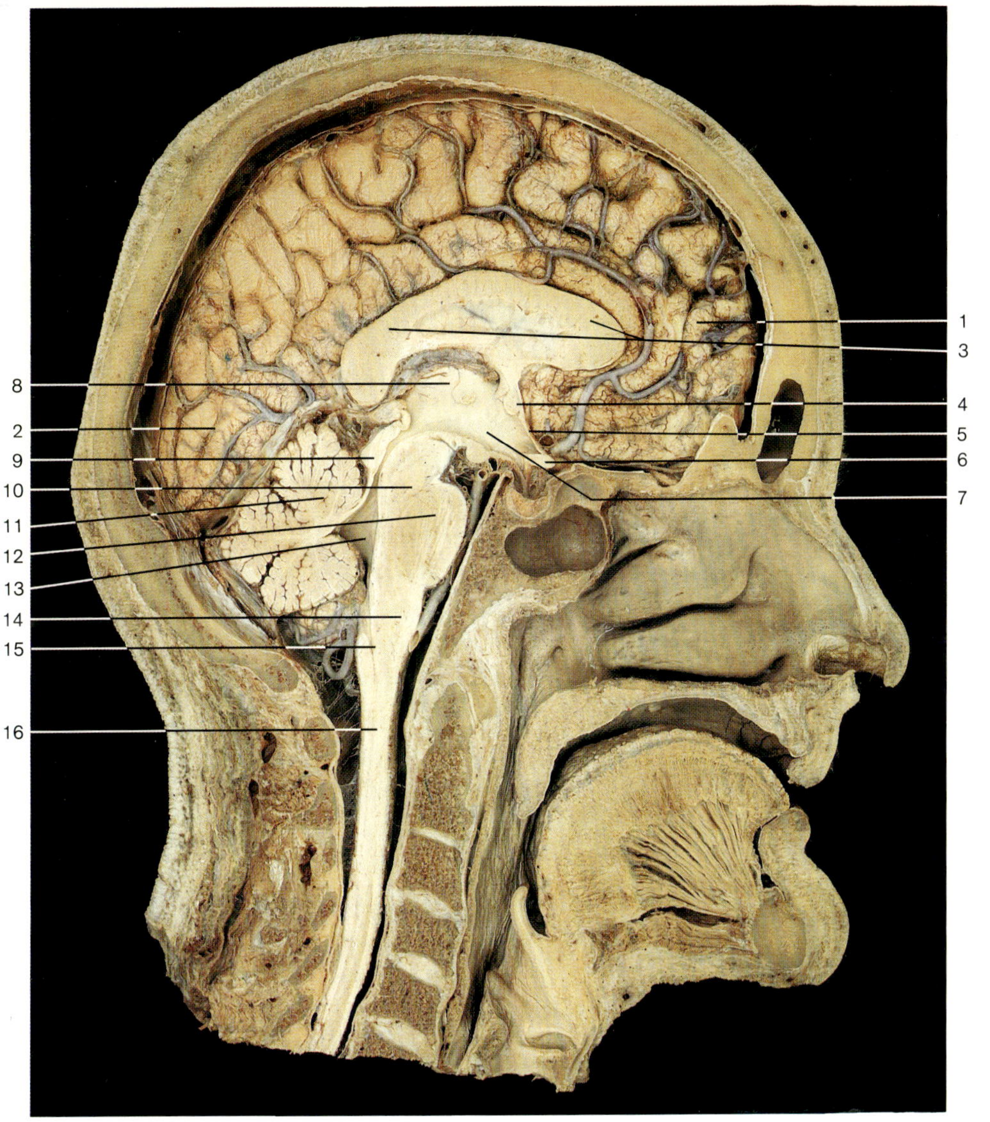

1 Lobus frontalis
2 Lobus occipitalis
3 Corpus callosum
4 Commissura ant.
5 Lamina terminalis
6 Chiasma opticum
7 Hypothalamus
8 Thalamus, ventriculus tertius
9 Lamina tecti
10 Crus cerebri
11 Kleinhirn (Cerebellum)
12 Pons
13 Ventriculus quartus
14 Medulla oblongata
15 Canalis centralis
16 Medulla spinalis

Medianschnitt durch den Kopf.

I. Prosencephalon	1. Telencephalon (Cortex, Corpus, Striatum etc.)
	2. Diencephalon (Thalamus, Metathalamus, Hypothalamus etc.)
II. Mesencephalon	3. Mesencephalon (Lamina tecti, Pedunculi cerebri, Tegmentum)
III. Rhombenencephalon	4. Metencephalon (Pons, Cerebellum)
	5. Myelencephalon (Medulla oblongata)

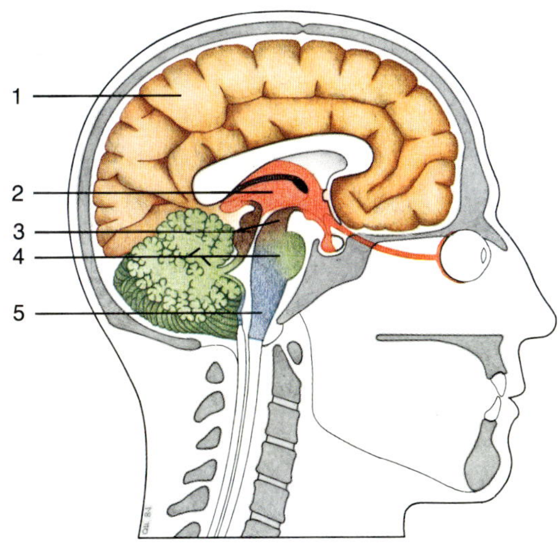

Strukturelle Gliederung des Gehirns. Mittelhirn, Brücke und Medulla oblongata werden zusammenfassend auch als Hirnstamm bezeichnet. I–III = Primäre Hirnbläschen, 1–5 = Sekundäre Hirnbläschen.

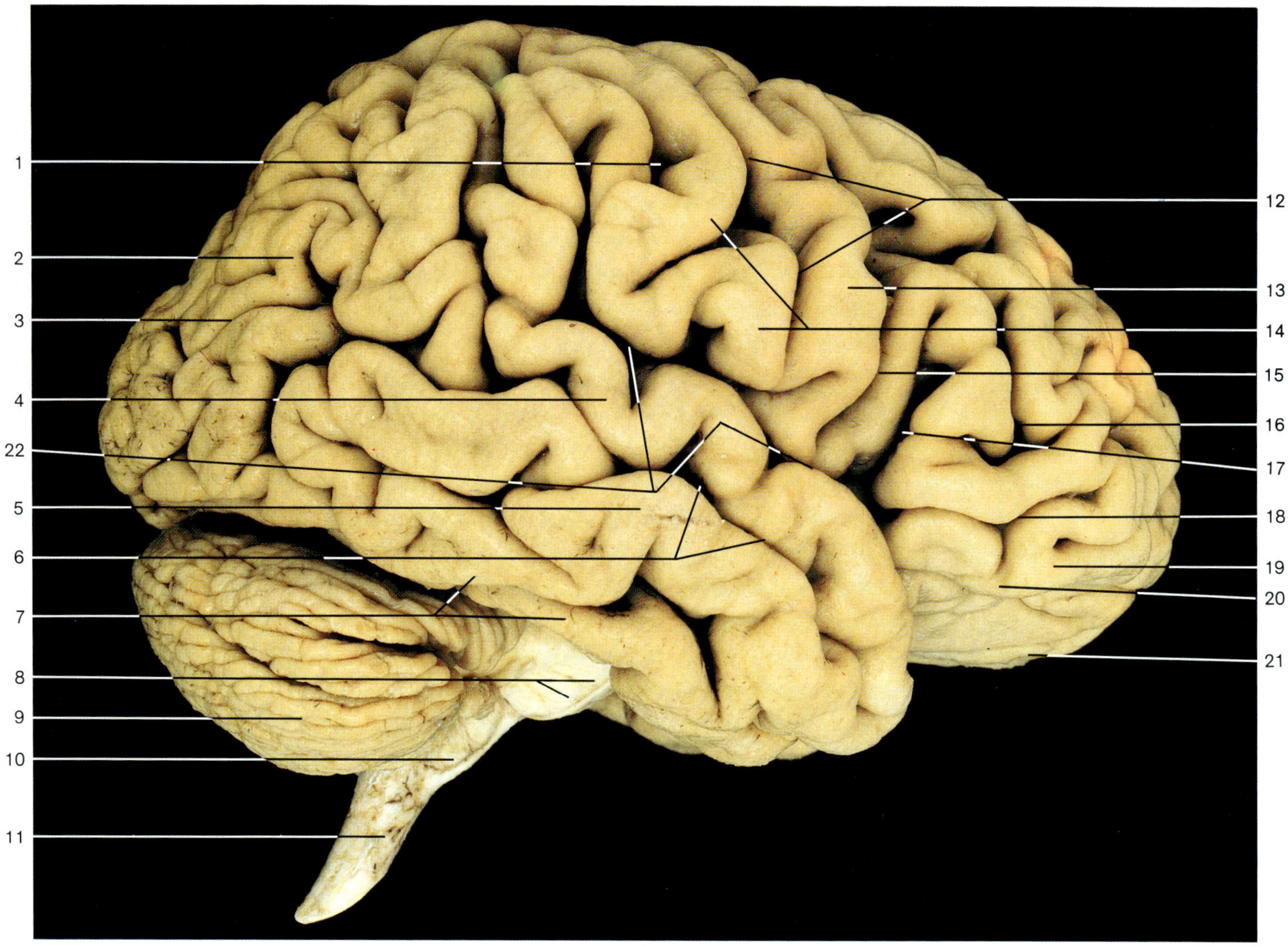

Rechte Hirnhälfte (von lateral). Die Großhirnhemisphäre zeigt Anzeichen einer senilen Atrophie.

1 Sulcus postcentralis
2 Gyrus supramarginalis
3 Sulcus occipitalis transversus
4 Gyrus temporalis sup.
5 Gyrus temporalis medius
6 Sulcus temporalis sup.
7 Gyrus temporalis inf.
8 Pons
9 Cerebellum
10 Medulla oblongata (Oliva inf.)
11 Medulla spinalis
12 Sulcus centralis
13 Gyrus precentralis
14 Gyrus postcentralis
15 Sulcus precentralis
16 Sulcus frontalis inf.
17 R. ascendens sulci lat.
18 R. anterior sulci lat.
19 Pars orbitalis gyri frontalis inf.
20 Gyri orbitales
21 Bulbus olfactorius
22 R. post. sulci lat.
23 Fissura longitudinalis cerebri
24 Sulcus frontalis medius
25 Sulcus frontalis sup.
26 Sulcus intraparietalis
27 Gyrus frontalis sup.
28 Gyrus frontalis inf.
29 Gyrus frontalis medius
30 Lobulus parietalis sup.
31 Lobulus parietalis inf.
32 Gyri occipitales supp.
33 Bulbus olfactorius
34 Tractus olfactorius
35 Gyrus rectus
36 N. opticus (N. II)
37 Infundibulum und Chiasma opticum
38 Tractus opticus
39 N. oculomotorius (N. III)
40 Crus cerebri
41 Nucleus ruber
42 Aqueductus cerebri
43 Splenium corporis callosi
44 Stria olfactoria lat.
45 Stria olfactoria med.
46 Tuberculum olfactorium, Area perforata ant.
47 Tuber cinereum
48 Corpus mamillare
49 Fossa interpeduncularis
50 Nucleus niger
51 Gyrus parahippocampalis
52 Colliculus sup., lamina tecti
53 Gyrus occipitotemporalis lat.
54 Gyrus occipitotemporalis med.

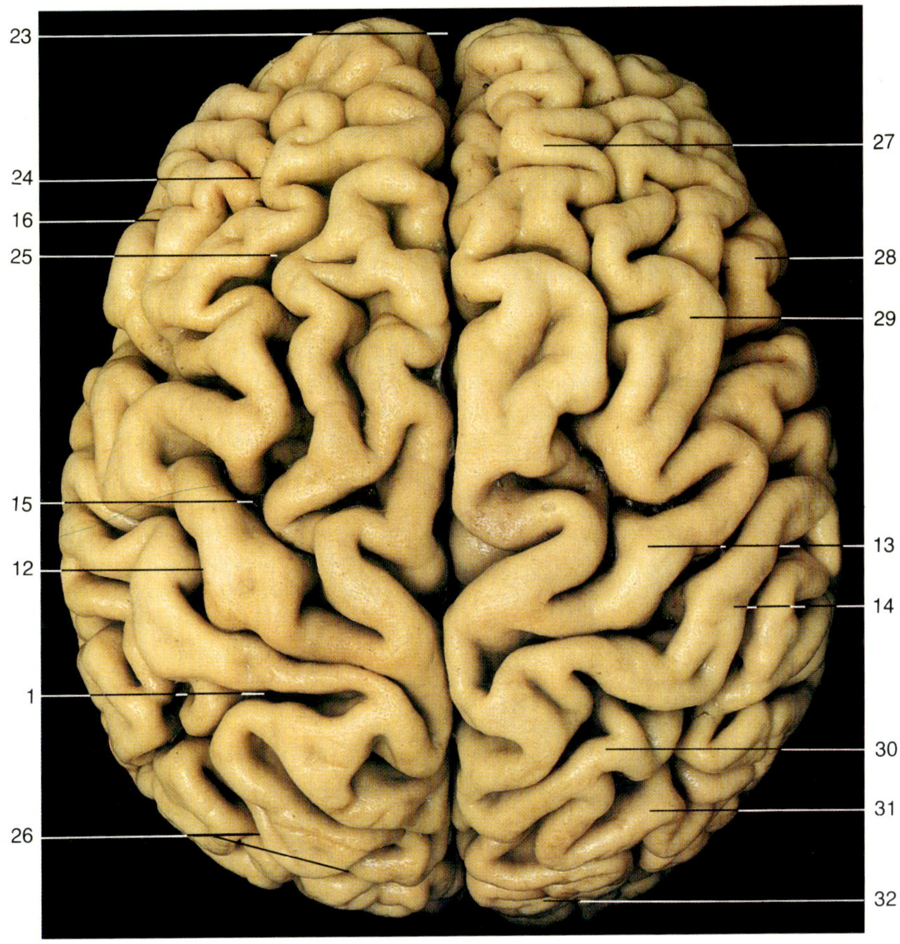

Großhirnhemisphäre (von oben). Lobus frontalis am oberen Bildrand.

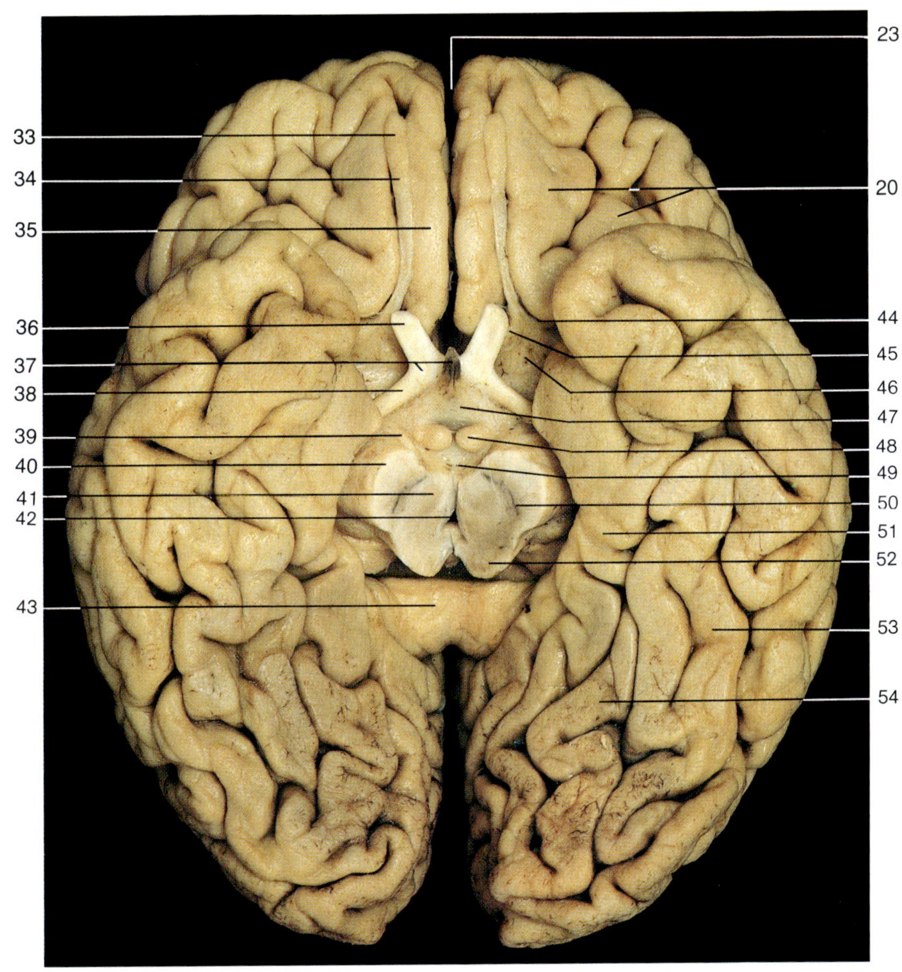

Großhirn, Cerebrum (von unten). Hirnstamm mit Kleinhirn in Höhe des Mittelhirns durchtrennt und entfernt.

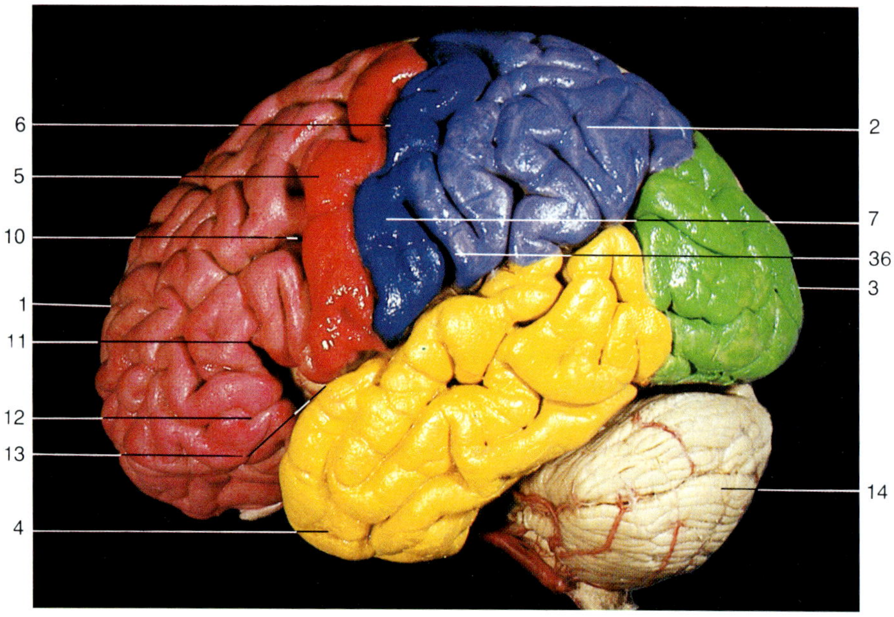

Linke Hirnhälfte (von lateral).

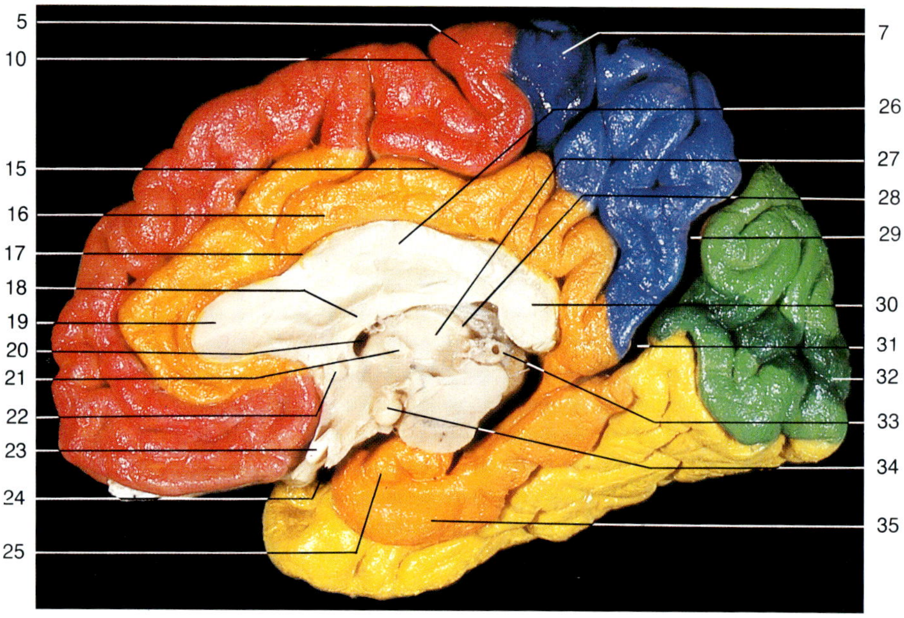

Rechte Großhirnhemisphäre nach Entfernung von Mittel- und Rautenhirn (von medial).

1 Lobus frontalis
2 Lobus parietalis
3 Lobus occipitalis
4 Lobus temporalis
5 Gyrus precentralis
6 Sulcus centralis
7 Gyrus postcentralis
8 Fissura longitudinalis cerebri
9 Granulationes arachnoideales
10 Sulcus precentralis
11 R. ascendens sulci lat.
12 R. ant. sulci lat.
13 Sulcus lat.
14 Cerebellum
15 Sulcus cinguli
16 Gyrus cinguli
17 Sulcus corporis callosi
18 Fornix
19 Genu corporis callosi
20 For. interventriculare
21 Adhesio interthalamica
22 Commissura ant.
23 Chiasma opticum
24 Infundibulum
25 Uncus hippocampi
26 Truncus corporis callosi
27 Ventriculus tertius (Thalamus)
28 Stria medullaris
29 Sulcus parietooccipitalis
30 Splenius corporis callosi
31 Gemeinsamer Stamm für Sulcus parietooccipitalis und Sulcus calcarinus
32 Sulcus calcarinus
33 Corpus pineale
34 Corpus mamillare
35 Gyrus parahippocampalis
36 Sulcus postcentralis

Lobus frontalis (orange)
Lobus parietalis (blau)
Lobus occipitalis (grün)
Lobus temporalis (gelb)
Gyrus precentralis (dunkelrot)
Gyrus postcentralis (dunkelblau)
Gyrus cinguli und parahippocampalis (orange)

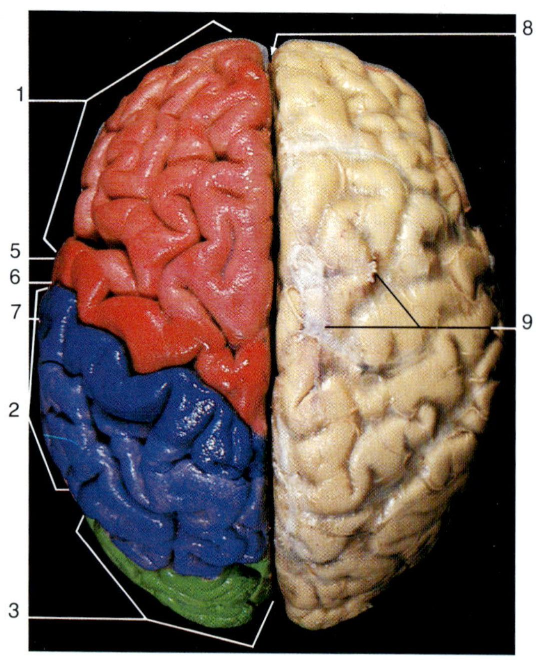

Großhirn (von oben). Links ist die Lappengliederung, rechts die Pia mater und Arachnoidea dargestellt.
Man beachte die **Pacchionischen Granulationes arachnoideales.**

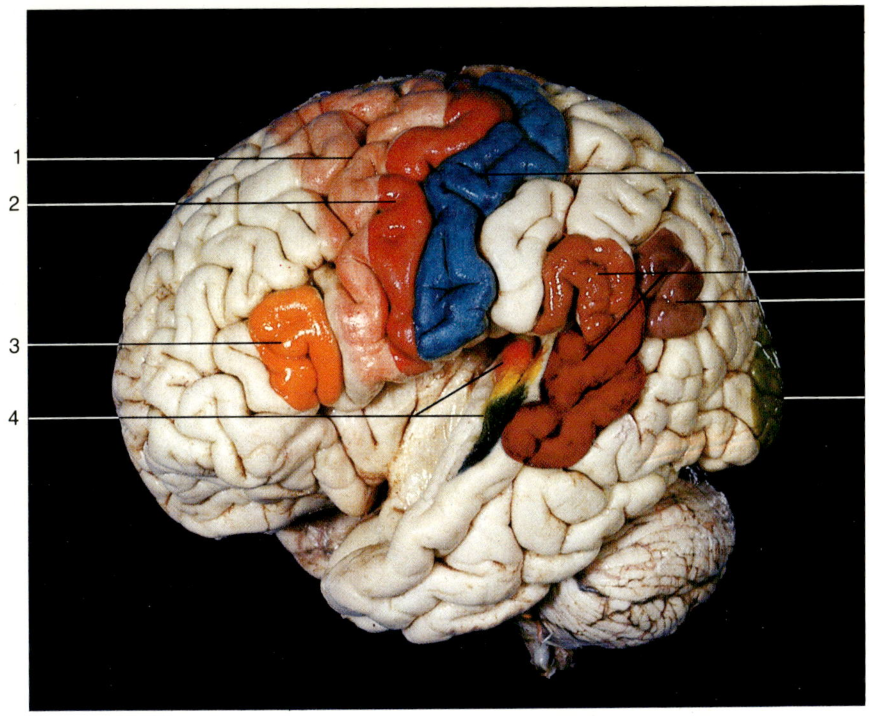

1 Prämotorische Rindenfelder
2 Somatomotorische Felder (Gyrus precentralis)
3 Motorisches Sprachzentrum (Broca)
4 Primäre auditive Rindenfelder (rot = hohe Töne, blau = tiefe Töne)
5 Körperfühlsphäre (Gyrus postcentralis)
6 Sensorisches Sprachzentrum (Wernicke)
7 Tertiäre optische Rindenfelder (Lesezentrum)
8 Primäre visuelle Rindenzentren (Sehzentrum, Area calcarina)

Linke Hirnhälfte (von lateral). Darstellung der wichtigsten **Rindenfelder.** Die Opercula wurden zur Seite gedrängt und der Sulcus lateralis erweitert, so daß die **Insel** sichtbar geworden ist.

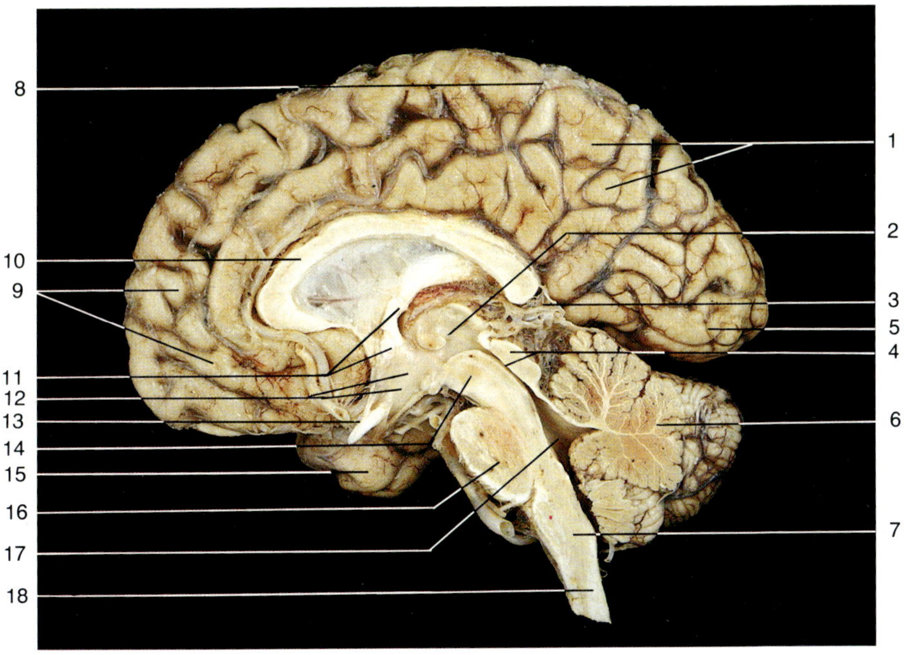

1 Lobus parietalis
2 Thalamus
3 V. cerebri magna
4 Lamina tecti und Aquaeductus cerebri
5 Lobus occipitalis
6 Cerebellum
7 Medulla oblongata
8 Sulcus centralis
9 Lobus frontalis cerebri
10 Corpus callosum
11 Fornix und Commissura ant.
12 Hypothalamus
13 Chiasma opticum
14 Pedunculus cerebri
15 Lobus temporalis
16 Pons
17 Ventriculus quartus
18 Medulla spinalis

Medianschnitt durch das Gehirn (von medial). Lobus frontalis zeigt nach links.

Kleinhirn (Cerebellum)

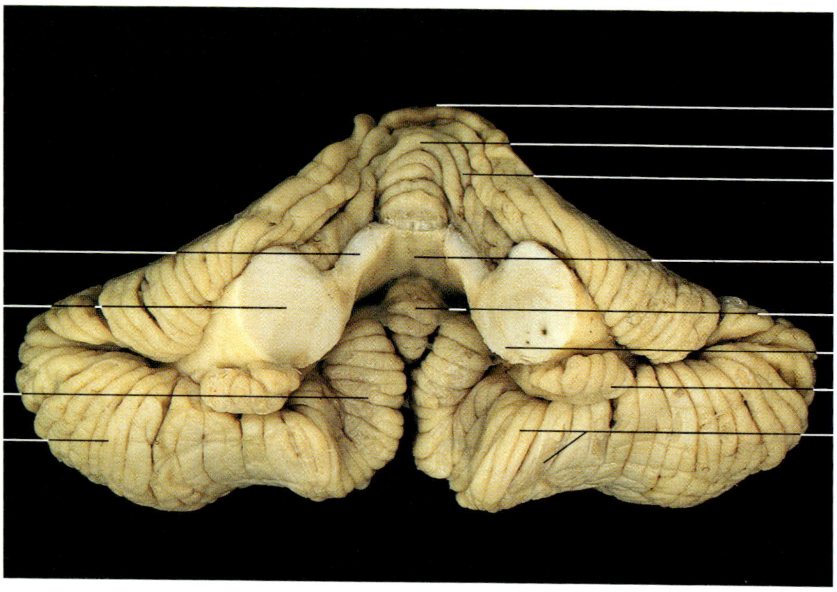

Cerebellum (von vorne unten). Kleinhirnstiele durchtrennt.

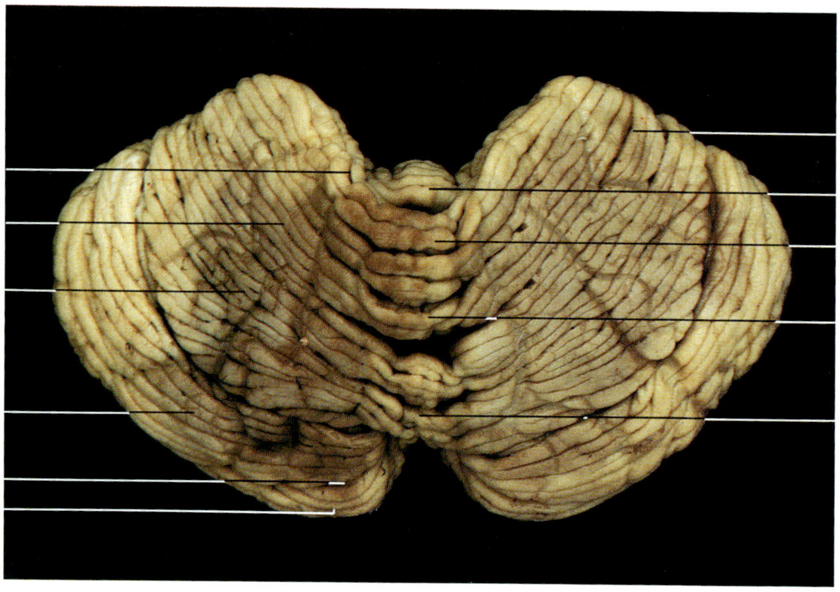

Cerebellum (von oben).

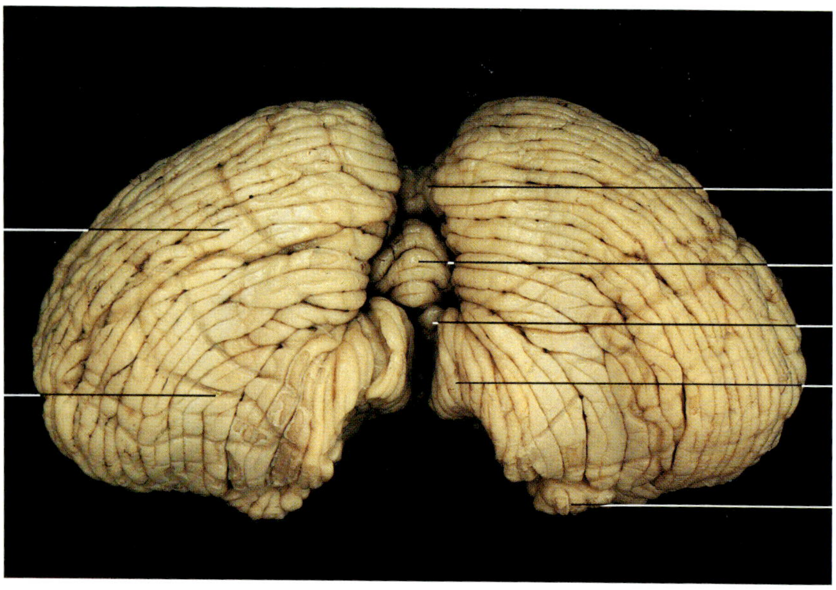

Cerebellum (von hinten).

1 Pedunculus cerebellaris sup.
2 Pedunculus cerebellaris medius
3 Tonsilla cerebelli
4 Lobulus semilunaris inf.
5 Culmen (Vermis)
6 Lobulus centralis (Vermis)
7 Pedunculus cerebellaris inf.
8 Velum medullare sup.
9 Nodulus (Vermis)
10 Flocculus
11 Lobulus biventer
12 Fissura prima
13 Culmen (Vermis)
14 Declive (Vermis)
15 Folium vermis
16 Ala lobuli centralis
17 Lobulus quadrangularis
18 Lobulus simplex
19 Lobulus semilunaris sup.
20 Fissura horizontalis
21 Lobulus semilunaris inf.
22 Tuber (Vermis)
23 Pyramis (Vermis)
24 Uvula (Vermis)
25 Lobulus biventer

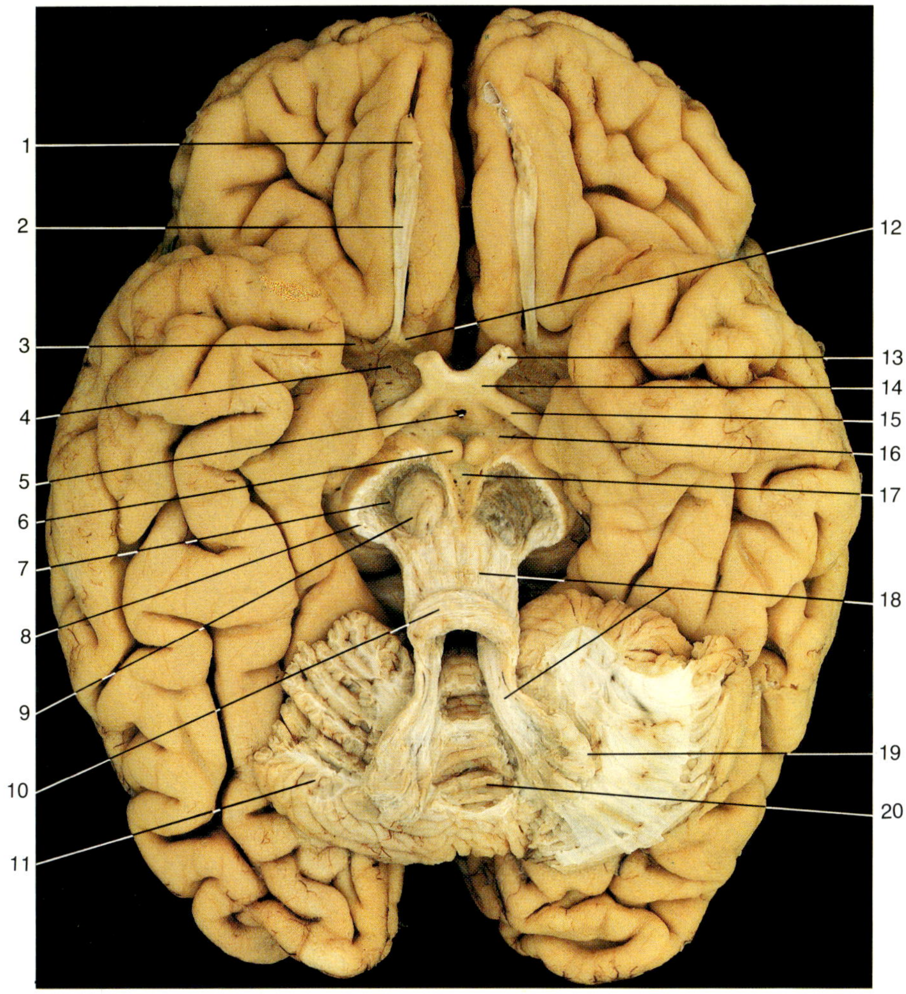

Kleinhirnbahnen, Tractus cerebello-rubralis und Pons (von unten).
Teile der Kleinhirnhemisphären und des Wurms wurden entfernt. Der Nucleus dentatus wurde herauspräpariert.

1 Bulbus olfactorius
2 Tractus olfactorius
3 Stria olfactoria lat.
4 Trigonum olfactorium
5 Hypophysenstiel
6 Corpus mamillare
7 Substantia nigra
8 Crus cerebri
9 Nucleus ruber
10 Decussatio pedunculorum cerebellarium supp.
11 Cerebellum (Hemisphäre)
12 Stria olfactoria med.
13 N. opticus (N. II)
14 Chiasma opticum
15 Tractus opticus
16 Fossa interpeduncularis
17 Substantia perforata post.
18 Pedunculus cerebellaris sup., tractus cerebellorubralis
19 Nucleus dentatus cerebelli
20 Vermis cerebelli
21 Kleinhirnhemisphäre
22 Vermis, lobulus centralis
23 Lingula cerebelli
24 Ala lobuli centralis
25 Pedunculus cerebellaris sup. (Schnittfläche)
26 Fastigium
27 Ventriculus quartus
28 Pedunculus cerebellaris medius
29 Nodulus
30 Flocculus cerebelli
31 Tonsilla cerebelli
32 Culmen (Vermis) und Declive (Vermis)
33 Tuber (Vermis)
34 Pyramis (Vermis)
35 Lobulus semilunaris inf.
36 Cortex cerebelli (Folium vermis)
37 Uvula (Vermis)

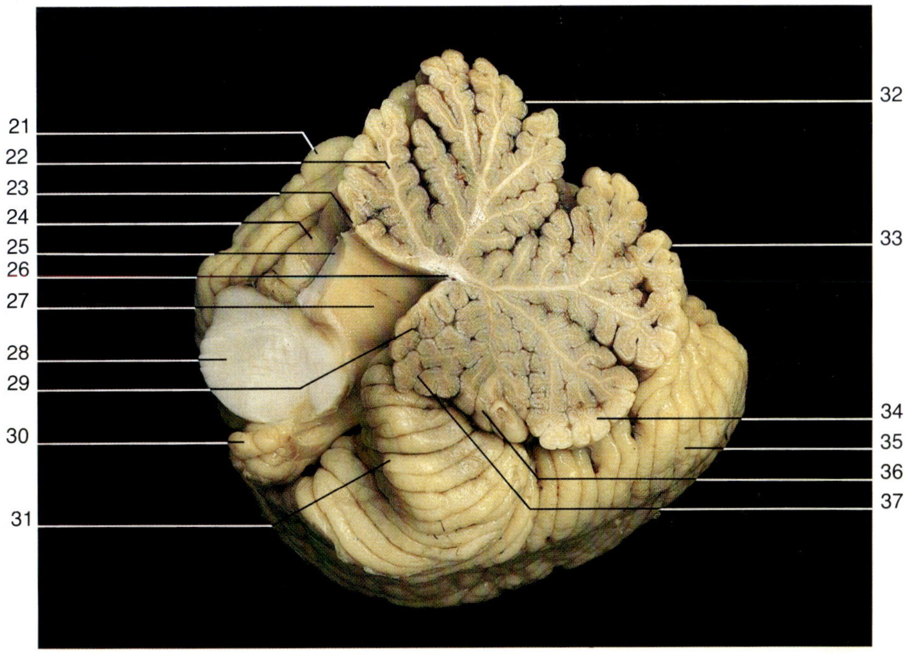

Sagitalschnitt durch das Kleinhirn. Die Kleinhirnstiele wurden durchtrennt.

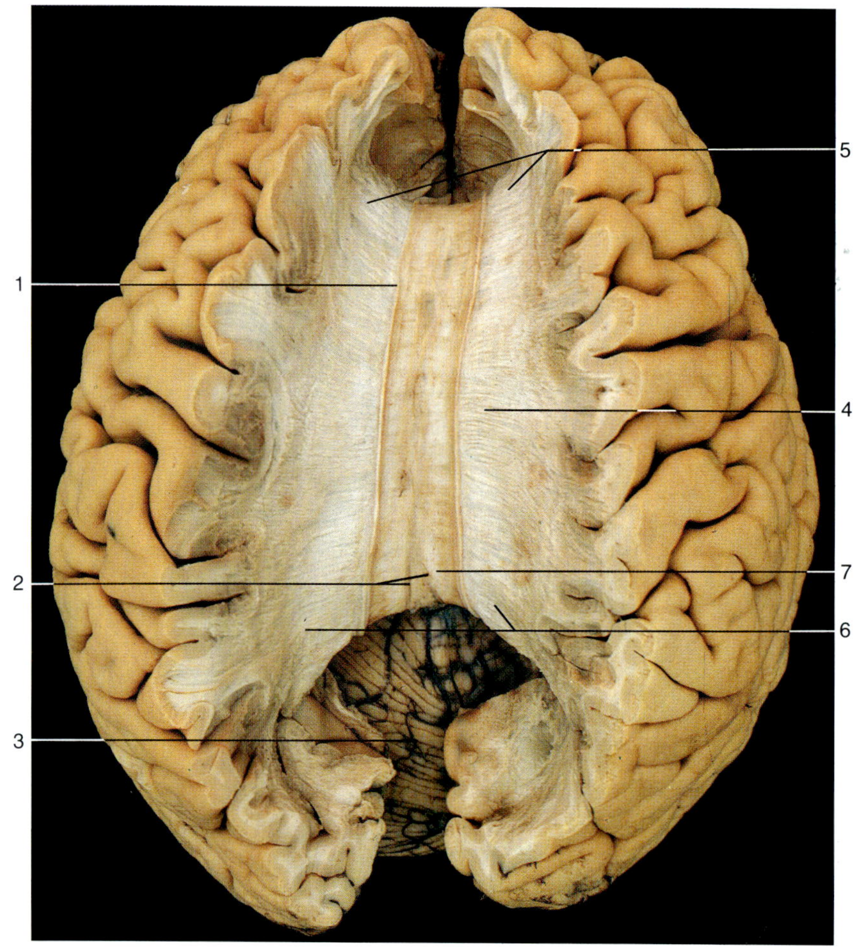

1 Stria longitudinalis lat.
2 Striae longitudinales med.
3 Cerebellum
4 Radiatio corporis callosi
5 Forceps minor corporis callosi
6 Forceps major
7 Splenium corporis callosi

Hirnsektion I. Das Kommissurensystem des Neocortex (Corpus callosum) wurde herausgefasert.

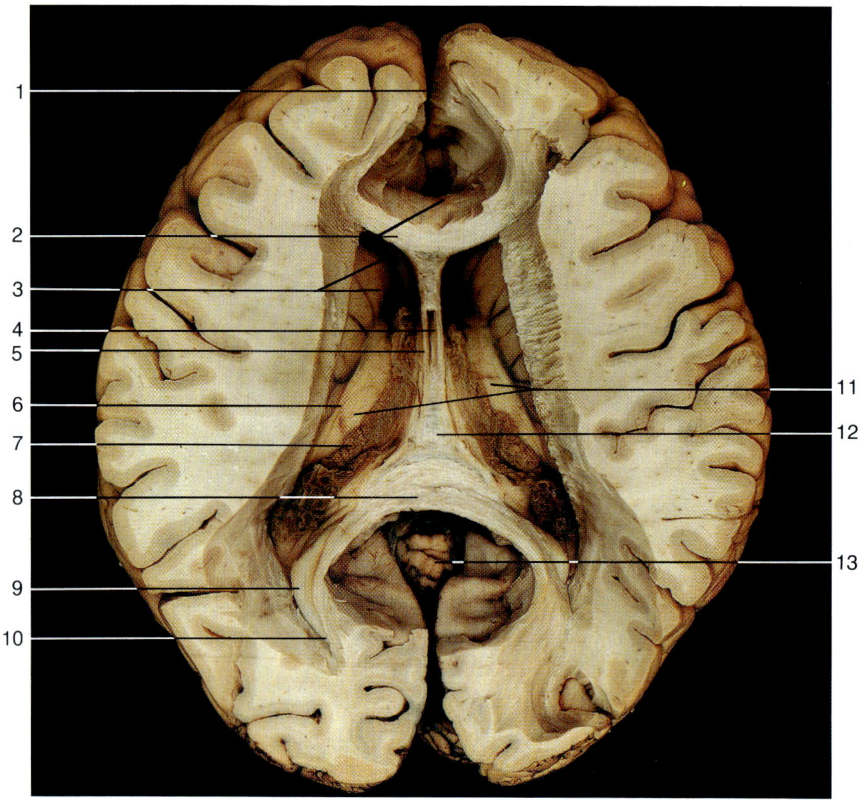

1 Fissura longitudinalis cerebri
2 Genu corporis callosi
3 Caput nuclei caudati, Cornu ant. ventriculi lat.
4 Cavum septi pellucidi
5 Lamina septi pellucidi
6 Stria terminalis
7 Plexus choroideus ventriculi lat.
8 Splenium corporis callosi
9 Calcar avis
10 Cornu post. ventriculi lat.
11 Thalamus, lamina affixa
12 Commissura fornicis
13 Vermis cerebelli

Hirnsektion II. Die beiden Seitenventrikel wurden von oben eröffnet. Das Corpus callosum wurde größtenteils entfernt. Der Frontallappen liegt am oberen Bildrand.

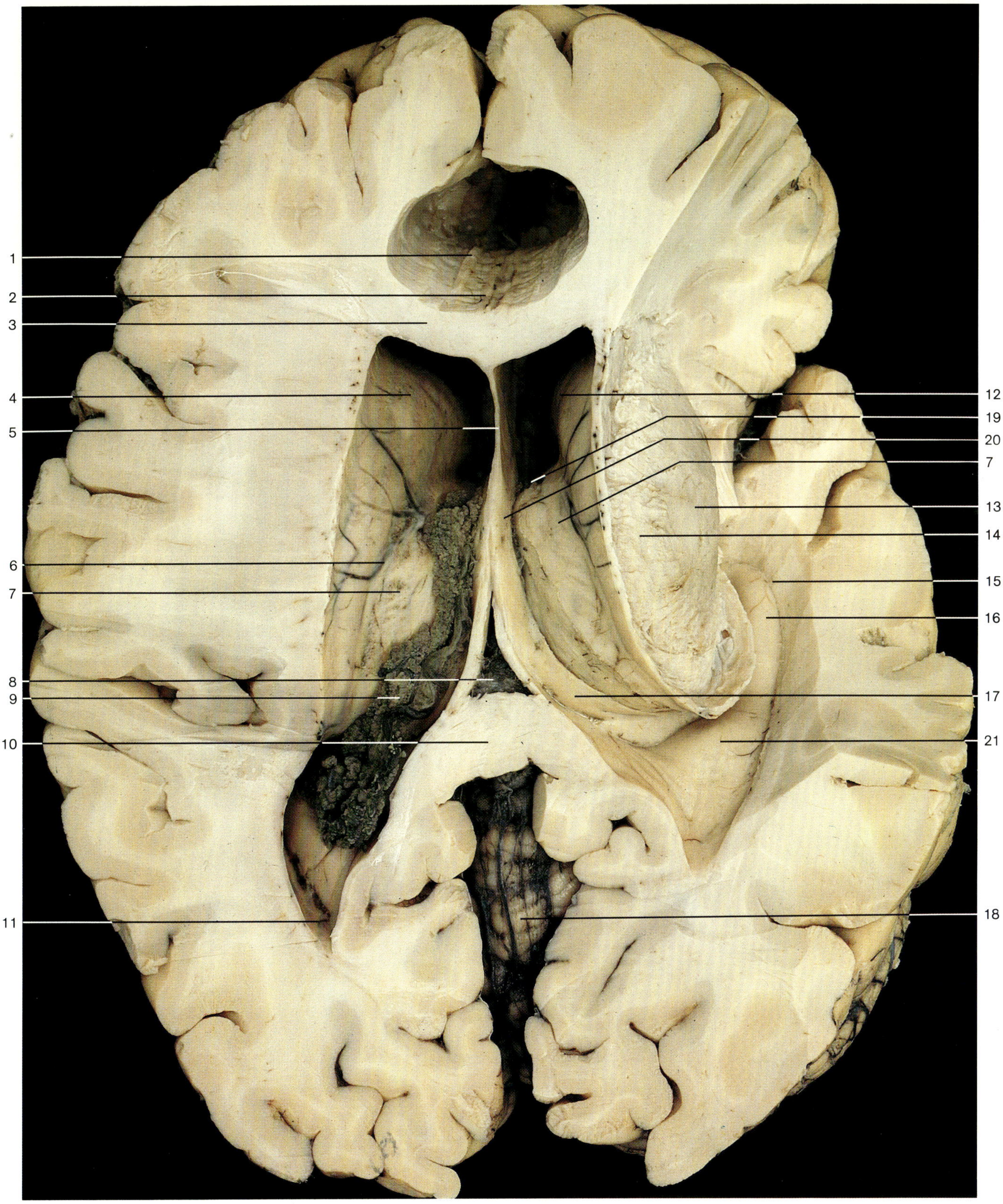

Hirnsektion III. Der Seitenventrikel ist rechts bis zum Unterhorn eröffnet; Insel, Claustrum, Capsula extrema und ext. wurden entfernt, so daß Nucleus lentiformis und Capsula int. sichtbar geworden sind.

1 Stria longitudinalis lat.
2 Stria longitudinalis med.
3 Genu corporis callosi
4 Caput nuclei caudati
5 Septum pellucidum
6 Stria terminalis
7 Thalamus, lamina affixa
8 Plexus choroideus ventriculi tertii
9 Plexus choroideus ventriculi lat.
10 Splenium corporis callosi
11 Cornu post. ventriculi lat.
12 Cornu ant. ventriculi lat. (Caput nuclei caudati)
13 Putamen nuclei lentiformis
14 Capsula int.
15 Cornu inf. ventriculi lat.
16 Hippocampus
17 Crus fornicis
18 Vermis cerebelli, Pia mater
19 For. interventriculare
20 Columna fornicis dext.
21 Eminentia collateralis

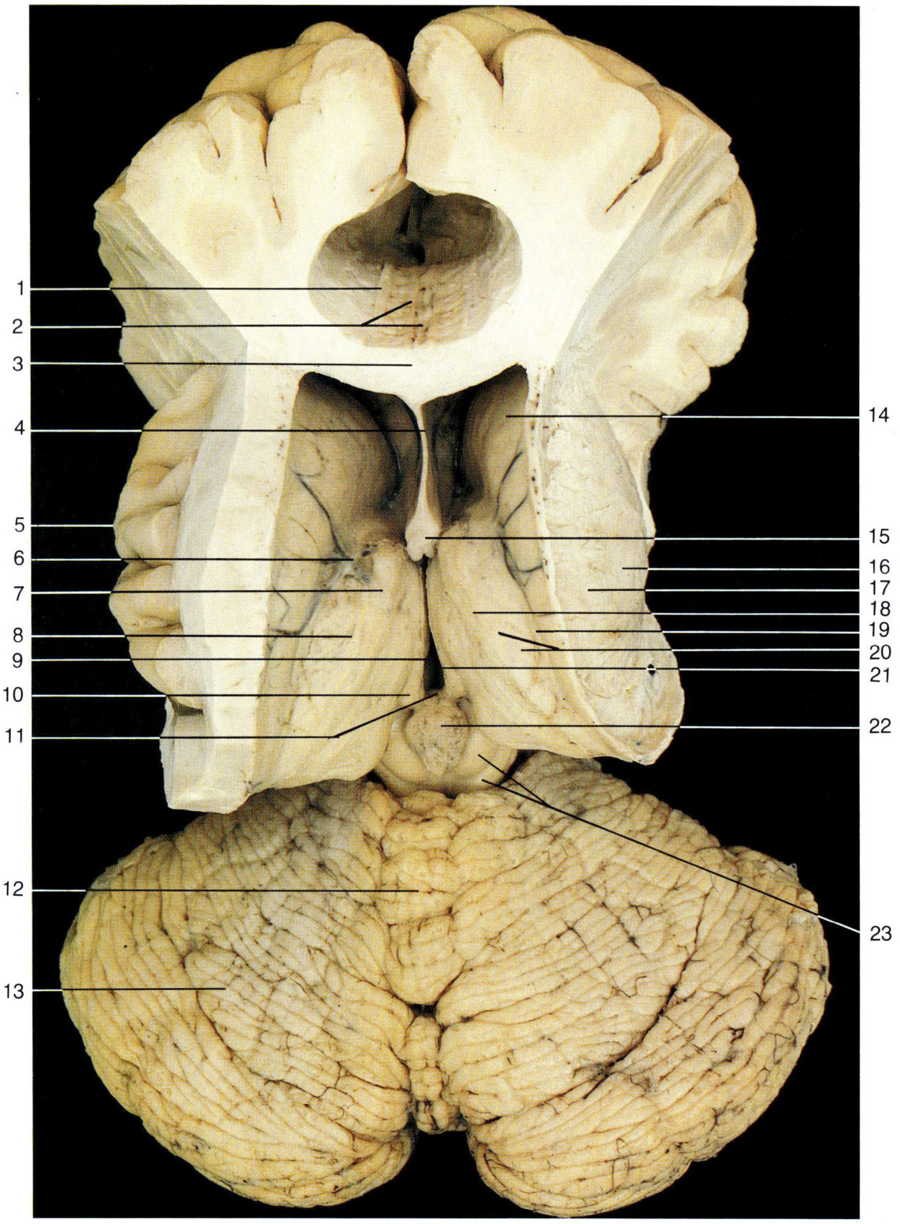

1 Stria longitudinalis lat. sin.
2 Striae longitudinales medd.
3 Corpus callosum
4 Lamina septi pellucidi
5 Insula
6 V. thalamostriata, Stria terminalis (links)
7 Tuberculum ant. thalami
8 Thalamus
9 Stria medullaris thalami (Taenia thalami)
10 Trigonum habenulae
11 Commissura habenularum
12 Vermis cerebelli
13 Hemispherium cerebelli
14 Caput nuclei caudati
15 Columnae fornicis
16 Nucleus lentiformis (Putamen)
17 Capsula int.
18 Taenia choroidea
19 Stria terminalis, V. thalamostriata (rechts)
20 Lamina affixa
21 Ventriculus tertius
22 Corpus pineale (Epiphysis cerebri)
23 Lamina tecti (Colliculus sup. et inf.)

Hirnsektion IV a. Die beiden Temporallappen zusammen mit dem Fornixsystem wurden entfernt (siehe untenstehende Abb.).
Der Plexus choroideus im Dach des III. Ventrikels wurde entfernt.

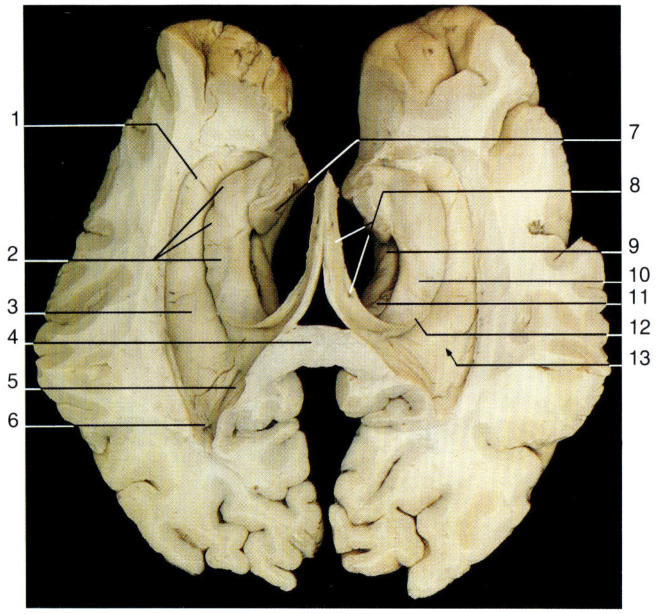

1 Cornu inf. ventriculi lat.
2 Digitationes hippocampi
3 Eminentia collateralis
4 Splenium corporis callosi
5 Calcar avis
6 Cornu post. ventriculi lat.
7 Uncus gyri parahippocampalis
8 Corpus fornicis
9 Gyrus parahippocampalis
10 Hippocampus, pes hippocampi
11 Gyrus dentatus
12 Fimbria hippocampi
13 Ventriculus lat.

Hirnsektion IV b. Der im oben abgebildeten Präparat entfernte Hirnteil, der die Reste von Temporallappen, Fornix und limbischem System umfaßt, wurde abgebildet.

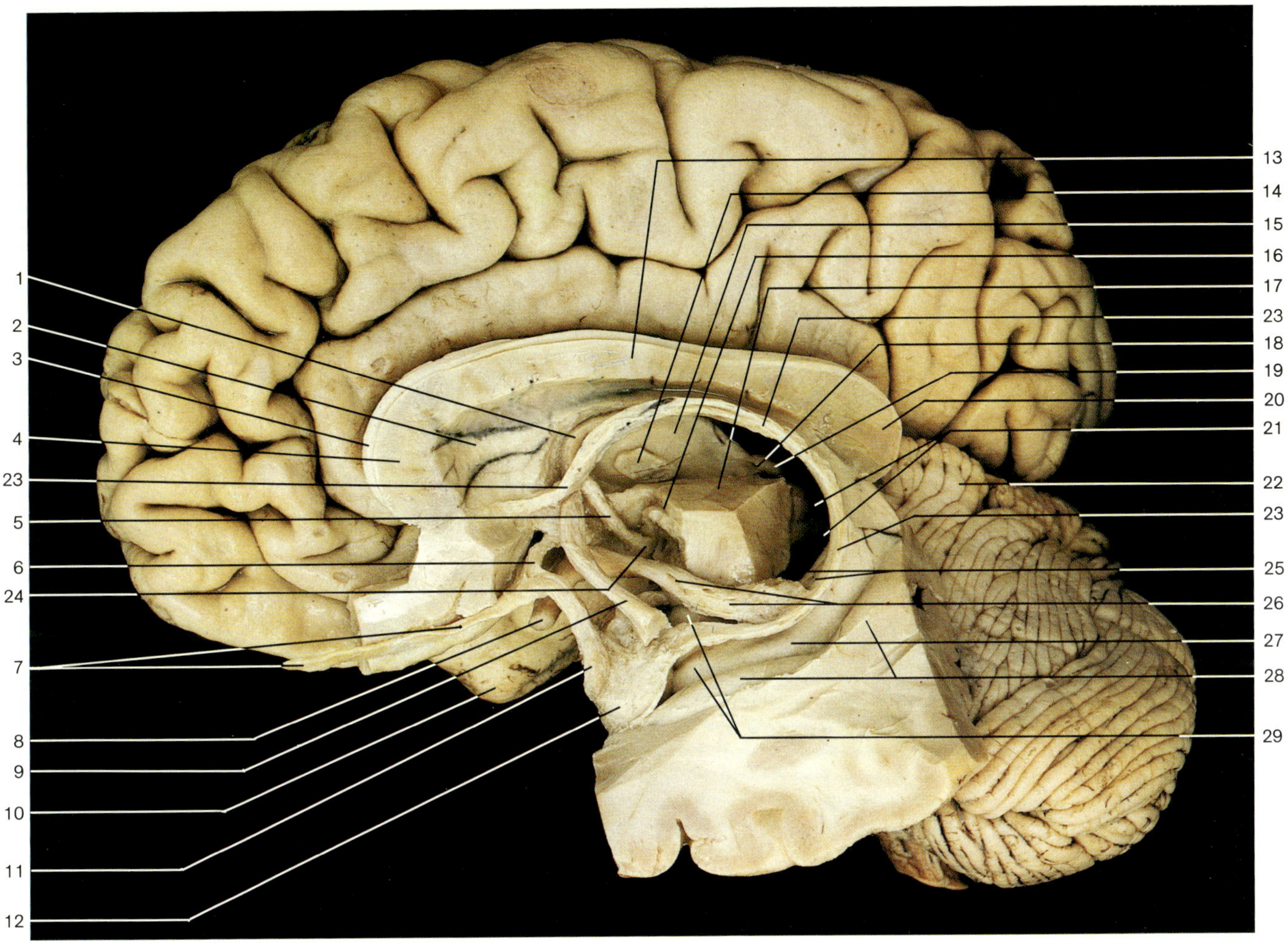

Faserpräparat des limbischen Systems (von lateral). In der linken Hirnhälfte wurden die Hauptfaserzüge und Kerne des limbischen Systems herauspräpariert.

1 Corpus fornicis
2 Lamina septi pellucidi
3 Stria longitudinalis lat. dext.
4 Genu corporis callosi
5 Columna fornicis
6 Stria olfactoria med. sin.
7 Bulbus olfactorius und Tractus olfactorius sin.
8 N. opticus sin.
9 Commissura ant. (linker Abschnitt)
10 Lobus temporalis dext.
11 Stria olfactoria lat. sin.
12 Corpus amygdaloideum sin.
13 Truncus corporis callosi
14 Adhesio interthalamica
15 Ventriculus tertius, Thalamus dext.
16 Fasciculus mamillothalamicus sin.
17 Thalamus sin.
18 Commissura habenularum
19 Corpus pineale
20 Splenium corporis callosi
21 Lamina tecti (Mittelhirn)
22 Vermis cerebelli
23 Stria terminalis
24 Corpus mamillare dext.
25 Fimbria hippocampi, Pes hippocampi
26 Tractus opticus, Corpus geniculatum lat. sin.
27 Ventriculus lateralis, Hippocampus sin.
28 Eminentia collateralis sin.
29 Digitationes hippocampi

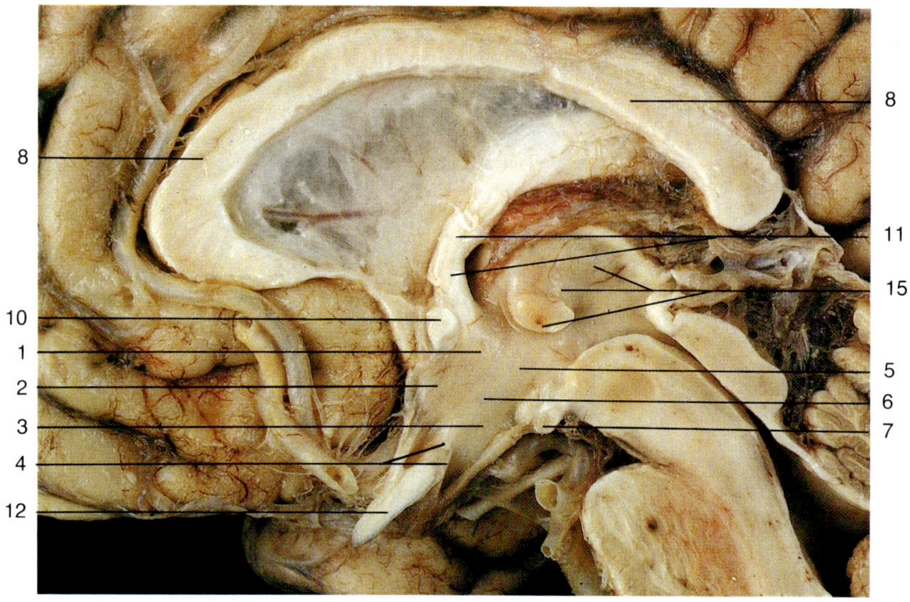

Medianschnitt durch das Zwischenhirn, Mittel- und Rautenhirn. Lokalisation der hypothalamischen Kerne.

1 Lokalisation des Nucleus paraventricularis
2 Lokalisation des Nucleus praeopticus
3 Lokalisation des Nucleus ventromedialis
4 Lokalisation des Nucleus supraopticus
5 Lokalisation des Nuclei postt.
6 Lokalisation des Nucleus dorsomedialis
7 Corpus mamillare
8 Corpus callosum
9 Ventriculus lat.
10 Commissura ant.
11 Columna fornicis
12 Chiasma opticum
13 Crus fornicis
14 Stria medullaris thalami
15 Thalamus und Adhaesio interthalamica
16 Tractus mamillothalamicus
17 Crus cerebri

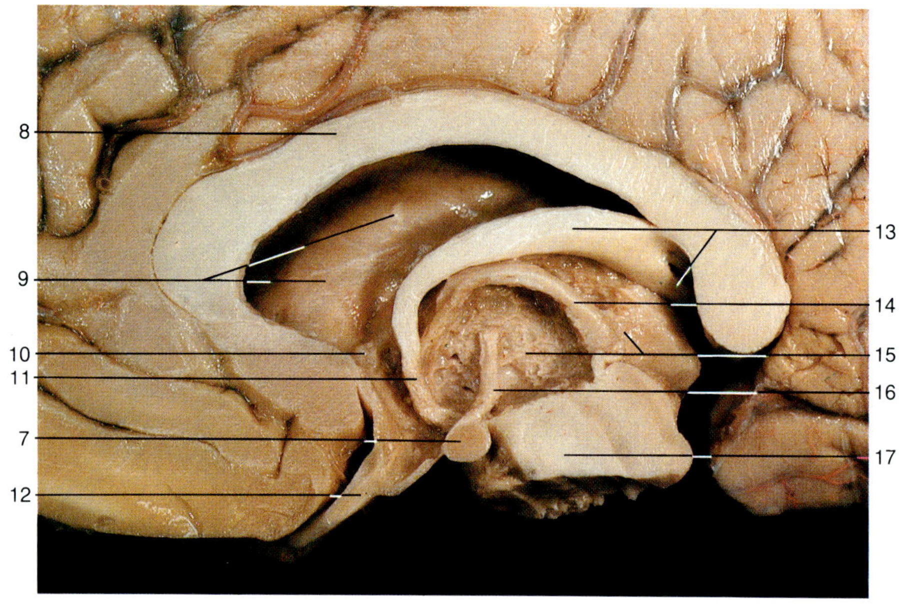

Medianschnitt durch das Zwischenhirn. Die medialen Anteile des Thalamus wurden entfernt, um die Fornixsäulen und den Tractus mamillothalamicus darzustellen. Das Septum pellucidum wurde ebenfalls entfernt.

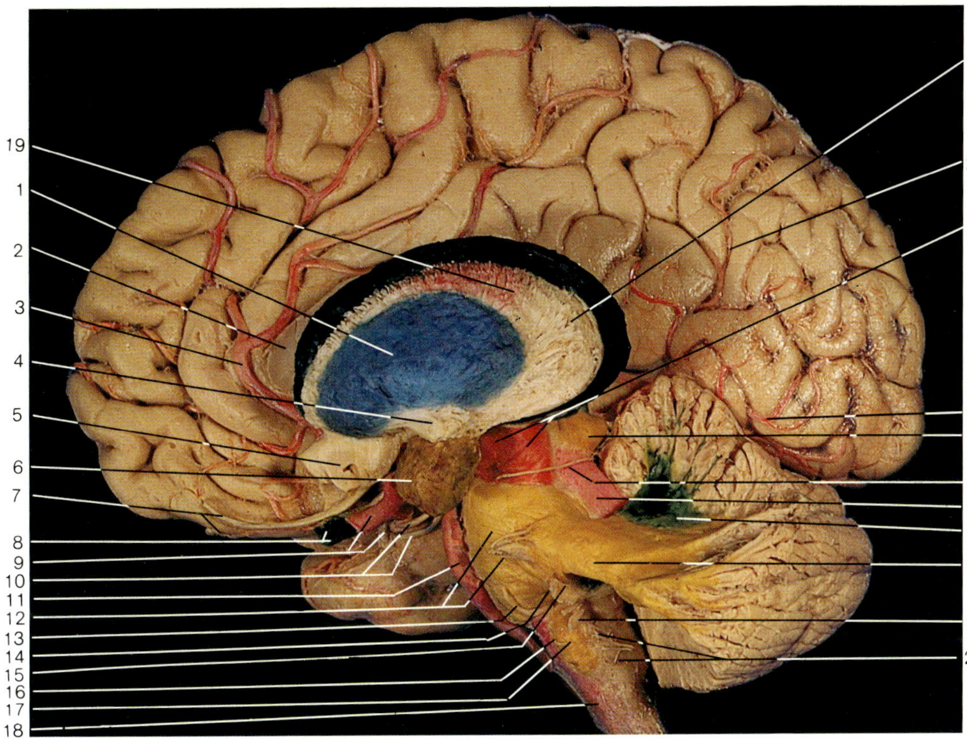

Subkortikale Kerne und ihre Bahnverbindungen im Verhältnis zum Gesamtgehirn.

Tractus pyramidalis (rot)
Pedunculus cerebellaris med. (gelb)
Pedunculus cerebellaris sup. (rosa)
Pedunculus cerebellaris inf. (grün)

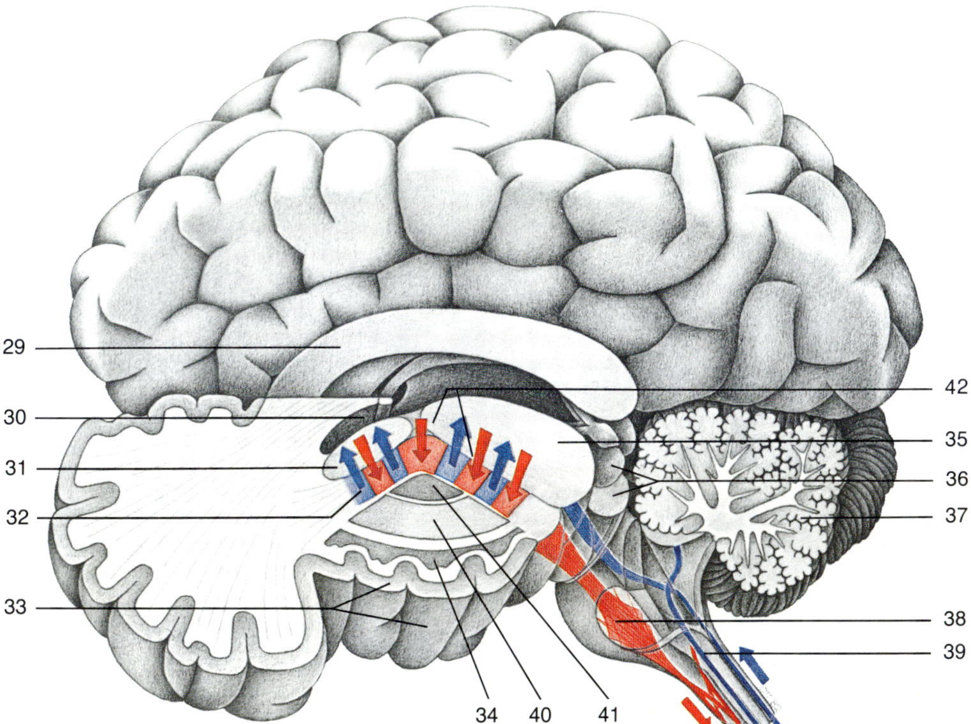

Lage und Gliederung der Capsula interna. Horizontalschnitt (Schema) (O.).
Efferente Bahnsysteme (rot).
Afferente Bahnsysteme (blau).

1 Putamen nuclei lentiformis
2 Genu corporis callosi
3 A. cerebri ant.
4 Commissura ant.
5 Area subcallosa
6 Corpus amygdaloideum
7 Tractus olfactorius
8 N. opticus (N. II)
9 A. carotis int., Infundibulum
10 N. oculomotorius dext. et sin. (N. III)
11 A. basilaris
12 Pons, N. trigeminus (N. V)
13 N. abducens (N. VI)
14 N. facialis (N. VII)
15 N. vestibulocochlearis (N. VIII)
16 N. hypoglossus (N. XII)
17 Oliva
18 Pyramis medullae oblongatae
19 Capsula int.
20 Endäste der A. cerebri post.
21 Pedunculi cerebri
22 Lamina tecti
23 N. trochlearis (N. IV)
24 Pedunculus cerebellaris sup.
25 Pedunculus cerebellaris inf.
26 Pedunculus cerebellaris medius
27 N. glossopharyngeus (N. IX)
28 N. vagus (N. X) und N. accessorius (N. XI)
29 Corpus callosum
30 Ventriculus lat., cornu ant.
31 Nucleus caudatus
32 Crus ant. capsulae int.
33 Insula
34 Claustrum
35 Thalamus
36 Colliculus sup. et inf. laminae tecti
37 Cerebellum
38 Pedunculus medius cerebelli
39 Medulla oblongata
40 Putamen } nuclei lentiformis
41 Globus pallidus } nuclei lentiformis
42 Genu et Crus post. capsulae int.
43 Crus post. capsulae int.

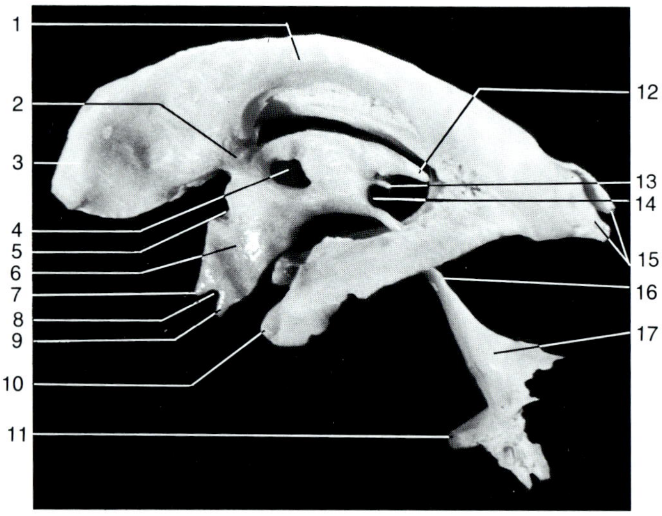

Ausgußpräparat vom Ventrikelsystem (von lateral).

1 Pars centralis ventriculi lat.
2 For. interventriculare
3 Cornu ant. ventriculi lat.
4 Adhesio interthalamica (Abdruck)
5 Commissura ant. (Abdruck)
6 Ventriculus tertius
7 Rec. opticus
8 Chiasma opticum (Abdruck)
9 Rec. infundibuli
10 Cornu inf. ventriculi lat.
11 Apertura lat. ventriculi quarti
12 Rec. suprapinealis
13 Rec. pinealis
14 Lokalisation der Commissura post.
15 Cornu post. ventriculi lat.
16 Aqueductus cerebri
17 Ventriculus quartus
18 Apertura mediana ventriculi quarti
19 Cisterna cerebellomedullaris

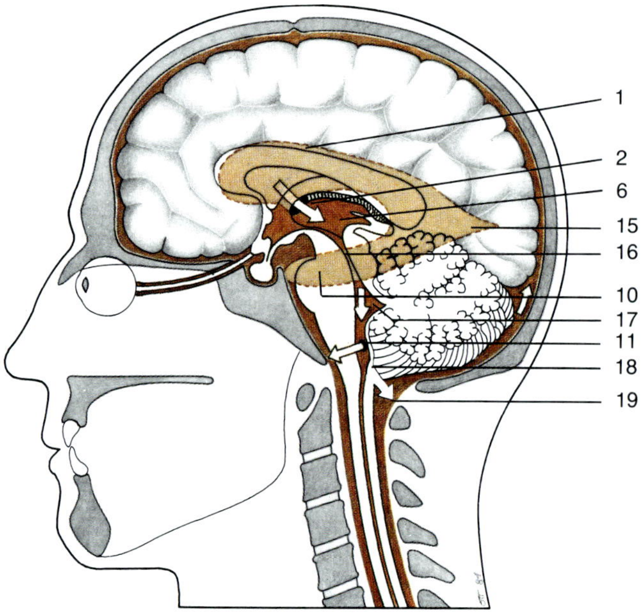

Lage der Hirnventrikel am Medianschnitt (Schema) (O.).
Punktierte Linie = Lage des rechten Seitenventrikels;
Pfeile = Strömungsrichtung des Liquor cerebrospinalis.

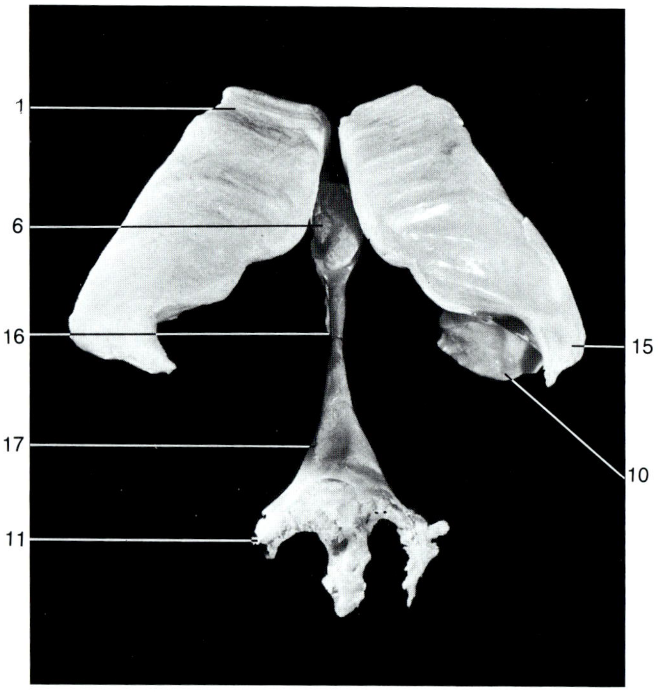

Ausgußpräparat vom Ventrikelsystem (von hinten).

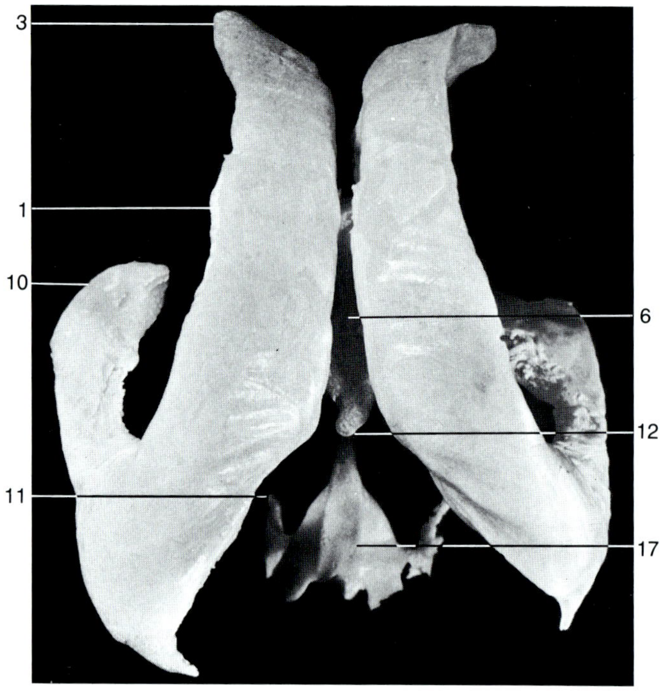

Ausgußpräparat vom Ventrikelsystem (von oben).

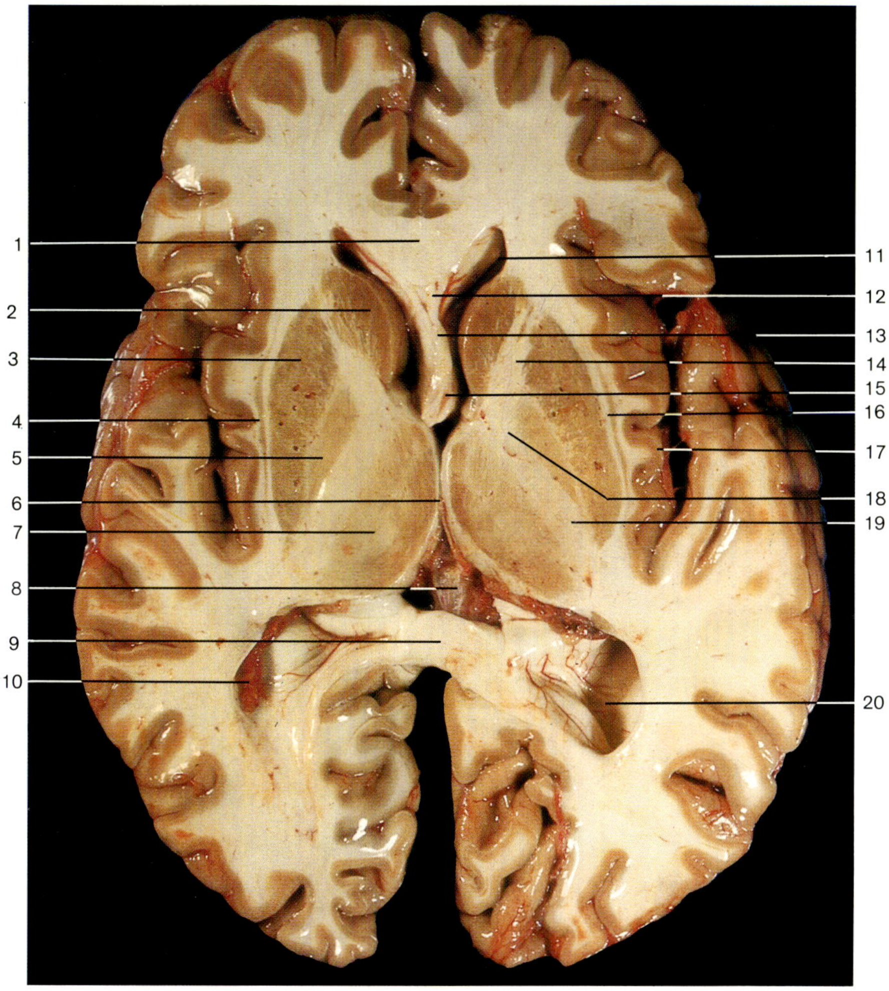

Horizontalschnitt durch das Gehirn in Höhe der großen subkortikalen Kerne.

1 Genu corporis callosi
2 Caput nuclei caudati
3 Putamen
4 Claustrum
5 Globus pallidus
6 Ventriculus tertius
7 Thalamus
8 Corpus pineale
9 Splenium corporis callosi
10 Plexus choroideus ventriculi lat.
11 Cornu ant. ventriculi lat.
12 Cavum septi pellucidi
13 Septum pellucidum
14 Crus ant. capsulae int.
15 Columnae fornicis
16 Capsula ext.
17 Insula
18 Genu capsulae int.
19 Crus post. capsulae int.
20 Cornu post. ventriculi lat.
21 Commissura ant.
22 Tractus opticus
23 Corpus amygdaloideum
24 Cornu inf. ventriculi lat.
25 Ventriculus lat.
26 Rec. opticus
27 Infundibulum

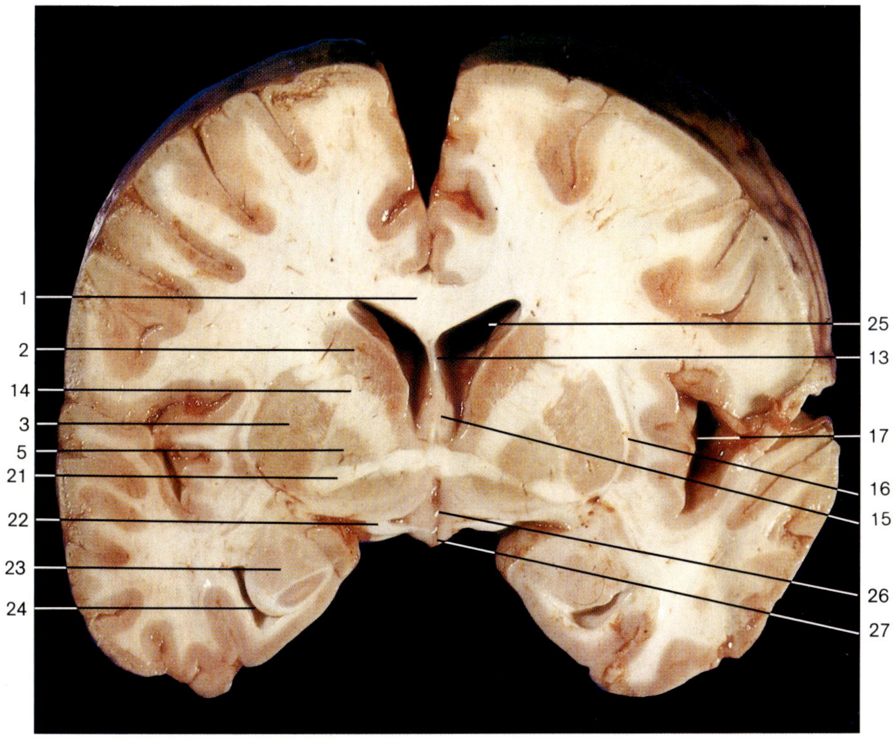

Frontalschnitt durch das Gehirn in Höhe der Commissura anterior.

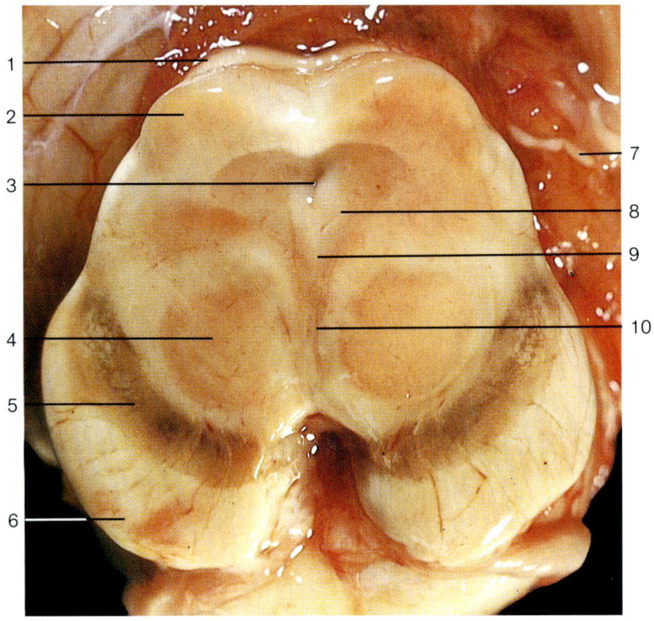

1 Colliculus inf.
2 Colliculus sup.
3 Aqueductus cerebri
4 Nucleus ruber
5 Substantia nigra
6 Crus cerebri
7 A. trochlearis (N. IV)
8 Stratum griseum
9 Nucleus n. oculomotorii (N. III)
10 Radix n. oculomotorii

Querschnitt durch das Mittelhirn in Höhe der Colliculi superiores (von vorne).

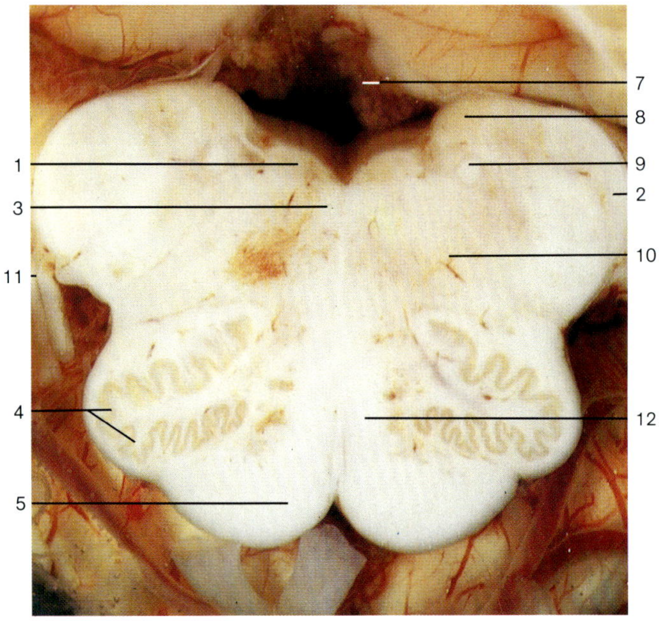

1 Nucleus hypoglossi (N. XII)
2 Pedunculus cerebellaris inf.
3 Fasciculus longitudinalis med.
4 Nucleus olivaris inf.
5 Fibrae corticospinales, fibrae arcuatae
6 Plexus choroideus
7 Ventriculus quartus
8 Nuclei vestibulares
9 Nucleus et Tractus solitarius
10 Formatio reticularis (Tegmentum)
11 N. trigeminus (N. V)
12 Lemniscus med.

Querschnitt durch das Rautenhirn in Höhe der Olive.

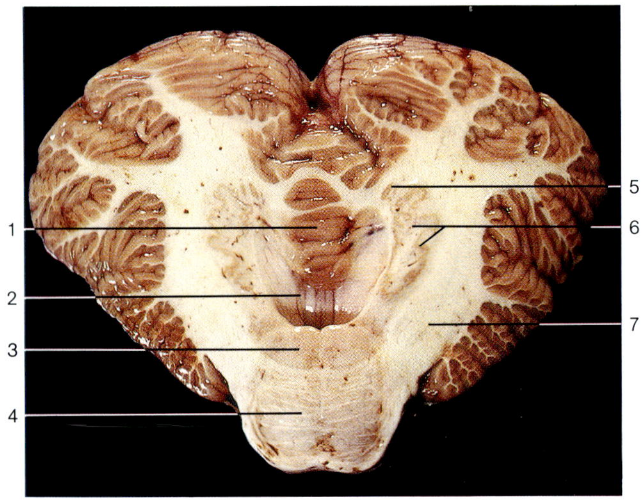

1 Vermis cerebelli
2 Ventriculus quartus
3 Formatio reticularis
4 Fibrae pontis
5 Nucleus emboliformis
6 Nucleus dentatus
7 Pedunculus cerebellaris medius

Querschnitt durch das Rautenhirn in Höhe von Pons und Cerebellum.

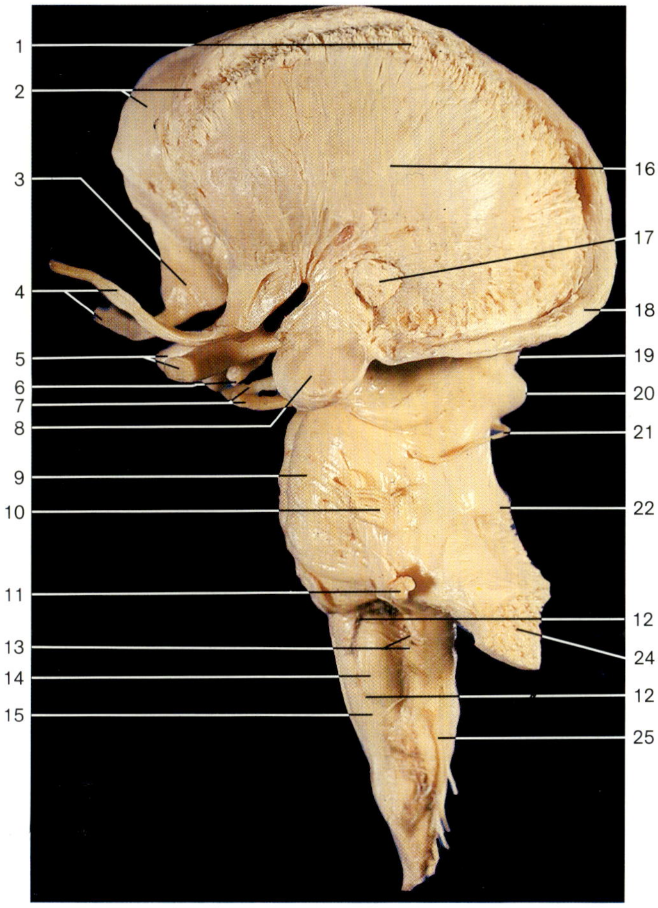

Hirnstamm (von lateral). Großhirnrinde und Kleinhirn entfernt.

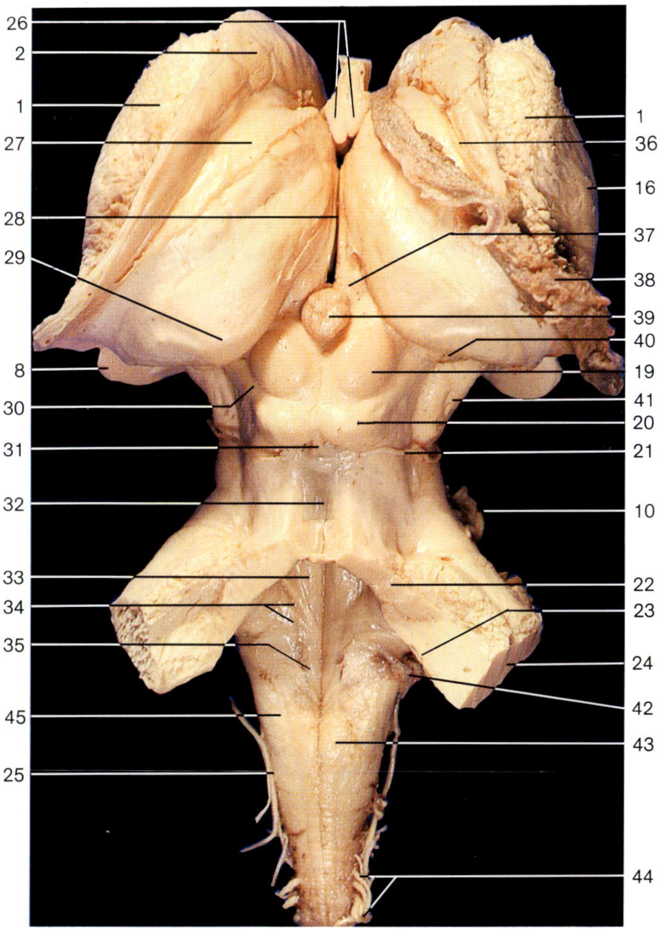

Hirnstamm (von dorsal).

1 Capsula int.
2 Caput nuclei caudati
3 Trigonum olfactorium
4 Tractus olfactorius dext. et sin.
5 N. opticus (N. II) dext. et sin.
6 Infundibulum
7 N. oculomotorius (N. III) dext. et sin.
8 Corpus amygdaloideum
9 Pons
10 N. trigeminus (N. V)
11 N. facialis (N. VII), N. vestibulocochlearis (N. VIII)
12 N. hypoglossus (N. XII)
13 N. glossopharyngeus (N. IX), N. vagus (N. X)
14 Oliva
15 Medulla oblongata
16 Nucleus lentiformis
17 Commissura ant.
18 Cauda nuclei caudati
19 Lamina tecti, colliculus sup.
20 Lamina tecti, colliculus inf.
21 N. trochlearis (N. IV)
22 Pedunculus cerebellaris sup.
23 Pedunculus cerebellaris inf.
24 Pedunculus cerebellaris medius
25 N. accessorius, N. XI (radix spinalis)
26 Fornix, columnae fornicis
27 Lamina affixa
28 Ventriculus tertius
29 Pulvinar thalami
30 Brachium colliculi inf.
31 Frenulum veli medullaris sup.
32 Velum medullare sup.
33 Colliculus facialis
34 Striae medullares
35 Trigonum n. hypoglossi
36 Stria terminalis und V. thalamostriata
37 Trigonum habenulae
38 Plexus choroideus ventriculi lat.
39 Corpus pineale (Epiphyse)
40 Corpus geniculatum lat.
41 Crus cerebri
42 Plexus choroideus ventriculi quarti
43 Tuberculum nuclei gracilis (Clava)
44 Radices dorsales zervikaler Spinalnerven
45 Tuberculum nuclei cuneati

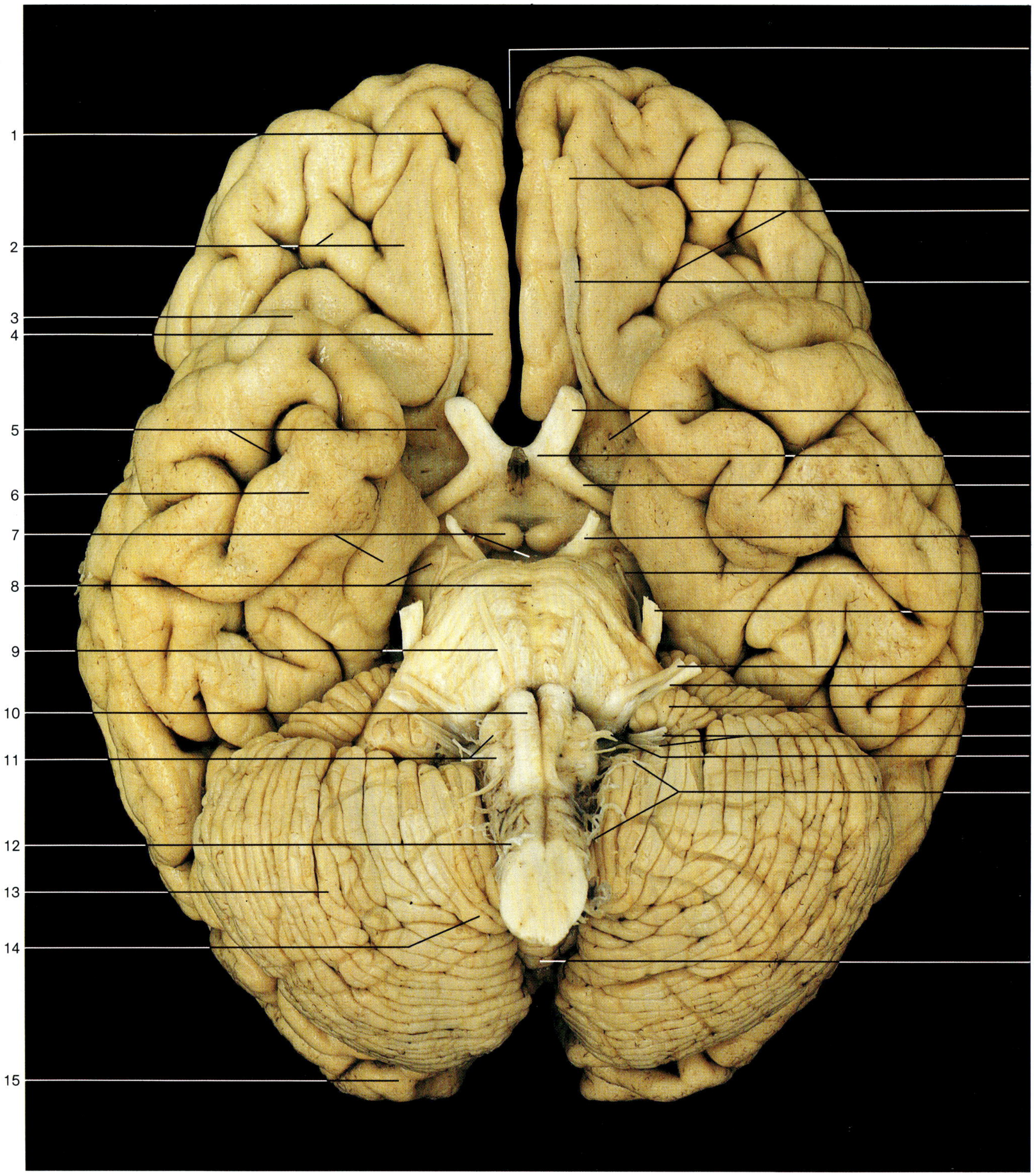

Hirnnerven. Gehirn von basal. Hirnhäute entfernt.

1 Vorderes Ende vom Sulcus olfactorius
2 Gyri orbitales
3 Vorderer Pol vom Lobus temporalis
4 Gyrus rectus
5 Trigonum olfactorium, sulcus temporalis inf.
6 Gyrus temporalis inf.
7 Gyrus parahippocampalis, corpus mamillare, fossa interpeduncularis
8 Pons und Crus cerebri
9 N. abducens (N. VI)
10 Pyramis
11 Oliva
12 Nn. spinales cervicales
13 Cerebellum
14 Tonsilla cerebelli
15 Polus occipitalis cerebri
16 Bulbus olfactorius
17 Sulci orbitales lobi frontalis
18 Tractus olfactorius
19 N. opticus (N. II) und Substantia perforata ant.
20 Chiasma opticum
21 Tractus opticus
22 N. oculomotorius (N. III)
23 N. trochlearis (N. IV)
24 N. trigeminus (N. V)
25 N. facialis (N. VII)
26 N. vestibulocochlearis (N. VIII)
27 Flocculus cerebelli
28 N. glossopharyngeus (N. IX) und N. vagus (N. X)
29 N. hypoglossus (N. XII)
30 N. accessorius (N. XI)
31 Vermis cerebelli

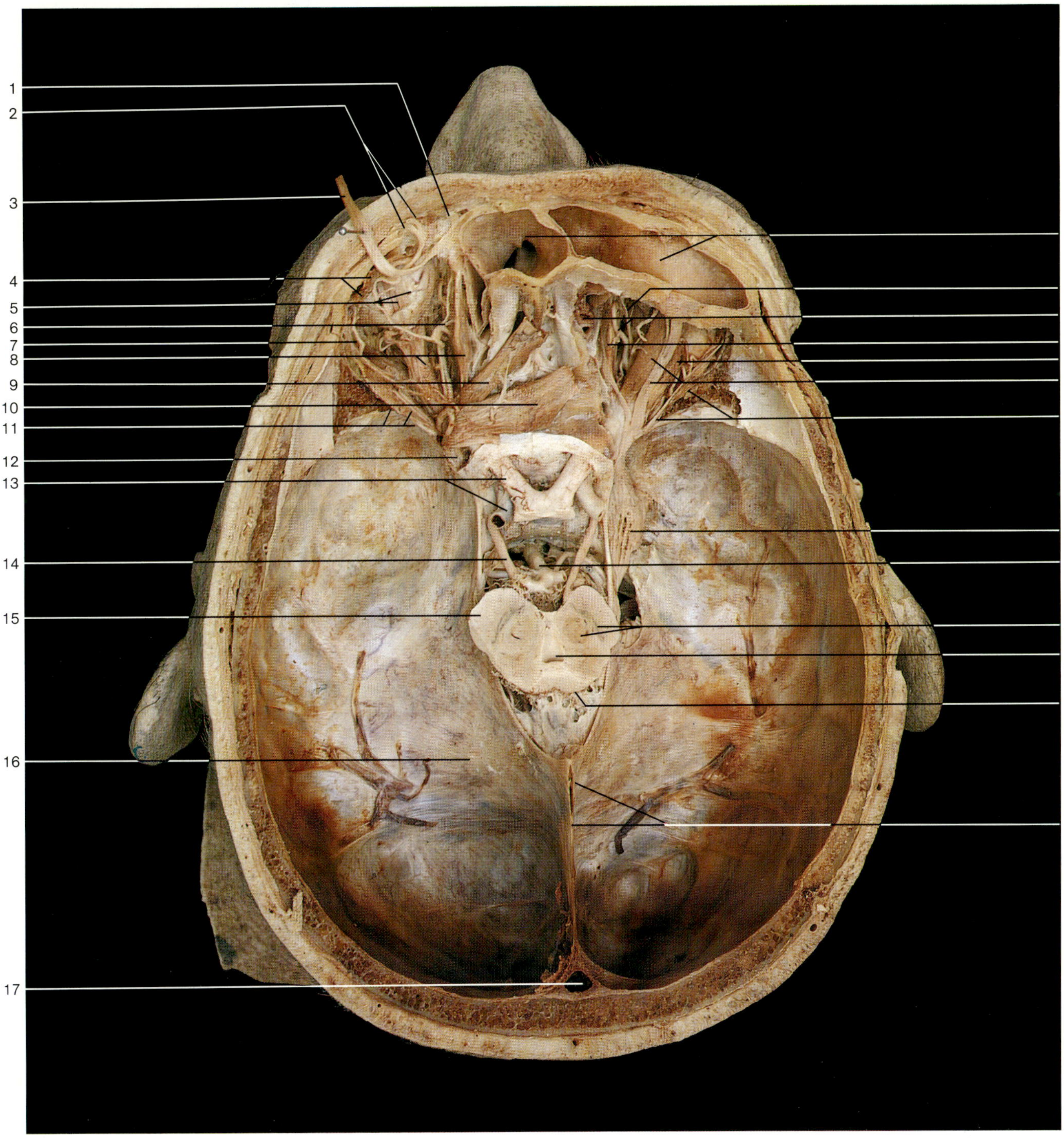

Schädelbasis mit Hirnnerven (von oben). Beide Orbitate von oben eröffnet.

1 N. supratrochlearis
2 R. lat. et med. n. supraorbitalis
3 N. frontalis
4 M. levator palpebrae sup.
5 M. rectus sup. und Bulbus oculi
6 A. ethmoidalis ant.
7 A. lacrimalis
8 M. obliquus sup. und N. opticus
9 M. rectus sup. (durchtrennt und zurückgeklappt)
10 M. levator palpebrae sup. (durchtrennt und zurückgeklappt)
11 M. rectus lat., N. abducens (N. VI)
12 N. oculomotorius (N. III)
13 N. opticus (N. II) und A. carotis int.
14 N. oculomotorius (N. III)
15 Crus cerebri
16 Tentorium cerebelli
17 Sinus sagittalis sup.
18 Sinus frontalis
19 N. infratrochlearis dext.
20 Cellulae ethmoidales antt. und A. ethmoidalis ant.
21 M. obliquus sup. dext.
22 M. rectus sup.
23 N. frontalis und M. levator palpebrae sup.
24 N. lacrimalis und M. rectus lat.
25 Ggl. trigeminale
26 A. basilaris
27 Nucleus ruber, Substantia nigra
28 Aqueductus cerebri
29 Mesencephalon, collicus sup.
30 Hinterer Abschnitt der Falx cerebri mit Sinus rectus

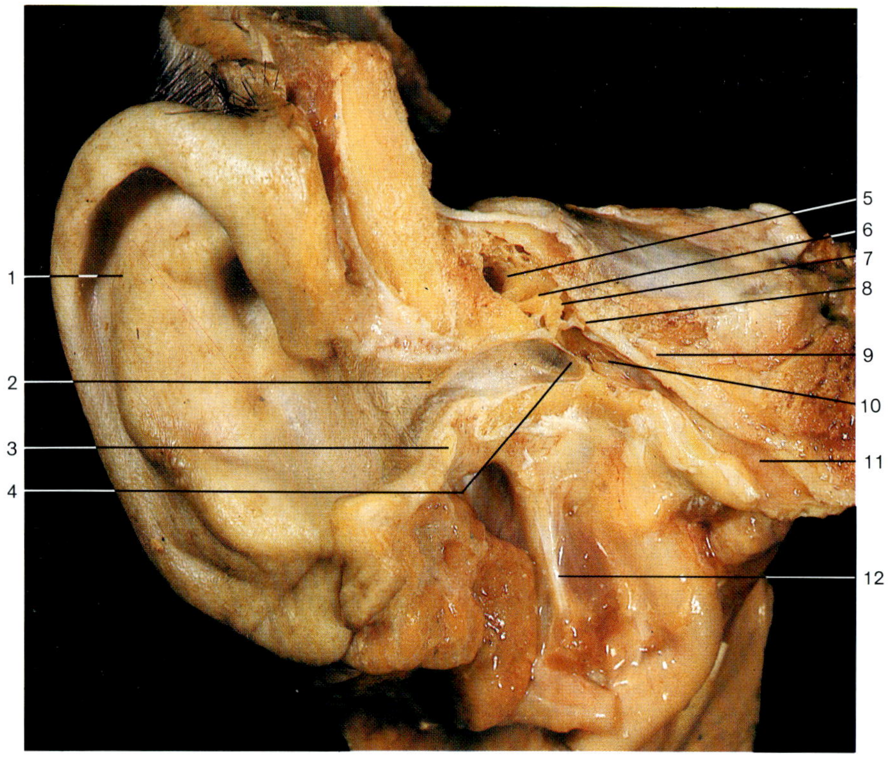

1 Auricula
2 Meatus acusticus ext.
3 Meatus acusticus ext., pars cartilaginea
4 Membrana tympani
5 Antrum mastoideum
6 Incus
7 Caput mallei
8 Stapes
9 M. tensor tympani (angeschnitten)
10 Cavum tympani
11 Tuba auditiva
12 Proc. styloideus

Äußeres Ohr und Mittelohr mit Gehörknöchelchenbrücke. Längsschnitt durch Felsenbein und äußeren Gehörgang. Mittelohr und Tuba auditiva sind durchschnitten.

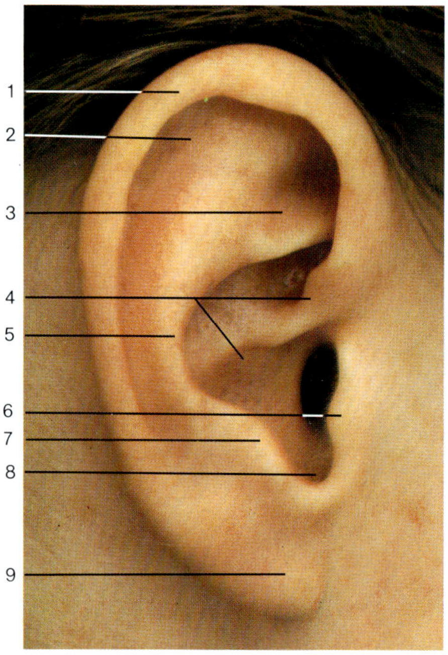

Äußeres Ohr (von lateral).

1 Helix
2 Scapha
3 Fossa triangularis
4 Concha
5 Antihelix
6 Tragus
7 Antitragus
8 Incisura intertragica
9 Lobulus auriculae

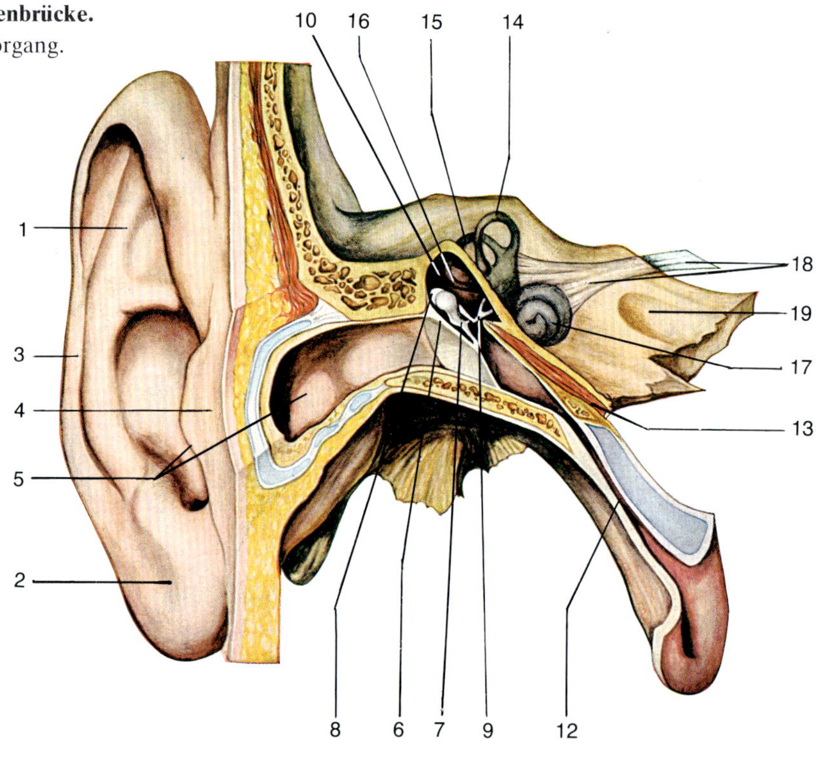

Lokalisation von Gehör- und Gleichgewichtsorgan (Schema).

Äußeres Ohr (Auris externa)
1 Auricula
2 Lobulus auriculae
3 Helix
4 Tragus
5 Meatus acusticus ext.

Mittelohr (Auris media)
6 Membrana tympani
7 Malleus
8 Incus
9 Stapes
10 Cavum tympani
11 Proc. mastoideus
12 Tuba auditiva
13 M. tensor tympani

Innenohr (Auris interna)
14 Ductus semicircularis ant.
15 Ductus semicircularis post.
16 Ductus semicircularis lat.
17 Cochlea
18 N. vestibulocochlearis (N. VIII)
19 Pars petrosa ossis temporalis, impressio trigemini

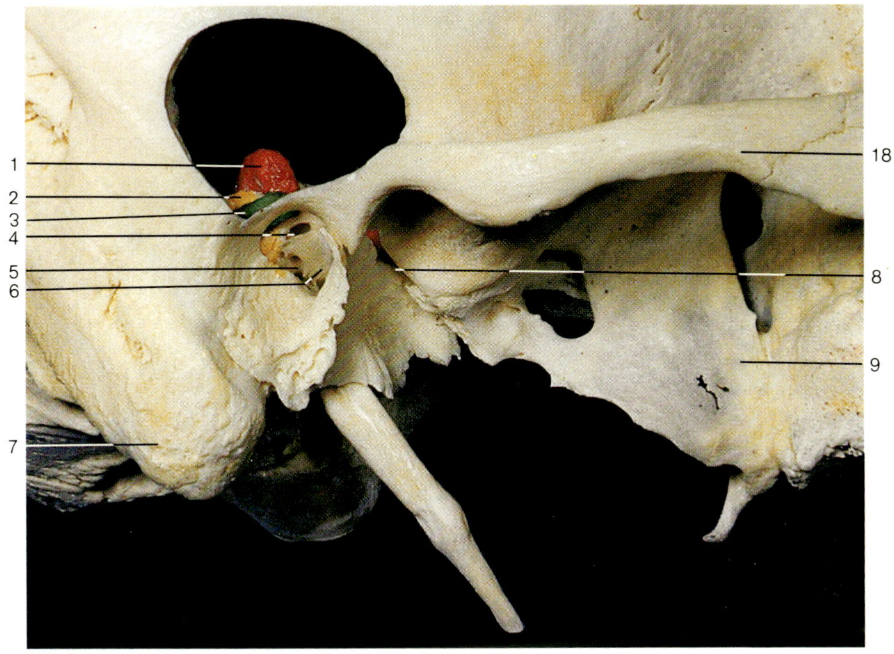

Os temporale dext. (von lateral). Squama gefenstert, um die Canales semicirculares zu zeigen. Trommelfell und angrenzender Knochen wurden entfernt, um die mediale Wand der Paukenhöhle zu zeigen.

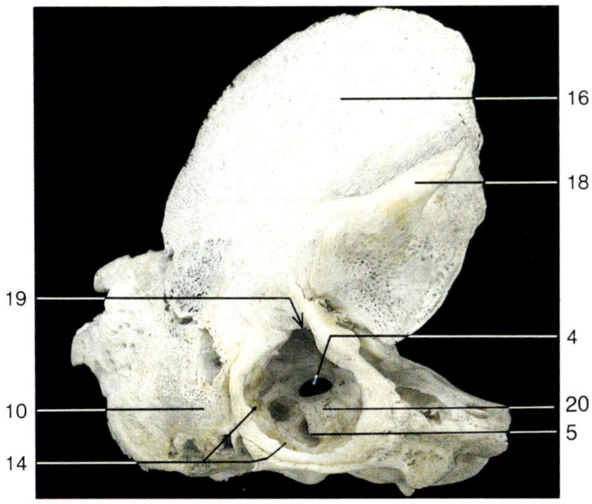

Os temporale eines Neugeborenen (von lateral). Der Proc. mastoideus ist noch nicht ausgebildet und das Os tympanicum erscheint noch als Ring.

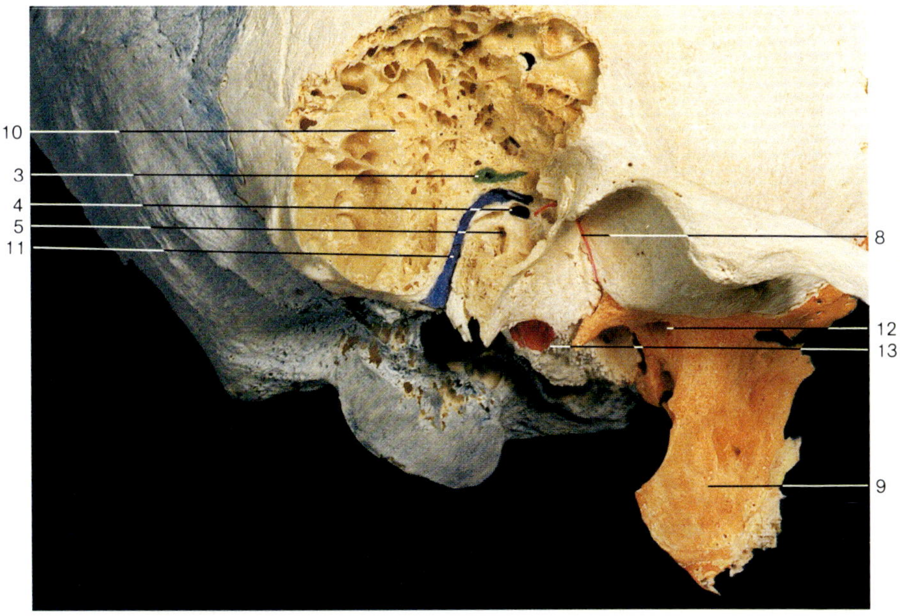

Os temporale dextr. (von lateral). Der Proc. mastoideus wurde zur Darstellung der Cellulae mastoideae aufgemeißelt. Der Canalis facialis wurde eröffnet.

1 Canalis semicircularis ant.
2 Canalis semicircularis post.
3 Canalis semicircularis lat.
4 Fenestra vestibuli
5 Fenestra cochleae
6 Cavum tympani
7 Proc. mastoideus
8 Fissura petrotympanica
9 Lamina lateralis proc. pterygoidei
10 Cellulae mastoideae
11 Canalis facialis
12 For. ovale
13 Canalis caroticus
14 Anulus tympanicus
15 Pars petromastoidea
16 Os temporale, pars squamosa
17 Sutura petrosquamosa
18 Proc. zygomaticus
19 Incisura tympanica
20 Promontorium

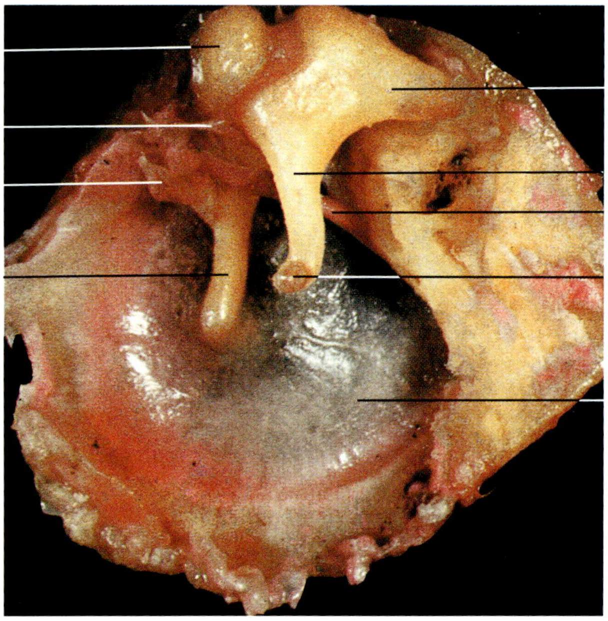

1 Caput mallei
2 Lig. ant. mallei
3 Tendo m. tensoris tympani
4 Manubrium mallei
5 Crus breve incudis
6 Crus longum incudis
7 Chorda tympani
8 Proc. lenticularis
9 Membrana tympani

Trommelfell, Hammer und Amboß (von innen gesehen).

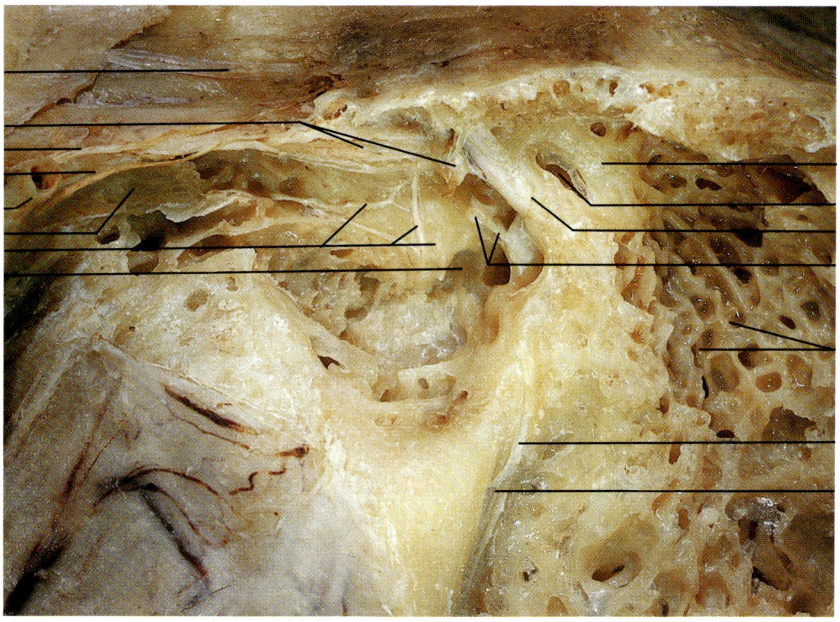

1 Antrum mastoideum
2 Canalis semicircularis lat. (eröffnet)
3 Lokalisation des Canalis facialis
4 Stapes und Tendo m. stapedii, Eminentia pyramidalis
5 Cellulae mastoideae
6 Chorda tympani (intrakranial)
7 N. petrosus major
8 M. tensor tympani, proc. cochleariformis
9 N. petrosus minor
10 A. tympani ant.
11 A. meningea media
12 Semicanalis tubae auditivae
13 Promontorium, plexus tympanicus
14 Fenestra cochleae

Cavum tympani (linke Seite); mediale Wand mit Stapes. Trommelfell, Hammer und Amboß und der angrenzende Knochen wurden entfernt.

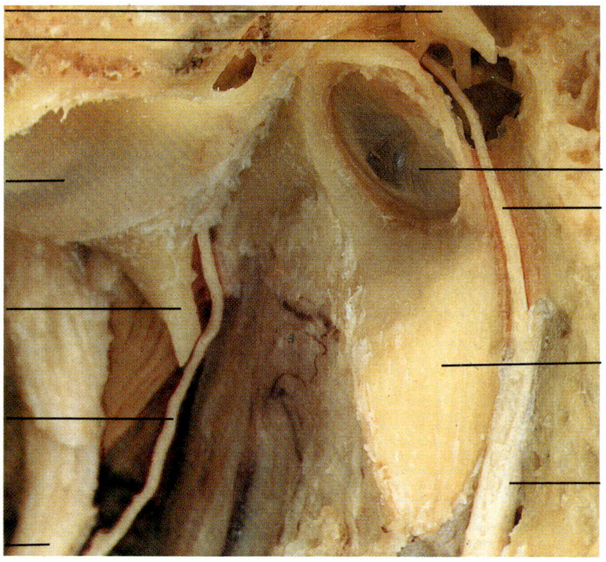

1 Membrana tympani (Trommelfell)
2 Chorda tympani (intrakranieller Teil)
3 Meatus acusticus ext.
4 N. facialis (kurz vor dem Austritt aus dem For. stylomastoideum)
5 Incus
6 Caput mallei
7 Fossa mandibularis
8 Proc. styloideus
9 Chorda tympani (extrakranieller Teil)
10 N. lingualis

Membrana tympani, Canalis facialis und Chorda tympani (von lateral). Äußerer Gehörgang größtenteils entfernt (1,5 ×).

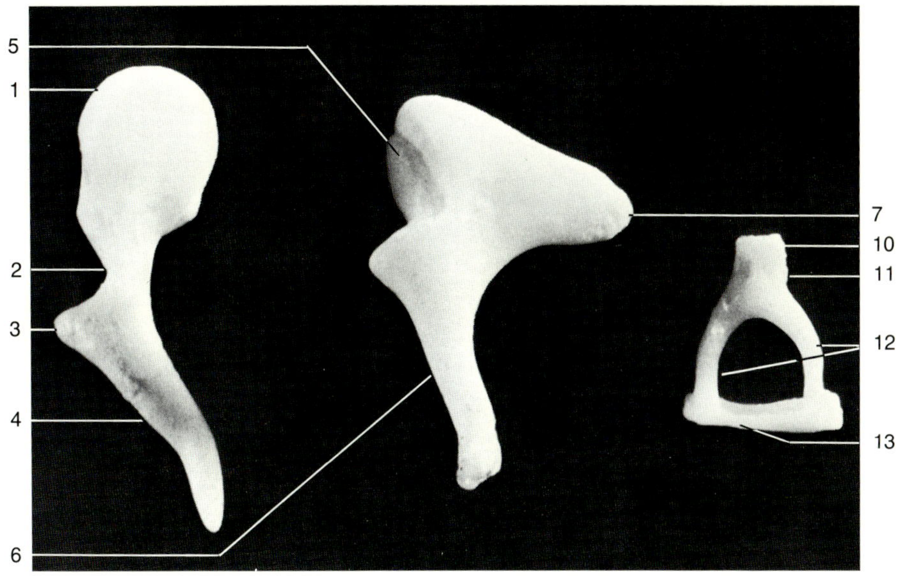

Gehörknöchelchen (isoliert).

Malleus
1 Caput mallei
2 Collum mallei
3 Processus lat.
4 Manubrium mallei

Incus
5 Facies articularis
6 Crus longum
7 Crus breve
8 Corpus incudis
9 Processus lenticularis

Stapes
10 Caput stapedis
11 Collum stapedis
12 Crus ant. et post.
13 Basis stapedis

Wände des Mittelohres
14 Membana tympani
15 Promontorium
16 Rec. hypotympanicus

Innenohr (Labyrinth)
17 Canalis semicircularis lat.
18 Canalis semicircularis ant.
19 Canalis semicircularis post.
20 Crus commune
21 Ampulla ossea ant.
22 Aqueductus vestibuli (Anfangsteil)
23 Utriculus
24 Sacculus
25 Incus
26 Malleus
27 Stapes
28 Cochlea

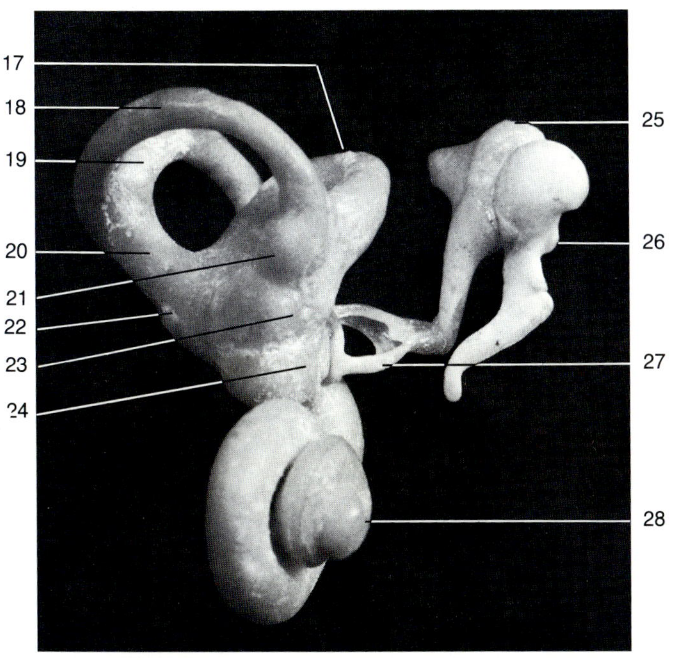

Gehörknöchelchenkette (links) im Zusammenhang mit dem Innenohr (Ausgußpräparat) (schräg von lateral vorne gesehen).

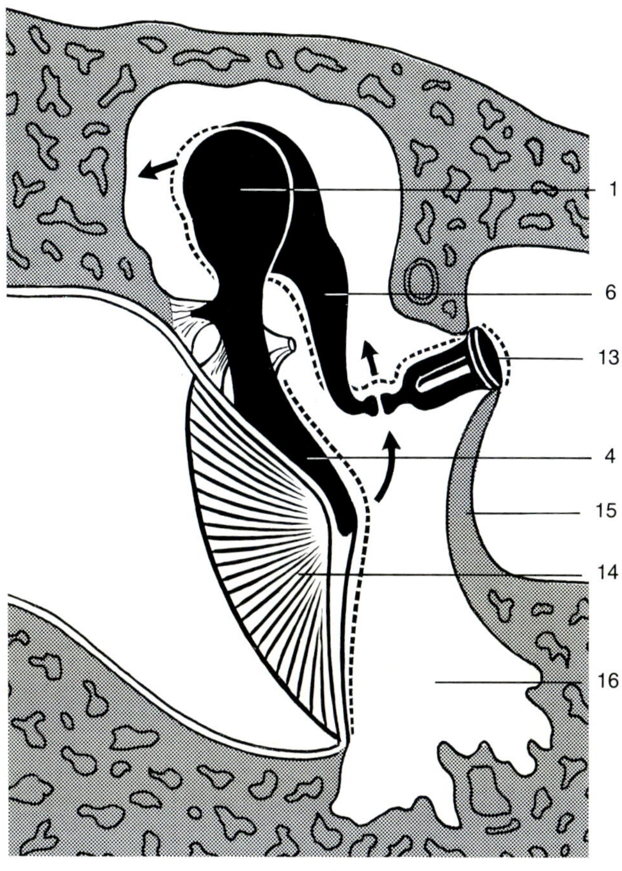

Bewegungen von Trommelfell und Gehörknöchelchen bei der Schallwellenübertragung (Schema).

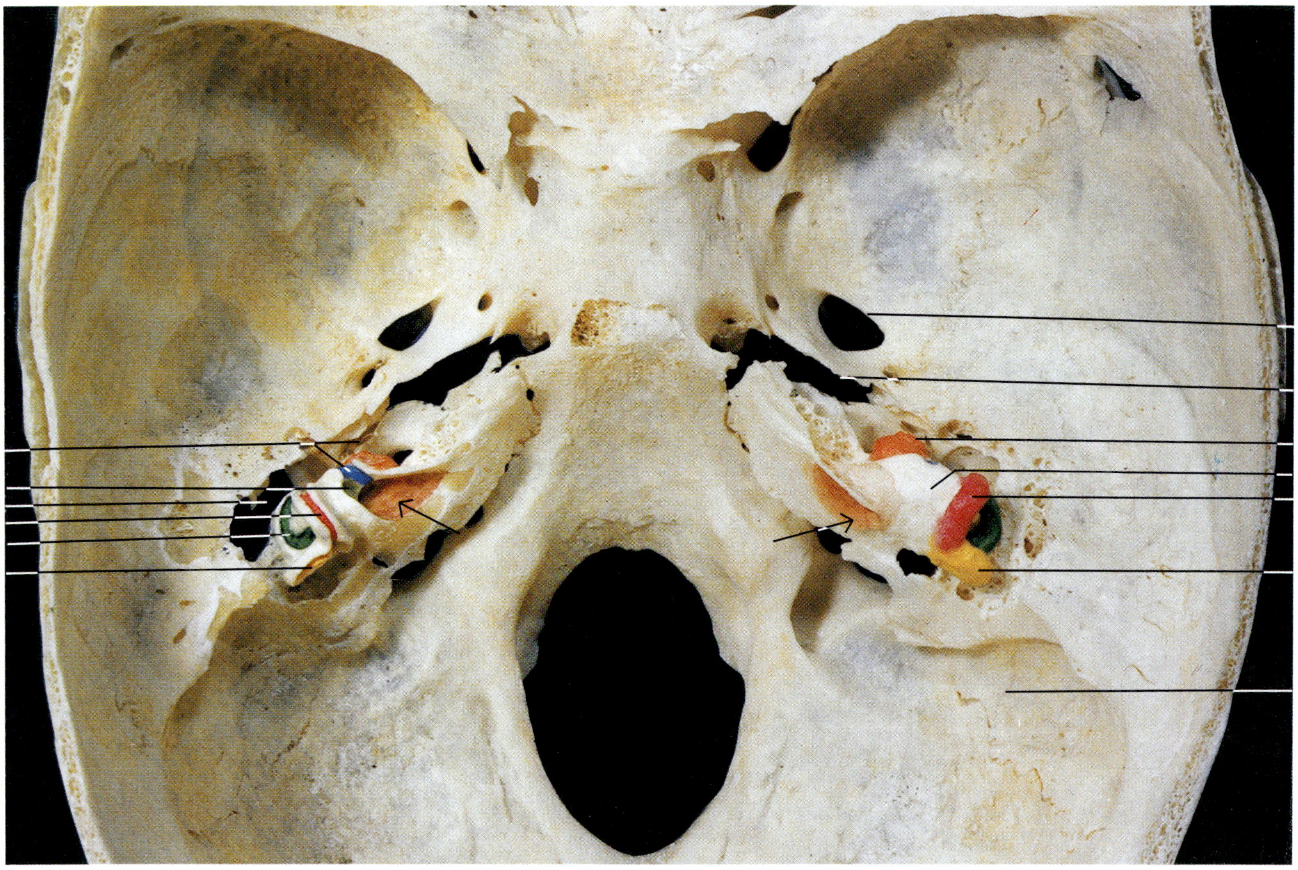

Knöchernes Labyrinth in situ (von oben); Schädelbasis. Linkes Felsenbein aufgemeißelt. Pfeile: Meatus acusticus int.

1 Canalis facialis
2 Area vestibularis sup.
3 For. ovale
4 For. lacerum
5 Cochlea
6 Lage des Vestibulum
7 Canalis semicircularis ant.
8 Canalis semicircularis lat.
9 Canalis semicircularis post.
10 Sulcus sinus sigmoidei
11 Sinus sigmoideus
12 Cavum tympani
13 Tuba auditiva
14 Cellulae mastoideae
15 N. facialis (N. VII), N. vestibulocochlearis (N. VIII) und N. intermedius
16 Os temporale, pars squamosa
17 Fenestra vestibuli
18 Promontorium
19 Proc. zygomaticus
20 Tuberculum articulare
21 Fossa mandibularis
22 Proc. mastoideus
23 Fenestra cochleae

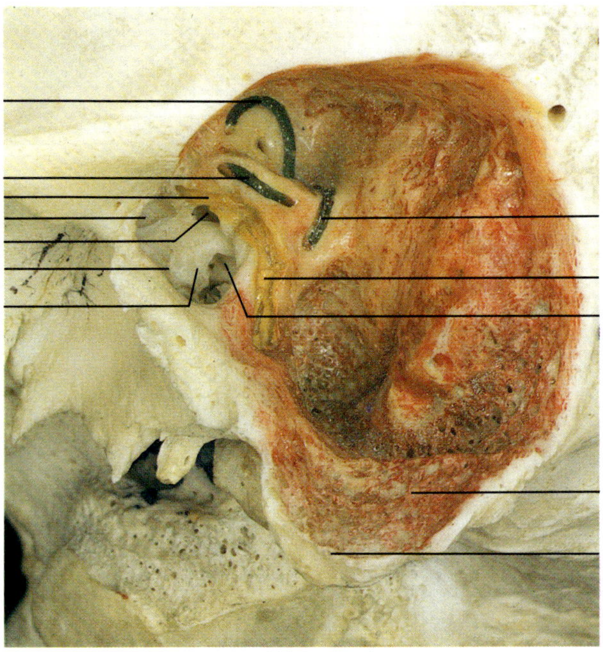

Knöchernes Labyrinth in situ (linke Seite) (von lateral). Os temporale aufgemeißelt, um die Canales semicirculares und das Cavum tympani zu zeigen.

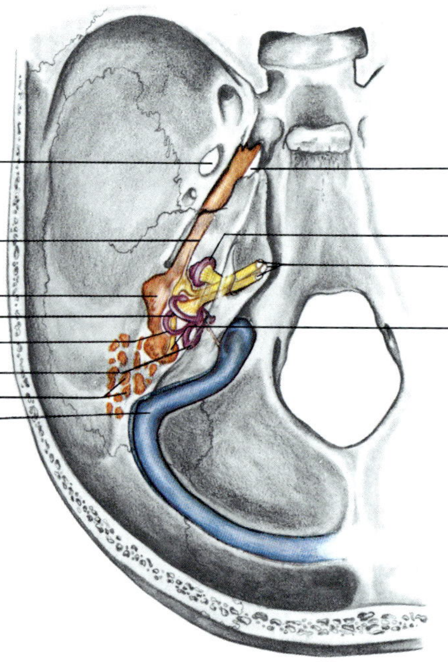

Topographie von Mittel- und Innenohr (von oben) (Schemazeichnung).

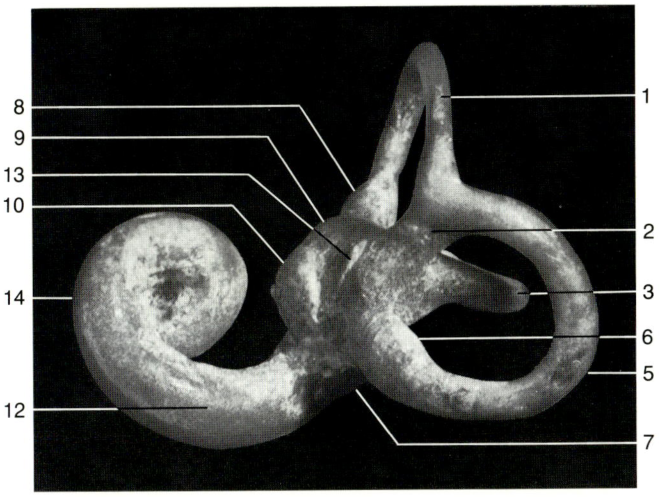

Ausguß vom rechten Labyrinth (von lateral).

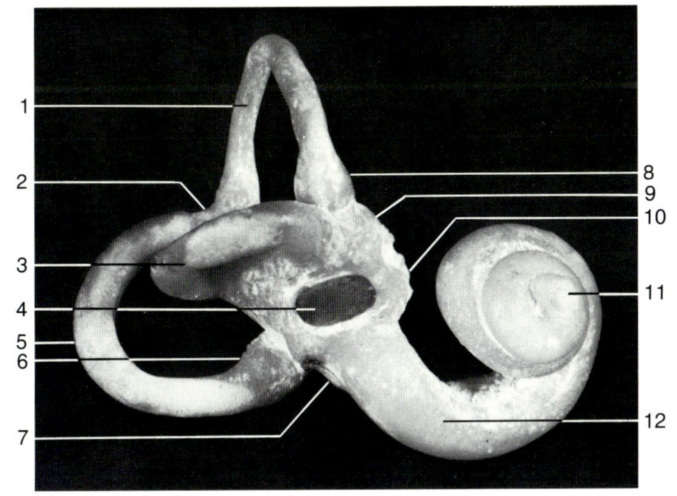

Ausguß vom rechten Labyrinth (von medial hinten).

1 Canalis semicircularis ant. mit Ampulle
2 Crus commune
3 Canalis semicircularis lat.
4 Fenestra vestibuli mit Stapes
5 Canalis semicircularis post.
6 Ampulla ossea post.
7 Fenestra cochleae
8 Ampulla ossea ant.
9 Recessus ellipticus
10 Recessus sphericus
11 Apex, cupula cochleae
12 Basis cochleae
13 Aqueductus vestibuli (Anfangsteil)
14 Cochlea
15 Meatus acusticus ext.
16 Cellulae mastoideae
17 Macula utriculi
18 Macula sacculi
19 Ampulla ossea
20 Cavum tympani
21 Aqueductus cochleae
22 Membrana tympani
23 Malleus und Incus
24 Stapes
25 Saccus endolymphaticus
26 Ductus endolymphaticus

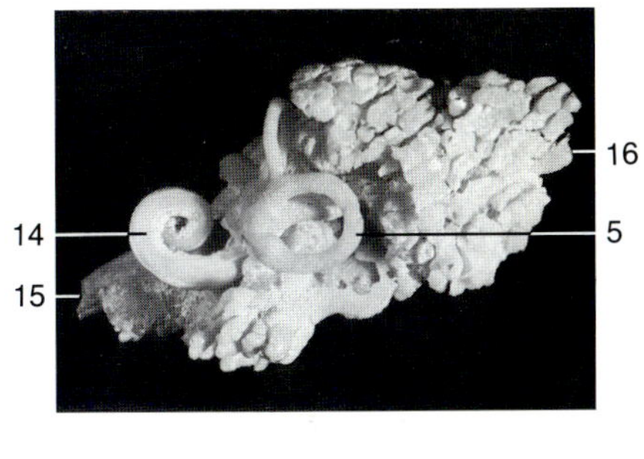

Ausgußpräparat vom Labyrinthorgan und den Cellulae mastoideae (natürliche Größe).

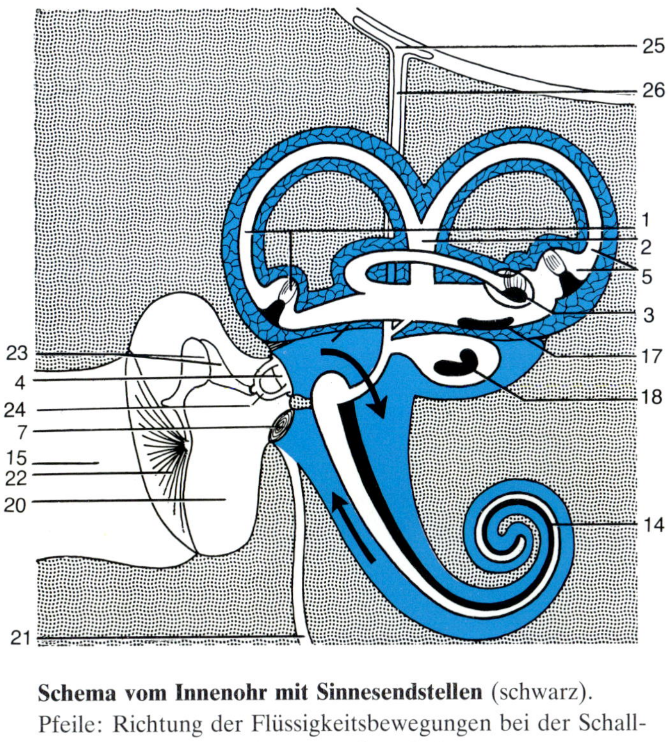

Schema vom Innenohr mit Sinnesendstellen (schwarz). Pfeile: Richtung der Flüssigkeitsbewegungen bei der Schallwellenübertragung. Blau = Perilymphräume.

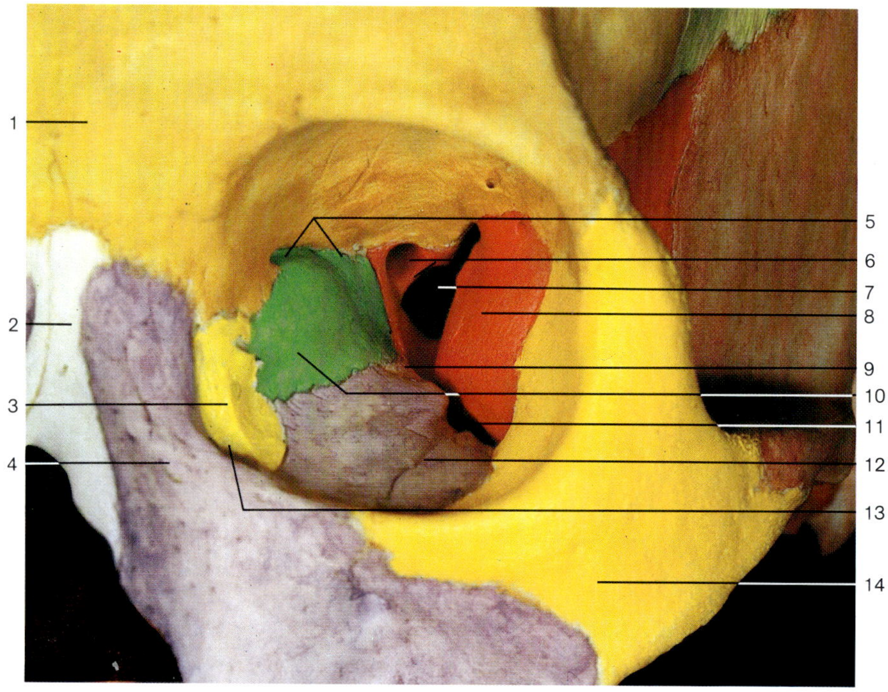

Linke Orbita (von vorne). Die Knochen sind durch verschiedene Farben gekennzeichnet.

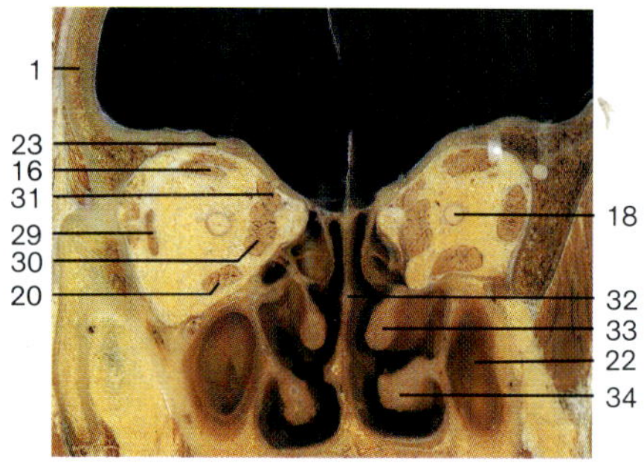

Querschnitt durch Nasenhöhle und Orbitae (hinterer Abschnitt).

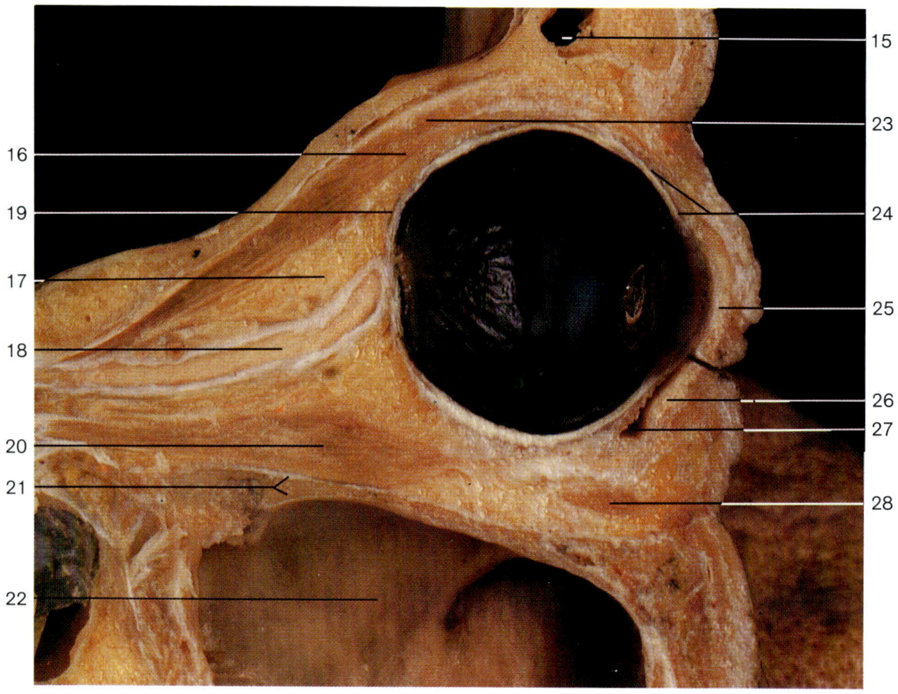

Längsschnitt durch Auge und Orbita.

1 Os frontale
2 Os nasale
3 Os lacrimale
4 Proc. frontalis maxillae
5 For. ethmoidale ant. et post.
6 Ala minor ossis sphenoidalis und Canalis opticus
7 Fissura orbitalis sup.
8 Ala major ossis sphenoidalis
9 Proc. orbitalis ossis palatini
10 Lamina orbitalis ossis ethmoidalis
11 Fissura orbitalis inf.
12 Sulcus infraorbitalis
13 Fossa sacci lacrimalis
14 Os zygomaticum
15 Sinus frontalis
16 M. rectus sup.
17 Corpus adiposum orbitae
18 N. opticus (N. II)
19 Spatium episclerale (Tenonsche Kapsel)
20 M. rectus inf.
21 Periorbita und Maxilla
22 Sinus maxillaris
23 M. levator palpebrae sup.
24 Fornix conjunctivae sup.
25 Palpebra sup. (Tarsus)
26 Palpebra inf. (Tarsus)
27 Fornix conjunctivae inf.
28 M. obliquus inf.
29 M. rectus lat.
30 M. rectus med.
31 M. obliquus sup.
32 Septum nasi
33 Concha nasalis media
34 Concha nasalis inf.

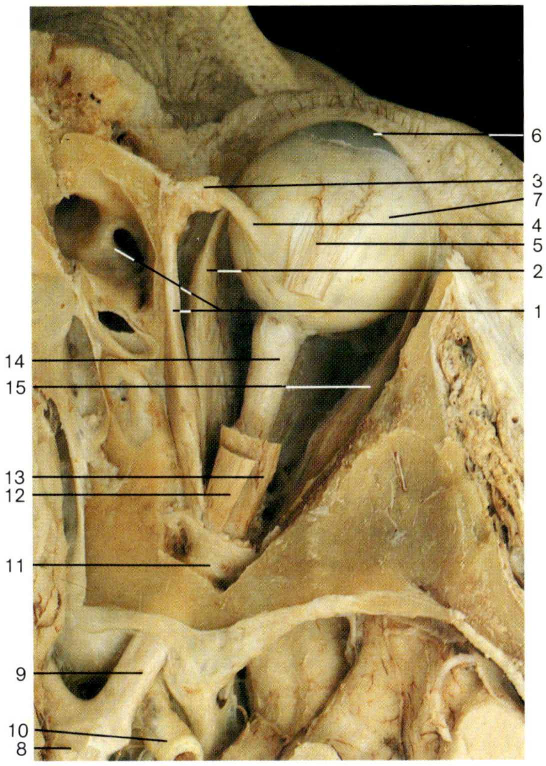

Rechte Orbita mit Bulbus oculi und Augenmuskeln (von oben). Das Dach der Orbita wurde eröffnet, M. rectus bulbi sup. und M. levator palpebrae sup. wurden durchtrennt und größtenteils entfernt.

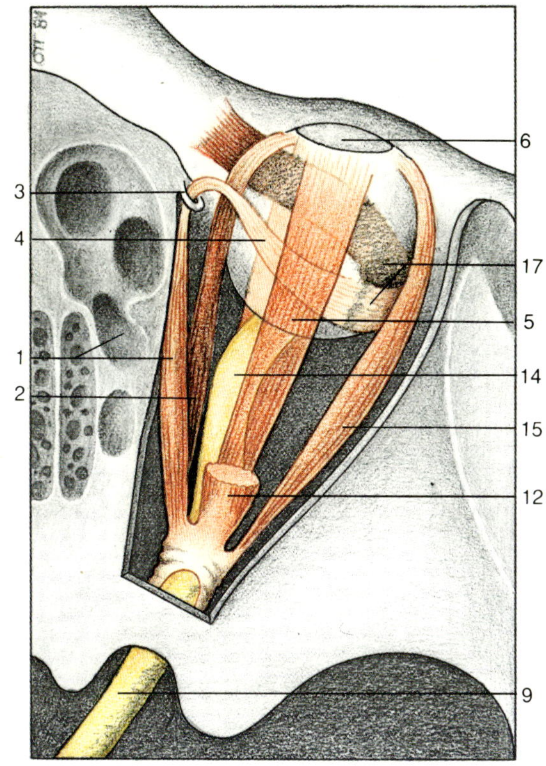

Augenmuskulatur (von oben) (Schemazeichnung).

1 M. obliquus sup., Cellulae ethmoidales
2 M. rectus med.
3 Trochlea
4 Tendo m. obliqui sup.
5 M. rectus sup. (durchtrennt)
6 Cornea
7 Sclera
8 Chiasma opticum
9 N. opticus (N. II) (intrakranieller Teil)
10 A. carotis int.
11 Anulus tendineus communis
12 M. levator palpebrae sup.
13 M. rectus sup.
14 N. opticus (N. II) (extrakranieller Teil)
15 M. rectus lat.
16 Canalis nasolacrimalis
17 M. obliquus inf.
18 Os nasale
19 Maxilla
20 Nn. infraorbitales
21 Os zygomaticum
22 M. rectus inf.

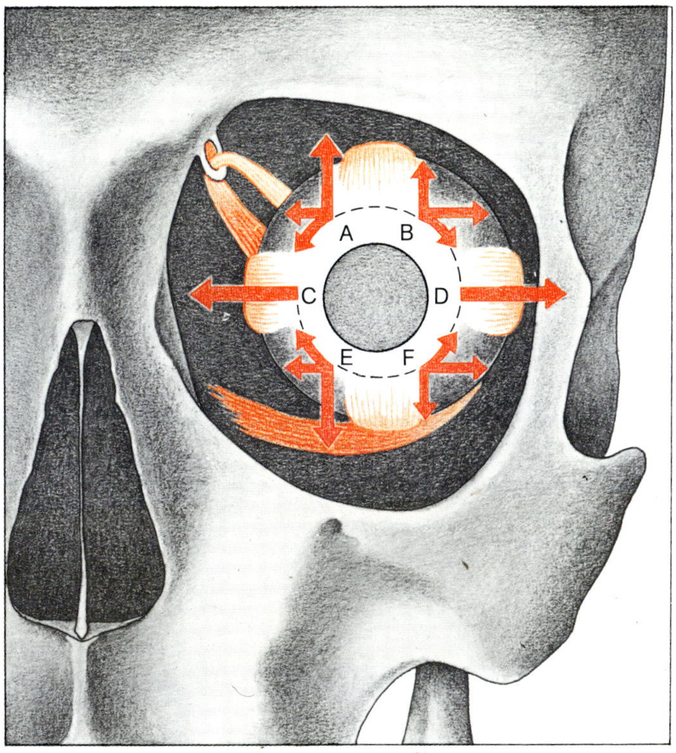

Wirkung der Augenmuskeln (symbolisiert durch die Länge und Richtung der Pfeile) (Schemazeichnung) (O.).

A M. rectus sup.
B M. obliquus inf.
C M. rectus med.
D M. rectus lat.
E M. rectus inf.
F M. obliquus sup.

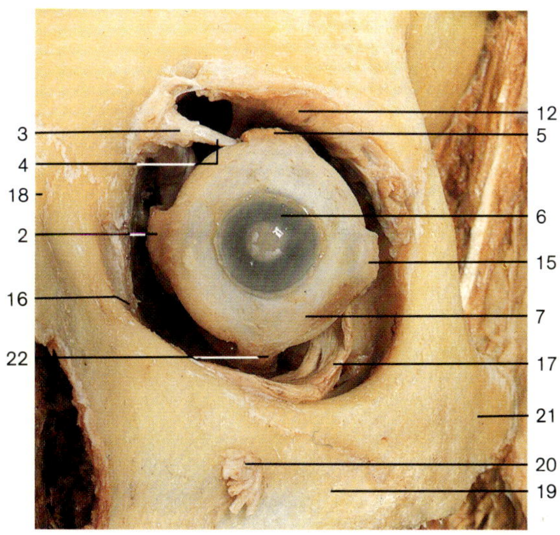

Linke Orbita mit Bulbus oculi (von vorne). Augenlider, Tränenapparat und orbitales Fettgewebe wurden entfernt.

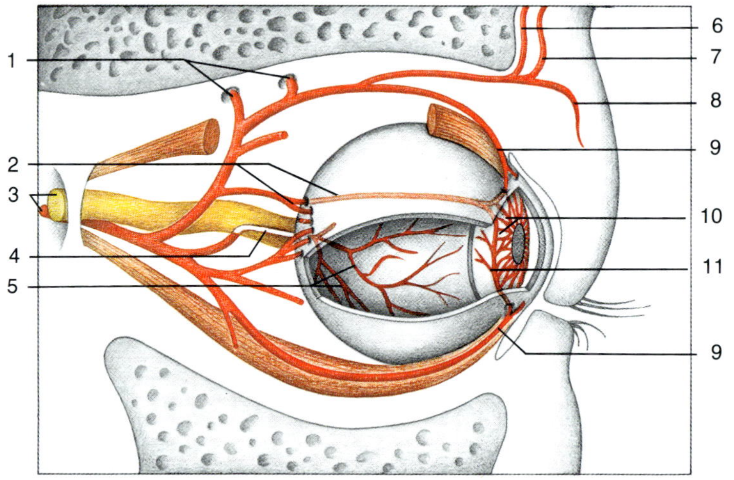

Äste der A. ophthalmica (Schema) (O.).

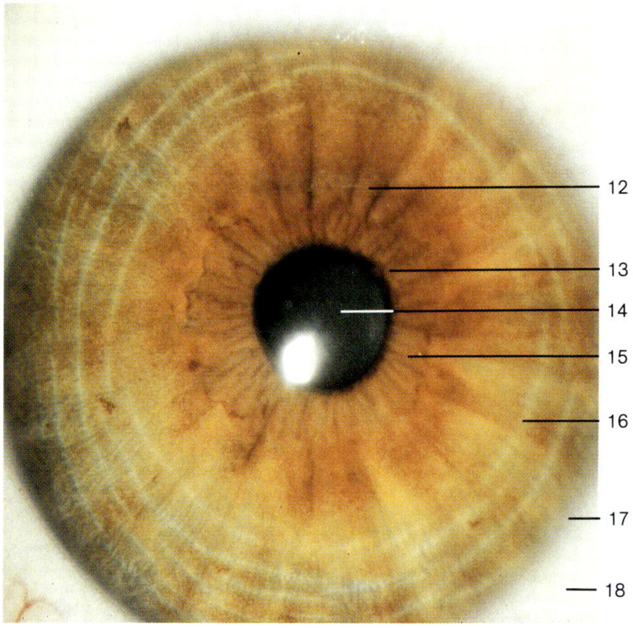

Vorderes Augensegment (Aufnahme: Prof. G. O. H. NAUMANN, Universitäts-Augenklinik, Erlangen).

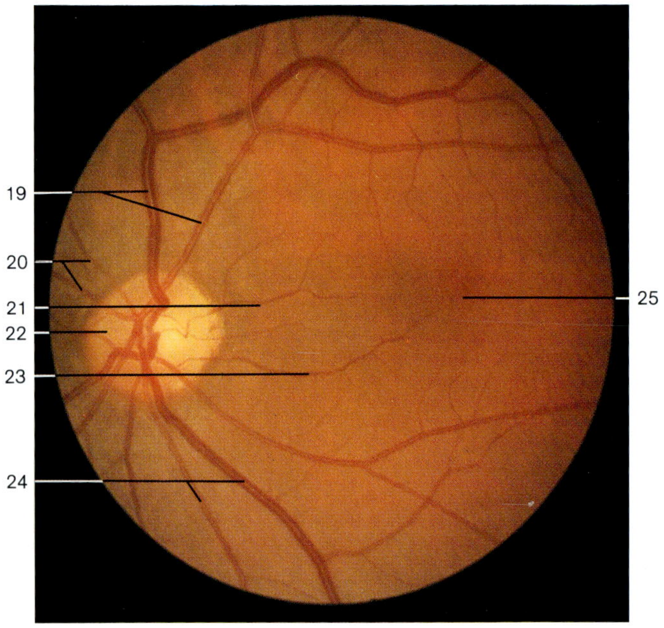

Augenhintergrund, Fundus oculi mit Papilla n. optici (Aufnahme: Prof. G. O. H. NAUMANN, Universitäts-Augenklinik, Erlangen).

1 A. ethmoidalis ant. et post.
2 Aa. ciliares postt. longi et breves
3 N. opticus, A. ophthalmica
4 A. centralis retinae
5 Aa. retinae
6 A. supratrochlearis
7 A. supraorbitalis
8 A. dorsalis nasi
9 A. ciliaris ant.
10 Aa. iridicae
11 Circulus arteriosus iridis major
12 Plica iridis
13 Margo pupillaris iridis
14 Facies ant. lentis
15 Anulus iridis minor
16 Anulus iridis major
17 Limbus corneae
18 Sclera
19 A., V. temporalis sup.
20 A., V. med. retinae
21 A. macularis sup.
22 Papilla n. optici
23 A. macularis inf.
24 A., V. temporalis inf. retinae
25 Macula und Fovea centralis

Horizontalschnitt durch das menschliche Auge (Vergr. 2x).

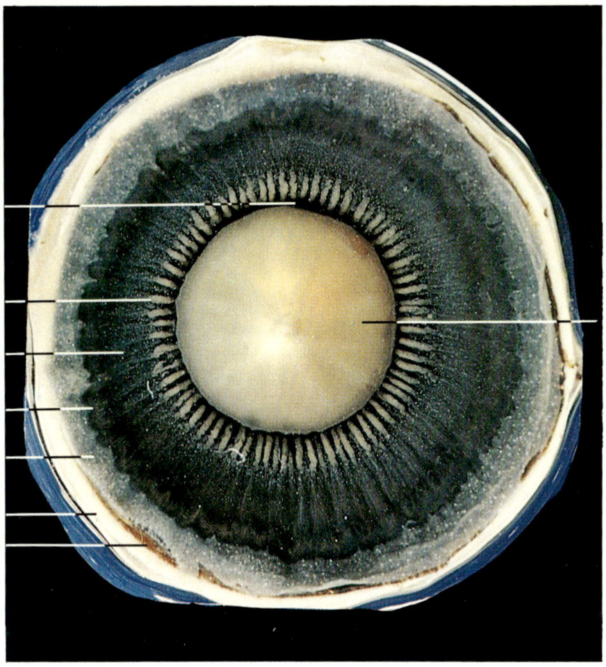

Vorderes Augensegment mit Linse und Corona ciliaris (Ansicht von hinten).

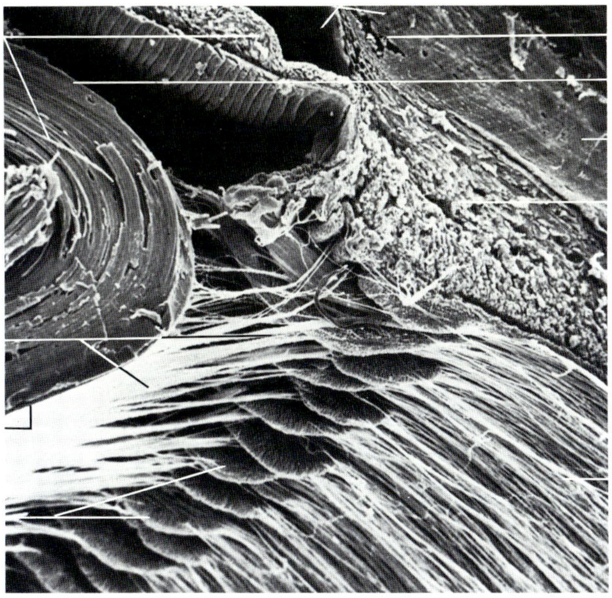

Rasterelektronenmikroskopische Aufnahme vom **vorderen Augensegment mit Ziliarkörper, Linse und Zonulaapparat** (Vergr. 50 ×).

1 Cornea und Augenvorderkammer (Angulus iridocornealis)
2 Iris, Linse (Lens)
3 Limbus corneae
4 Conjunctiva bulbi
5 Corpus ciliare
  a) Corona ciliaris mit den Proc. ciliares
  b) Pars plana (Orbiculus ciliaris)
6 Zonula ciliaris
7 Ora serrata
8 Corpus vitreum
9 Retina, pars optica
10 Choroidea
11 Sclera
12 Papilla n. optici
13 Dura mater und Spatium intervaginale
14 N. opticus (N. II)
15 Facies post. lentis
16 Aequator lentis
17 Linse, facies ant. lentis
18 Schlemmscher Kanal (Sinus venosus sclerae)
19 M. ciliaris

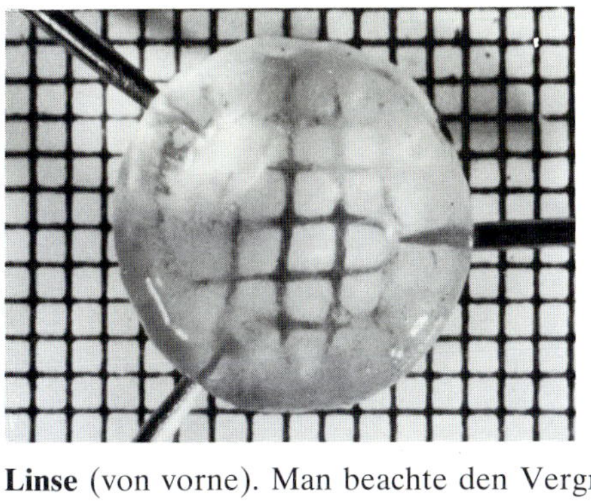

Linse (von vorne). Man beachte den Vergrößerungseffekt.

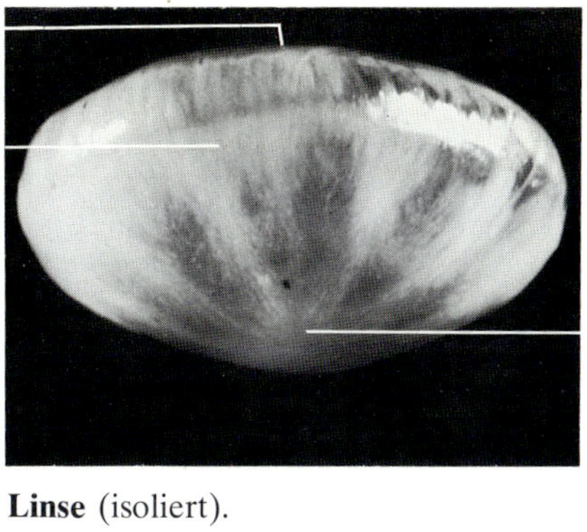

Linse (isoliert).

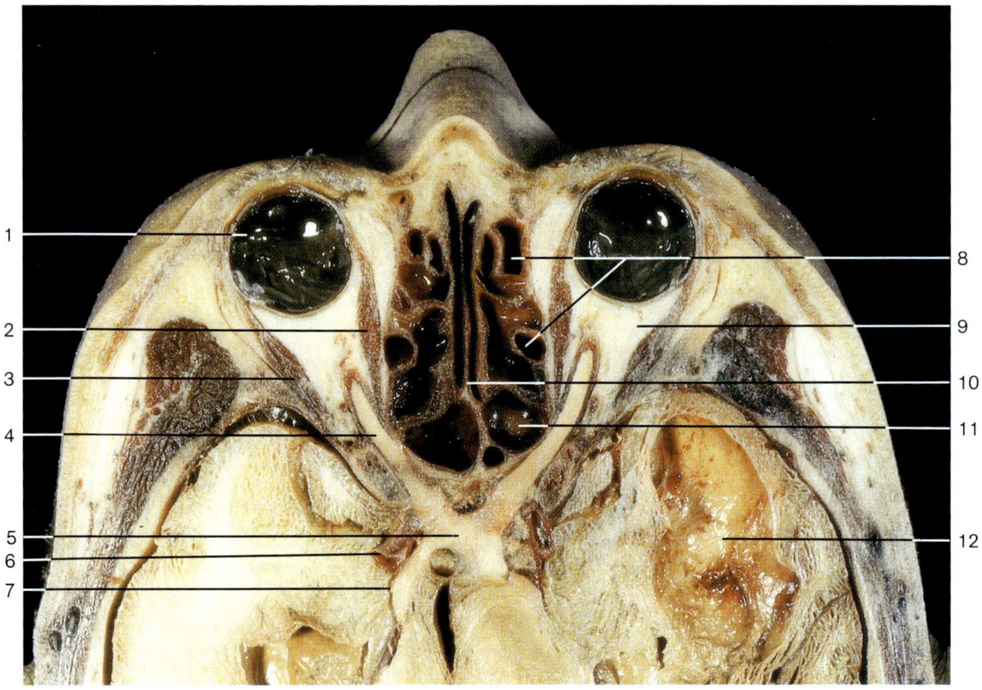

Horizontalschnitt durch beide Orbitae und die Nasenhöhle in Höhe des Chiasma opticum.

1 Bulbus oculi
2 M. rectus med.
3 M. rectus lat.
4 N. opticus (N. II)
5 Chiasma opticum
6 A. carotis int.
7 Tractus opticus
8 Cellulae ethmoidales
9 Corpus adiposum orbitae
10 Septum nasi
11 Sinus sphenoidalis
12 Lobus temporalis cerebri

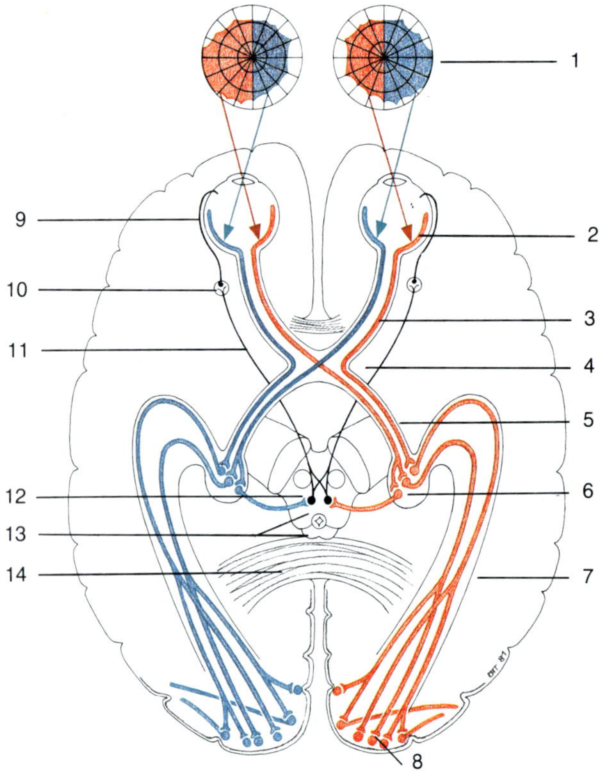

Schema von der Sehbahn einschließlich Reflexbahnen (O.).

1 Gesichtsfelder
2 Retina
3 N. opticus (N. II)
4 Chiasma opticum
5 Tractus opticus
6 Corpus geniculatum lat.
7 Radiatio optica
8 Area striata
9 Nn. ciliares longi et breves
10 Ggl. ciliare
11 N. oculomotorius (N. III)
12 Nucleus accessorius n. oculomotorii
13 Colliculi des Mittelhirns
14 Corpus callosum

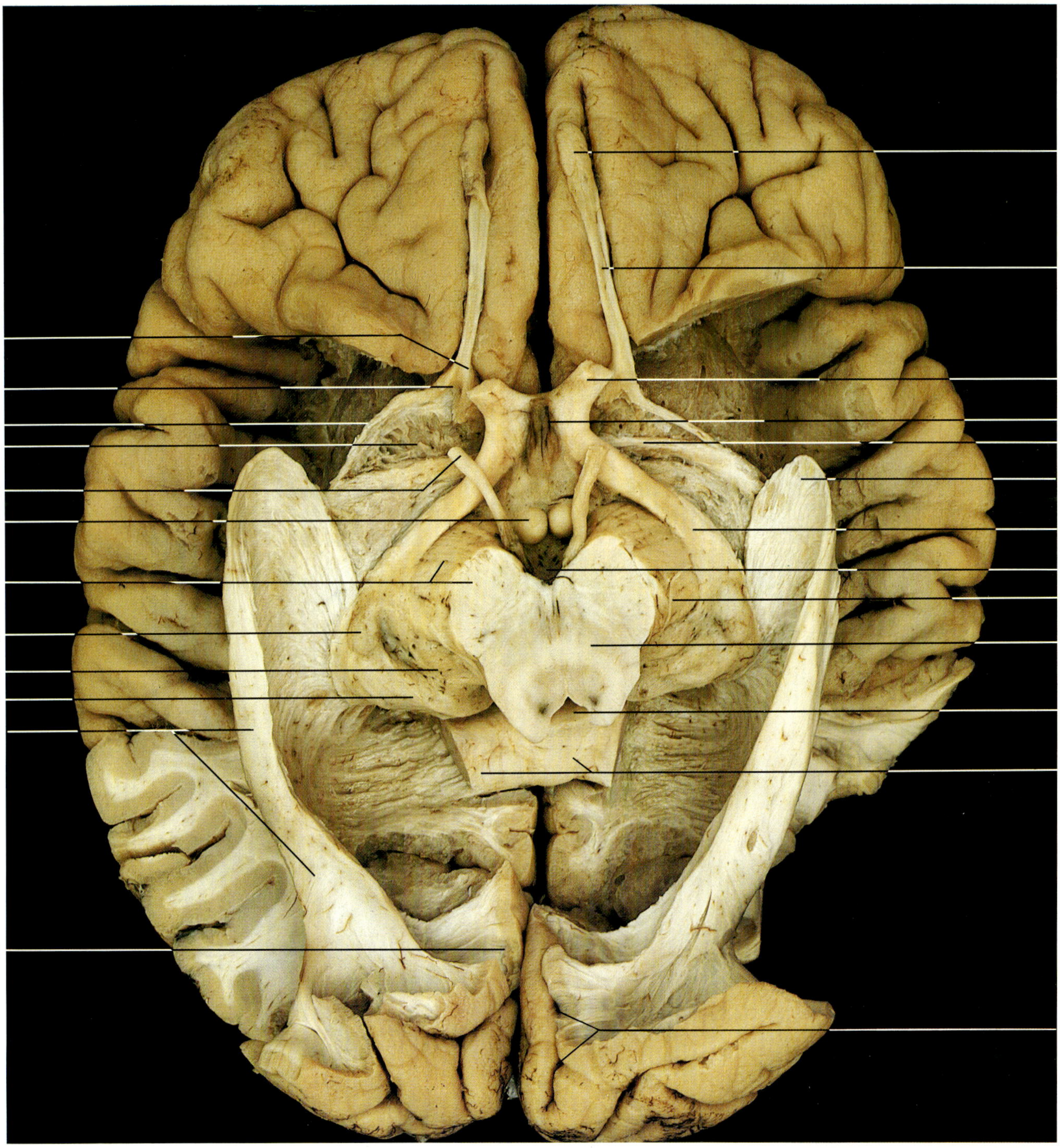

Faserpräparat der Sehbahn (von unten). Hirnstamm in Höhe des Mittelhirns durchtrennt.

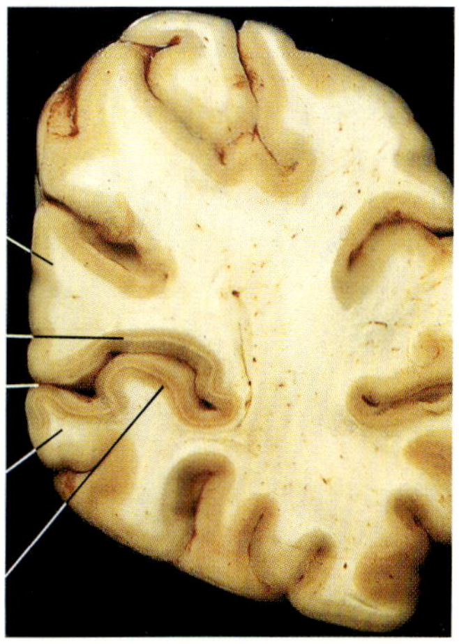

Horizontalschnitt durch die Sehrinde des Okzipitallappens (Area calcarina). Man beachte den Vicq d'Azyrschen Streifen.

1 Stria olfactoria med.
2 Trigonum olfactorium
3 Stria olfactoria lat.
4 Substantia perforata ant.
5 N. oculomotorius (N. III)
6 Corpus mamillare
7 Crus cerebri
8 Corpus geniculatum lat.
9 Corpus geniculatum med.
10 Pulvinar thalami
11 Radiatio optica
12 Splenium corporis callosi, fibrae commissurales
13 Cuneus
14 Bulbus olfactorius
15 Tractus olfactorius
16 N. Opticus (N. II)
17 Infundibulum
18 Commissura ant.
19 Radiatio optica (Genu)
20 Tractus opticus
21 Substantia perforata post. und Fossa interpeduncularis
22 N. trochlearis (N. IV)
23 Substantia nigra
24 Aqueductus cerebri
25 Area striata
26 Stria ext. (Vicq d'Azurscher oder Baillargerscher Streifen)
27 Gyrus der Area striata
28 Sulcus calcarinus

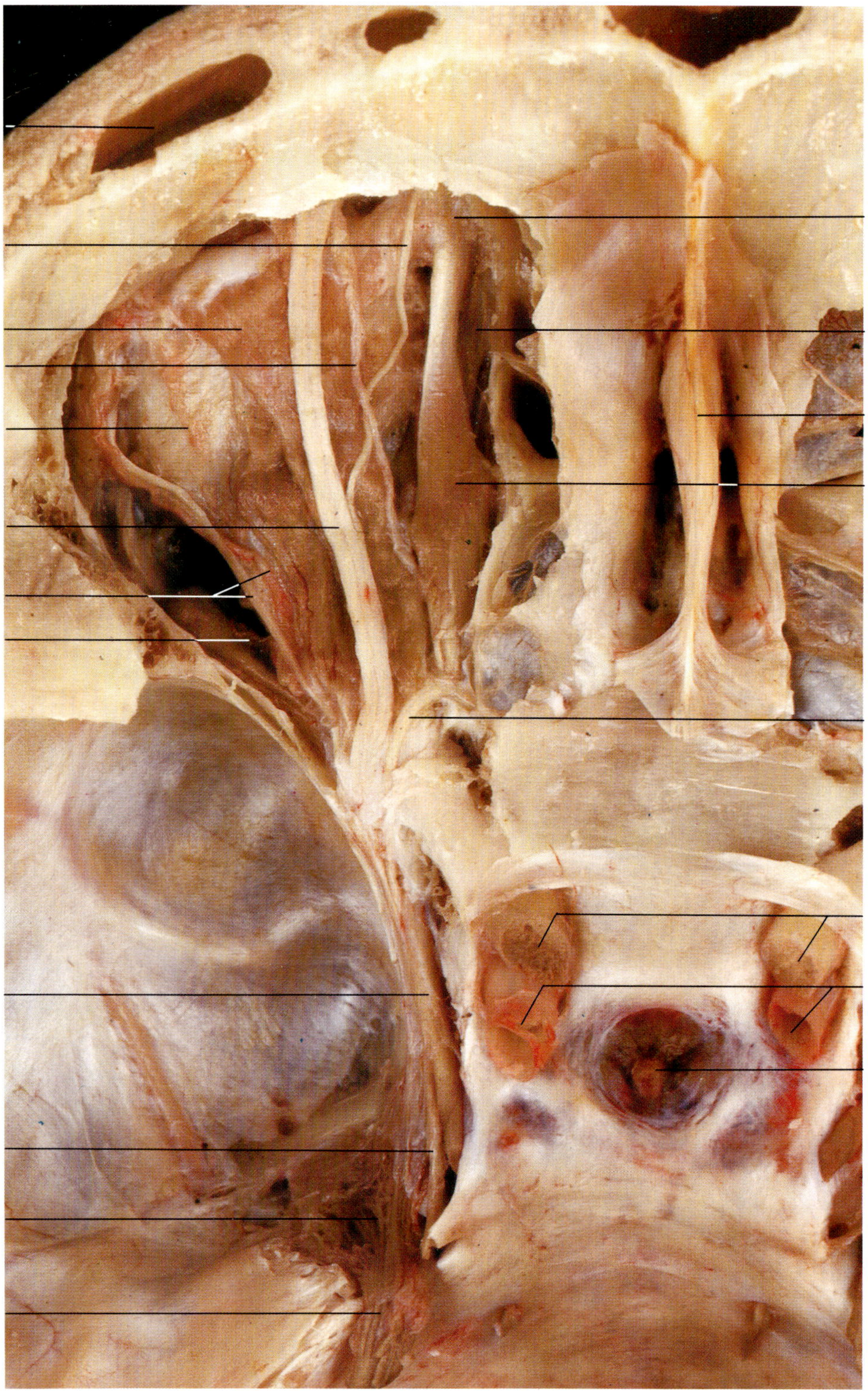

1 N. nasociliaris
2 M. rectus lat. und n. abducens (N. VI)
3 A. ophthalmica
4 A. carotis int.
5 N. oculomotorius (N. III)
6 N. abducens (N. VI)
7 Sinus cavernosus
8 N. ophthalmicus (N. V_1)
9 Ggl. ciliare
10 Ggl. trigeminale
11 M. rectus inf.
12 N. maxillaris (N. V_2)
13 N. mandibularis (N. V_3)
14 A. maxillaris
15 N. alveolaris inf.
16 A. alveolaris inf.
17 M. rectus sup.
18 N. und A. lacrimalis
19 Gl. lacrimalis
20 Aa. ciliares postt., Nn. ciliares breves
21 N. opticus (N. II) dext. et sin.
22 Ast der A. ophthalmica
23 M. obliquus inf.
24 R. inf. n. oculomotorii
25 A. infraorbitalis bzw. Muskelast der A. ophthalmica
26 N. alveolaris sup. post.
27 A. alveolaris sup. post.
28 Nn. alveolares sup. medii
29 Sinus frontalis
30 N. supratrochlearis
31 A. supraorbitalis
32 Corpus adiposum orbitae
33 N. frontalis
34 N. trochlearis (N. IV)
35 N. trigeminus (N. V)
36 Trochlea
37 M. rectus med.
38 Crista galli
39 M. obliquus sup.
40 N. trochlearis (N. IV)
41 Hypophysis
42 Bulbus oculi
43 M. levator palpebrae sup.
44 R. sup. n. oculomotorii
45 A. ophthalmica

Gefäße und Nerven der Orbita (von oben), oberflächliche Schicht.
Orbitadach mit Periorbita entfernt.

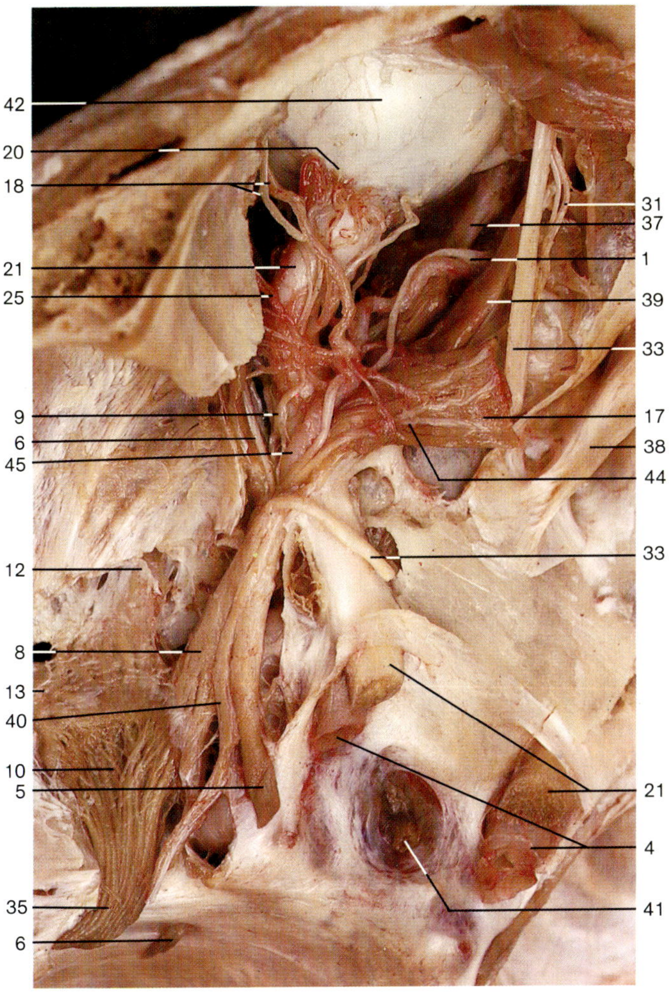

Gefäße und Nerven der Orbita, tiefe Schicht (von oben).

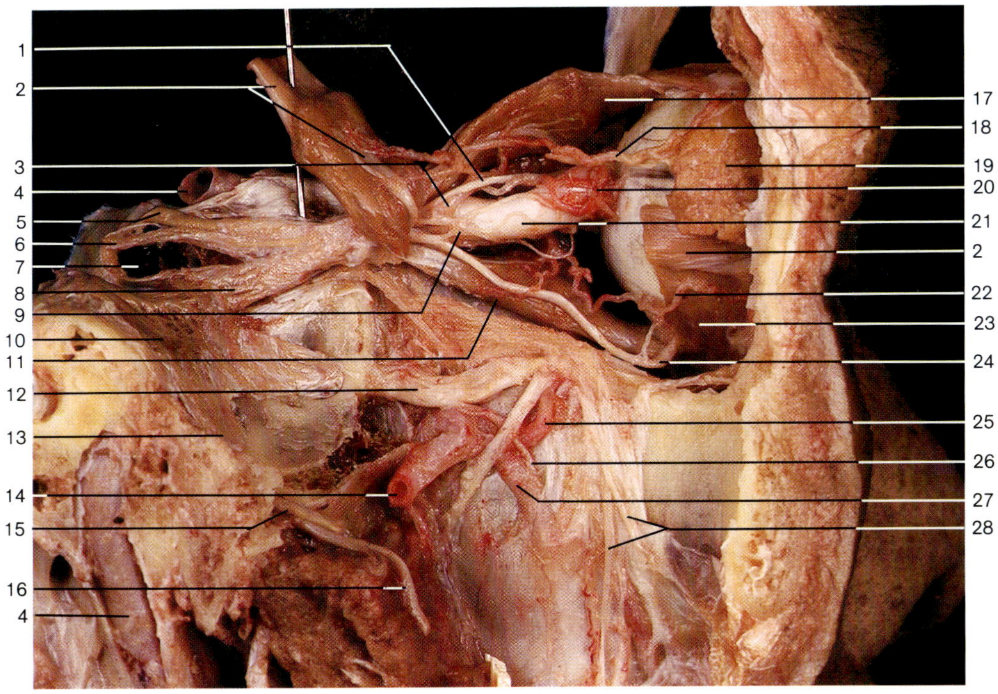

Gefäße und Nerven der Orbita (von lateral). Der M. rectus lat. wurde durchtrennt und zurückgeklappt, um das Ggl. ciliare zu zeigen.

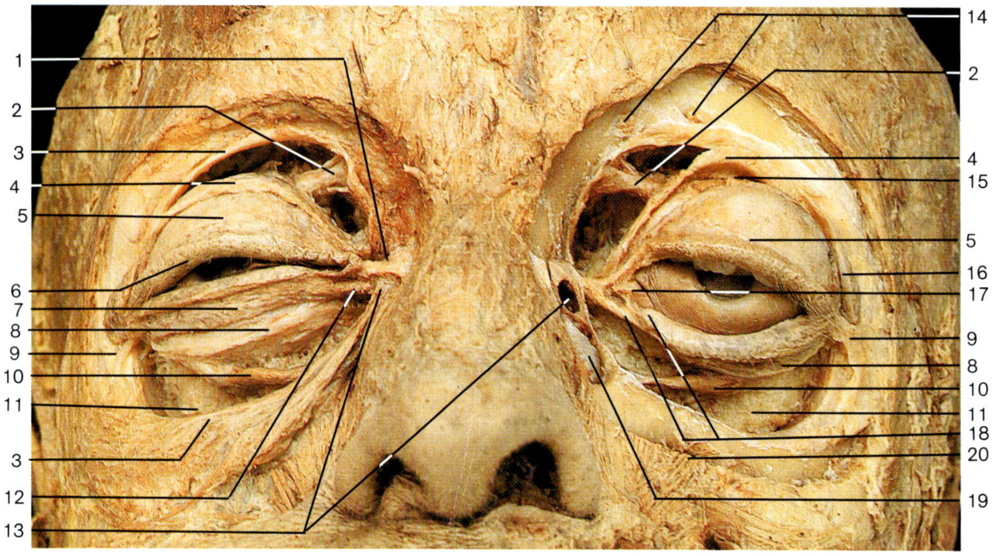

Augenlider und Tränenapparat. Links wurde der Saccus und Ductus nasolacrimalis dargestellt.

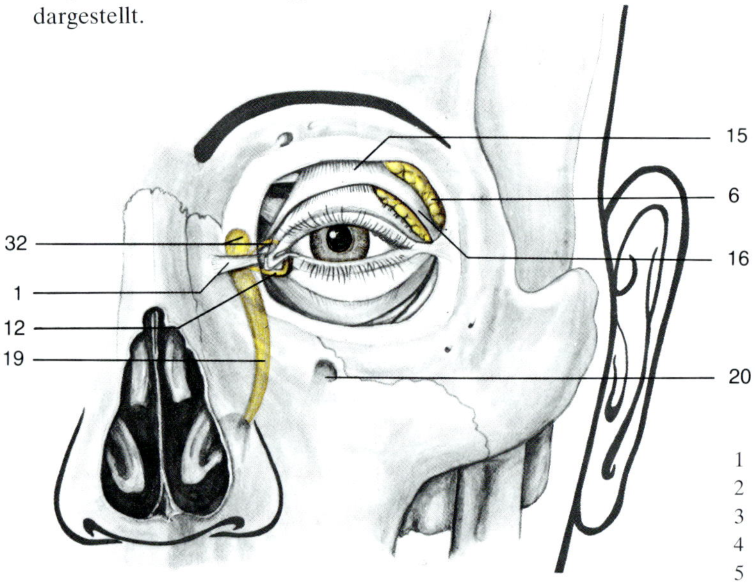

Tränenapparat (Schema).

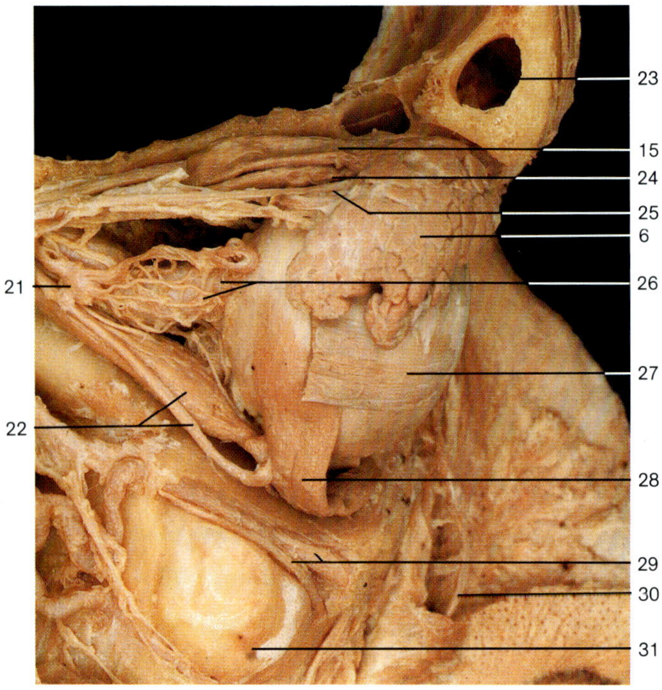

Gl. lacrimalis, in situ (von lateral).

1 Lig. palpebrale med.
2 Tendo m. obliqui sup.
3 Septum orbitale (durchtrennt)
4 Aponeurosis des M. levator palpebrae sup.
5 Tarsus sup.
6 Gl. lacrimalis bzw. Lidrand mit Zilien
7 Tarsus inf.
8 M. tarsalis inf.
9 Lig. palpebrale lat.
10 M. obliquus inf.
11 Corpus adiposum orbitae
12 Canaliculus lacrimalis inf.
13 Saccus lacrimalis
14 For. supraorbitale und frontale
15 M. levator palpebrae sup. und Punctum lacrimale sup.
16 Velum laterale der Levatoraponeurose
17 Plica semilunaris conjunctivae
18 Punctum und Canaliculus lacrimalis inf.
19 Ductus nasolacrimalis
20 For. infraorbitale mit N. infraorbitalis
21 Ggl. ciliare
22 M. rectus inf., N. oculomotorius (R. inf.)
23 Sinus frontalis
24 M. rectus sup.
25 A. und N. lacrimalis
26 N. opticus, Nn. ciliares post. breves
27 M. rectus lat.
28 M. obliquus inf.
29 A. und N. infraorbitalis
30 A. angularis
31 Schleimhaut des sinus maxillaris
32 Saccus lacrimalis, Canaliculus lacrimalis sup.

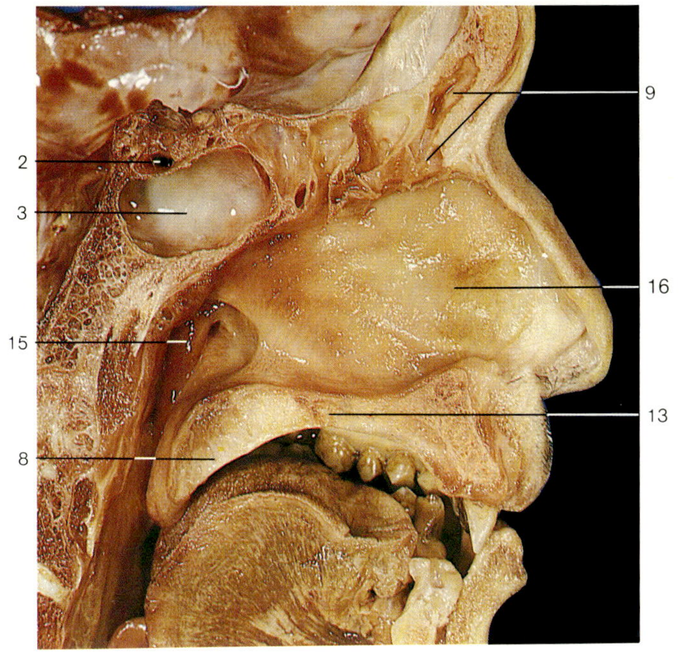

Nasenscheidewand mit Schleimhaut.

1 Crista galli
2 Hypophysis und Sella turcica
3 Sinus sphenoidalis
4 Torus tubarius
5 Ostium pharyngeum tubae auditivae (Levatorwulst)
6 Rec. pharyngeus
7 Arcus ant. atlantis
8 Palatum molle
9 Sinus frontalis
10 Lamina perpendicularis ossis ethmoidalis
11 Cartilago septi nasi
12 Vomer
13 Palatum osseum
14 Dens axis
15 Pars nasalis pharyngis
16 Septum nasi

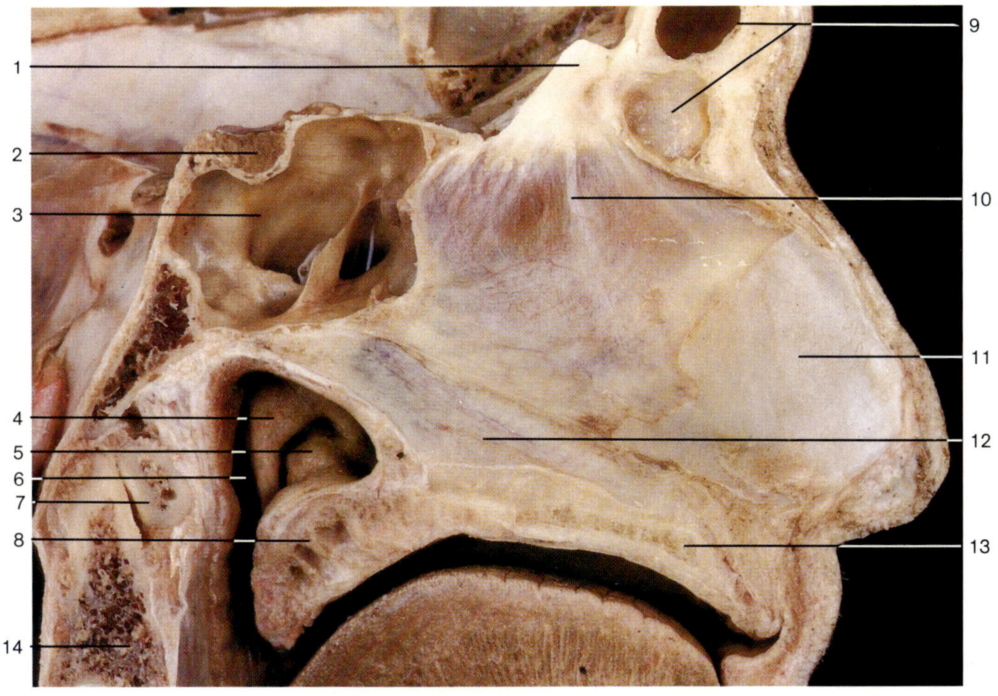

Knöchernes Nasenseptum, Septum nasi (Schleimhaut entfernt).

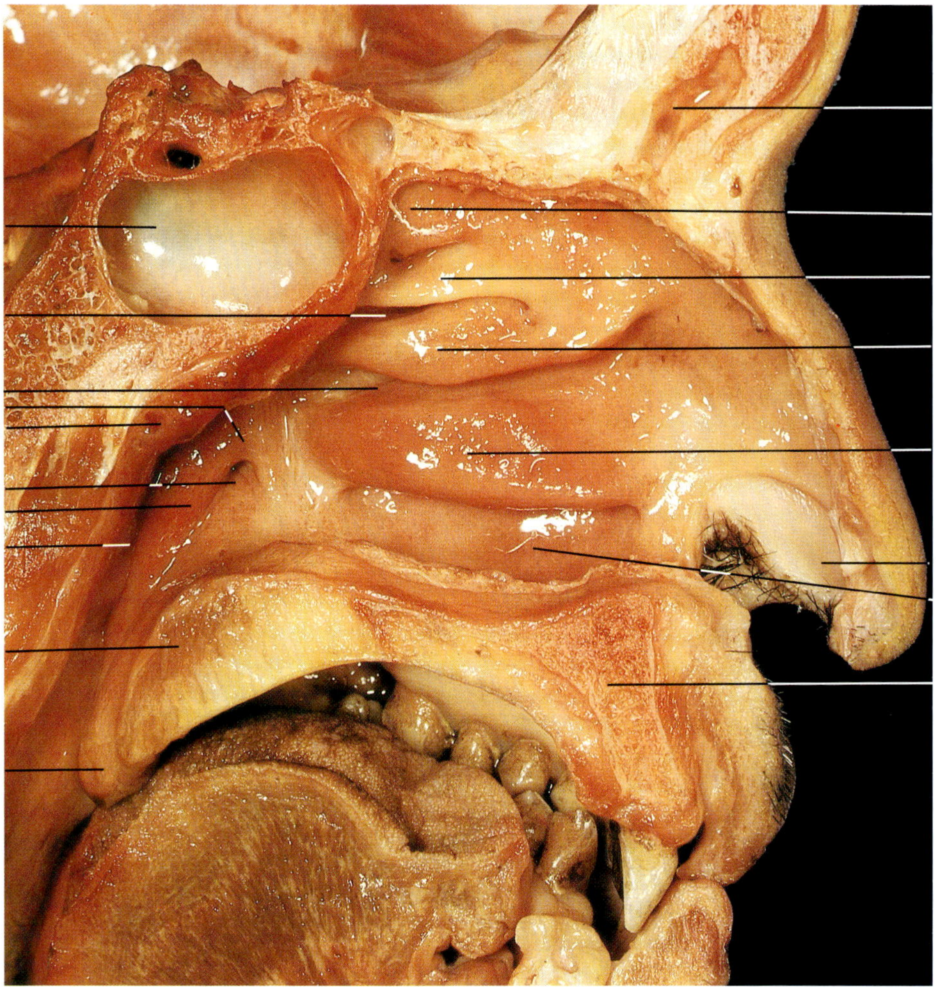

Laterale Wand der Nasenhöhle (Nasenseptum entfernt).

1 Sinus sphenoidalis
2 Meatus nasi sup.
3 Meatus nasi medius
4 Torus tubarius
5 Tonsilla pharyngea
6 Ostium pharyngeum tubae auditivae (weiße Sonde)
7 Plica salpingopharyngea
8 Rec. pharyngeus
9 Palatum molle
10 Uvula
11 Sinus frontalis
12 Rec. sphenoethmoidalis
13 Concha nasalis sup.
14 Concha nasalis media
15 Concha nasalis inf.
16 Vestibulum nasi
17 Meatus nasi inf.
18 Palatum osseum
19 Apertura sinus sphenoidalis (gelbe Sonde)
20 Hiatus semilunaris (schwarze Sonde)
21 Tonsilla palatina
22 Zugänge zu den Cellulae ethmoidales (grüne Sonden)
23 Ductus nasofrontalis (rote Sonde)
24 Antrum
25 Ostium ductus nasolacrimalis (metallene Sonde)
26 Cellulae ethmoidales
27 Sinus maxillaris
28 Septum nasi

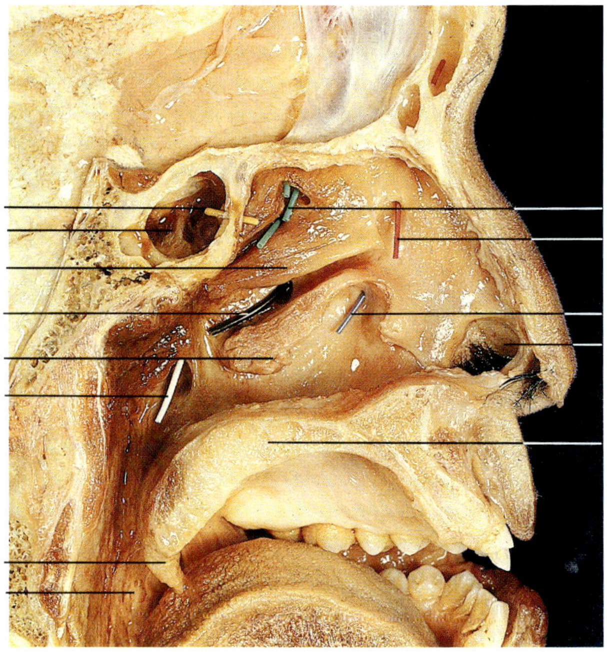

Laterale Wand der Nasenhöhle mit den Zugängen zu den Nasennebenhöhlen (durch Sonden gekennzeichnet). Concha nasalis media und inf. wurden teilweise entfernt.

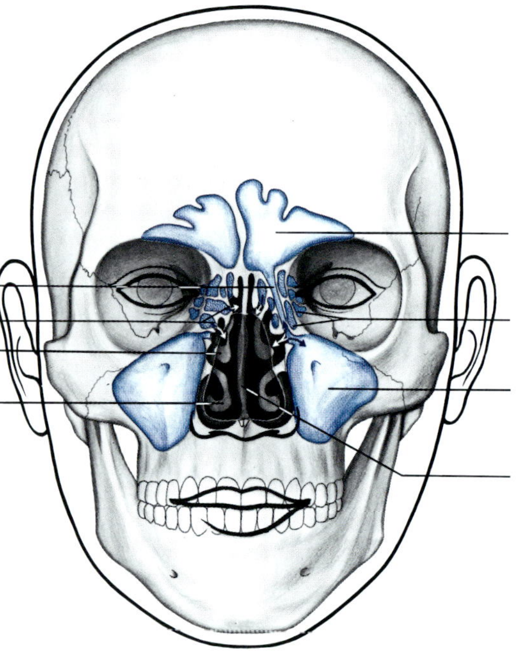

Nebenhöhlen der Nase und ihre Verbindungen mit der Nasenhöhle (Schema).

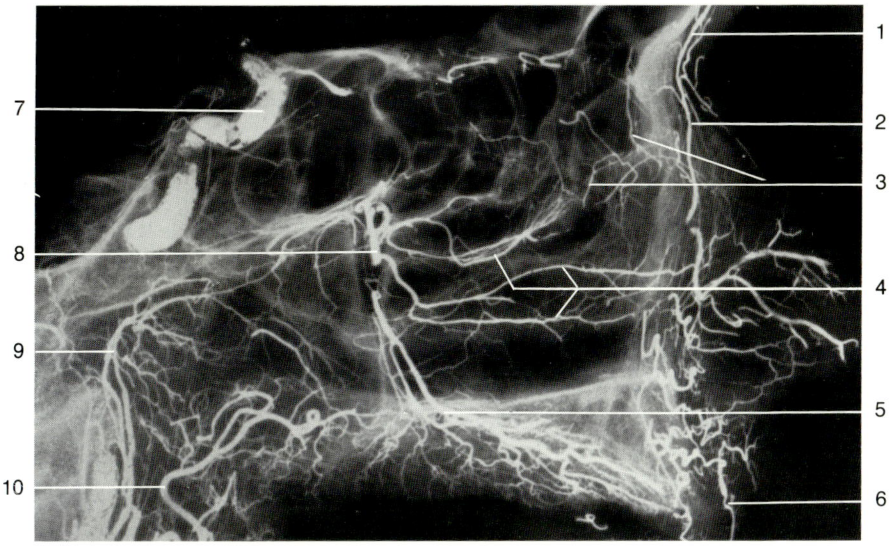

Arterien der Nasenhöhle (Arteriogramm von der lateralen Nasenhöhlenwand).

1 A. supratrochlearis
2 A. dorsalis nasi (A. angularis)
3 Äste der A. ethmoidalis ant.
4 Aa. nasales postt. latt.
5 A. palatina major et minor
6 A. labialis sup.
7 A. carotis int.
8 A. sphenopalatina
9 A. pharyngea ascendens
10 A. palatina ascendens

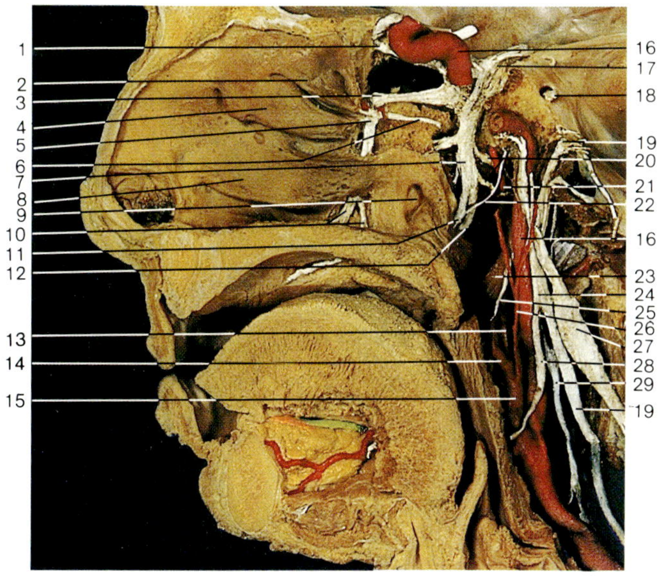

Innervation von Nasenhöhle und Gaumen (Medianschnitt durch den Kopf). Der Canalis pterygopalatinus wurde eröffnet, um das **Ggl. pterygopalatinum** und die **Nn. palatini** darstellen zu können.

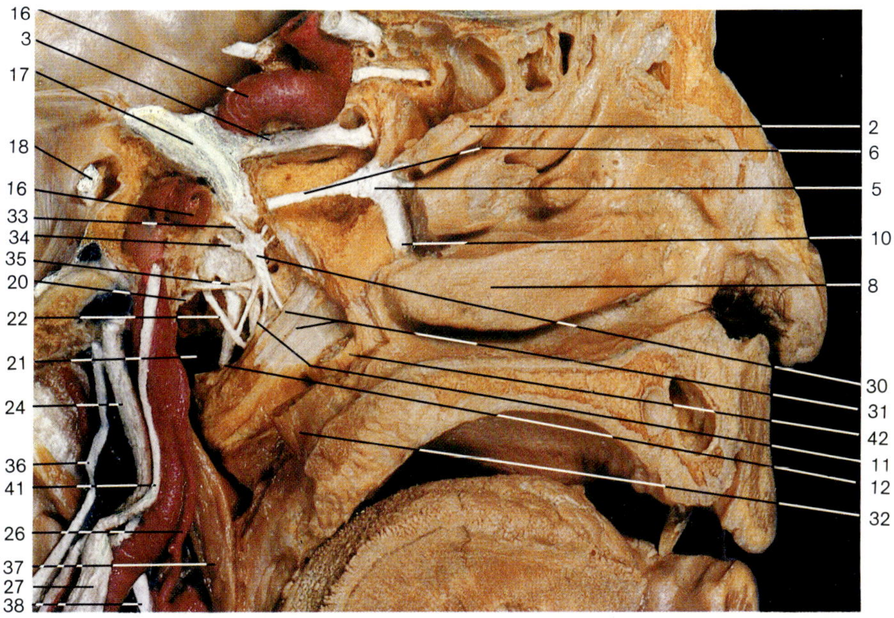

Spatium parapharyngeum und Cavum nasi mit Gefäßen und Nerven. Pharynx- und Nasenschleimhaut teilweise entfernt. Präparation des **Ggl. oticum.**

1 N. ophthalmicus
2 Concha nasalis sup.
3 N. maxillaris
4 Concha nasalis media
5 Ggl. pterygopalatinum
6 N. canalis pterygoidei
7 N. mandibularis
8 Concha nasalis inf.
9 Ostium pharyngeum tubae auditivae
10 Nn. palatini
11 N. lingualis
12 N. alveolaris inf.
13 A. maxillaris, A. temporalis superf.
14 A. facialis
15 A. carotis ext.
16 A. carotis int.
17 Ggl. trigeminale
18 N. facialis (N. VII), N. vestibulocochlearis (N. VIII)
19 N. vagus (N. X)
20 N. auriculotemporalis
21 A. meningea media
22 Chorda tympani
23 M. styloglossus
24 Ggl. inf. n. vagi
25 N. hypoglossus (N. XII)
26 A. pharyngea ascendens
27 Ggl. cervicale sup. trunci sympathici
28 N. laryngeus sup.
29 N. glossopharyngeus (N. IX)
30 Ggl. oticum
31 M. und N. pterygoideus med.
32 M. levator veli palatini (durchtrennt)
33 N. petrosus minor
34 Ast zum M. tensor tympani
35 R. communicans
36 N. accessorius (N. XI)
37 M. constrictor pharyngis sup.
38 N. glossopharyngeus (N. IX)
39 A. lingualis
40 Glomus caroticum
41 Truncus sympathicus
42 M. tensor veli palatini (durchtrennt)

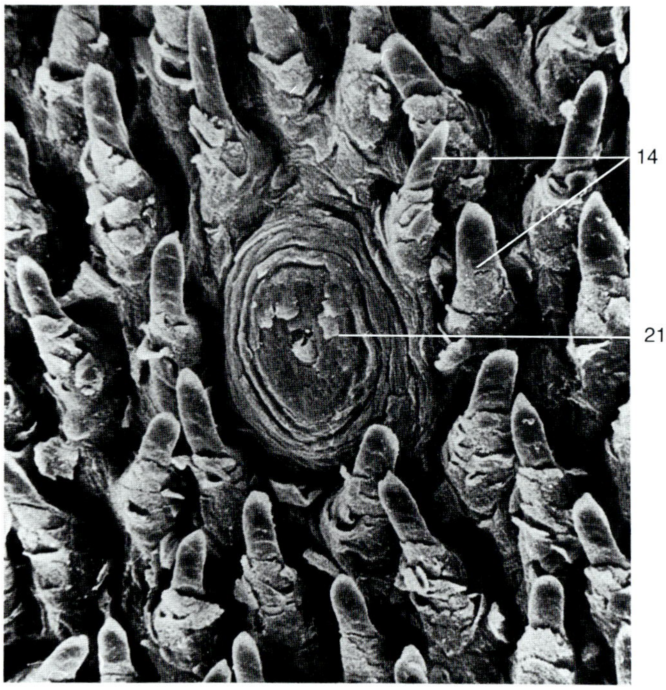

Rasterelektronenmikroskopische Aufnahme von der **Zungenoberfläche** mit zahlreichen Papillae filiformes und einer Papilla fungiformis.

1 Palatum durum, Gl. palatinae
2 M. longitudinalis sup. linguae
3 Septum linguae
4 M. longitudinalis inf. linguae
5 Gl. sublingualis
6 Mandibula
7 M. geniohyoideus
8 M. mylohyoideus
9 Platysma
10 M. verticalis linguae, M. transversus linguae
11 M. buccinator
12 M. genioglossus
13 Venter ant. m. digastrici
14 Papillae filiformes
15 For. caecum linguae
16 Tonsilla lingualis (Radix linguae)
17 Tonsilla palatina
18 Vallecula epiglottica
19 Vestibulum laryngis
20 Sulcus medianus linguae
21 Papillae fungiformes
22 Papillac foliatae
23 Papilla vallata
24 Sulcus terminalis
25 Epiglottis
26 Cornu majus ossis hyoidei

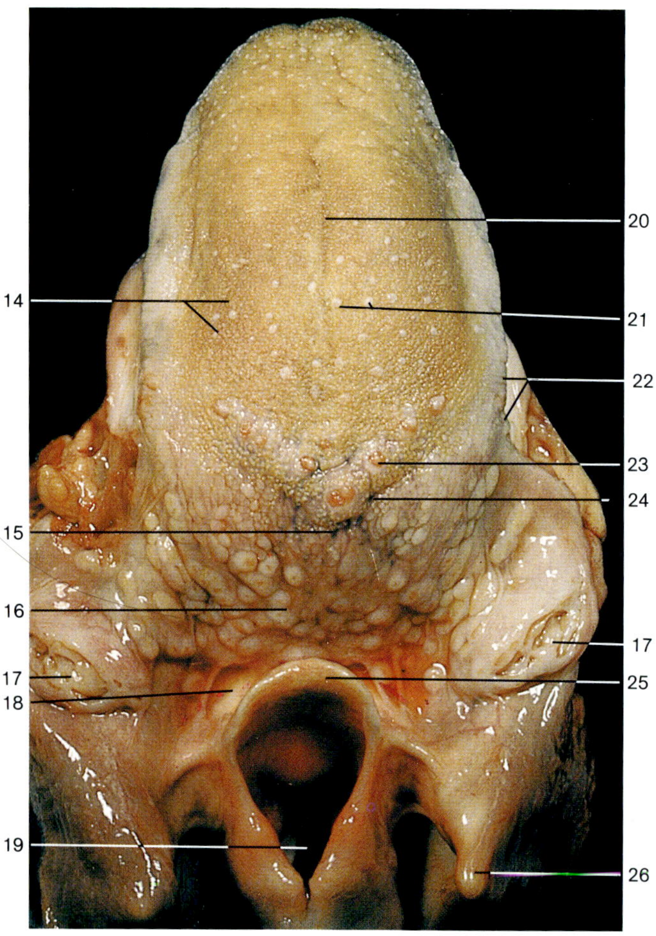

Zungenrücken und Kehlkopfeingang (von oben).

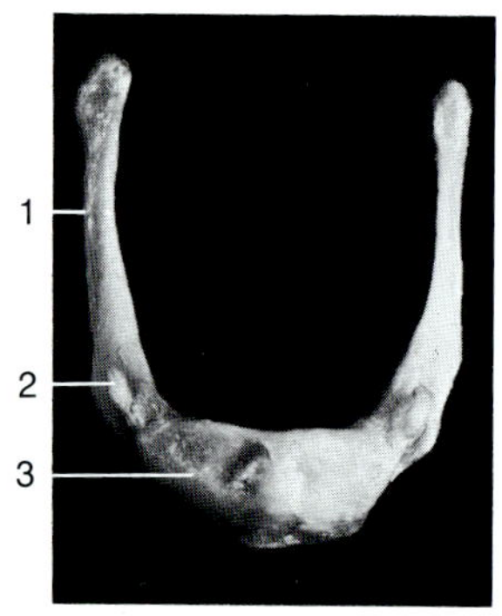

1 Cornu majus
2 Cornu minus
3 Corpus

Zungenbein (Os hyoideum) (von vorne oben).

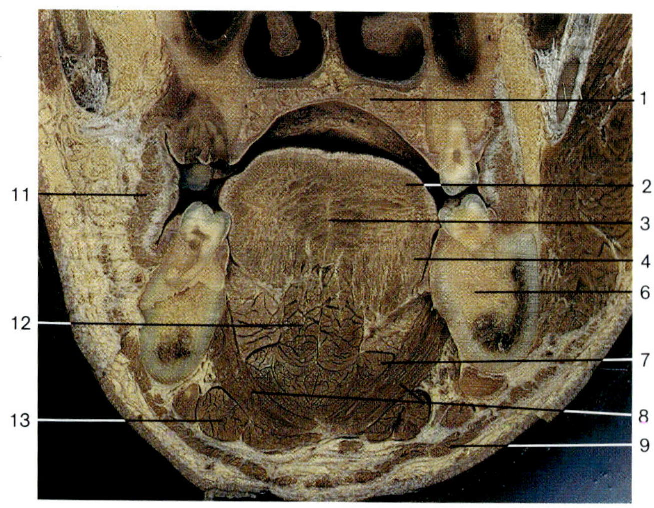

Frontalschnitt durch die Mundhöhle.

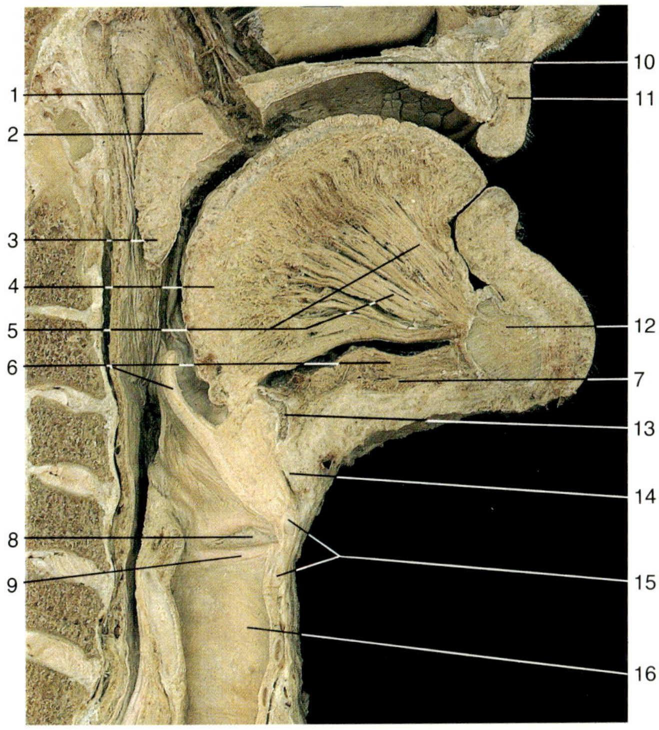

Sagittalschnitt durch Mundhöhle, Pharynx und Kehlkopf.

1 Ostium pharyngeum tubae
2 Palatum molle
3 Uvula
4 Radix linguae
5 M. genioglossus
6 M. geniohyoideus, Epiglottis
7 M. mylohyoideus
8 Ventriculus laryngis
9 Plica vocalis
10 Palatum osseum
11 Oberlippe
12 Mandibula
13 Os hyoideum
14 Lig. thyrohyoideum medianum
15 Cartilago thyroidea
16 Trachea

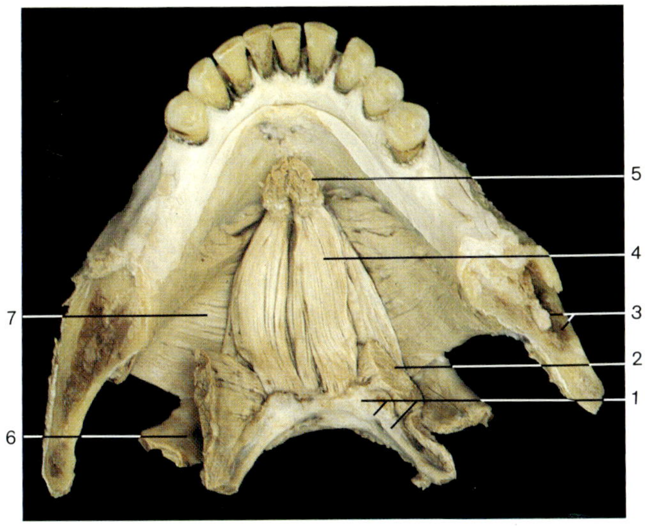

Mundbodenmuskulatur (von innen).

1 Cornu minus und Corpus ossis hyoidei
2 M. hyoglossus (durchtrennt)
3 Mandibula mit N. alveolaris inf.
4 M. geniohyoideus
5 M. genioglossus (durchtrennt)
6 M. stylohyoideus (durchtrennt)
7 M. mylohyoideus
8 M. digastricus, venter anterior
9 Os hyoideum
10 Mandibula
11 Zwischensehne des M. digastricus

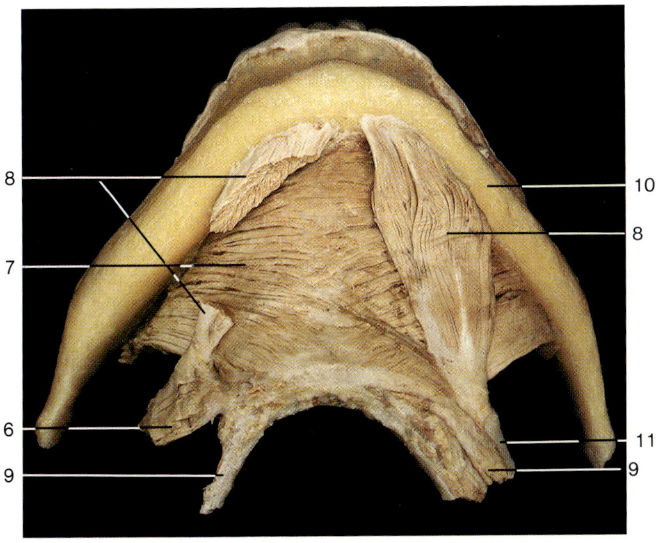

Mundbodenmuskulatur (von außen). Links wurde der vordere Bauch des M. digastricus durchtrennt.

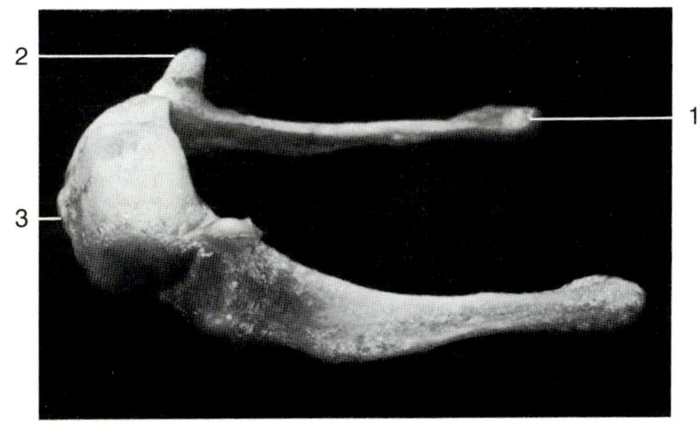

Zungenbein (Os hyoideum) (von lateral oben)

1 Cornu majus 2 Cornus minus 3 Corpus

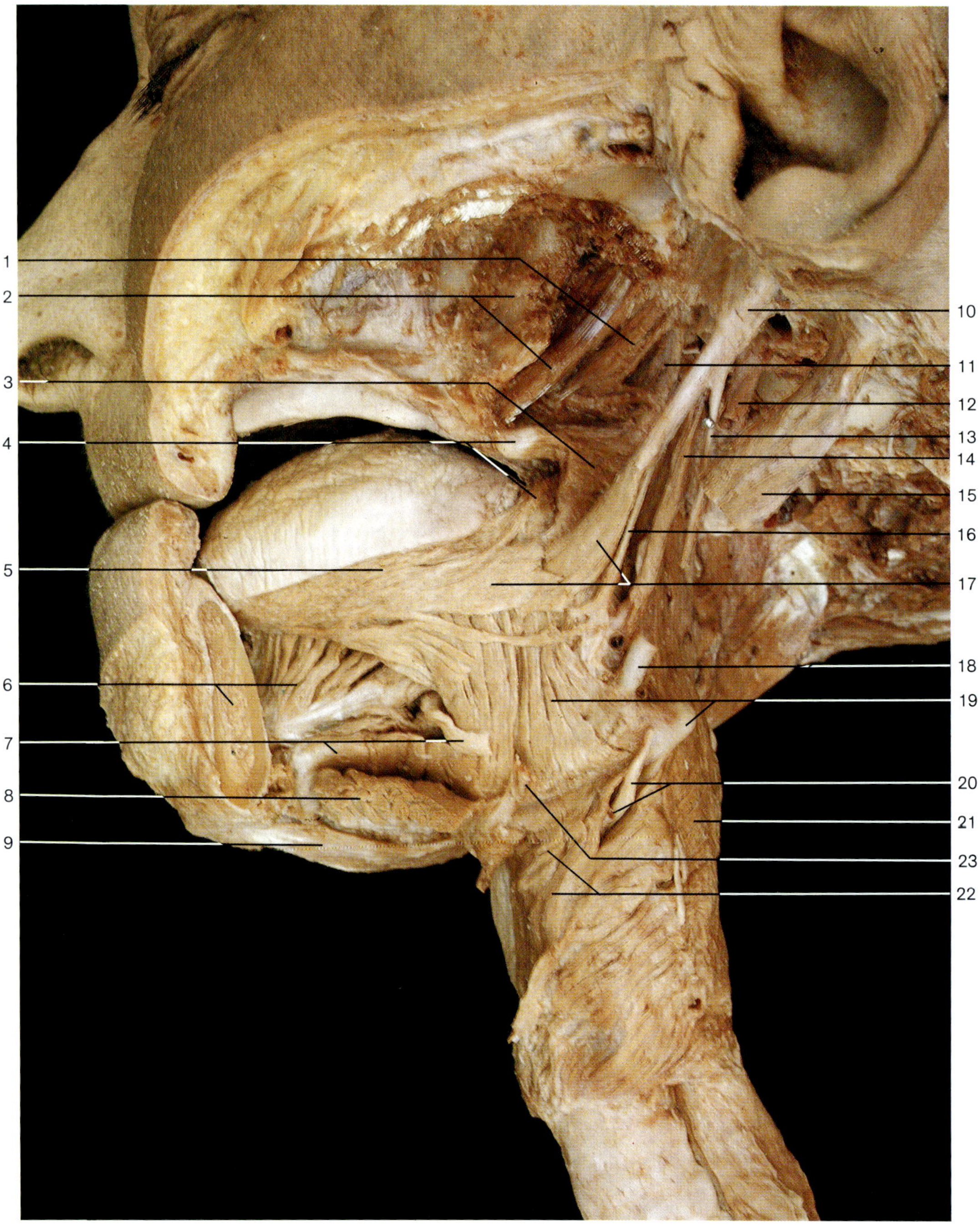

Zunge und zugehörige Muskeln (von lateral, linke Seite). Mandibula entfernt.

1 M. levator veli palatini
2 Lamina lat. proc. pterygoidei, M. tensor veli palatini
3 M. constrictor pharyngis sup.
4 Hamulus pterygoideus, M. palatoglossus
5 M. longitudinalis inf. linguae
6 M. genioglossus, Mandibula
7 N. lingualis, M. geniohyoideus
8 M. mylohyoideus
9 M. digastricus, venter anterior
10 Proc. styloideus
11 M. constrictor pharyngis sup.
12 A. carotis int.
13 Lig. stylomandibulare
14 M. stylopharyngeus
15 M. digastricus, venter posterior
16 Lig. stylohyoideum
17 M. styloglossus
18 A. lingualis
19 M. hyoglossus, Cornu majus ossis hyoidei
20 N. laryngeus sup., A. laryngea sup.
21 M. constrictor pharyngis inf.
22 M. thyrohyoideus
23 Sehne des M. stylohyoideus (durchtrennt)

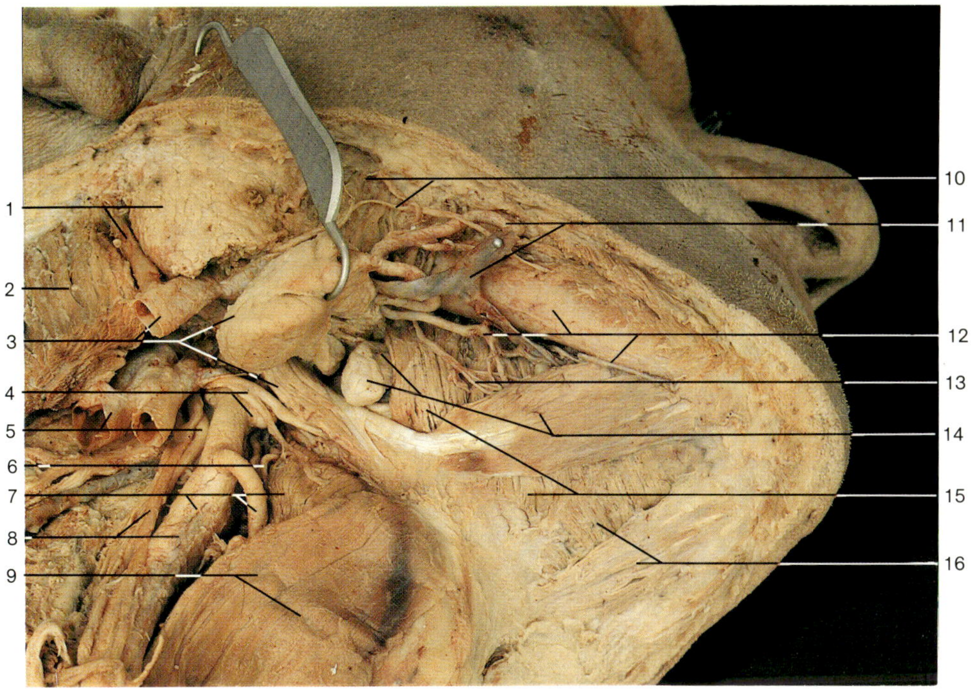

Trigonum submandibulare, oberflächliche Schicht.
Die Gl. submandibularis wurde nach hinten gezogen.

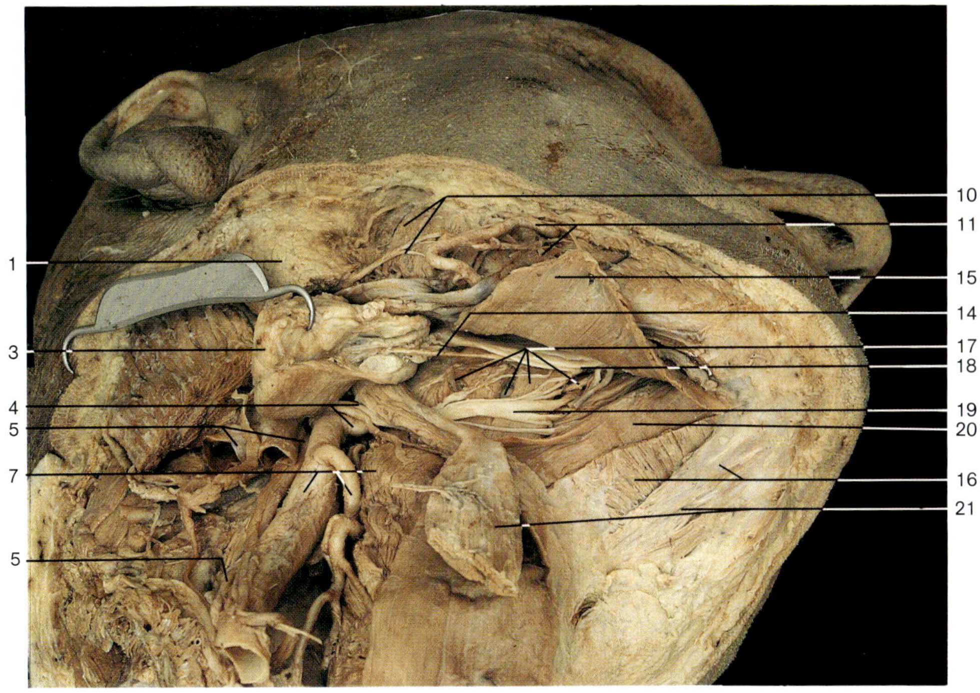

Trigonum submandibulare, tiefe Schicht.
Der M. mylohyoideus wurde durchtrennt und zur Seite geklappt.

1 Gl. parotis, V. retromandibularis
2 M. sternocleidomastoideus (durchtrennt)
3 V. jugularis ext., Gl. submandibularis, M. stylohyoideus
4 N. hypoglossus (N. XII), A. lingualis
5 N. vagus (N. X), V. jugularis int.
6 A. laryngea sup.
7 A. carotis ext., M. thyrohyoideus, A. thyroidea sup.
8 A. carotis communis und Radix sup. ansae cervicalis
9 M. omohyoideus und M. sternohyoideus
10 M. masseter, R. marginalis mandibulae n. facialis
11 A. und V. facialis
12 A. und V. submentalis, Mandibula
13 N. mylohyoideus
14 Ductus submandibularis, Gl. sublingualis, M. digastricus sin., venter anterior
15 M. mylohyoideus
16 M. mylohyoideus und M. digastricus dext.
17 M. hyoglossus und A. lingualis
18 N. lingualis
19 N. hypoglossus (N. XII)
20 M. geniohyoideus
21 M. digastricus sin., venter anterior

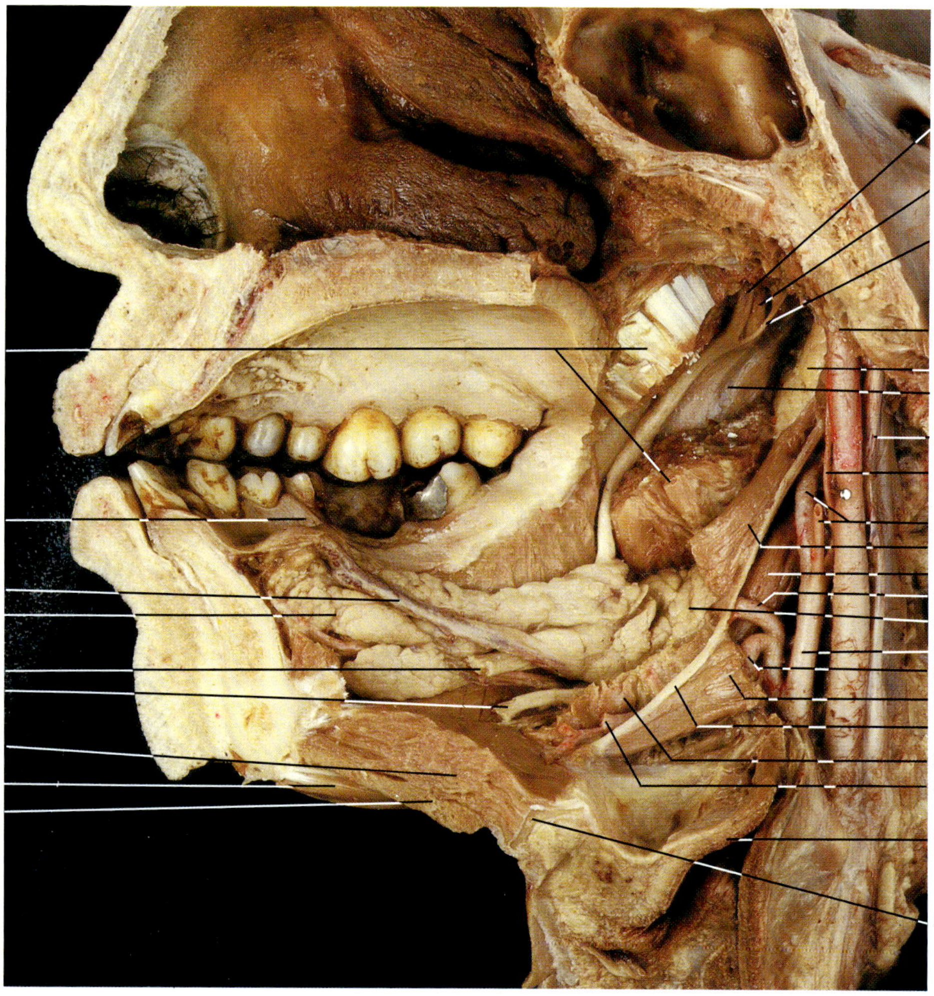

Mundhöhle (von innen). Zunge und Pharynxwand wurden entfernt.

1 M. pterygoideus med.
2 Caruncula sublingualis dext.
3 Ductus submandibularis
4 Gl. sublingualis
5 N. lingualis
6 N. hypoglossus (N. XII)
7 M. mylohyoideus
8 M. geniohyoideus
9 M. digastricus, venter anterior
10 N. alveolaris inf.
11 Chorda tympani
12 A. carotis int.
13 Gl. parotis
14 Lig. sphenomandibulare
15 N. vagus (N. X)
16 N. glossopharyngeus (N. IX)
17 A. temporalis superf.,
A. pharyngea ascendens
18 M. styloglossus
19 M. digastricus, venter posterior
20 A. facialis
21 Glandula submandibularis
22 A. carotis ext.
23 A. lingualis
24 M. constrictor pharyngis medius
25 Lig. stylohyoideum
26 M. hyoglossus
27 A. prof. linguae
28 Epiglottis
29 Os hyoideum

Kapitel III

Hals

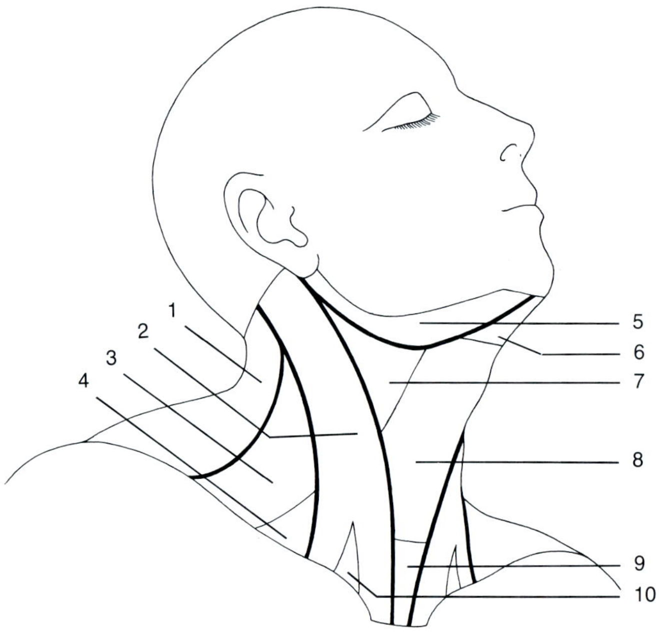

1 M. trapezius
2 M. sternocleidomastoideus
3 Trigonum omotrapezoideum } Trig. colli lat.
4 Trigonum omoclaviculare (Fossa supraclavicularis major) } Trig. colli lat.
5 Trig. submandibulare
6 Trig. submentale
7 Trig. caroticum
8 Regio colli ant.
9 Fossa jugularis
10 Fossa supraclavicularis minor

Regionen des Halses (Schemazeichnung).

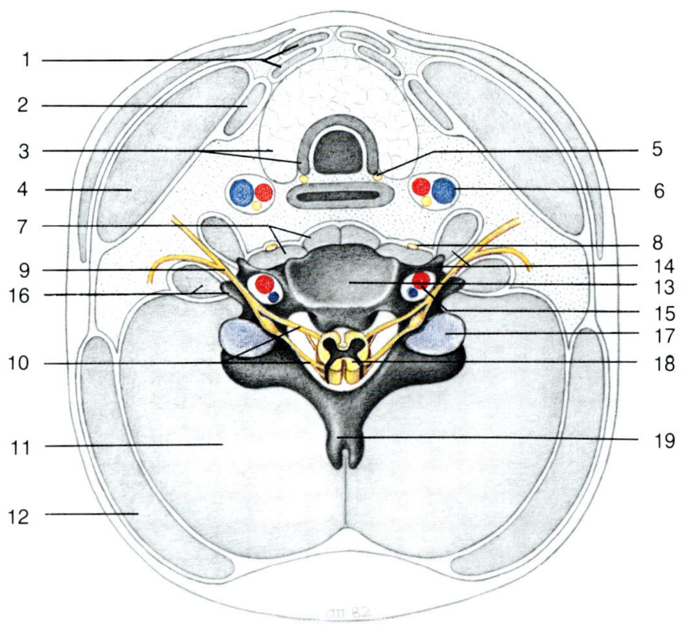

1 M. sternohyoideus, M. sternothyroideus
2 M. omohyoideus
3 Trachea und Gl. thyroidea
4 M. sternocleidomastoideus
5 N. laryngeus recurrens
6 Gefäßnervenscheide des Halses (Vagina carotica) mit A. carotis communis, V. jugularis int., N. vagus
7 M. longus colli, M. longus capitis
8 Truncus sympathicus
9 N. spinalis cervicalis
10 Radix vent. und dors. eines zervikalen Spinalnerven
11 Autochthone Rückenmuskulatur
12 M. trapezius
13 Corpus vertebrae
14 Tuberculum ant. vertebrae cervicalis, Ursprung der Mm. scaleni ant. und med.
15 A. und V. vertebralis im For. transversarium
16 Tuberculum post. vertebrae cervicalis, Ursprung des M. scalenus post.
17 Facies articularis sup.
18 Medulla spinalis
19 Processus spinosus vertebrae cervicalis

Topographische Gliederung des Halses, Halsquerschnitt in Höhe der Schilddrüse (O.).

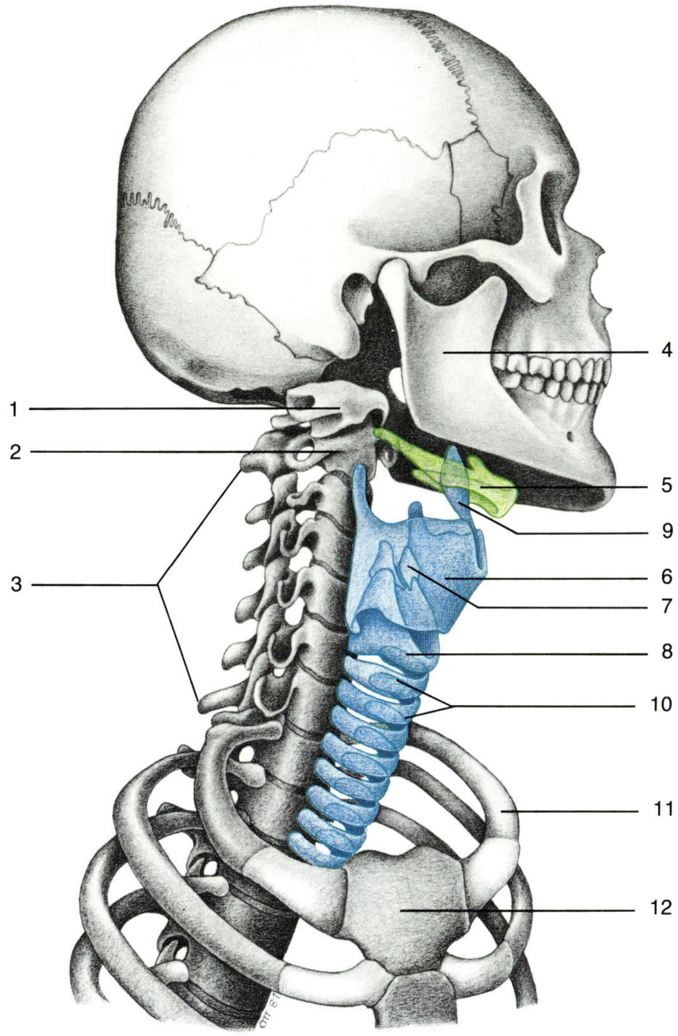

1 Atlas
2 Axis
3 Vertebrae cervicales III–VII
4 Mandibula
5 Os hyoideum
6 Cartilago thyroidea
7 Cartilago arytenoidea
8 Cartilago cricoidea
9 Epiglottis
10 Cartilagines tracheales
11 Costa I
12 Manubrium sterni

Lage von Kehlkopf und Zungenbein im Verhältnis zur Halswirbelsäule (Schema) (O.).

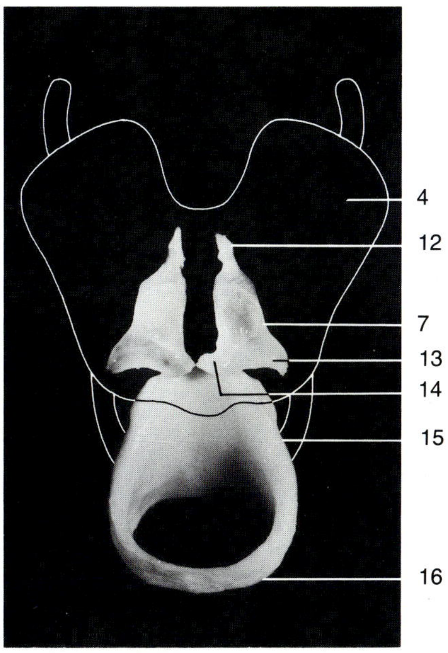

Kehlkopfknorpel (von vorne). Cartilago thyroidea nur als Umrißlinie gezeichnet.

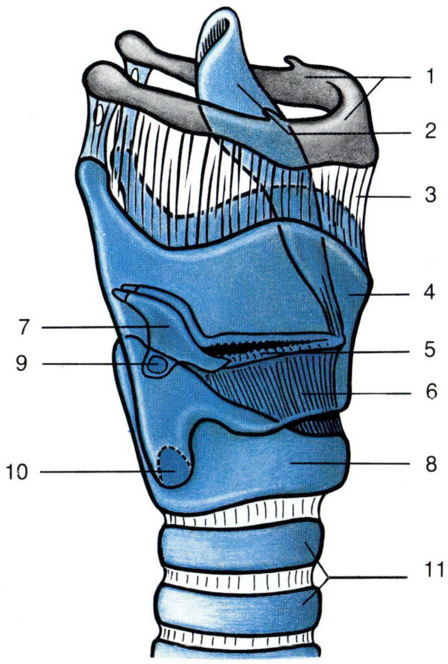

Kehlkopfknorpel und Gelenke des Kehlkopfes (Schemazeichnung) (W.).

1 Os hyoideum
2 Epiglottis
3 Membrana thyrohyoidea
4 Cartilago thyroidea
5 Lig. vocale
6 Conus elasticus
7 Cartilago arytenoidea
8 Cartilago cricoidea
9 Articulatio cricoarytenoidea
10 Articulatio cricothyroidea
11 Cartilagines tracheales
12 Cartilago corniculata
13 Proc. muscularis } des Aryknorpels
14 Proc. vocalis } des Aryknorpels
15 Lamina cartilaginis cricoideae
16 Arcus cartilaginis cricoideae

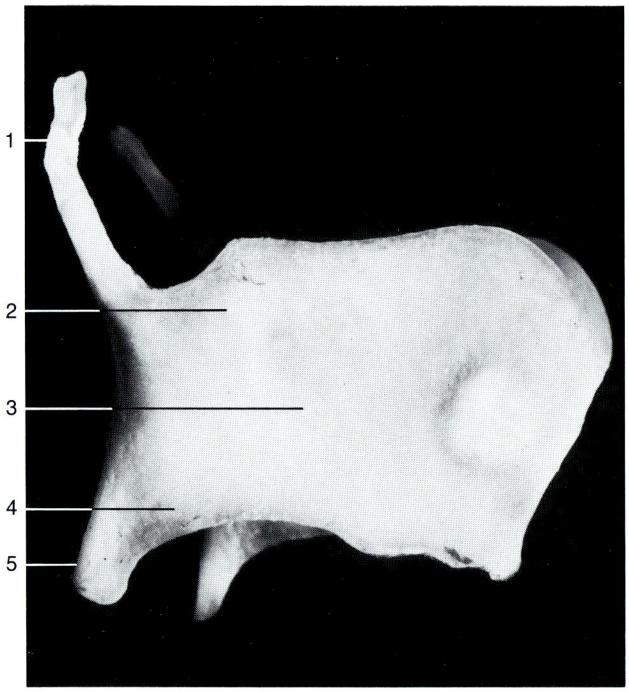

Cartilago thyroidea (von lateral).

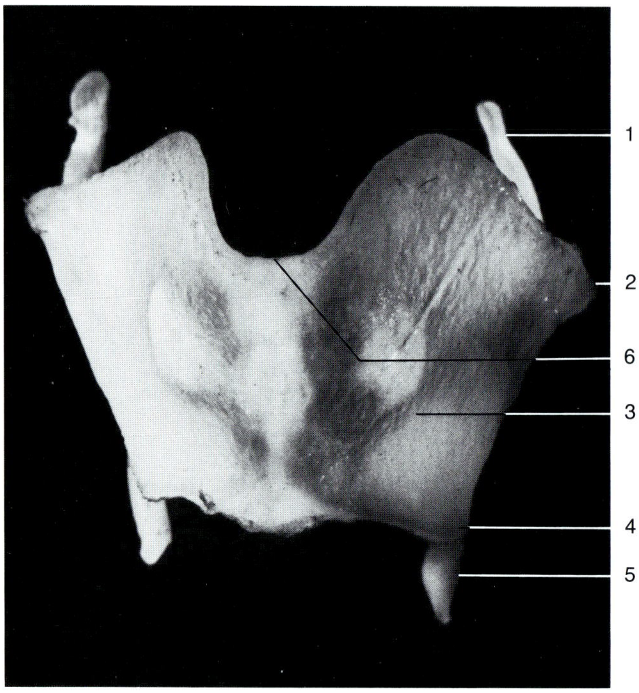

Cartilago thyroidea (von vorne).

1 Cornu sup.
2 Tuberculum thyroideum sup.
3 Lamina thyroidea
4 Tuberculum thyroideum inf.
5 Cornu inf.
6 Incisura thyroidea sup.

Kehlkopfknorpel und Epiglottis (von hinten).

Kehlkopfknorpel (von vorne).

1 Epiglottis
2 Cornu minus } ossis hyoidei
3 Cornu majus } ossis hyoidei
4 Lig. thyrohyoideum
5 Os hyoideum (Corpus)
6 Cornu sup. cartilaginis thyroideae
7 Lig. thyroepiglotticum
8 Conus elasticus
9 Lig. cricothyroideum
10 Cartilago thyroidea
11 Cartilago cricoidea
12 Trachea
13 Cartilago corniculata
14 Cartilago arytenoidea
15 Lig. cricoarytenoideum post.
16 Articulatio cricothyroidea
17 Articulatio cricoarytenoidea

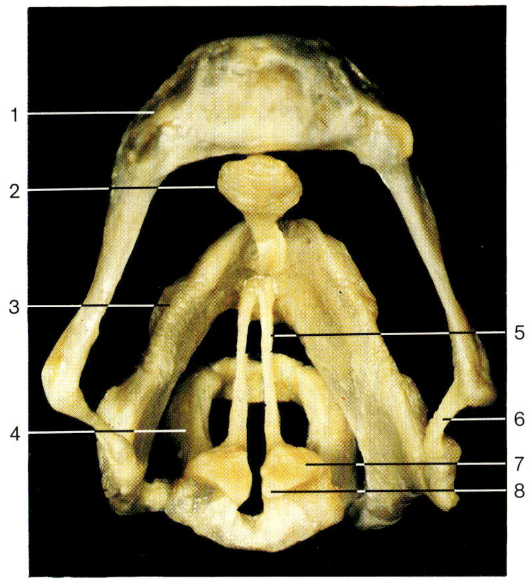

Kehlkopfknorpel und Stimmbänder (von oben).

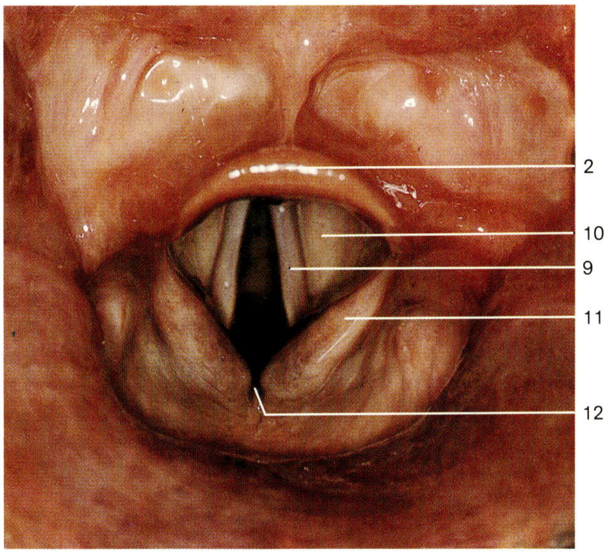

Larynx, in vivo. Einblick in das Vestibulum laryngis von oben (weißlich = Ligg. vocalia).

△
1 Os hyoideum
2 Epiglottis
3 Cartilago thyroidea
4 Cartilago cricoidea
5 Lig. vocale
6 Lig. thyrohyoideum
7 Cartilago arytenoidea
8 Cartilago corniculata
9 Plica vocalis
10 Plica vestibularis
11 Plica aryepiglottica
12 Incisura interarytenoidea

▽
1 Radix linguae
2 M. thyroarytenoideus
3 Cartilago thyroidea
4 Plica vocalis
5 M. cricoarytenoideus lat.
6 M. cricothyroideus, pars obliqua
7 Arcus cartilaginis cricoideae
7′ Lamina cartilaginis cricoideae
8 Gl. thyroidea
9 Epiglottis
10 Plica vestibularis
11 M. thyrohyoideus
12 Ventriculus laryngis
13 Lig. vocale
14 M. vocalis
15 Rima glottidis
16 Trachea
17 Cornu sup. cartilaginis thyroideae
18 M. arytenoideus transversus

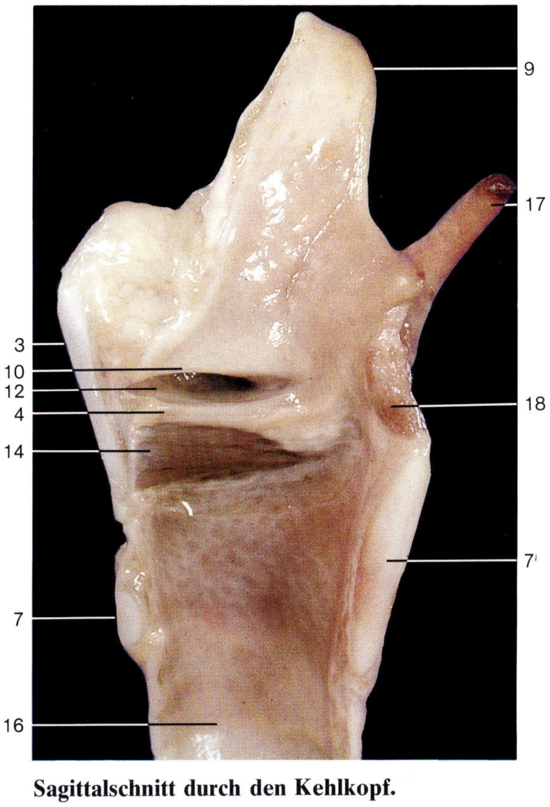

Sagittalschnitt durch den Kehlkopf.

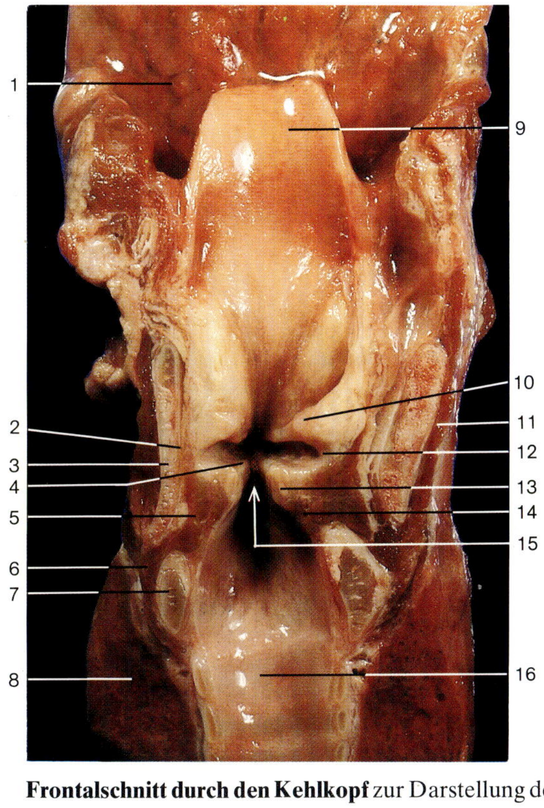

Frontalschnitt durch den Kehlkopf zur Darstellung der Etagengliederung.

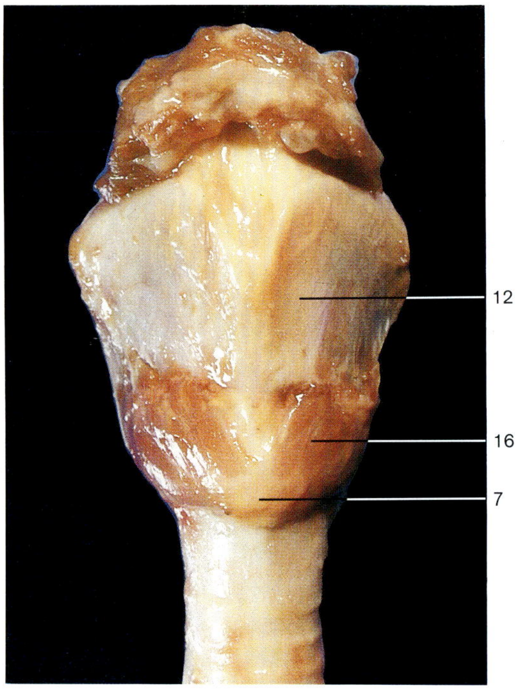

Äußere Kehlkopfmuskeln (von vorne).

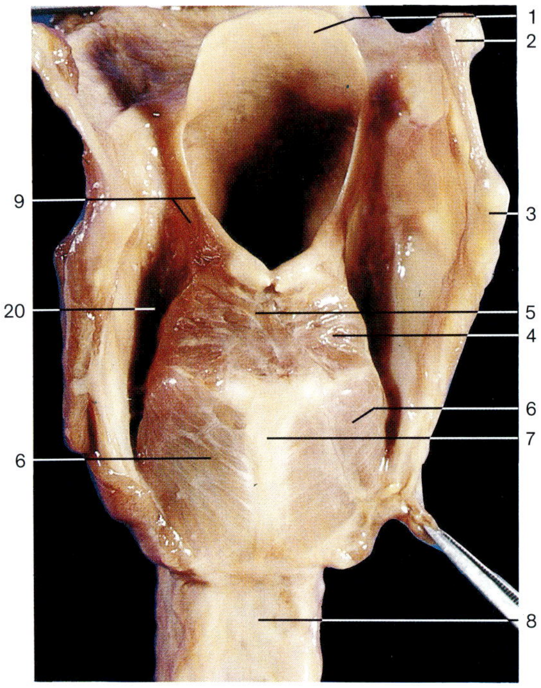

Innere Kehlkopfmuskeln (von hinten).

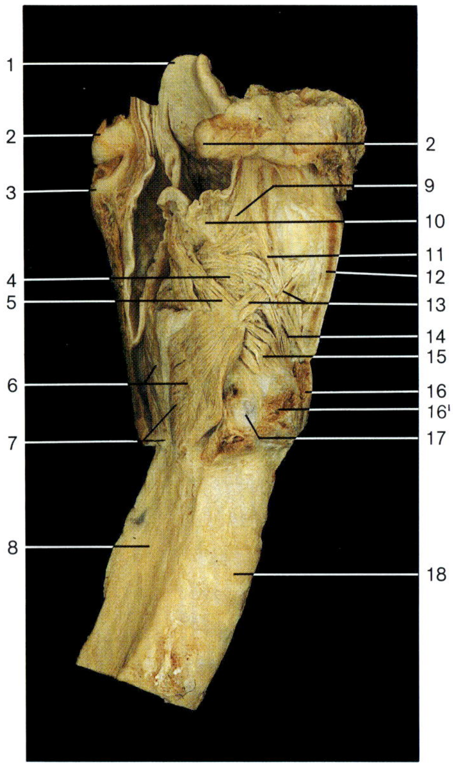

Innere Kehlkopfmuskeln (rechte Hälfte der Cartilago thyroidea wurde entfernt, Ansicht von dorso-lateral).

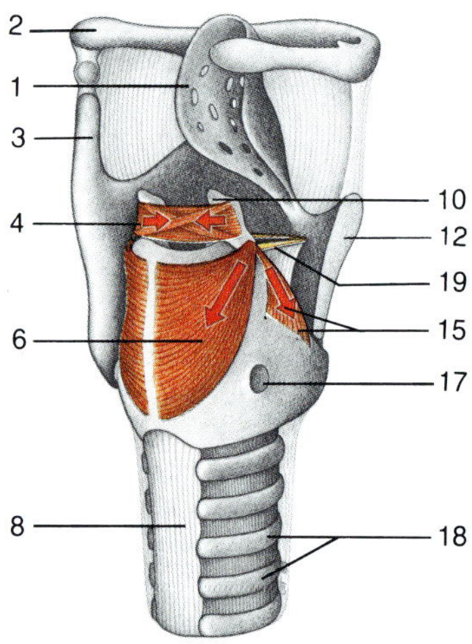

Wirkung der inneren Kehlkopfmuskeln (Schemazeichnung) (O.).

1 Epiglottis
2 Cornu majus ossis hyoidei
3 Cornu sup. cartilaginis thyroideae
4 M. arytenoideus transversus
5 M. arytenoideus obliquus
6 M. cricoarytenoideus post.
7 Cartilago cricoidea
8 Paries membranaceus tracheae
9 Plica aryepiglottica, M. aryepiglotticus
10 Cartilago arytenoidea
11 M. thyroepiglotticus
12 Cartilago thyroidea
13 M. thyroarythenoideus obliquus (var.)
14 M. thyroarytenoideus, pars lat.
15 M. cricoarytenoideus lat.
16 M. cricothyroideus, pars recta
16 M. cricothyroideus, pars obliqua
17 Facies articularis thyroidea für das Krikothyroidgelenk
18 Paries cartilagineus tracheae
19 Lig. vocale
20 Recessus piriformis

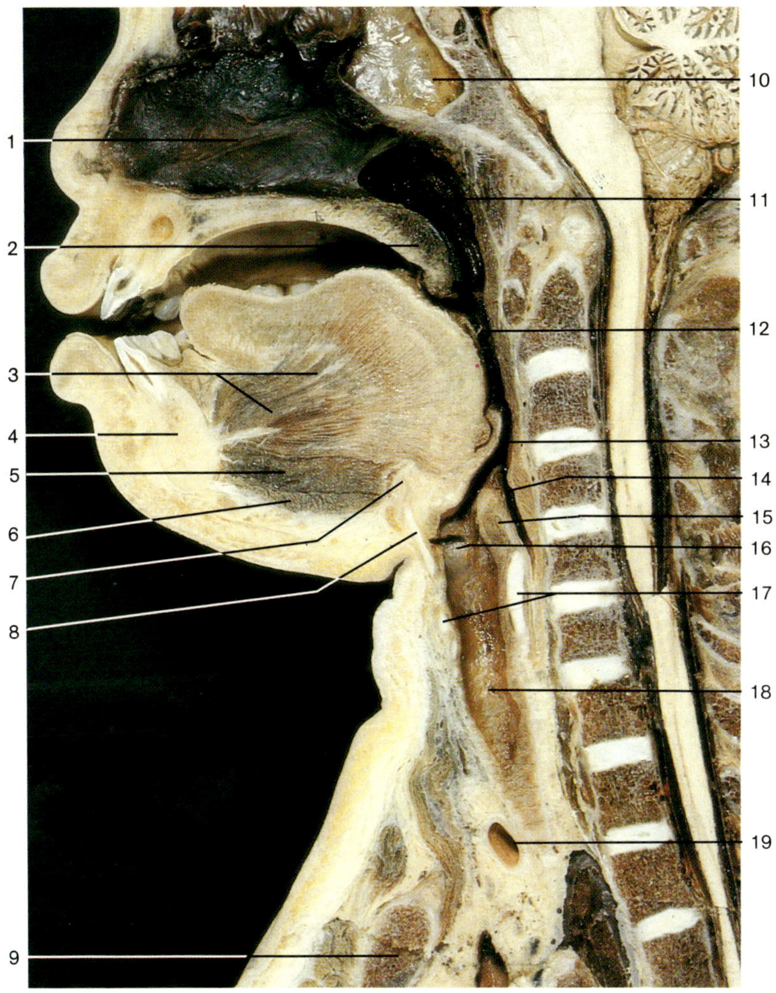

Medianschnitt durch Kopf und Hals eines Erwachsenen.

1 Septum nasi
2 Palatum molle mit Uvula
3 M. genioglossus und Zunge
4 Mandibula
5 M. geniohyoideus
6 M. mylohyoideus
7 Os hyoideum
8 Cartilago thyroidea
9 Manubrium sterni
10 Sinus sphenoidalis
11 Pars nasalis pharyngis
12 Pars oralis pharyngis
13 Epiglottis
14 Pars laryngea pharyngis
15 M. arytenoideus
16 Plica vocalis
17 Cartilago cricoidea
18 Trachea
19 V. brachiocephalica sin.
20 Thymus
21 Oesophagus

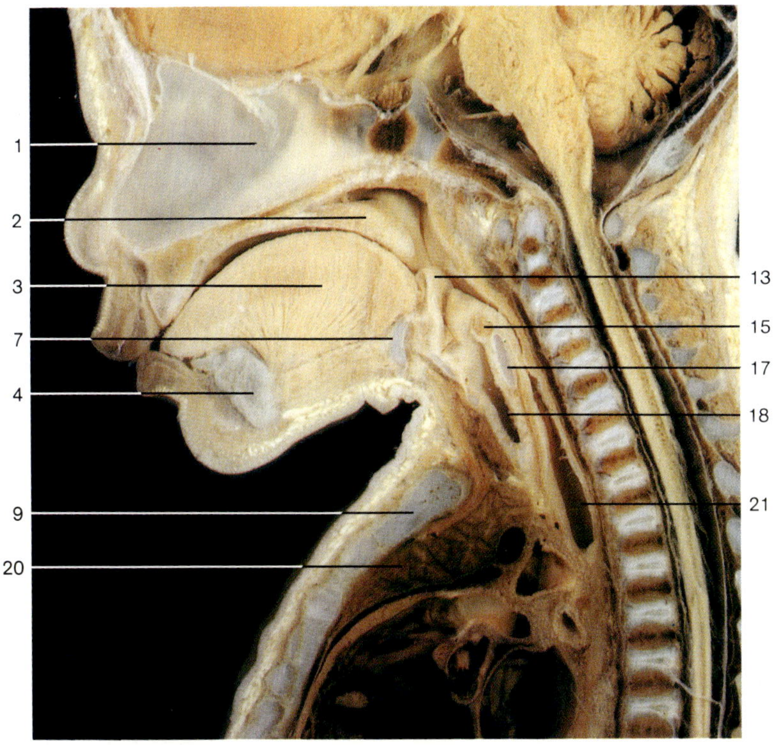

Medianschnitt durch Kopf und Hals eines Neugeborenen. Im Vergleich zum Erwachsenen steht der Kehlkopf beim Neugeborenen noch wesentlich höher, so daß Epiglottis und Uvula sich fast berühren.

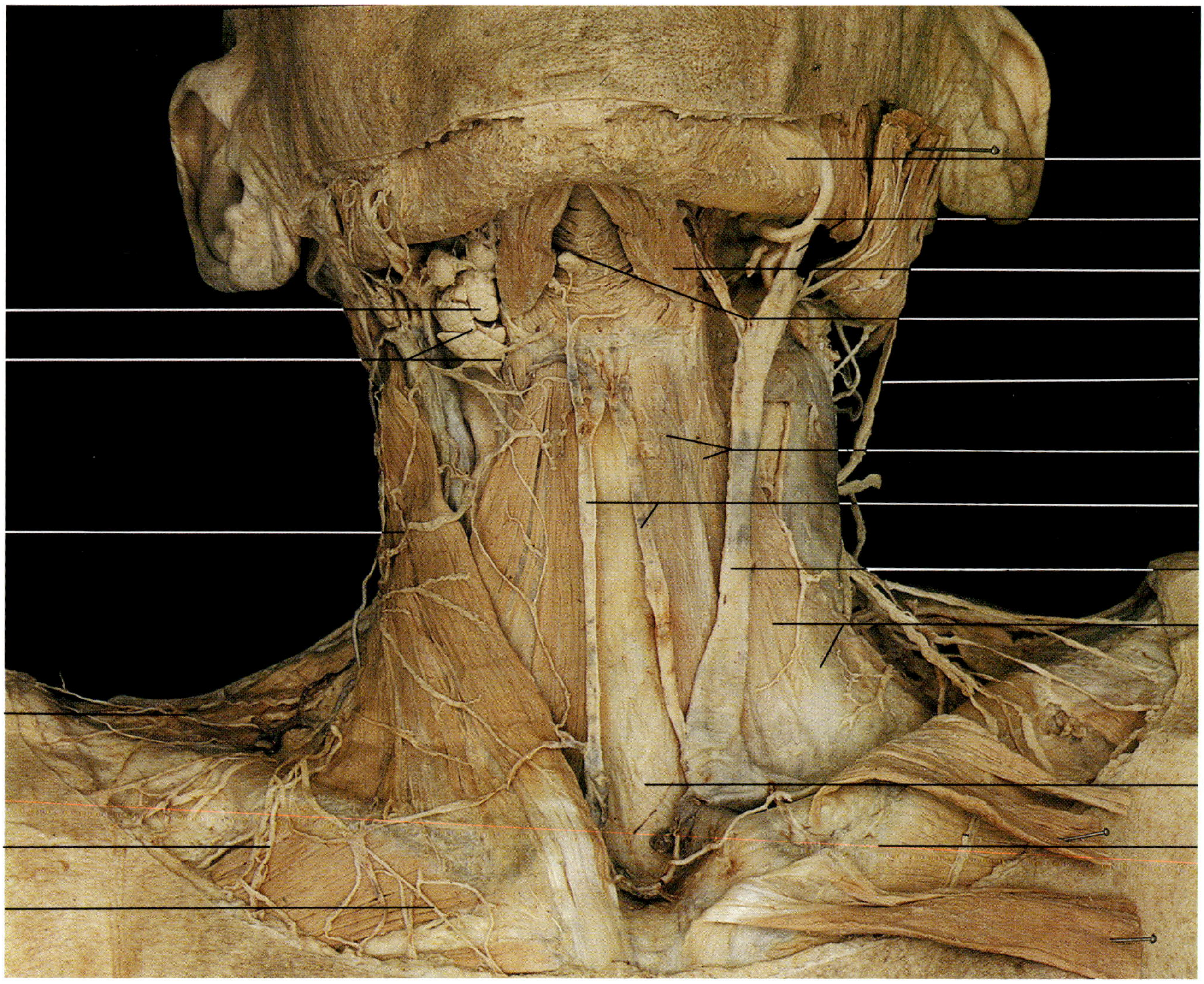

Oberflächliche Halsregion (von vorne).
Fascia cervicalis superficialis wurde entfernt.

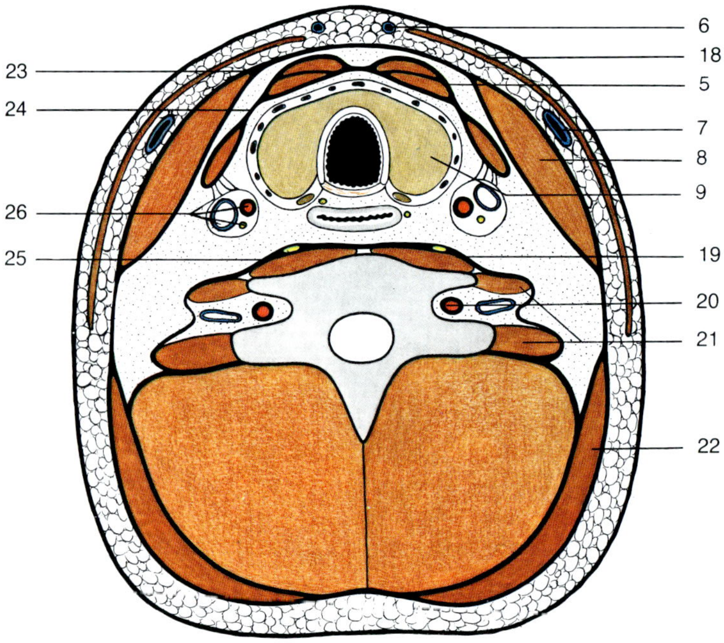

Halsquerschnitt, Schema zur Darstellung der drei Halsfaszien (W.).

1 Mandibula
2 A. und V. facialis
3 Venter ant. m. digastrici
4 M. mylohyoideus
5 Infrahyale Muskulatur (M. sternohyoideus, M. sternothyroideus und M. omohyoideus)
6 Vv. jugulares ant.
7 V. jugularis ext.
8 Lamina pretrachealis fasciae cervicalis
9 Lokalisation der Gl. thyroidea
10 Gl. submandibularis
11 R. colli n. facialis und seine Anastomose mit dem N. transversus colli
12 N. occipitalis minor
13 N. transversus colli
14 Nn. supraclaviculares lat.
15 Nn. supraclaviculares intermedii
16 Nn. supraclaviculares med.
(12–16: Hautäste des Plexus cervicalis)
17 Clavicula
18 Platysma
19 M. longus colli
20 A. und V. vertebralis
21 Mm. scaleni
22 M. trapezius
23 Lamina superf. fasciae cervicalis
24 Lamina pretrachealis fasciae cervicalis
25 Lamina prevertebralis fasciae cervicalis und Truncus sympathicus
26 Gefäßnervenscheide des Halses mit A. carotis communis, V. jugularis int. und N. vagus
27 Pars cervicalis trunci sympathici
28 Vagina carotica

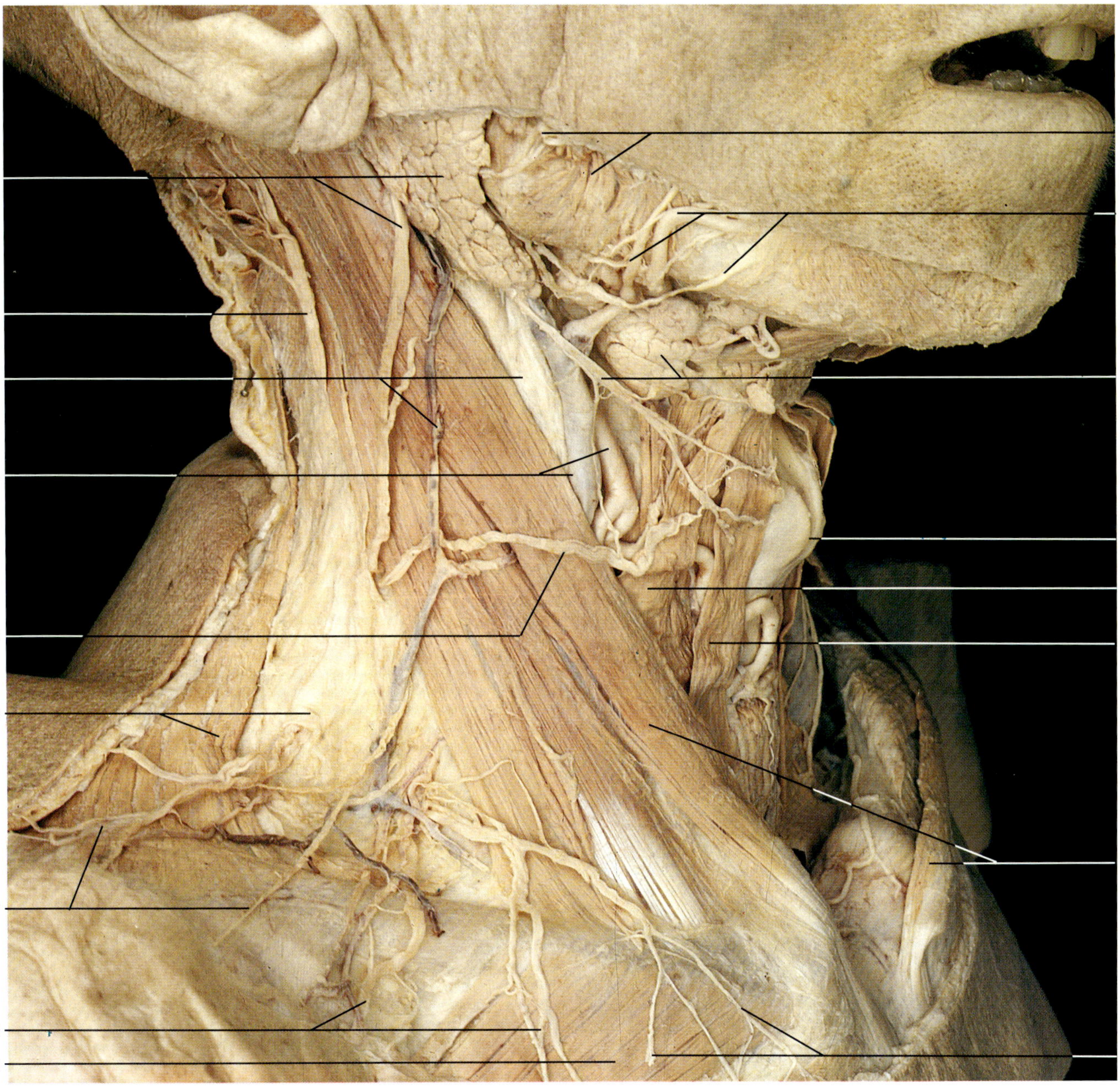

Trigonum colli laterale I, (laterales Halsdreieck, oberflächliche Schicht).

1 Gl. parotis, N. auricularis magnus
2 N. occipitalis minor
3 V. jugularis int. et ext. (in der Schemazeichnung ist nur die V. jugularis ext. zu erkennen)
4 V. retromandibularis, A. thyroidea sup.
5 N. transversus colli mit Ansa cervicalis superf.
6 Lamina superf. fasciae cervicalis, M. trapezius
7 Nn. supraclaviculares lat.
8 Nn. supraclaviculares intermedii
9 M. pectoralis major, pars clavicularis
10 R. buccalis n. facialis, M. masseter
11 A. und V. facialis, R. marginalis mandibulae n. facialis
12 R. colli n. facialis (Anastomose mit N. transversus colli)
13 Cartilago thyroidea
14 M. omohyoideus
15 M. sternohyoideus
16 M. sternocleidomastoideus dext. et sin.
17 Nn. supraclaviculares med.

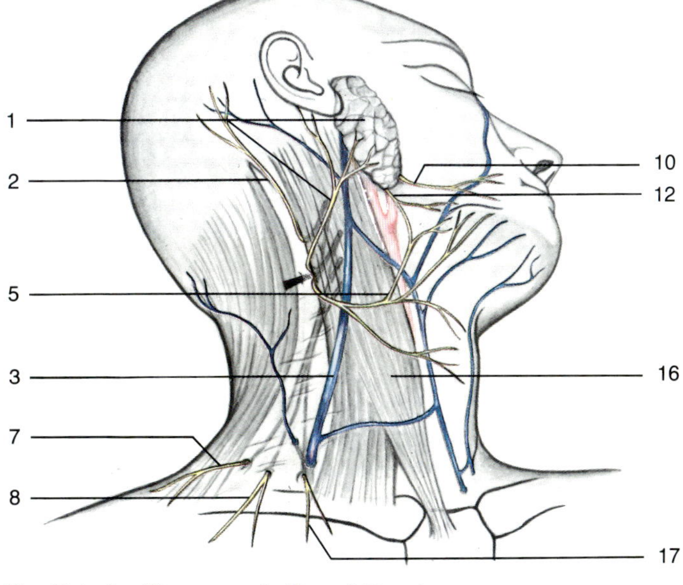

Hautäste des Plexus cervicalis und Punctum nervosum (Erbscher Punkt, Pfeil) (modif. nach LANZ-WACHSMUTH).

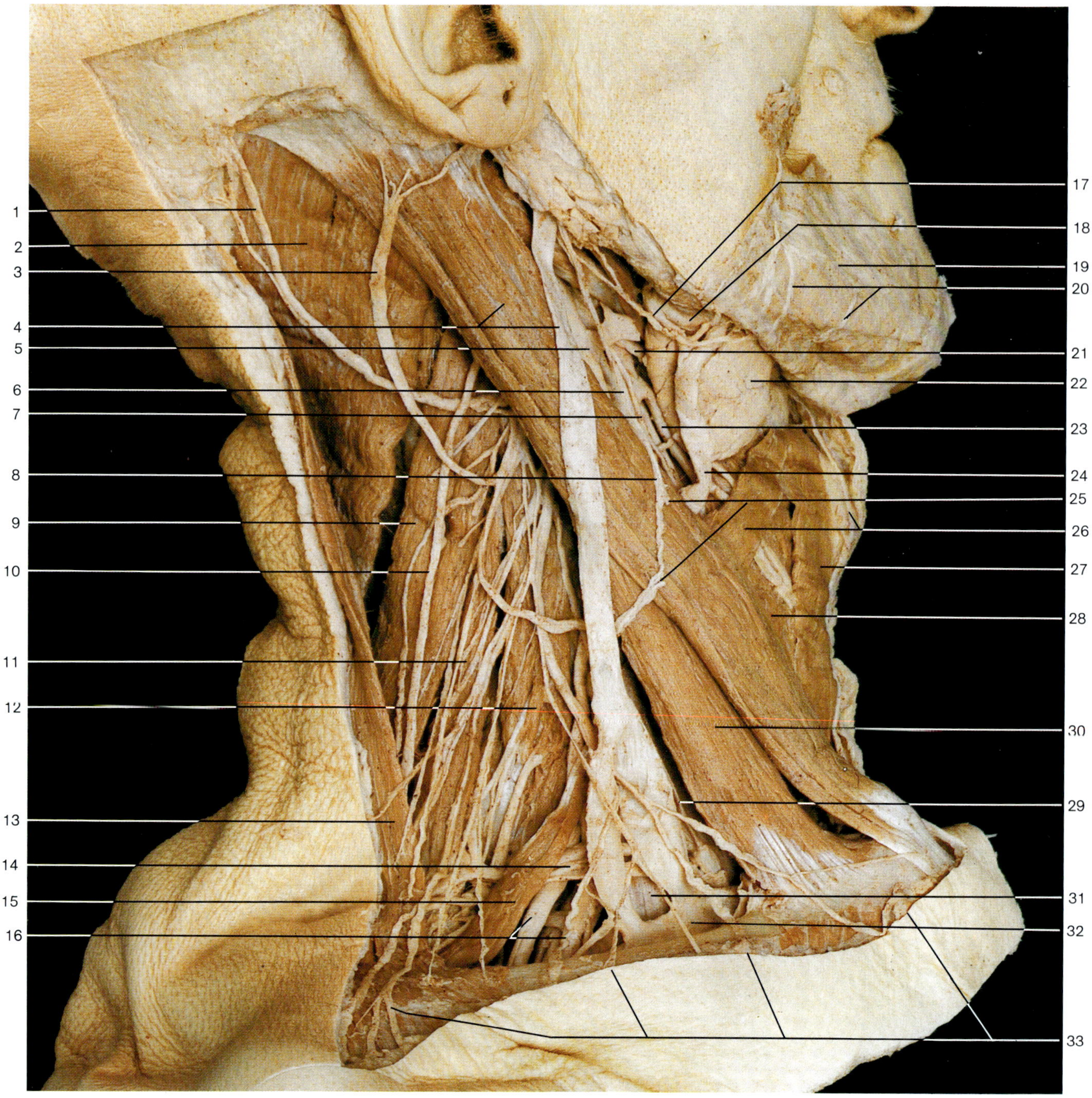

Trigonum colli laterale II (tiefere Schicht). Die Fascia cervicalis (Lamina superf. und pretrachelias) wurde entfernt, um die Äste des Plexus cervicalis sowie die Skalenusmuskeln zu zeigen.

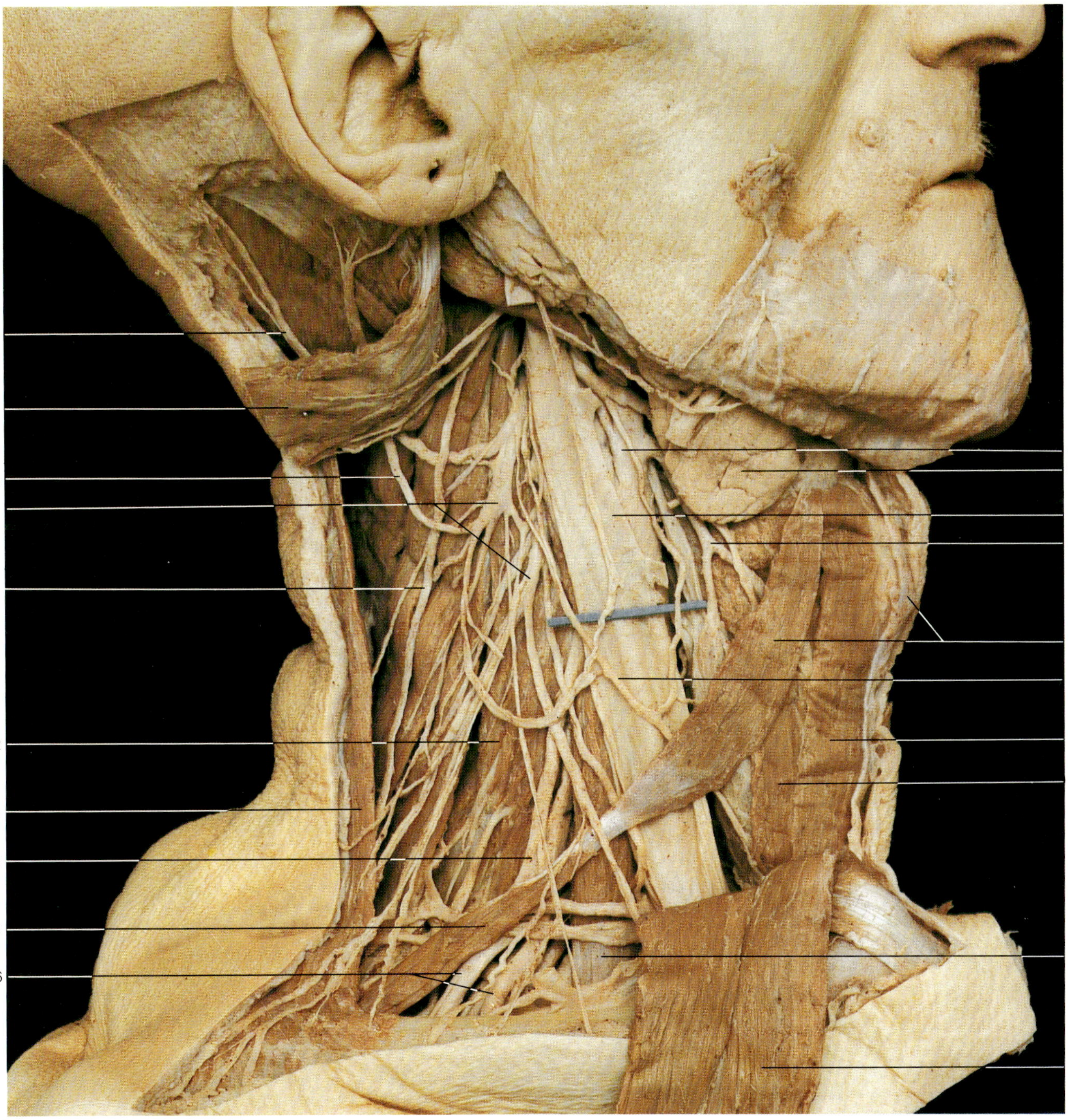

Trigonum colli laterale III. Der M. sternocleidomastoideus wurde durchschnitten und zurückgeklappt; der Gefäßnervenstrang des Halses ist dargestellt.

1 N. occipitalis minor
2 M. splenius capitis
3 N. auricularis magnus
4 M. sternocleidomastoideus, V. jugularis ext.
5 Verbindung zur V. jugularis int.
6 A. carotis ext.
7 Ansa cervicalis
8 Ramus colli n. facialis (Anastomose zwischen N. facialis und N. transversus colli aus dem Plexus cervicalis)
9 M. levator scapulae
10 N. accessorius (N. XI)
11 Plexus cervicalis
12 M. scalenus medius
13 M. trapezius
14 A. transversa colli
15 M. omohyoideus (venter inf.)
16 Plexus brachialis
17 R. marginalis mandibulae n. facialis
18 A. facialis
19 Platysma (zurückgeklappt)
20 Äste des N. transversus colli
21 N. hypoglossus (N. XII)
22 Gl. submandibularis
23 A. thyroidea sup.
24 V. facialis
25 N. transversus colli
26 M. omohyoideus, venter sup. und V. jugularis ant.
27 M. sternohyoideus
28 M. sternothyroideus
29 V. jugularis int.
30 M. sternocleidomastoideus
31 M. scalenus ant.
32 V. subclavia
33 Nn. supraclaviculares lat., intermedii und med.

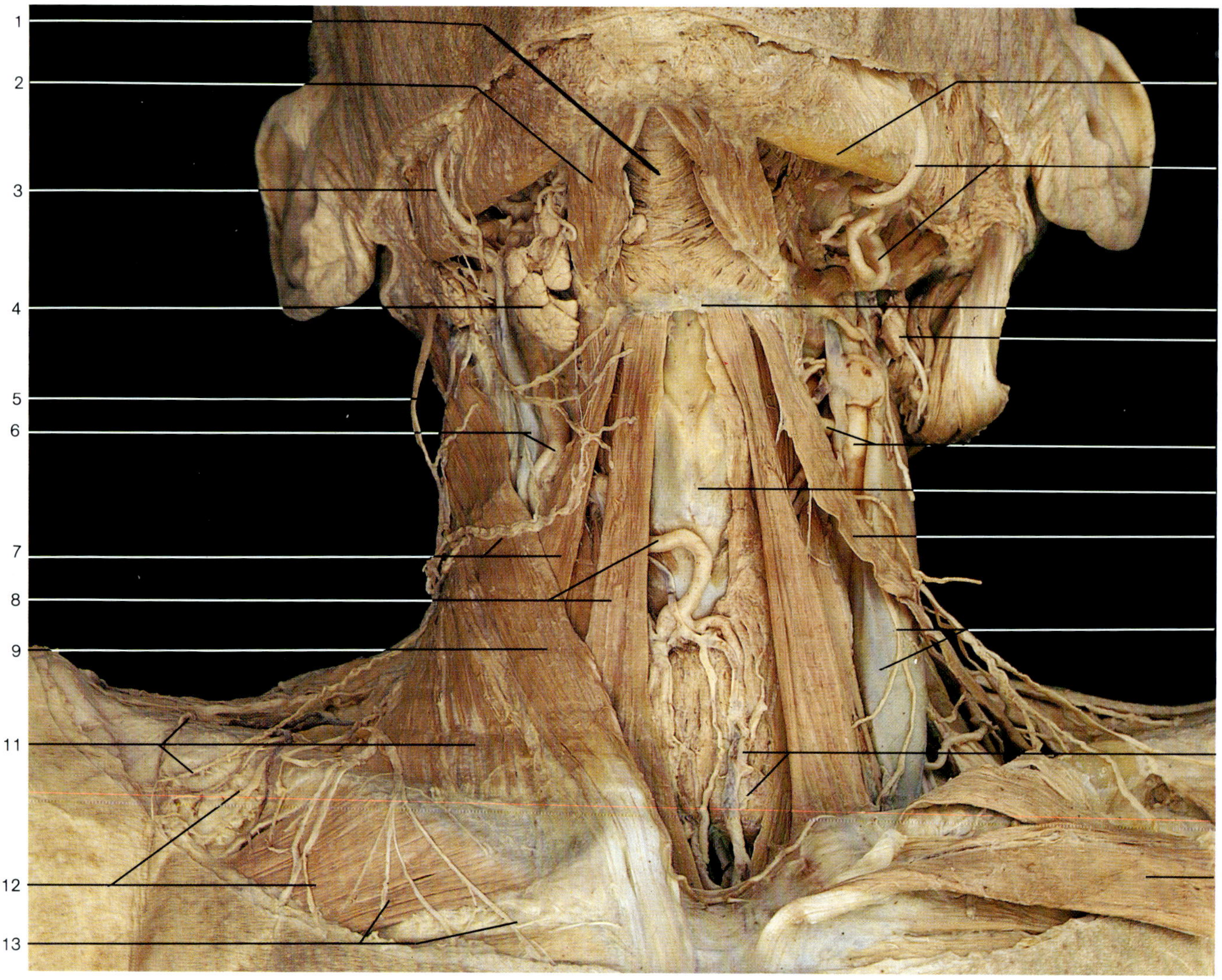

Regio colli anterioris (von vorne). Rechts: oberflächliche Schicht; links: tiefere Schicht. Der M. sternocleidomastoideus wurde links durchtrennt und zurückgeklappt. Die mittlere und oberflächliche Halsfaszie wurde entfernt, um die Halseingeweide (Schilddrüse, Kehlkopf usw.) sichtbar zu machen.

1 M. mylohyoideus
2 M. digastricus, venter ant.
3 A. facialis
4 Gl. submandibularis
5 N. auricularis magnus
6 V. jugularis interna, A. carotis communis
7 N. transversus colli, M. omohyoideus
8 A. thyroidea sup., M. sternohyoideus
9 Portio sternalis des M. sternocleidomastoideus dext.
10 M. sternocleidomastoideus sin. (zurückgeklappt)
11 Portio clavicularis des M. sternocleidomastoideus dext. und Nn. supraclaviculares lat.
12 Nn. supraclaviculares intermedii
13 Nn. supraclaviculares med.
14 Mandibula
15 Os hyoideum
16 Nodus lymphaticus cervicalis superf.
17 A. thyroidea sup., A. carotis ext.
18 Cartilago thyroidea
19 M. omohyoideus sin.
20 R. sternohyoideus ansae cervicalis, V. jugularis int.
21 Gl. thyroidea, V. thyroidea ima

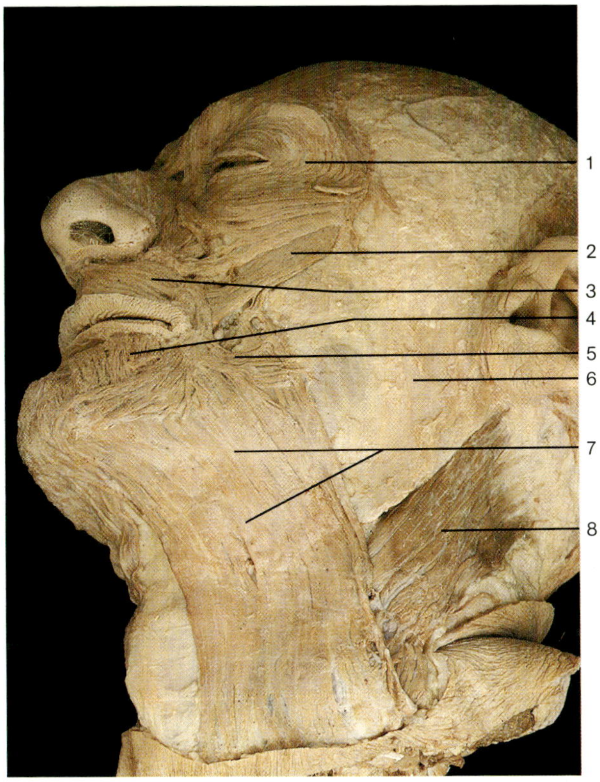

1 M. orbicularis oculi, pars orbitalis
2 M. zygomaticus major
3 M. orbicularis oris
4 M. depressor labii inf.
5 M. risorius
6 Fascia parotidea
7 Platysma
8 M. sternocleidomastoideus

Platysma und dessen Verbindungen mit der mimischen Muskulatur (schräg von lateral unten).

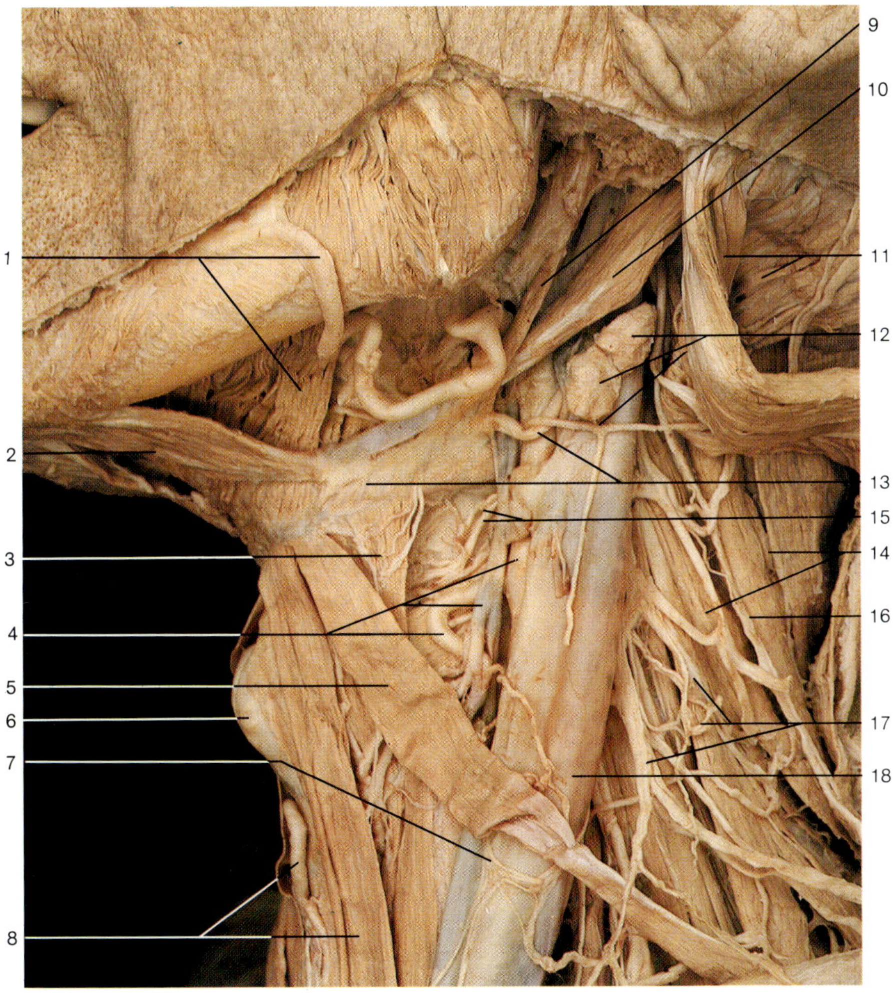

1 A. facialis, M. mylohyoideus
2 M. digastricus, venter ant.
3 M. thyrohyoideus
4 A. carotis ext. A. und V. thyroidea sup.
5 M. omohyoideus, venter sup.
6 Cartilago thyroidea
7 Ansa cervicalis
8 A. thyroidea sup., M. sternohyoideus
9 M. stylohyoideus
10 M. digastricus, venter post.
11 M. sternocleidomastoideus (nach hinten verlagert)
12 Lymphonodi cervicales superf., A. sternocleidomastoidea
13 Os hyoideum, N. hypoglossus (N. XII)
14 M. splenius capitis, M. levator scapulae
15 N. laryngeus sup., A. laryngea sup.
16 N. accessorius (N. XI)
17 Plexus cervicalis
18 V. jugularis int.

Trigonum caroticum (von lateral). Der M. sternocleidomastoideus wurde durchtrennt und zurückgeklappt.

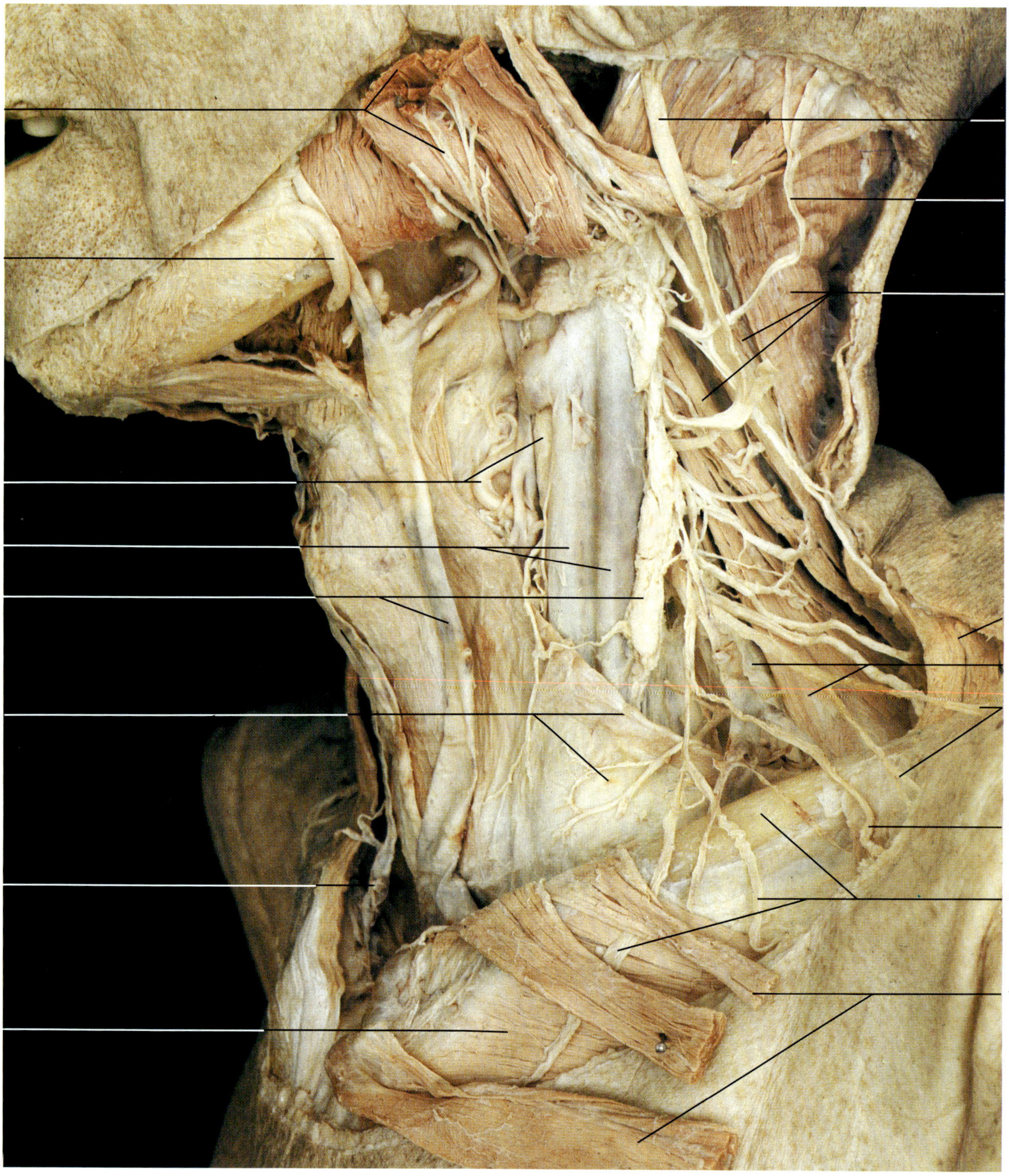

Mittlere Halsfaszie und Gefäßnervenstrang des Halses. Der M. sternocleidomastoideus wurde durchtrennt und zurückgeklappt. Die mittlere Halsfaszie, die bis zum M. omohyoideus reicht, ist noch erhalten.

◁

1 N. accessorius (N. XI), M. sternocleidomastoideus (zurückgeklappt)
2 A. und V. facialis
3 A. carotis ext., A. thyroidea sup.
4 V. jugularis int.
5 Lymphonodi cervicales prof. und V. jugularis ext.
6 M. omohyoideus, Lamina pretrachealis fasciae cervicalis
7 V. jugularis ant.
8 M. pectoralis major
9 N. auricularis magnus
10 N. occipitalis minor
11 M. splenius capitis, M. levator scapulae
12 M. trapezius
13 M. scalenus medius, Plexus brachialis
14 Nn. supraclaviculares lat.
15 N. supraclavicularis intermedius
16 Nn. supraclaviculares med. und Clavicula
17 M. sternocleidomastoideus (zurückgeklappt)

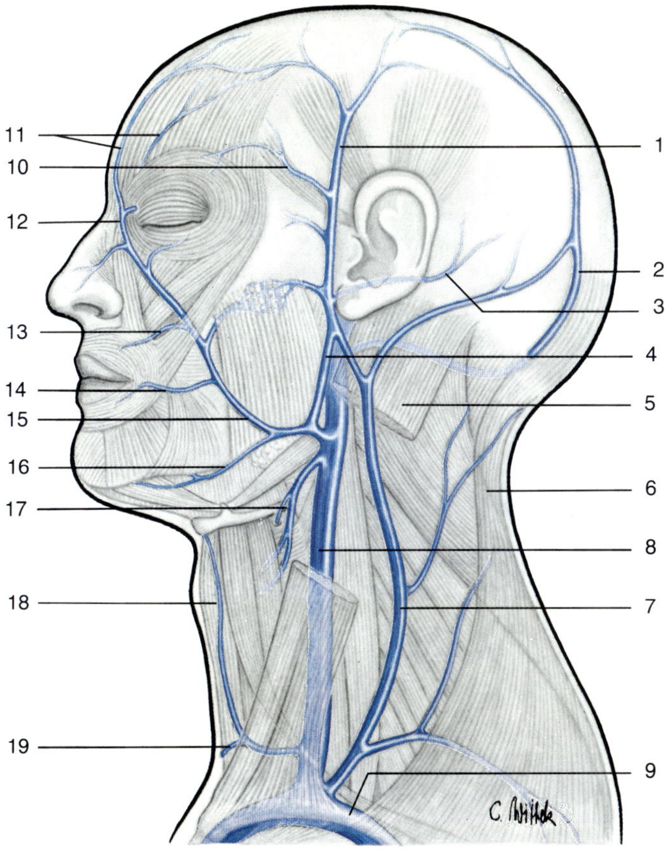

1 V. temporalis superf.
2 V. occipitalis
3 V. auricularis post.
4 V. retromandibularis
5 M. sternocleidomastoideus
6 M. trapezius
7 V. jugularis ext.
8 V. jugularis int.
9 V. subclavia
10 V. temporalis media
11 V. supraorbitalis (R. med. und lat.)
12 V. angularis
13 V. labialis sup.
14 V. labialis inf.
15 V. facialis
16 V. submentalis
17 V. thyroidea sup.
18 V. jugularis ant.
19 Arcus venosus juguli

Venen des Halses (Schemazeichnung) (W.).
Der M. sternocleidomastoideus wurde teilweise entfernt, um die V. jugularis int. sichtbar zu machen.

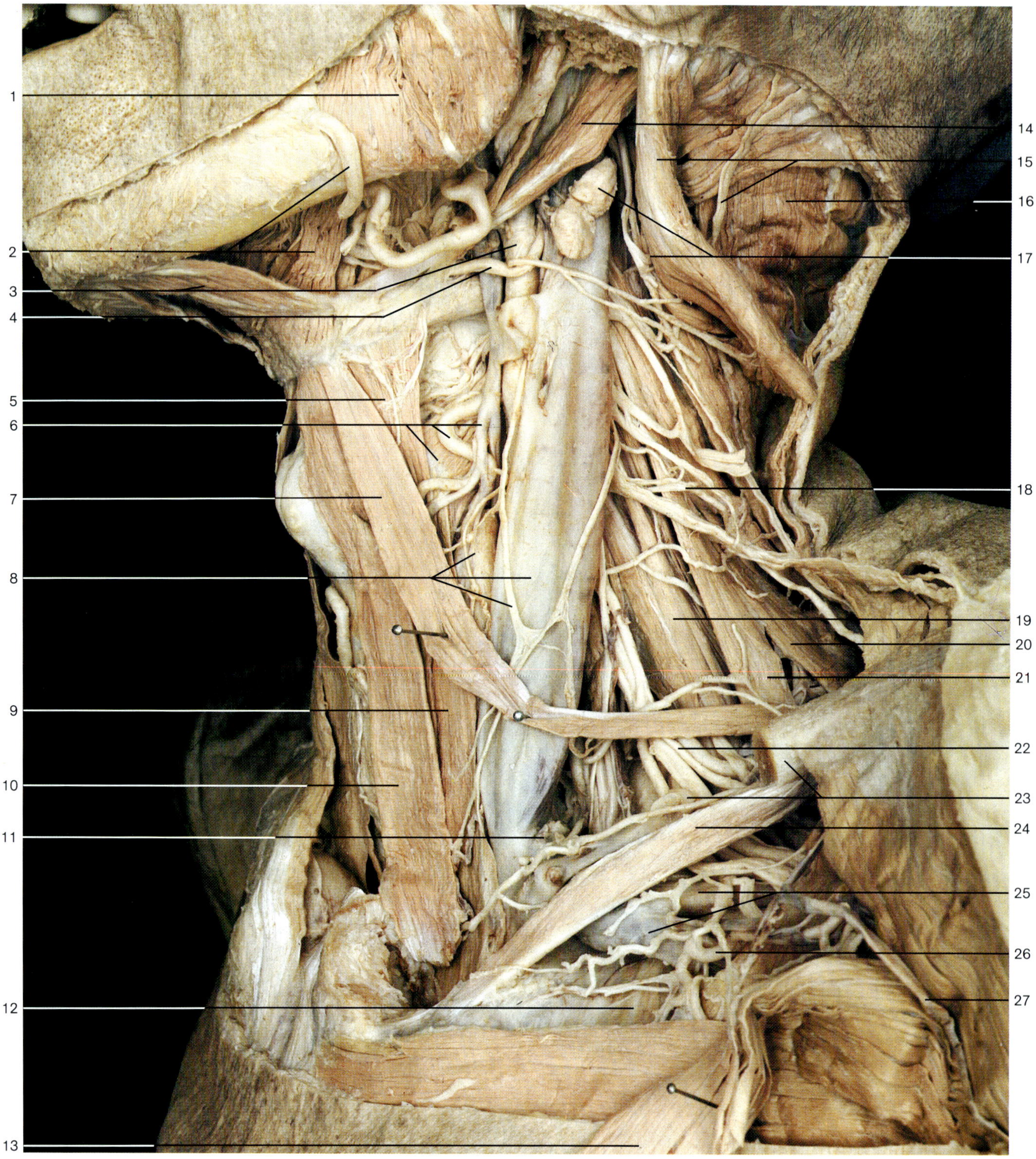

Tiefe Halspräparation I. Ansa cervicalis und **infrahyale Muskulatur.** Die Clavicula wurde teilweise entfernt.

◁

1 M. masseter
2 A. facialis, M. mylohyoideus
3 A. carotis ext., M. digastricus, venter ant.
4 N. hypoglossus (N. XII)
5 M. thyrohyoideus
6 A. und V. thyroidea sup., M. constrictor pharyngis inf.
7 M. omohyoideus, venter sup.
8 Ansa cervicalis, Gl. thyroidea, V. jugularis int.
9 M. sternothyroideus
10 M. sternohyoideus
11 Ductus thoracicus
12 M. pectoralis minor
13 M. pectoralis major, pars clavicularis
14 M. digastricus, venter post.
15 M. sternocleidomastoideus, N. occipitalis minor
16 M. splenius capitis
17 Lymphonodi cervicales superf. und N. accessorius (N. XI)
18 Plexus cervicalis
19 M. scalenus medius
20 M. levator scapulae
21 M. scalenus post.
22 Plexus brachialis
23 A. transversa colli und Clavicula (durchtrennt)
24 M. subclavius
25 A. und V. subclavia
26 A. thoracoacromialis
27 V. cephalica

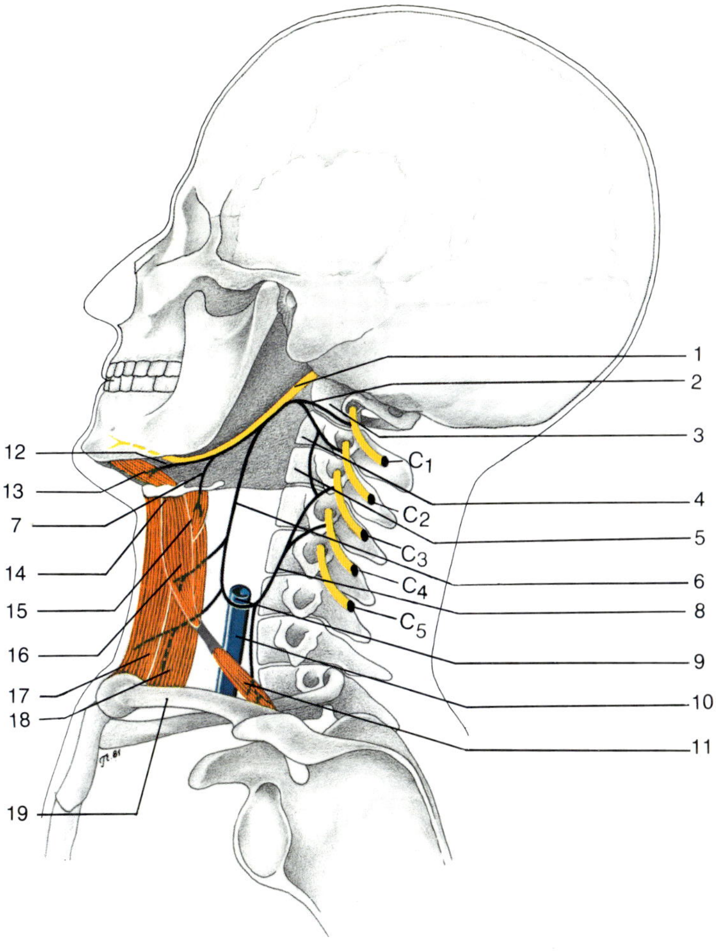

1 N. hypoglossus (N. XII)
2 Anastomose des N. hypoglossus mit dem 1. zervikalen Spinalnerven
3 Atlas
4 Axis
5 Vertebra cervicalis III (C_3)
6 Radix sup. ansae cervicalis
7 R. thyrohyoideus n. hypoglossi
8 Radix inf. ansae cervicalis
9 Ansa cervicalis
10 V. jugularis int.
11 Venter inf. m. omohyoidei
12 R. geniohyoideus n. hypoglossi
13 M. geniohyoideus
14 Os hyoideum
15 M. thyrohyoideus
16 Venter sup. m. omohyoidei
17 M. sternohyoideus
18 M. sternothyroideus
19 Clavicula

Innervation der infrahyalen Muskulatur, N. hypoglossus und Ansa cervicalis (Schemazeichnung) (Tr.). C_1-C_5 = Rr. ventrales der ersten 5 zervikalen Spinalnerven.

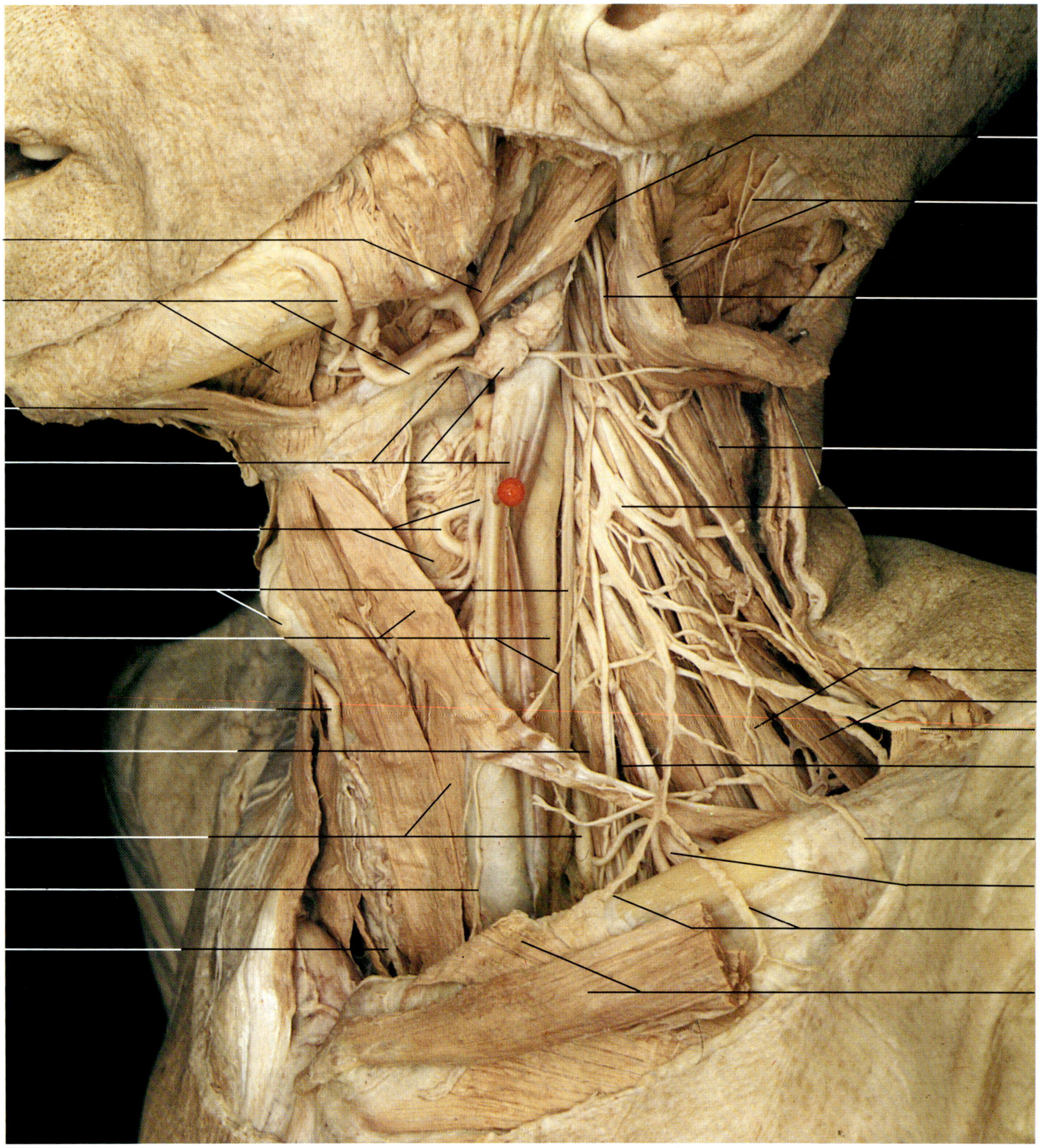

Tiefe Halspräparation II. Die V. jugularis int. wurde zur Seite verlagert, um die A. carotis communis und den N. vagus zu zeigen. M. sternocleidomastoideus wurde durchtrennt und zurückgeklappt.

1 M. stylohyoideus
2 A. facialis, M. mylohyoideus
3 M. digastricus, venter ant.
4 V. jugularis int., N. hypoglossus, Lymphonodi cervicales superf.
5 A. und V. thyroidea superior, M. constrictor pharyngis inf.
6 N. vagus, Cartilago thyroidea
7 Radix inf. ansae cervicalis, M. omohyoideus, A. carotis communis
8 A. thyroidea sup. dext.
9 M. scalenus ant.
10 A. thyroidea inf., M. sternothyroideus
11 R. muscularis ansae cervicalis
12 V. thyroidea ima
13 M. digastricus, venter post.
14 N. occipitalis minor, M. sternocleidomastoideus
15 N. accessorius (N. XI)
16 M. splenius capitis
17 Plexus cervicalis
18 M. scalenus post.
19 M. levator scapulae
20 Nn. supraclaviculares lat.
21 N. phrenicus
22 N. supraclavicularis intermedius
23 Plexus brachialis
24 Nn. supraclaviculares med.
25 M. sternocleidomastoideus

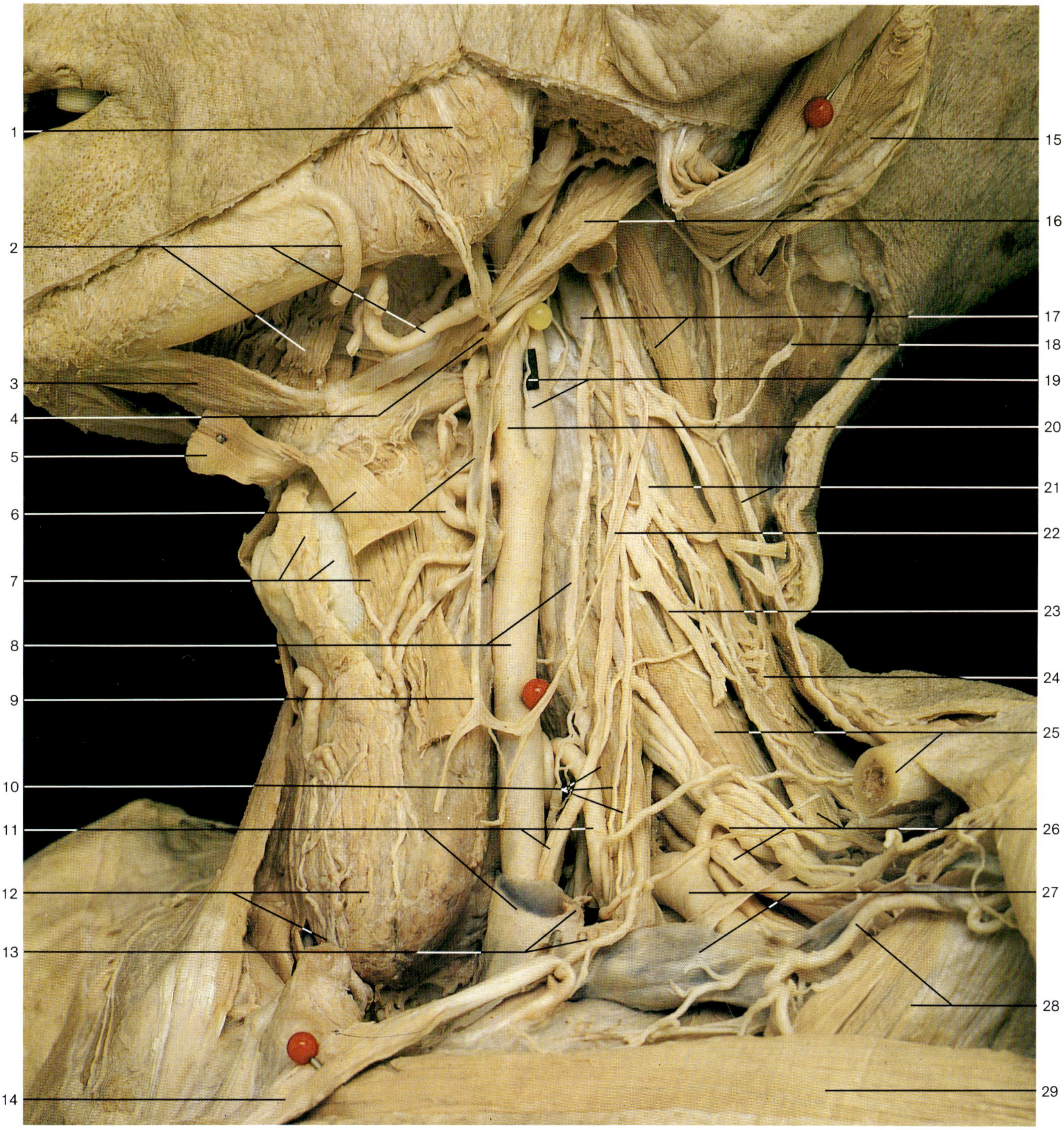

Tiefe Halspräparation III. Die Clavicula wurde teilweise entfernt, so daß die Skalenuslücken sichtbar geworden sind. Die V. jugularis int. wurde ganz entfernt. Die A. carotis communis wurde etwas nach vorne gezogen, um den Truncus sympathicus zu zeigen.

1 M. masseter
2 A. facialis, M. mylohyoideus
3 M. digastricus, venter ant.
4 N. hypoglossus (N. XII)
5 M. sternohyoideus (durchgeschnitten und hochgehoben)
6 A. und V. thyroidea sup., M. omohyoideus (durchgeschnitten)
7 M. sternothyroideus, Cartilago thyroidea, Lobus pyramidalis mit Rest von Ductus thyroglossus
8 A. carotis communis, Truncus sympathicus
9 Ansa cervicalis
10 N. phrenicus, M. scalenus ant., A. cervicalis ascendens
11 A. thyroidea inf., N. vagus, V. jugularis int.
12 Gl. thyroidea, V. thyroidea ima
13 Ductus thoracicus, Truncus subclavius sin.
14 M. subclavius (zurückgeklappt)
15 M. sternocleidomastoideus
16 M. digastricus, venter post.
17 Ggl. cervicale sup., M. splenius capitis
18 N. occipitalis minor
19 A. carotis int., R. sinus carotici (schwarz unterlegt)
20 A. carotis ext.
21 Plexus cervicalis, N. accessorius (N. XI)
22 Radix inf. ansae cervicalis
23 N. supraclavicularis
24 M. levator scapulae
25 M. scalenus medius, Clavicula
26 A. transversa colli, Plexus brachialis, M. scalenus posterior
27 A. und V. subclavia
28 A. thoracoacrominalis, M. pectoralis minor
29 M. pectoralis major

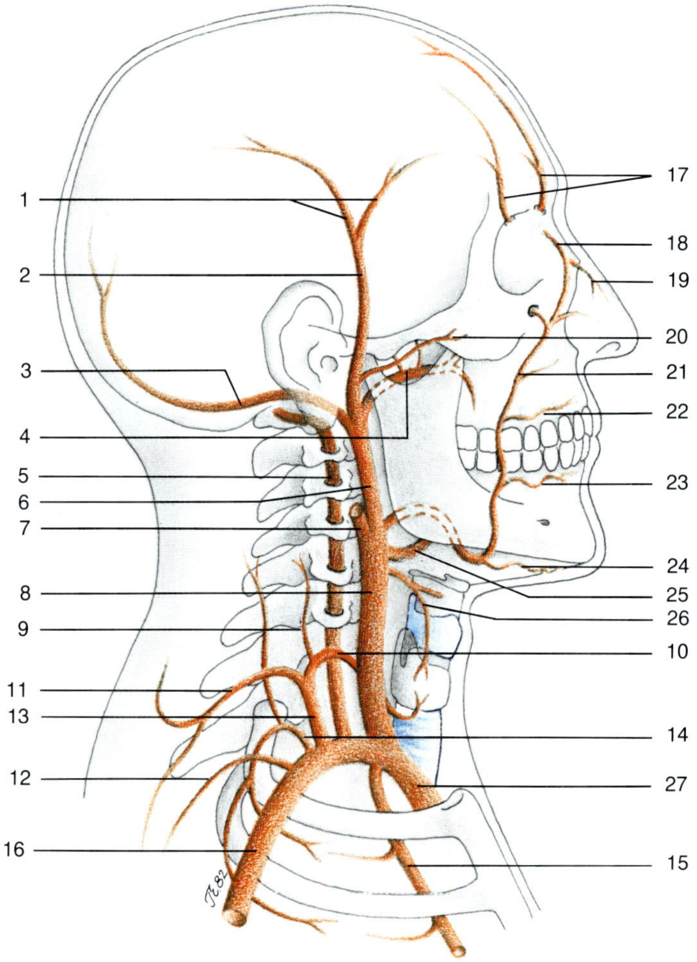

1 R. frontalis et parietalis a. temporalis superf.
2 A. temporalis superf.
3 A. occipitalis
4 A. maxillaris
5 A. vertebralis
6 A. carotis ext.
7 A. carotis int. (durchtrennt)
8 A. carotis communis
9 A. cervicalis ascendens } Truncus thyrocervicalis
10 A. thyroidea inf. } Truncus thyrocervicalis
11 A. transversa colli mit 2 Ästen (A. cervicalis superf. und A. scapularis descendens) } Truncus thyrocervicalis
12 A. suprascapularis
13 Truncus thyrocervicalis
14 Truncus costocervicalis mit 2 Ästen (A. cervicalis profunda und A. intercostalis suprema)
15 A. thoracica int.
16 A. subclavia
17 A. supraorbitalis, A. supratrochlearis
18 A. angularis
19 A. dorsalis nasi
20 A. transversa faciei
21 A. facialis
22 A. labialis sup.
23 A. labialis inf.
24 A. submentalis
25 A. lingualis
26 A. thyroidea sup.
27 Truncus brachiocephalicus

Äste der wichtigsten Arterien von Kopf und Hals (Schemazeichnung) (O.).

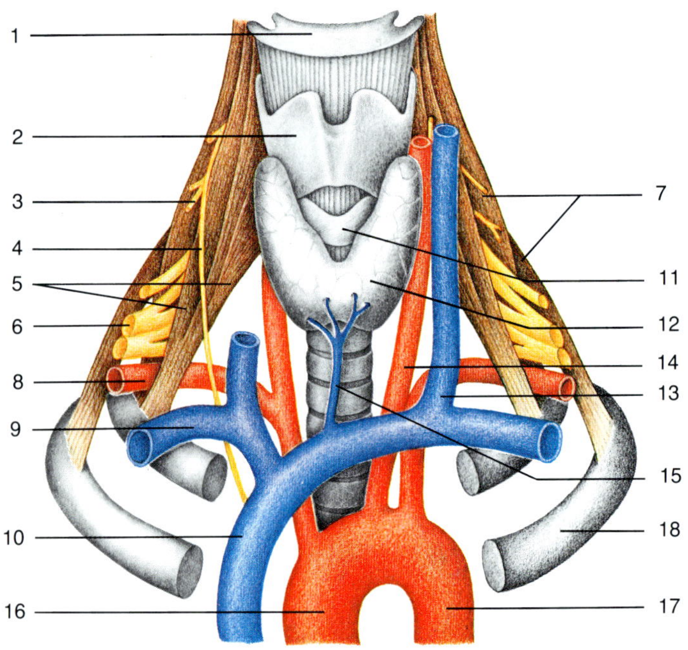

1 Os hyoideum
2 Cartilago thyroidea
3 Plexus cervicalis
4 N. phrenicus
5 M. scalenus ant.
6 Plexus brachialis
7 M. scalenus medius et post.
8 A. subclavia dext.
9 V. subclavia dext.
10 V. cava sup.
11 Cartilago cricoidea
12 Gl. thyroidea
13 V. jugularis int. sin.
14 A. carotis communis sin.
15 V. thyroidea ima
16 Aorta ascendens
17 Aorta descendens
18 Costa II

Skalenuslücken und zugehörige Gefäßnervenstränge (Schemazeichnung) (O.).

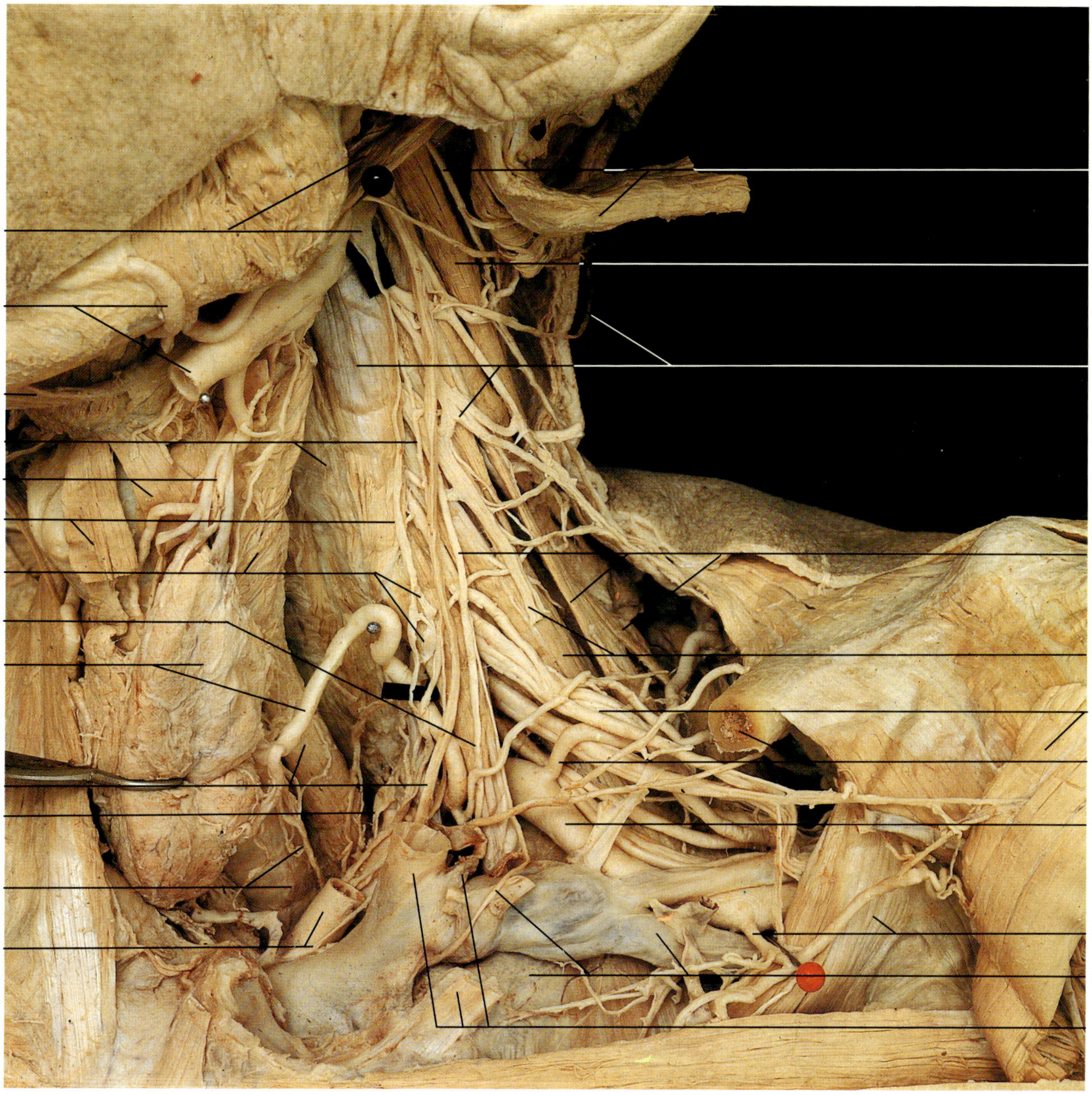

Tiefe Halspräparation IV. Die Gl. thyroidea wurde mobilisiert und nach vorne gezogen. Darstellung des N. laryngeus recurrens.

1 Ggl. cervicale sup. trunci sympathici, M. digastricus
2 A. facialis, A. carotis communis (hochgezogen)
3 A. cervicalis ascendens, M. longus colli
4 A. thyroidea sup., M. omohyoideus
5 Truncus sympathicus, M. sternohyoideus
6 Ggl. cervicale medium, M. constrictor pharyngis inf.
7 N. phrenicus auf dem M. scalenus ant.
8 Gl. thyroidea, A. thyroidea inf.
9 N. vagus, Oesophagus
10 Ggl. cervicothoracicum (oberer Anteil)
11 Trachea, N. laryngeus recurrens sin.
12 A. carotis communis, R. cardiacus inf. n. vagi
13 N. accessorius, M. sternocleidomastoideus
14 M. splenius capitis
15 N. auricularis magnus, M. longus capitis, Plexus cervicalis
16 N. phrenicus, M. scalenus post., M. levator scapulae
17 Nn. supraclaviculares, M. scalenus medius
18 Plexus brachialis, Pars clavicularis m. pectoralis majoris (zurückgeklappt)
19 A. transversa colli und Clavicula (durchtrennt)
20 A. subclavia sin.
21 A. thoracoacromialis und M. pectoralis minor
22 Costa I, N. phrenicus accessorius, V. subclavia
23 V. jugularis int., Ductus thoracicus, M. subclavius

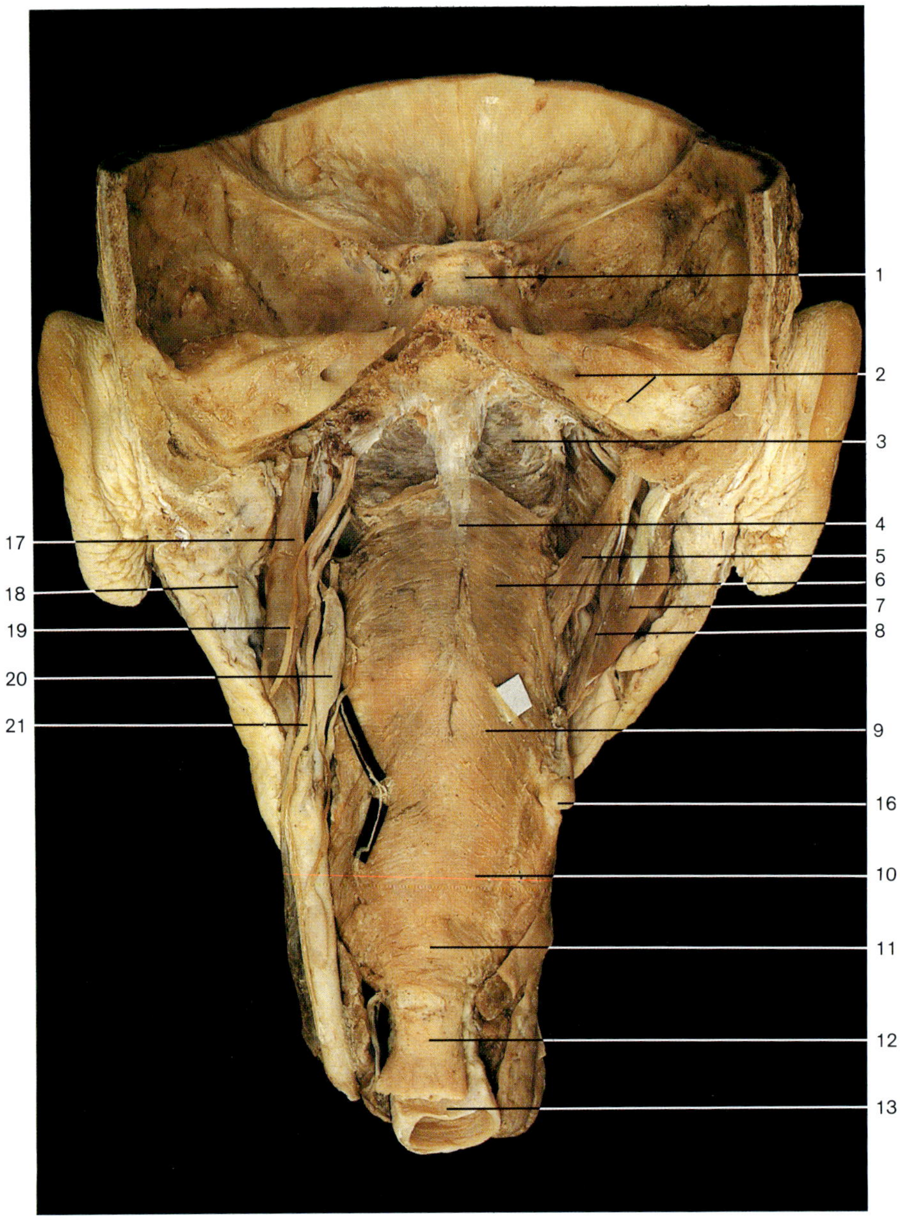

1 Sella turcica
2 Pars petrosa ossis temporalis, Meatus acusticus int.
3 Fascia pharyngobasilaris
4 Raphe pharyngis
5 M. stylopharyngeus
6 M. constrictor pharyngis sup.
7 Venter post. m. digastrici
8 M. stylohyoideus
9 M. constrictor pharyngis medius
10 M. constrictor pharyngis inf.
11 Laimersches Muskeldreieck
12 Oesophagus
13 Trachea
14 Gl. thyroidea, Gl. parathyroidea
15 M. pterygoideus med.
16 Cornu majus ossis hyoidei
17 V. jugularis int.
18 Gl. parotis
19 N. accessorius (N. XI)
20 Ggl. sup. trunci sympathici
21 N. vagus (N. X)

Muskulatur des Pharynx (von dorsal).

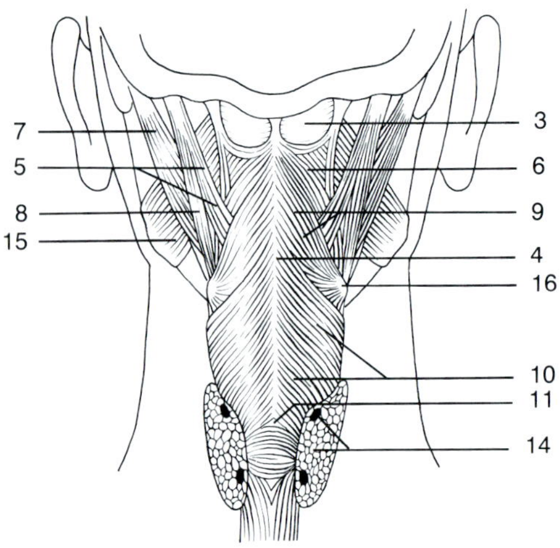

Pharynxmuskulatur (Schemazeichnung).

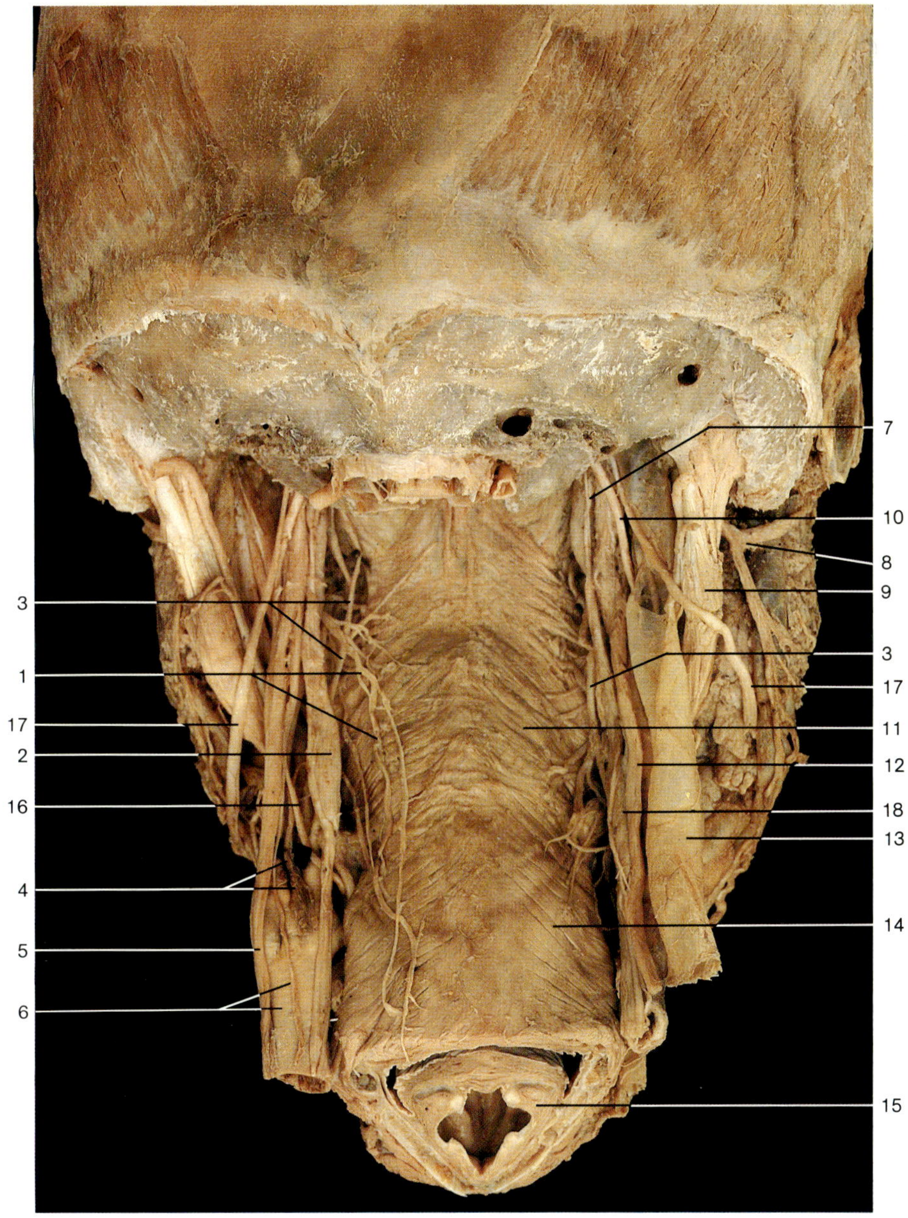

1 Plexus pharyngeus
2 Ggl. cervicale sup. trunci sympathici
3 A. pharyngea ascendens
4 Glomus caroticum mit R. sinus carotici des N. glossopharyngeus (N. IX) (unterlegt)
5 N. vagus (N. X) sin.
6 A. carotis communis, R. cardiacus sup.
7 N. glossopharyngeus (N. IX)
8 N. facialis (N. VII)
9 M. digastricus, venter post.
10 N. hypoglossus (N. XII)
11 M. constrictor pharyngis medius
12 N. vagus (N. X) dext.
13 V. jugularis int.
14 M. constrictor pharyngis inf.
15 Larynx
16 N. laryngeus sup.
17 N. accessorius (N. XI)
18 Truncus sympathicus, pars cervicalis

Spatium retro- und parapharyngeum (von dorsal).

Der **Pharynx** setzt sich kaudalwärts in den Ösophagus fort, besitzt aber noch nicht die charakteristische Schichtengliederung des Magen-Darm-Traktes; vielmehr liegt die Längsmuskelschicht (z. T. unvollständig) innen und die Ringmuskelschicht außen, also umgekehrt wie beim Darmrohr. Die Ringmuskulatur des Pharynx (sog. Konstriktoren) bestehen auch nicht aus sphinkterartigen Muskelringen, sondern schichten sich dachziegelförmig übereinander und verankern sich schließlich in einer medianen, bindegewebigen Raphe, die an der Schädelbasis fixiert ist. Durch die Umgliederung der Muskelarchitektur des Pharynx in die des Darmrohres, das praktisch mit dem Ösophagus beginnt, entstehen in der Übergangszone in Höhe des Ösophagusmundes häufig Unregelmäßigkeiten im Bau der muskulären Wandung, die zur Entwicklung von Taschen und Hernien führen können (Ösophagusdivertikel). Das **Laimersche Dreieck** stellt einen muskelfreien oder muskelarmen Bezirk dar, der im Bereich dieser Übergangszone liegt und ein Prädilektionsort für die Entwicklung von Pulsionsdivertikeln darstellt. Variationen der Muskelstrukturen im Bereich der Übergangszone sind sehr häufig. Andererseits ist der Pharynx aber auch nach vorne offen. Durch den Übergang in die Wangenmuskulatur (M. buccinator) entsteht zwischen Unterkiefer und Pharynx eine prismenförmige Nische, in der die tiefen Kaumuskeln (Mm. pterygoidei), die vom Proc. styloideus entspringenden Muskeln und die großen Leitungsbahnen untergebracht sind.

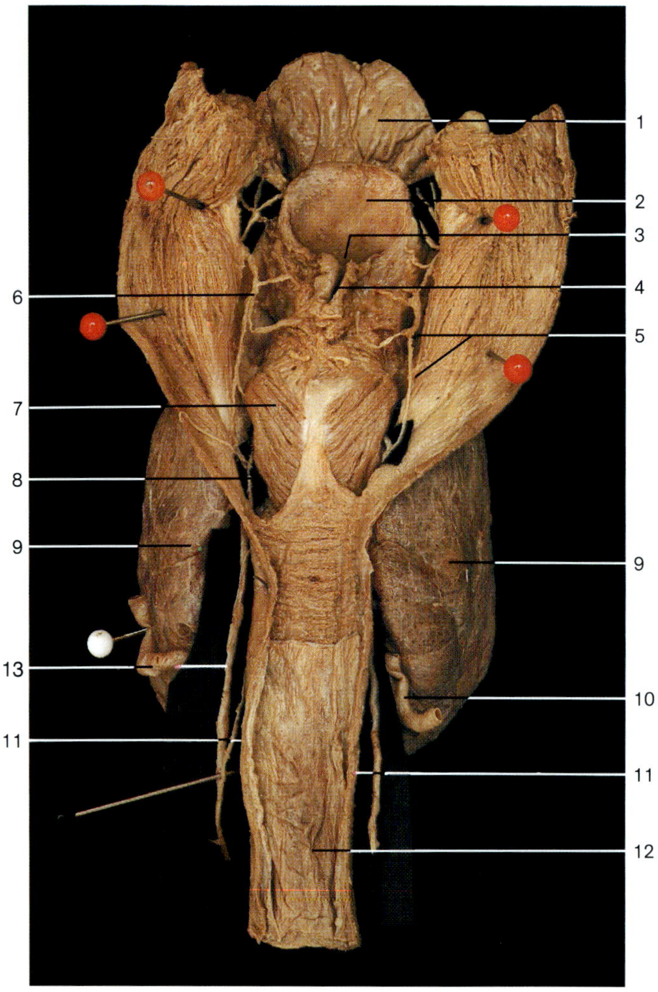

Larynx mit innervierenden Nerven (von dorsal); Pharynx eröffnet.

1 Zungenwurzel (Radix linguae)
2 Epiglottis
3 Aditus laryngis
4 Incisura interarytenoidea
5 Lokalisation des Recessus piriformis
6 R. int. n. laryngei sup.
7 M. cricoarytenoideus post.
8 N. laryngeus inf.
9 Gl. thyroidea
10 A. thyroidea inf.
11 Ösophagusmuskulatur
12 Ösophagusschleimhaut
13 N. laryngeus recurrens n. vagi

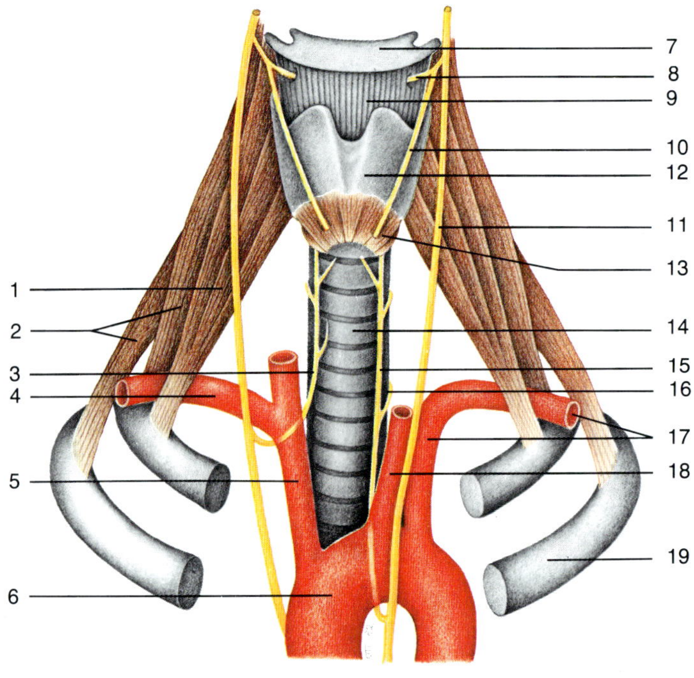

Innervation des Kehlkopfes (Schemazeichnung) (O.).

1 M. scalenus ant.
2 M. scalenus medius et post.
3 N. laryngeus recurrens n. vagi
4 A. subclavia dext.
5 Truncus brachiocephalicus
6 Aorta ascendens
7 Os hyoideum
8 R. int. n. laryngei sup.
9 Membrana thyrohyoidea
10 R. ext. n. laryngei sup.
11 N. vagus (N. X)
12 Cartilago thyroidea
13 M. cricothyroideus
14 Trachea
15 N. laryngeus recurrens
16 Oesophagus
17 A. subclavia sin.
18 A. carotis communis sin.
19 Costa II

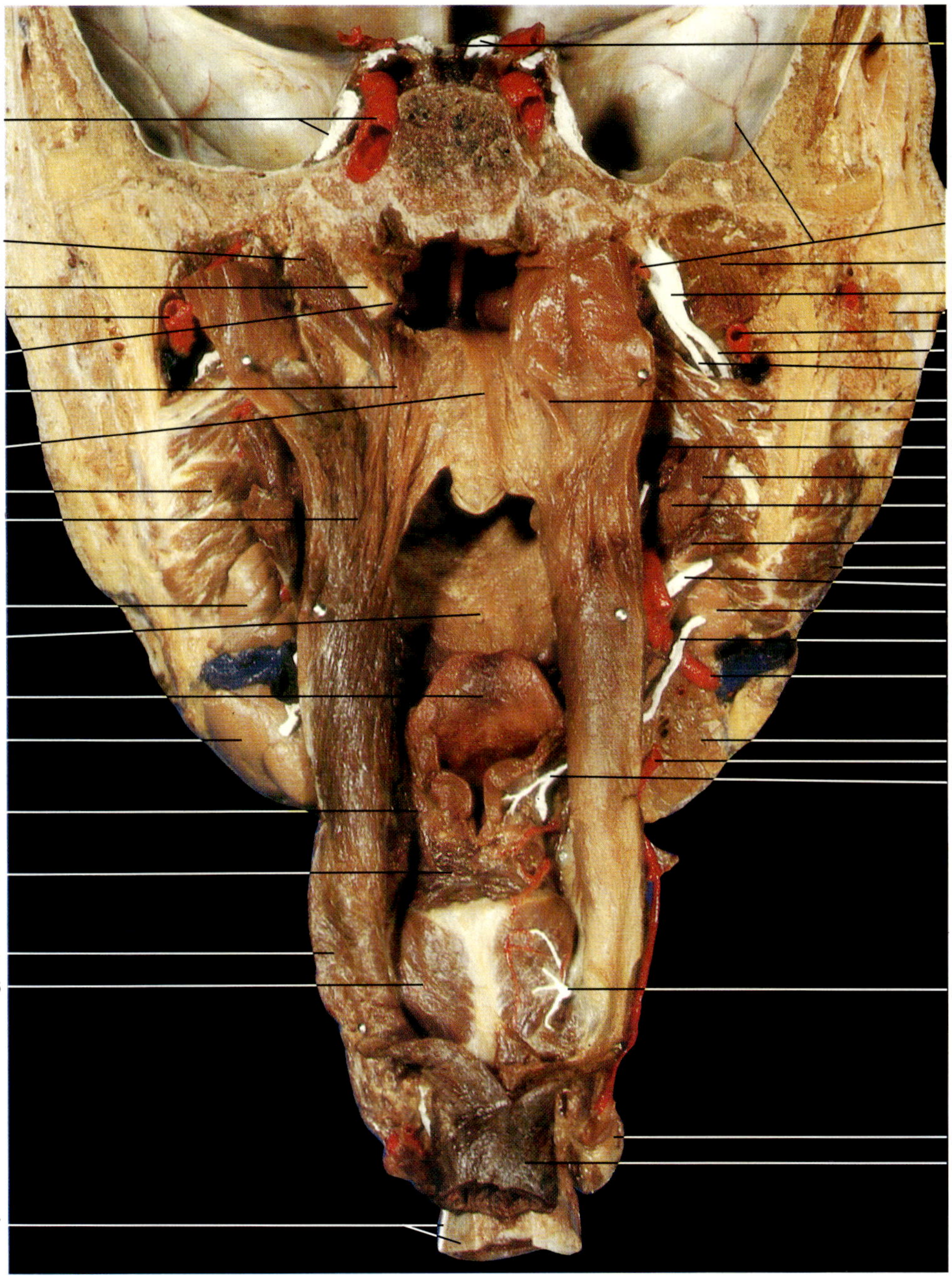

Etagengliederung des Pharynx. Pharynx und Oesophagus von dorsal eröffnet.

1 A. carotis int., Ggl. trigeminale
2 M. levator veli palatini
3 Cartilago tubae auditivae
4 A. maxillaris
5 Ostium pharyngeum tubae auditivae
6 M. salpingopharyngeus
7 M. uvulae
8 M. pterygoideus med.
9 M. palatopharyngeus
10 Gl. submandibularis
11 Radix linguae
12 Epiglottis
13 M. aryepiglotticus
14 M. arytenoideus
15 M. constrictor pharyngis inf., M. cricopharyngeus
16 M. cricoarytenoideus post.
17 N. laryngeus inf. und Trachea
18 N. opticus, Hypophysenstiel
19 A. meningea media
20 M. pterygoideus lat.
21 N. mandibularis (N. V_3)
22 Gl. parotis
23 N. alveolaris inf.
24 N. lingualis
25 Plica salpingopharyngea
26 M. stylopharyngeus (durchtrennt)
27 M. styloglossus (durchtrennt)
28 M. stylohyoideus (durchtrennt)
29 M. digastricus, venter post. (durchtrennt)
30 M. masseter
31 N. hypoglossus (N. XII)
32 N. laryngeus sup.
33 A. facialis
34 A. laryngea sup.
35 R. int. n. laryngei sup.
36 R. musculares n. laryngei inf.
37 Gl. thyroidea
38 Oesophagus

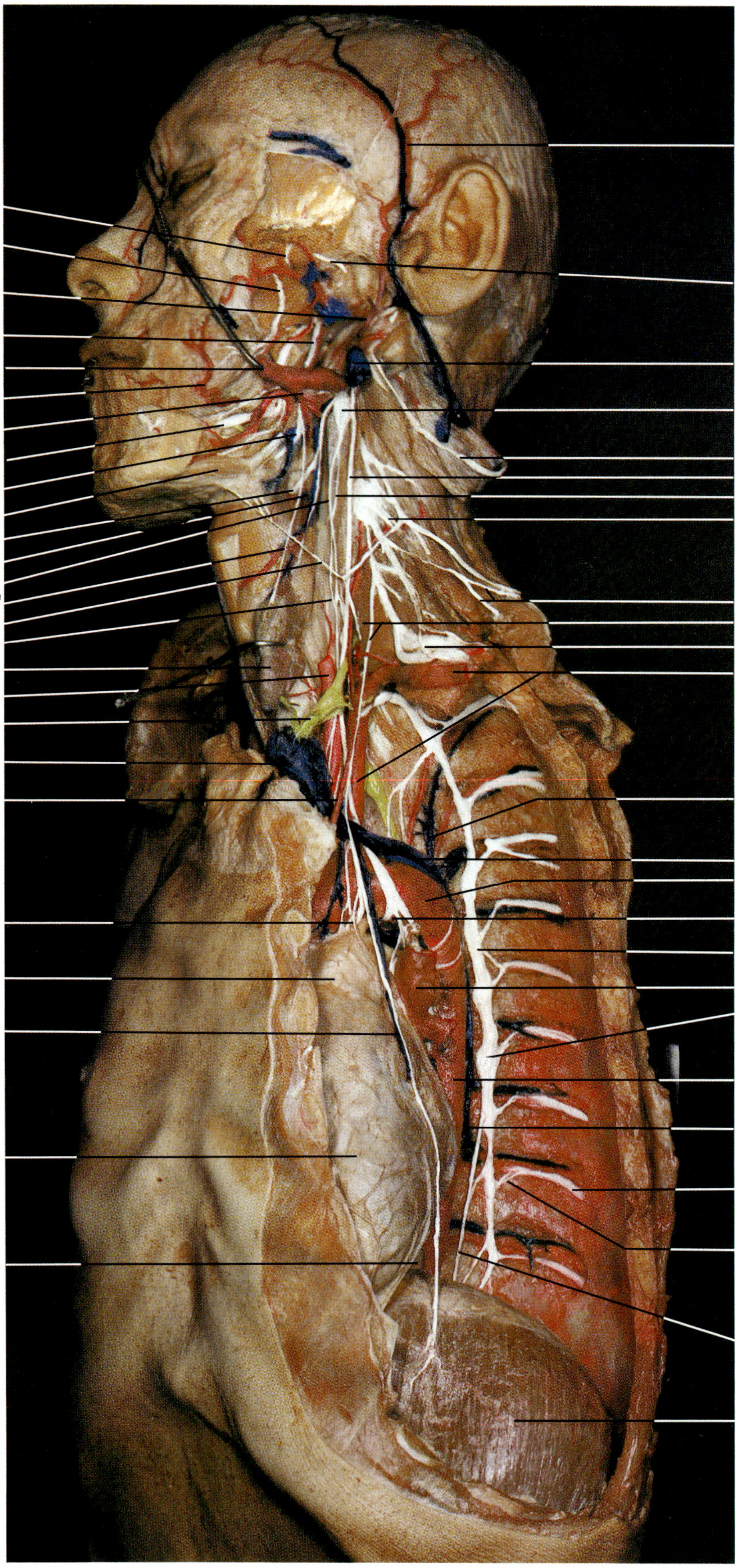

Tiefe Präparation des Halses in Verbindung mit dem hinteren Mediastinum. Man beachte besonders den Verlauf des N. phrenicus, N. vagus und Truncus sympathicus (weiß). Lymphgefäße (grün), Venen (blau), Arterien (rot).

1 N. temporalis prof.
2 N. buccalis
3 A. maxillaris
4 N. alveolaris inf.
5 A. carotis communis (durchtrennt und oberer Abschnitt nach oben gezogen)
6 A. facialis
7 Glomus caroticum
8 N. lingualis
9 M. digastricus, venter ant.
10 N. laryngeus sup.
11 M. constrictor pharyngis inf.
12 Pars cervicalis trunci sympathici
13 N. hypoglossus (N. XII)
13 Radix sup. ansae cervicalis
14 N. transversus colli (durch eine Nadel nach unten gezogen)
15 R. cardiacus cervicalis sup. trunci sympathici
16 Gl. thyroidea (nach vorne gezogen)
17 Ductus thoracicus (grün)
18 V. brachiocephalica sin.
19 A. thoracica int.
20 R. cardiacus cervicalis inf. n. vagi
21 Truncus pulmonalis
22 N. phrenicus und V. pericardiacophrenica
23 Herz mit Perikard
24 Oesophagus
25 A. und V. temporalis superf.
26 N. massetericus
27 V. jugularis int.
28 Ggl. superius trunci sympathici
29 N. accessorius (N. XI)
30 N. vagus (N. X)
31 N. cardiacus cervicalis sup. trunci sympathici
32 Plexus cervicalis
33 Nn. supraclaviculares
34 M. scalenus ant., N. phrenicus
35 Plexus brachialis
36 A. subclavia
37 V. hemiazygos accessoria
38 V. hemiazygos
39 Arcus aortae
40 N. laryngeus recurrens sin.
41 Vv. pulmonales sin.
42 Pars thoracica trunci sympathici
43 Aorta thoracica
44 N. intercostalis
45 Rr. communicantes albi et grisei
46 N. splanchnicus major
47 Zwerchfell (Diaphragma)

Kapitel IV

Rumpf

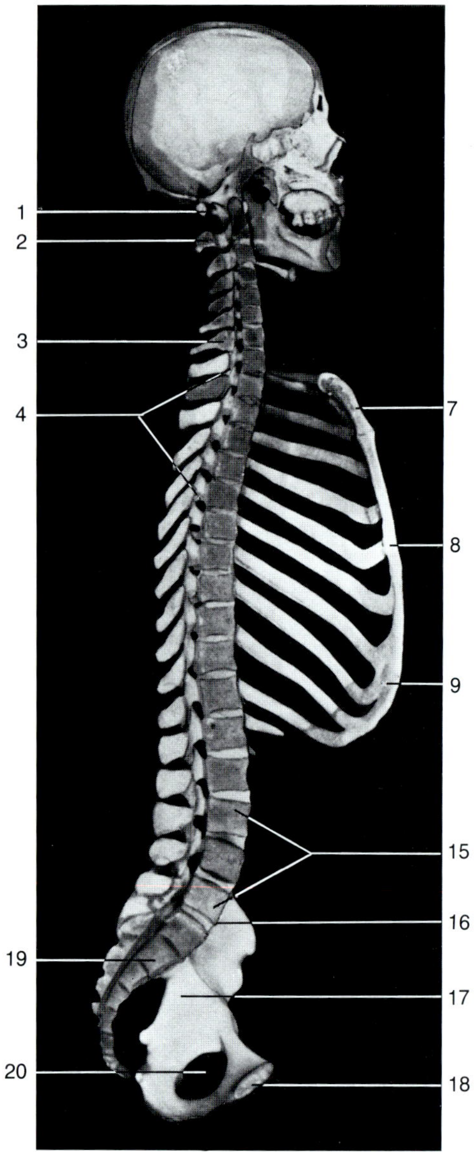

Medianschnitt durch Rumpfskelett und Kopf eines Erwachsenen.

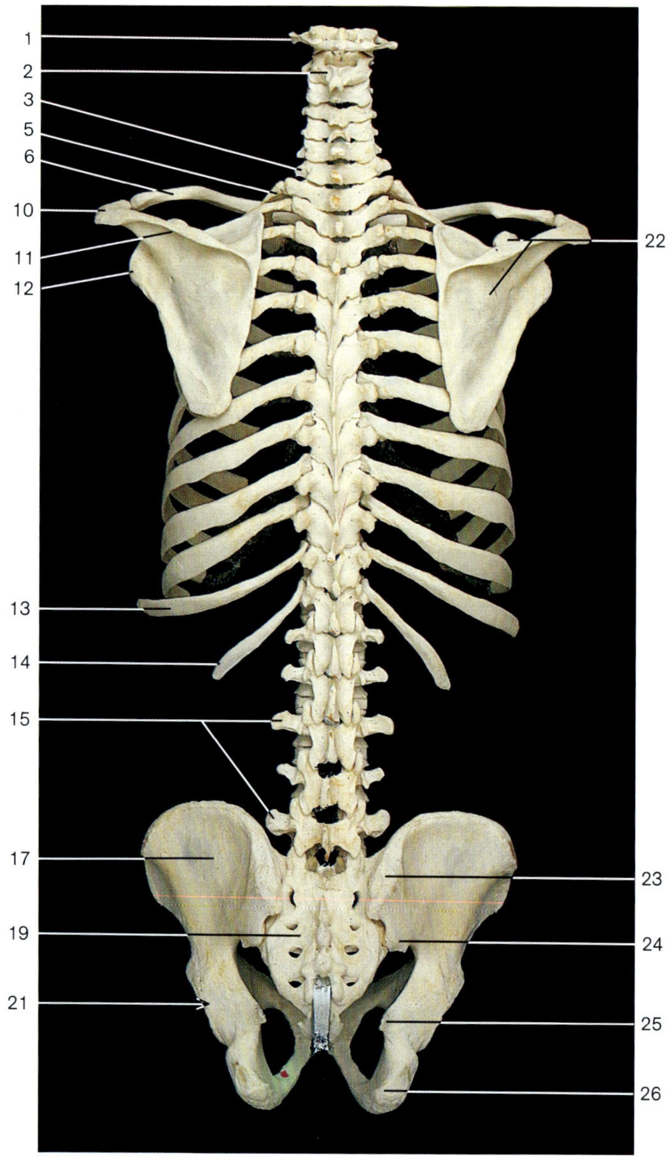

Wirbelsäule, Thorax, Schultergürtel und Becken (von dorsal).

1 Atlas
2 Axis
3 Vertebra prominens (C_7)
4 Canalis vertebralis
5 Costa I
6 Clavicula
7 Manubrium sterni
8 Corpus sterni
9 Arcus costalis
10 Acromion
11 Spina scapulae
12 Angulus lat. scapulae (Cavitas glenoidalis)
13 Costa XI
14 Costa XII
15 Vertebrae lumbales
16 Promontorium
17 Os coxae
18 Symphysis
19 Os sacrum
20 For. obturatum
21 Acetabulum
22 Scapula mit Proc. coracoideus
23 Spina iliaca post. sup.
24 Spina iliaca post. inf.
25 Spina ischiadica
26 Tuber ischiadicum

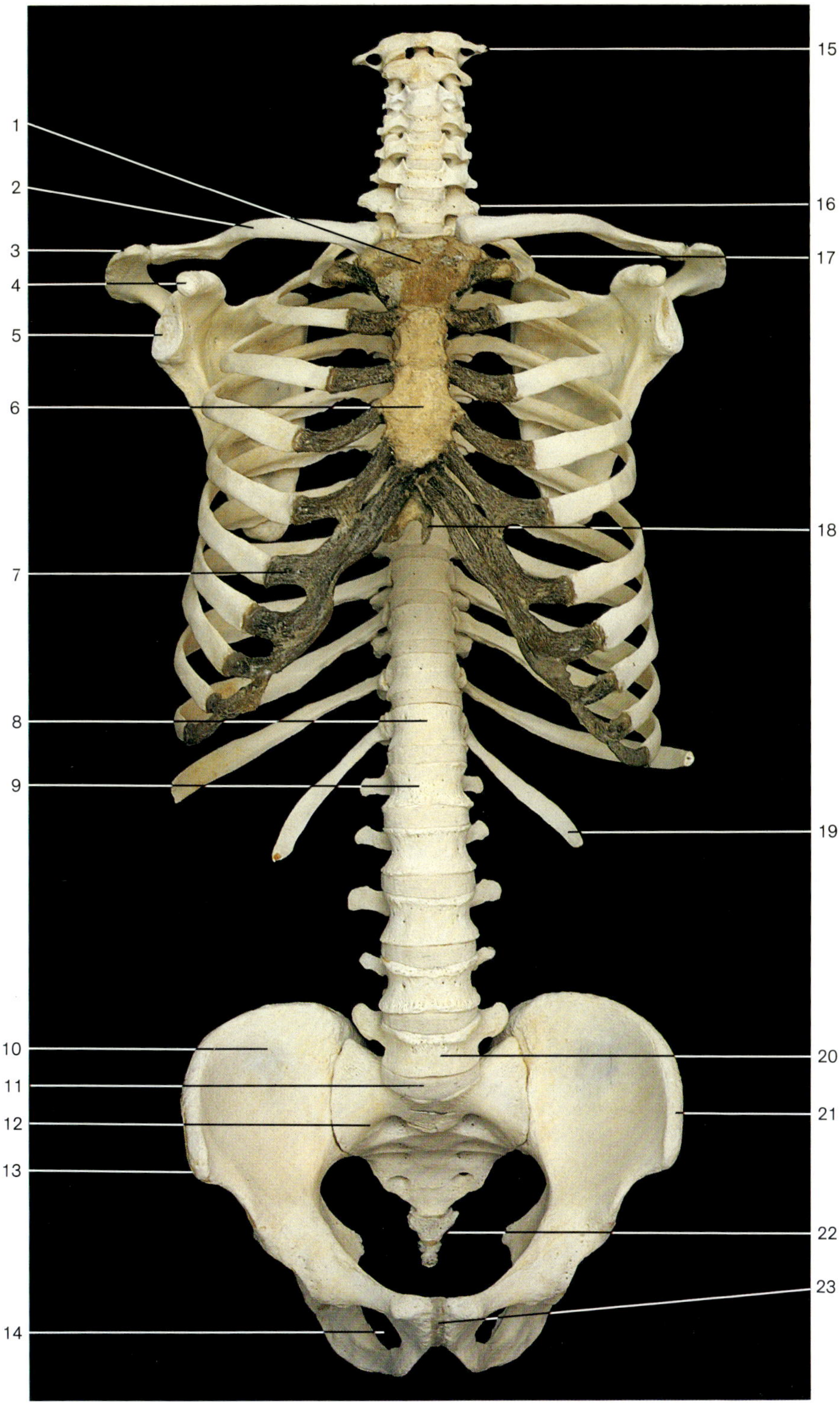

1 Manubrium sterni
2 Clavicula
3 Acromion
4 Proc. coracoideus
5 Cavitas glenoidalis
6 Corpus sterni
7 Cartilago costalis
8 Corpus vertebrae thoracicae XII
9 Corpus vertebrae lumbalis I
10 Os coxae
11 Promontorium
12 Os sacrum
13 Spina iliaca ant. sup.
14 For. obturatum
15 Atlas
16 Vertebra prominens (C_7)
17 Costa I
18 Proc. xiphoideus
19 Costa XII
20 Corpus vertebrae lumbalis (L_5)
21 Crista iliaca
22 Os coccygis
23 Symphysis pubica

Wirbelsäule, Becken und Thorax mit Schultergürtel (von vorne).

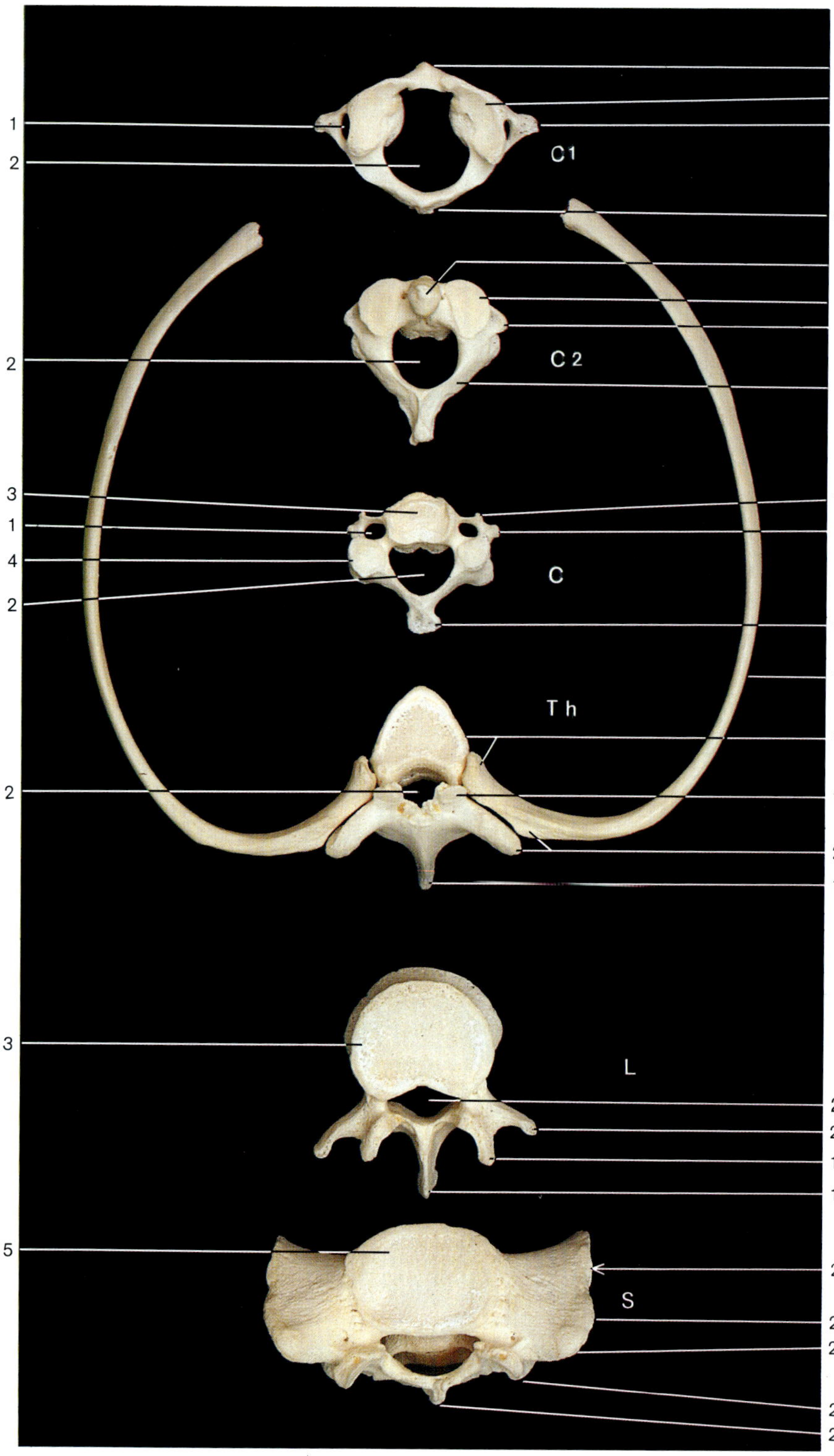

Typische Wirbel aus allen Bereichen der Wirbelsäule (von oben). Von oben nach unten: Atlas (C_1), Axis (C_2), Halswirbel (C), Brustwirbel (Th), Lendenwirbel (L) und Kreuzbein (S).

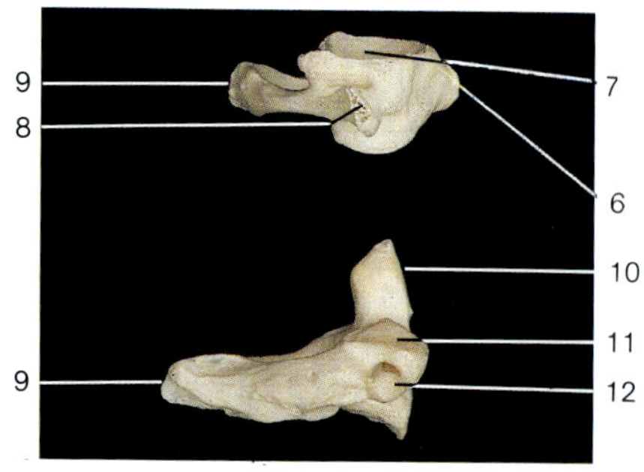

A Atlas und Axis (C_1 und C_2)

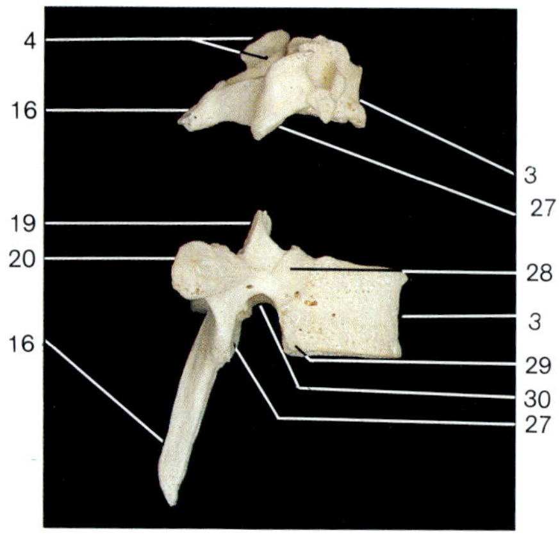

B Typischer Halswirbel (C) und Brustwirbel (Th)

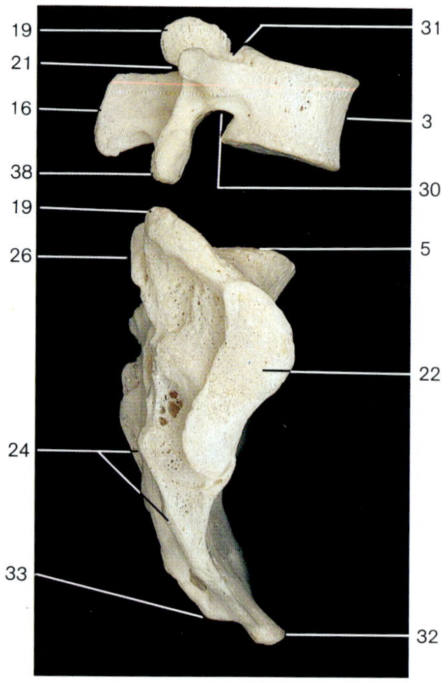

C Typischer Lendenwirbel (L) und Os sacrum (S)

Typische Wirbel aus allen Bereichen der Wirbelsäule (von lateral gesehen).

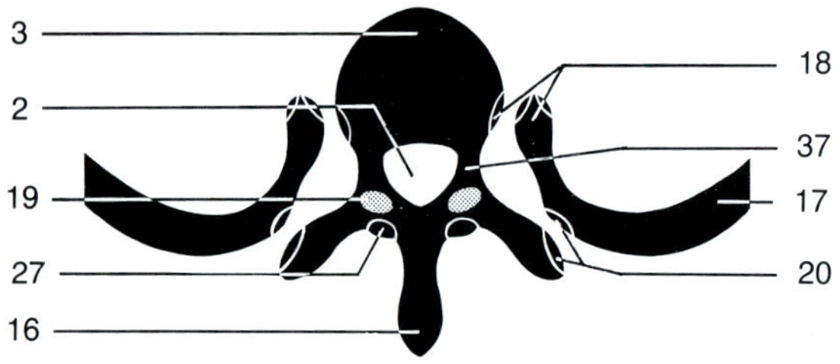

Allgemeiner Aufbau der Wirbel und Rippen (Schema).

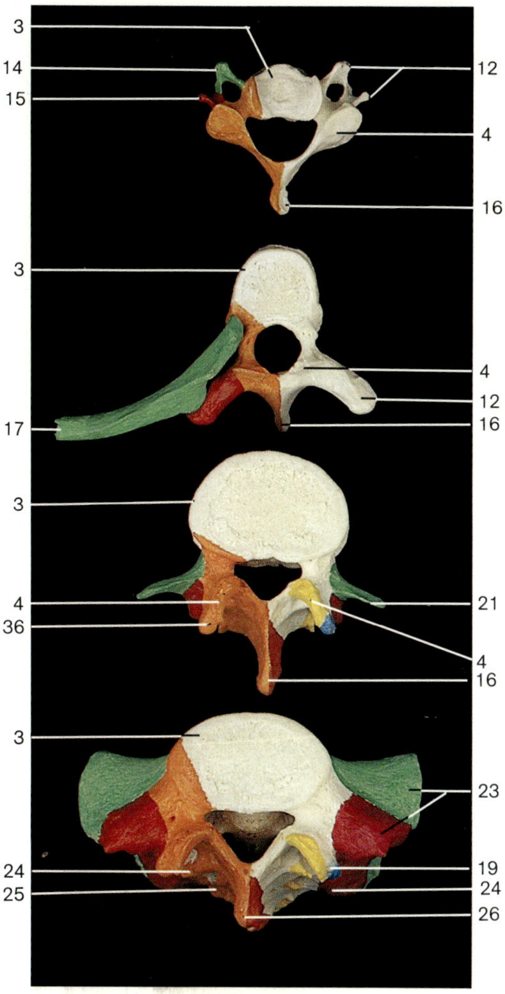

Allgemeine Formelemente der Wirbel. Typischer Halswirbel, Brustwirbel, Lendenwirbel und das Kreuzbein in der Anordnung von oben nach unten.

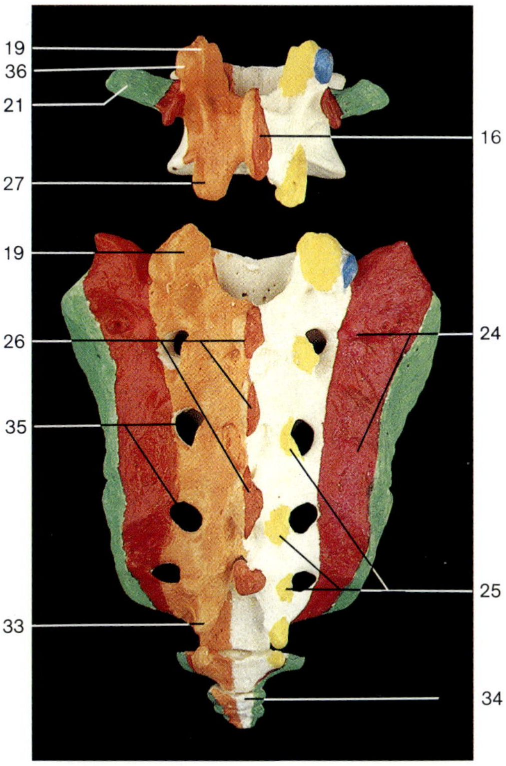

Allgemeine Struktur von Lendenwirbel und Kreuzbein (von hinten).

1 For. transversarium
2 For. vertebrale
3 Corpus vertebrae
4 Facies articularis sup.
5 Basis ossis sacri
6 Tuberculum ant. atlantis
7 Fovea articularis sup. atlantis
8 Proc. transversus des Atlas
9 Tuberculum post.
10 Dens axis
11 Facies articularis sup.
12 Proc. transversus
13 Arcus vertebrae
14 Tuberculum ant. vertebrae cervicalis
15 Tuberculum post. vertebrae cervicalis
16 Processus spinosus
17 Corpus costae
18 Corpus vertebrae und Caput costae (für die Articulatio capitis costae)
19 Proc. articularis sup.
20 Proc. transversus und tuberculum costae (für die Articulatio costotransversaria)
21 Proc. costarius
22 Facies auricularis
23 Pars lat. ossis sacri
24 Crista sacralis lat.
25 Crista sacralis intermedia
26 Crista sacralis mediana
27 Facies articularis inf.
28 Fovea costalis sup.
29 Fovea costalis inf.
30 Incisura vertebralis inf.
31 Incisura vertebralis sup.
32 Apex ossis sacri
33 Cornu sacrale
34 Os coccygis
35 Forr. sacralia dors.
36 Proc. mamillaris
37 Pediculus vertebrae
38 Proc. articularis inf.

grün = Rippen oder deren homologe Fortsätze
rot = Muskelfortsätze (Proc. transversi und spinosi)
orange = Gelenkfortsätze (Proc. articulares) und Laminae
gelb = Facies articulares

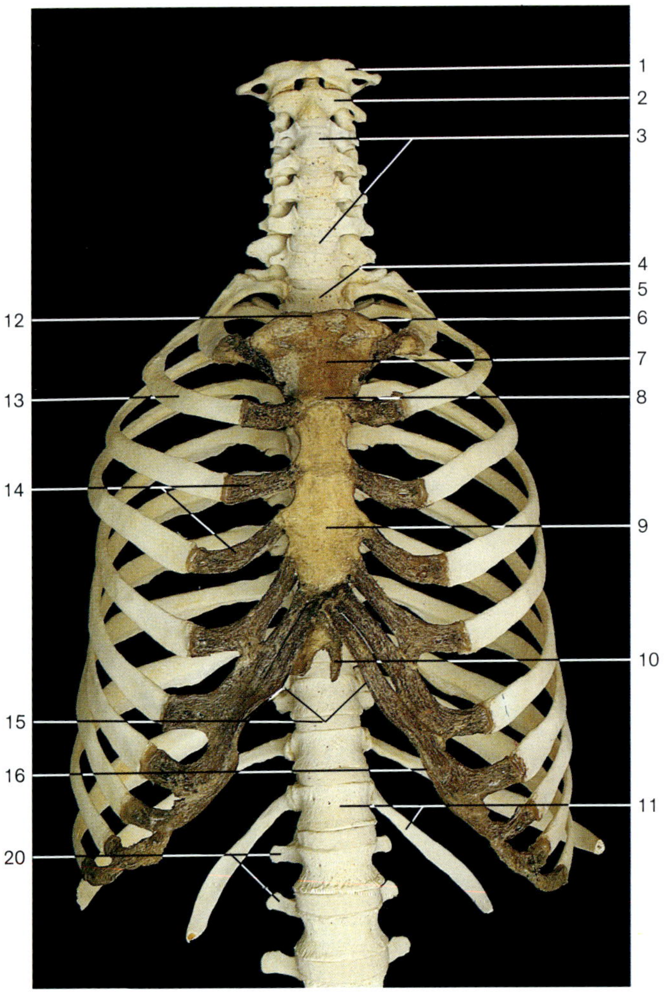

Knöcherner Thorax (von vorne).

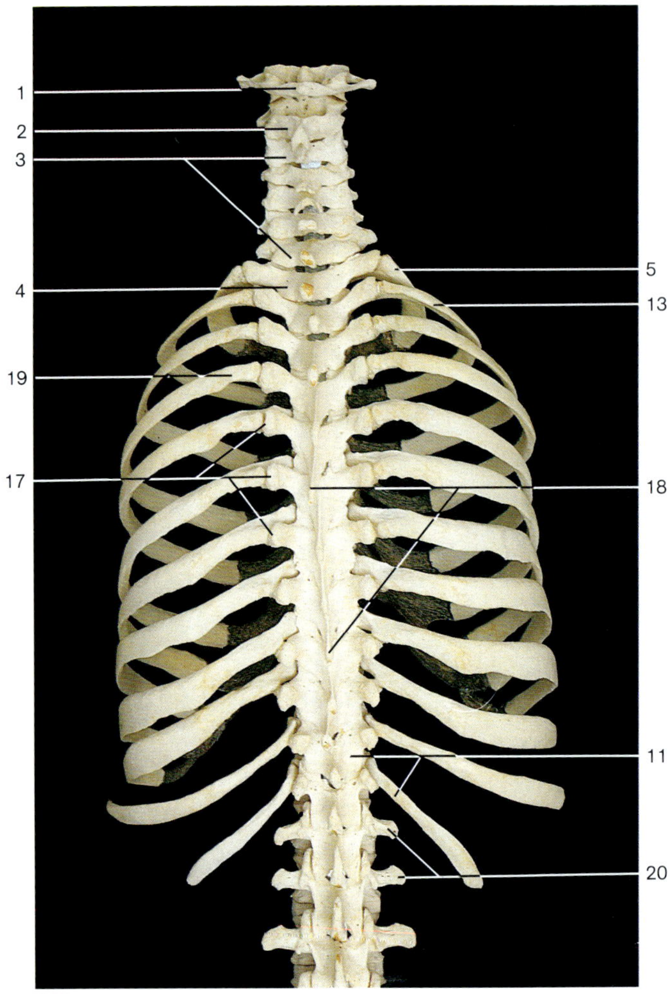

Knöcherner Thorax (von hinten).

1 Atlas
2 Axis
3 Vertebrae cervicales
4 Vertebra thoracica I
5 Costa I
6 Incisura clavicularis
7 Manubrium sterni
8 Angulus sterni
9 Corpus sterni
10 Proc. xiphoideus
11 Vertebra thoracica XII und Costa XII
12 Incisura jugularis
13 Costa II
14 Cartilagines costales
15 Angulus infrasternalis
16 Arcus costalis
17 Articulationes costotransversariae
18 Proc. spinosi
19 Angulus costae
20 Proc. costarii

Die typische Gestalt von Thorax und Wirbelsäule bildet sich erst mit der Aufrichtung des menschlichen Organismus heraus. Beim Neugeborenen nehmen die Rippen noch eine fast horizontale Stellung ein (vgl. entsprechende Abb. in Kap. I), während sie beim aufrecht gehenden Menschen eine nach unten zunehmende Schräglage, die erst die ausgiebigeren Atembewegungen ermöglicht, gewinnen. Auch die Wirbelsäule ist beim Neugeborenen noch fast gerade. Die charakteristischen Krümmungen (Hals- und Lendenlordose, Brustkyphose) entwickeln sich erst allmählich im Zusammenhang mit dem aufrechten Gang. Sie sind individuell verschieden stark ausgeprägt. Die S-förmige Krümmung in der Sagittalebene wird meist durch leichte Verbiegungen in der Frontalebene ergänzt.

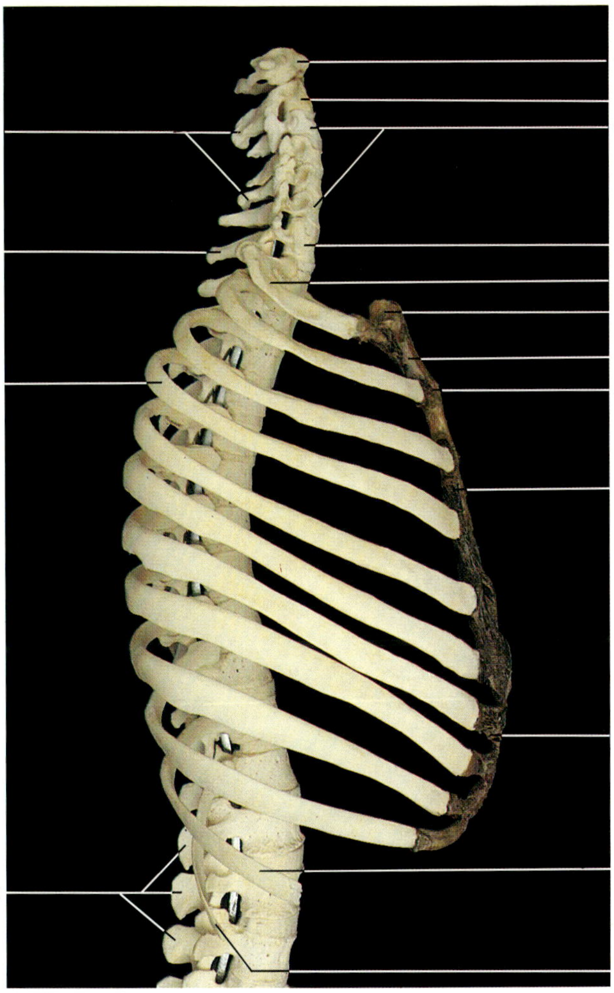

Thorax und Wirbelsäule (von lateral).

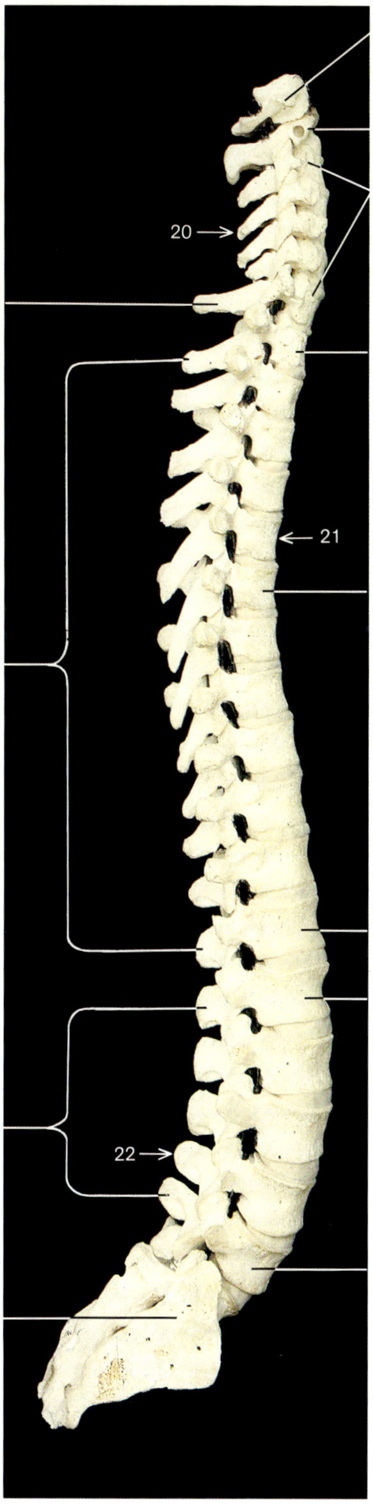

Wirbelsäule (von lateral).
Th_1, Th_6, Th_{12} = 1., 6. und 12. Brustwirbel;
L_1, L_6 = 1. und 6. Lendenwirbel.

1 Atlas
2 Axis
3 Vertebrae cervicales
4 Vertebra prominens (C_7)
5 Costa I
6 Incisura clavicularis
7 Manubrium sterni
8 Angulus sterni (Ludovici)
9 Corpus sterni
10 Arcus costae
11 Angulus costae
12 Costa XI
13 Costa XII
14 Proc. spinosi vertebrae cervicales
15 Proc. spinosi vertebrae thoracicae
16 Proc. spinosi vertebrae lumbales
17 Angulus costae
18 For. intervertebralia
19 Disci intervertebrales
20 Halslordose
21 Brustkyphose
22 Lendenlordose
23 Os sacrum

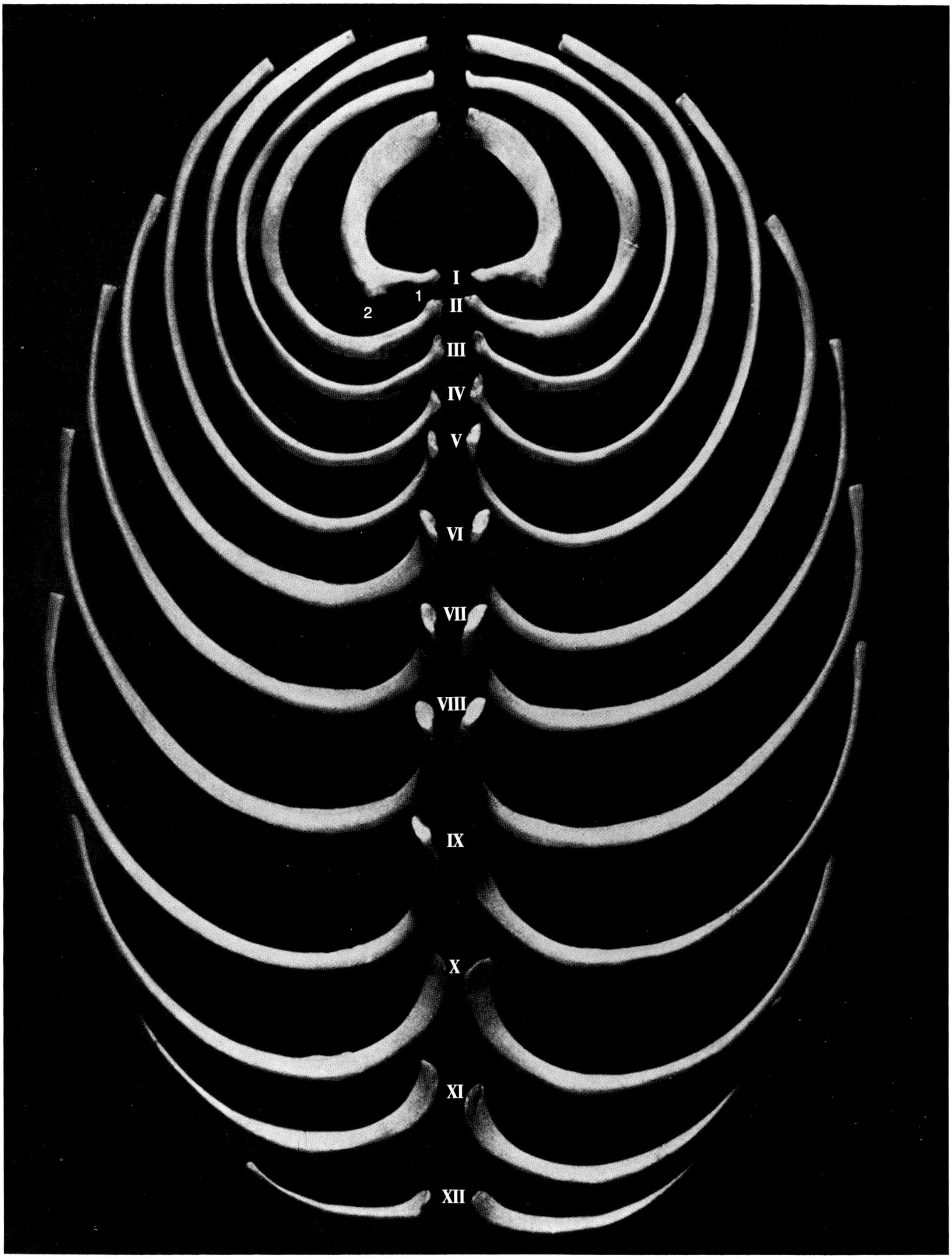

Isolierte Rippen, in natürlicher Reihenfolge angeordnet. Sternum und Brustwirbel fehlen.

I–XII Rippenpaare
1 Caput costae
2 Collum costae

Das Rippenköpfchen artikuliert jeweils mit zwei benachbarten Wirbelkörpern und dem dazwischenliegenden Discus intervertebralis. Außerdem bildet das Tuberculum costae noch ein Gelenk mit dem Proc. transversus des zugehörigen Brustwirbels. Die ersten 7 Rippen haben durch Rippenknorpel eine direkte Verbindung mit dem Sternum (Costae verae), die folgenden 5 Rippen (Costae spuriae) sind nur indirekt über den Rippenbogen (Arcus costalis) mit dem Sternum verbunden bzw. enden frei in der Rumpfwand (Costae fluctuantes).

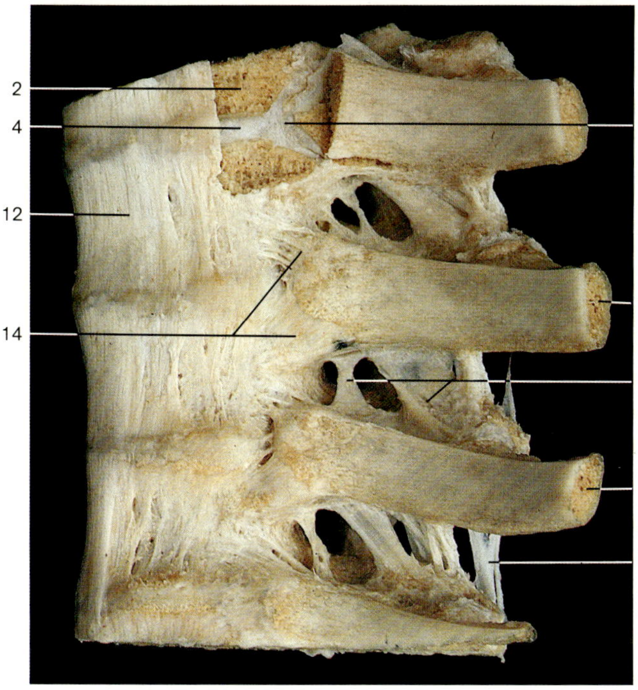

Bänder der Brustwirbelsäule und der Rippengelenke (von vorne lateral).
Das obere Rippenköpfchengelenk wurde eröffnet und ein Teil des Caput costae entfernt, um das Lig. intraarticulare zu zeigen.

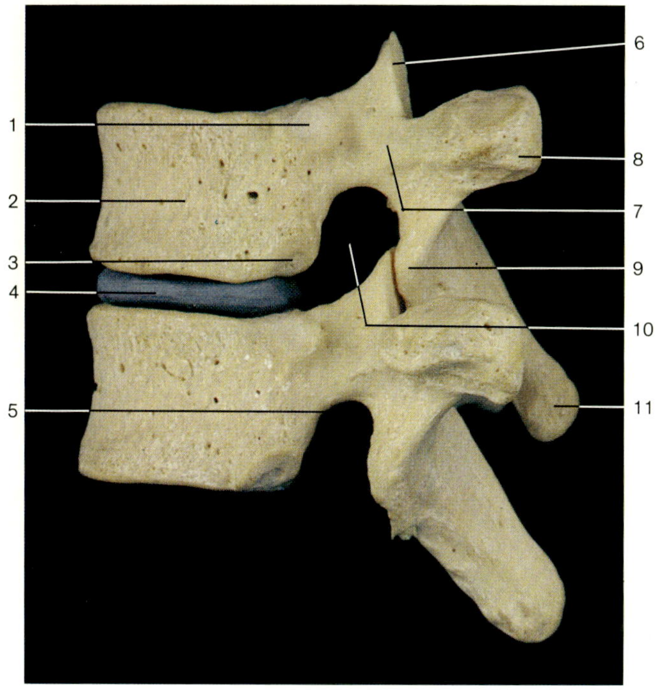

Zwei Brustwirbel (Vertebrae thoracales) (von lateral).

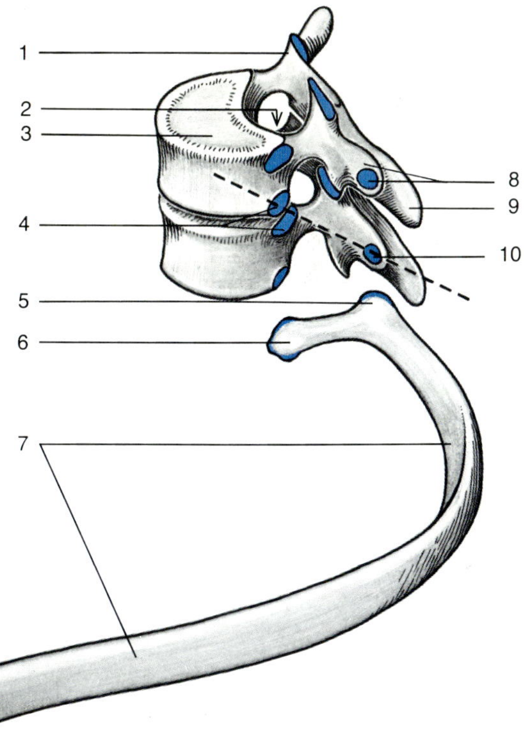

Rippengelenke (Articulationes costovertebrales)
Schemazeichnung (W.). Zwei Brustwirbel mit zugehöriger Rippe. Punktierte Linie = Achse für die Rippenbewegungen; blau = Gelenkflächen.

1 Fovea costalis sup.
2 Corpus vertebrae
3 Fovea costalis inf.
4 Discus intervertebralis
5 Incisura vertebralis inf.
6 Facies articularis sup. und Proc. articularis sup.
7 Pediculus und Arcus vertebrae
8 Proc. transversus, mit Fovea costalis transversalis
9 Proc. articularis inf.
10 For. intervertebrale
11 Proc. spinosus
12 Lig. longitudinale ant.
13 Lig. capitis costae intraarticulare
14 Lig. capitis costae radiatum
15 Lig. costotransversarium sup.
16 Collum costae
17 Lig. intertransversarium

1 Processus articularis sup.
2 Canalis vertebralis
3 Corpus vertebrae
4 Gelenkflächen für Articulatio capitis costae
5 Tuberculum costae
6 Caput costae
7 Corpus costae
8 Proc. transversus mit Fovea costalis transversalis
9 Proc. spinosus
10 Gelenkflächen für die Articulatio costotransversaria

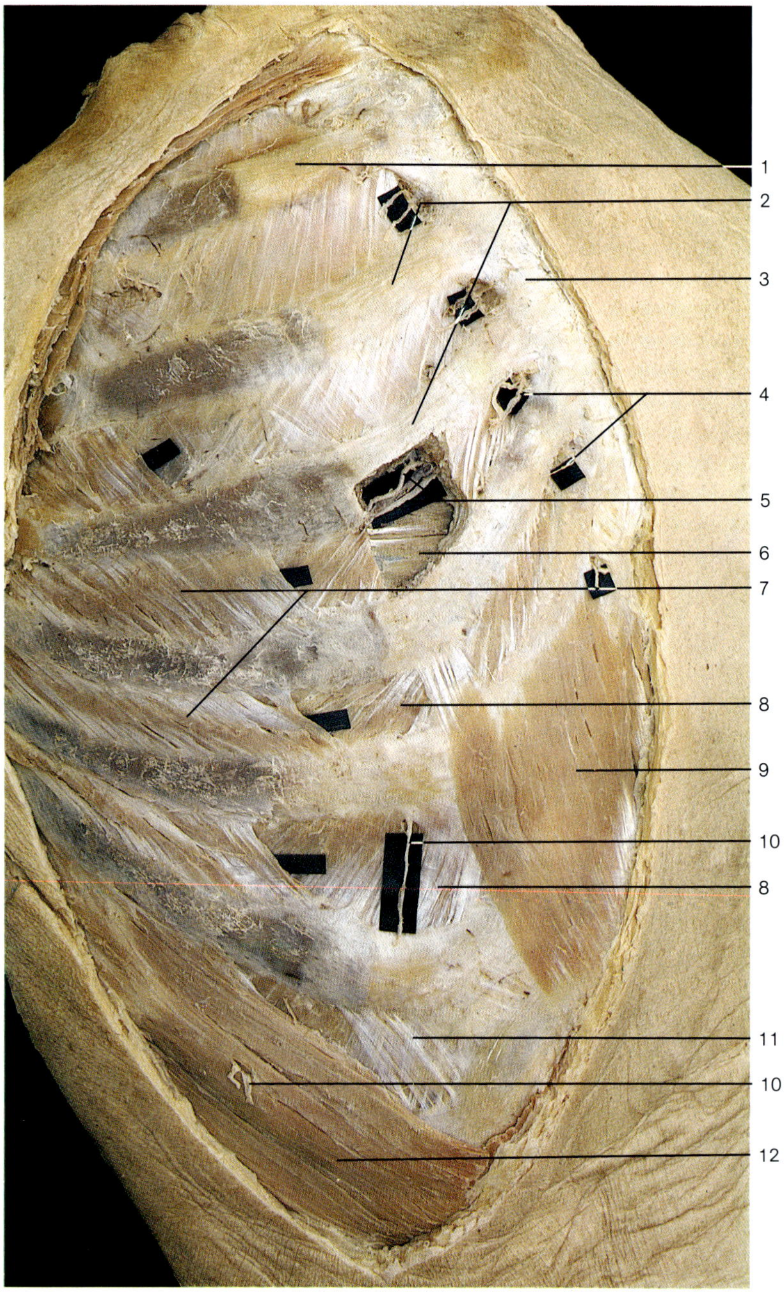

1 Costa II
2 Cartilagines costales
3 Sternum
4 Rr. cutanei ant. nn. intercostalium
5 N., A. und V. intercostalis
6 M. transversus thoracis
7 Mm. intercostales ext.
8 Mm. intercostales int.
9 M. rectus abdominis
10 Rr. cutanei lat. nn. intercostalium
11 Membrana intercostalis ext.
12 M. obliquus abdominis ext.

Rechte Thoraxwand. Interkostalmuskulatur und zugehörige Leitungsbahnen (von lateral). Der Sternum zeigt nach rechts.

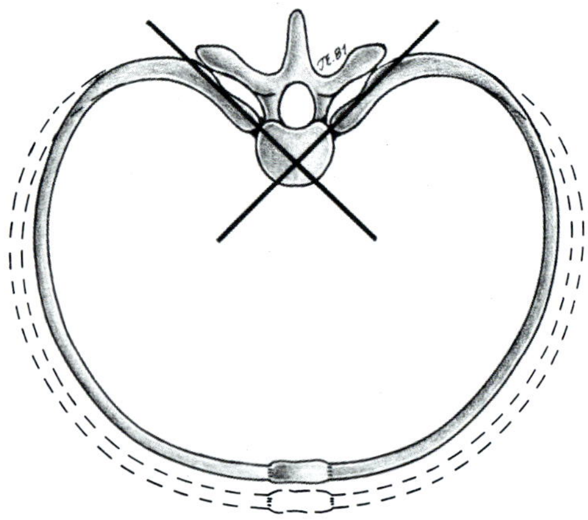

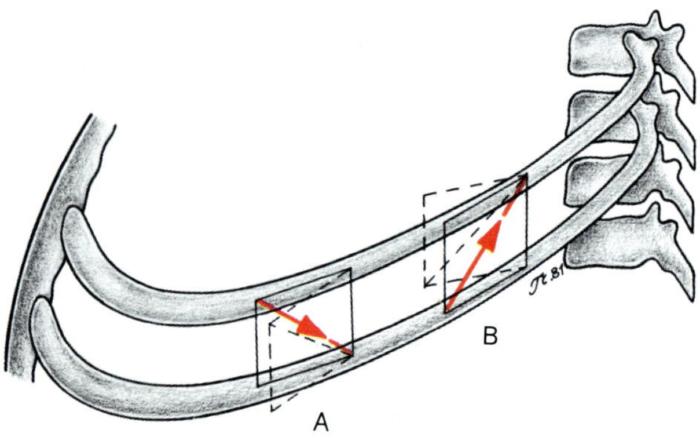

Wirkung der Interkostalmuskeln auf die Rippengelenke (Schemazeichnung) (Tr.). Ausgezogene Linie = Bewegungsachse; Pfeile = Bewegungsrichtung.

A = Wirkung der Mm. intercostales int. (Exspiration);
B = Wirkung der Mm. intercostales ext. (Inspiration).

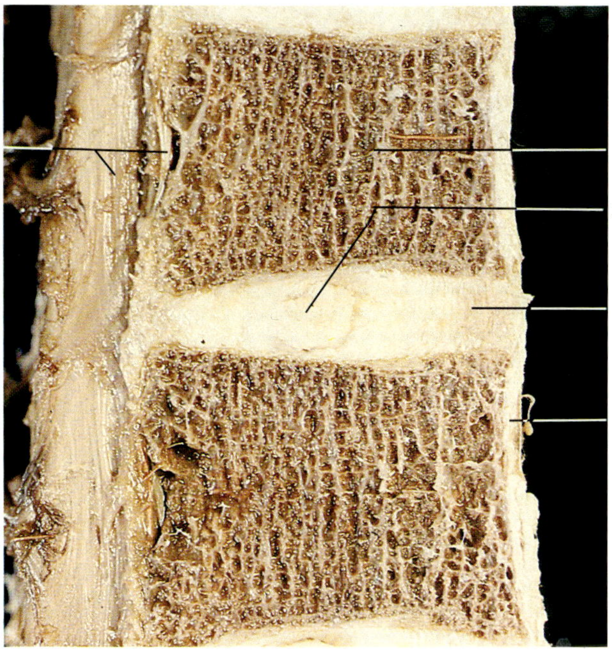

Medianschnitt durch zwei Lendenwirbelkörper mit Discus intervertebralis. Der Nucleus pulposus ist durch eine punktierte Linie gekennzeichnet.

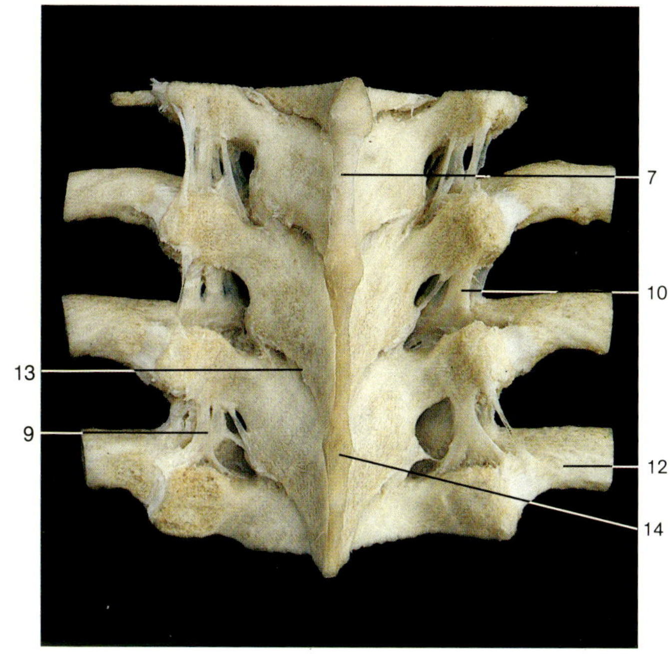

Bandapparat der Brustwirbelsäule (von dorsal).

1 Corpus vertebrae
2 Discus intervertebralis
a) Anulus fibrosus
b) Nucleus pulposus
3 Lig. longitudinale ant.
4 Lig. longitudinale post.
5 Proc. costarius
6 Os sacrum
7 Lig. supraspinale
8 Lig. interspinale
9 Lig. intertransversarium
10 Lig. costotransversarium sup.
11 Proc. transversus
12 Collum costae
13 Lig. flavum
14 Proc. spinosus
15 For. intervertebrale

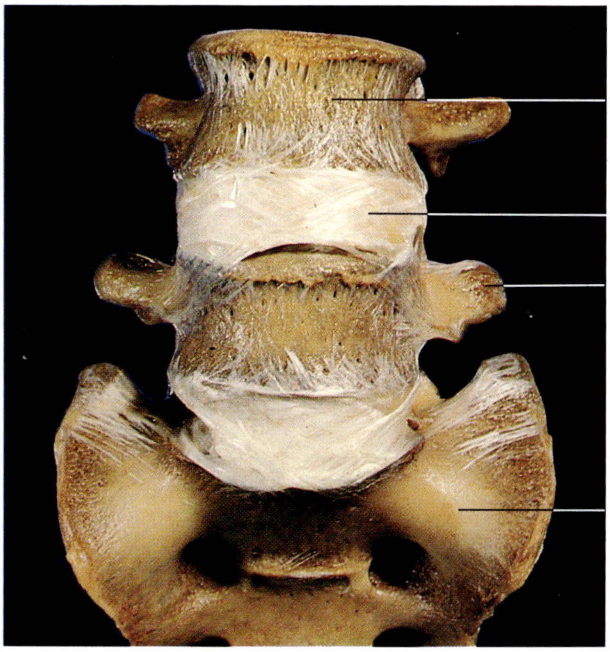

Lendenwirbel mit Os sacrum (von vorne). Die gekreuzt verlaufenden Faserzüge des Lig. anulare sind zu erkennen.

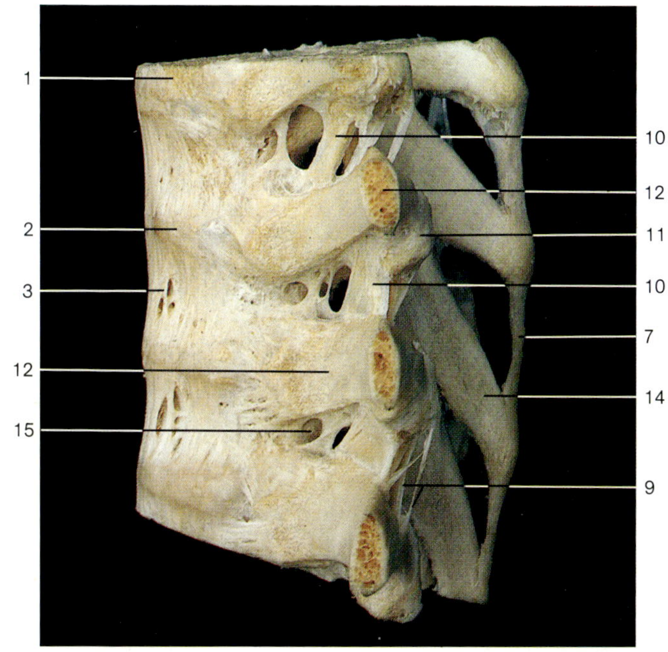

Bandapparat der Wirbelsäule (von vorne lateral). Brustwirbelsäule. Die Rippen wurden im Halsbereich durchtrennt.

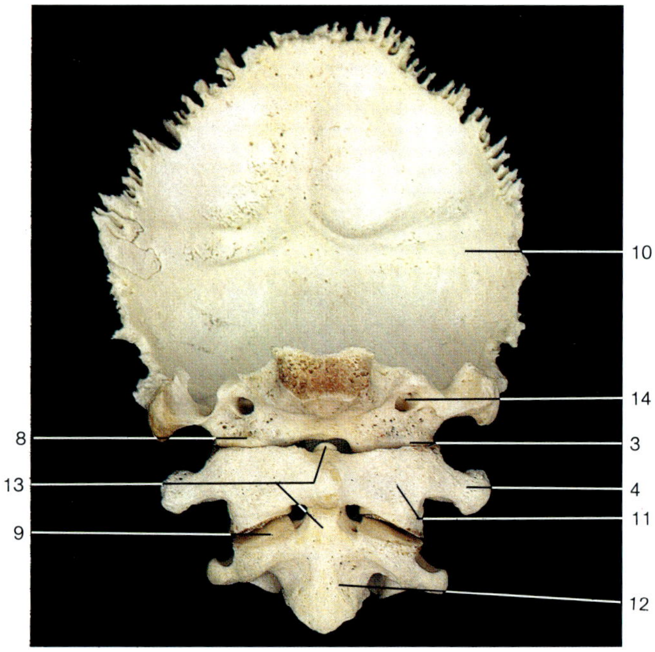

Os occipitale, Atlas und Axis (von vorne).

Os occipitale, Atlas und Axis (von lateral).

1 Protuberantia occipitalis ext.
2 For. magnum
3 Gelenkflächen für die Articulatio atlanto-occipitalis
4 Proc. transversus atlantis
5 Membrana tectoria
6 Lig. longitudinale post.
7 Proc. spinosus (C_3)
8 Condylus occipitalis
9 Gelenkflächen für die Articulatio atlanto-axialis lat.
10 Os occipitale
11 Atlas
12 Axis
13 Dens axis
14 Canalis hypoglossi
15 Proc. spinosus axis
16 Lig. longitudinale ant.

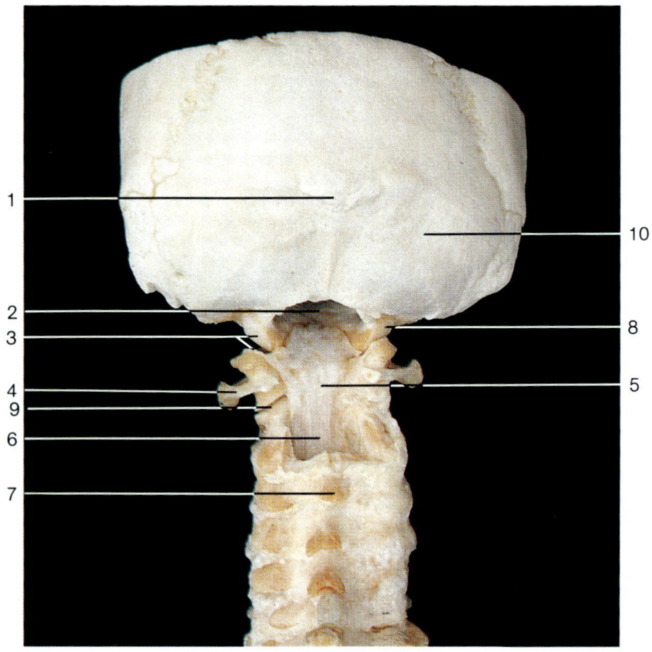

Halswirbelsäule mit Kopf (von hinten). Der dorsale Abschnitt der Wirbelbögen von Atlas und Axis wurde entfernt und die Membrana tectoria präpariert.

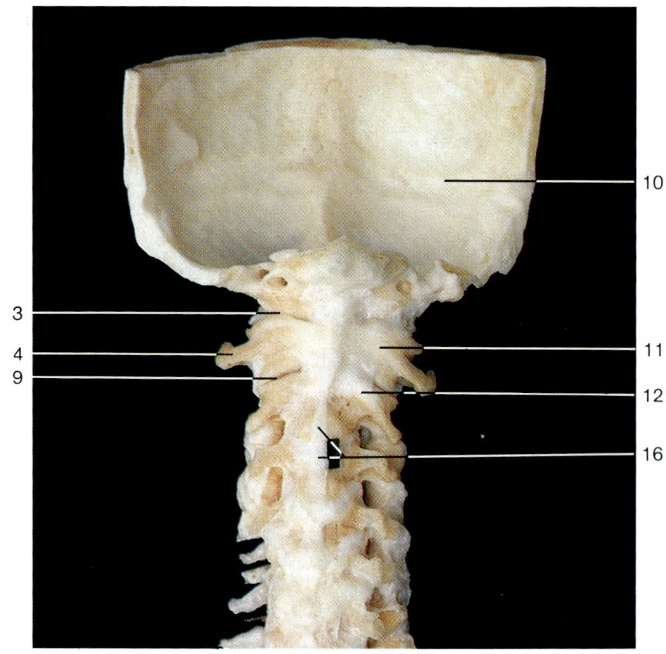

Halswirbelsäule mit Kopf (von vorne). Der vordere Teil des Os occipitale wurde entfernt.

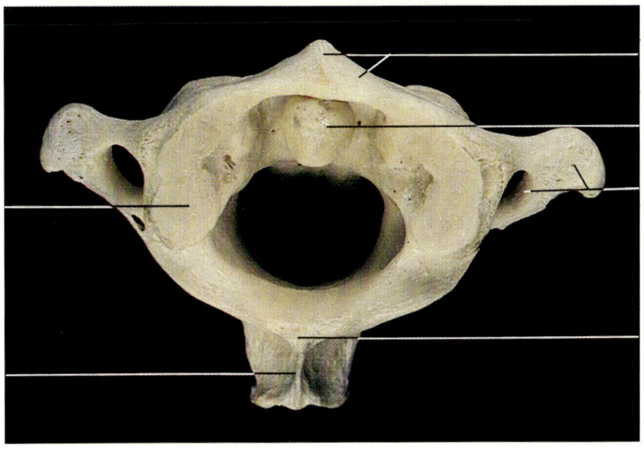

Atlas und Axis (von oben).

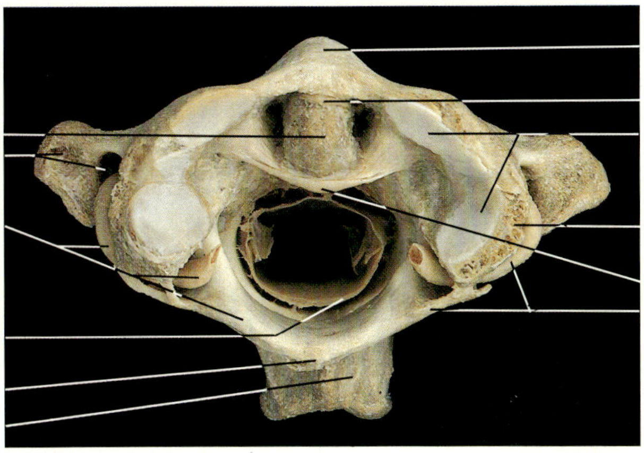

Articulatio atlantoaxialis mediana mit Lig. transversum atlantis (von oben).
Die Spitze des Dens axis wurde entfernt.

1 Arcus ant. und Tuberculum ant. atlantis
2 Fovea articularis sup.
3 Proc. transversus mit For. transversarium
4 Arcus post. atlantis und A. vertebralis
5 Tuberculum post. atlantis
6 Dens axis
7 Facies articularis sup.
8 Corpus axis
9 Pediculus und Lamina axis
10 Proc. spinosus
11 Proc. articularis inf.
12 Proc. transversus mit For. transversarium
13 Articulatio atlanto-axialis mediana (vorderer Abschnitt)
14 Ansatz der Capsula articularis der Articulatio atlanto-occipitalis
15 Lig. transversum atlantis
16 Os occipitale
17 Articulatio atlanto-occipitalis
18 Articulatio atlanto-axialis lat.
19 Vertebra cervicalis III
20 Fasciculi longitudinales } Lig. cruciforme
21 Ligg. alaria } Lig. cruciforme
22 Lig. transversum atlantis } Lig. cruciforme
23 Fasciculi longitudinales } Lig. cruciforme
24 Proc. spinosus axis
25 Dura mater spinalis

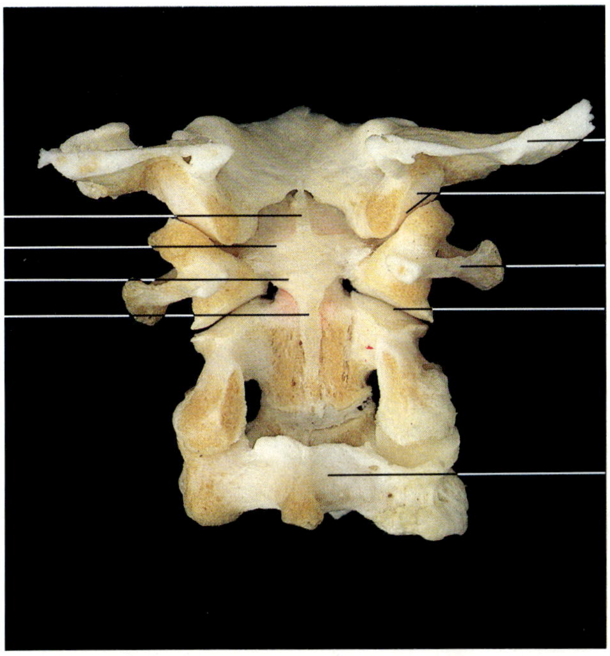

Atlantookzipitale und atlantoaxiale Gelenke (von dorsal). Wirbelbogen von Atlas und Axis sowie der hintere Teil des Os occipitale wurden entfernt, so daß das Lig. cruciforme dargestellt werden konnte.

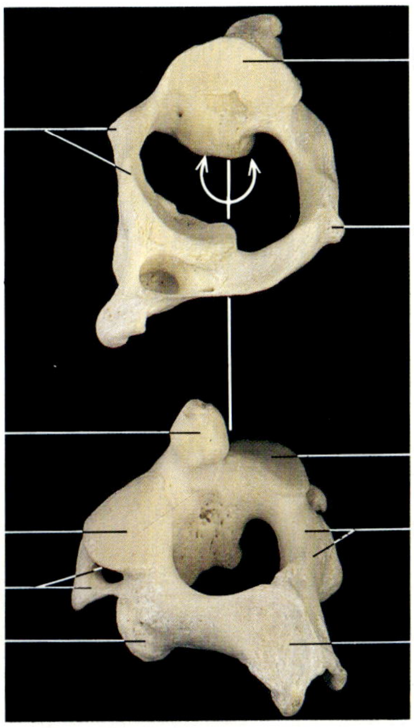

Atlas und Axis (schräg von lateral hinten gesehen, um die Drehbewegungen des Dens axis (Pfeile) verständlich zu machen).

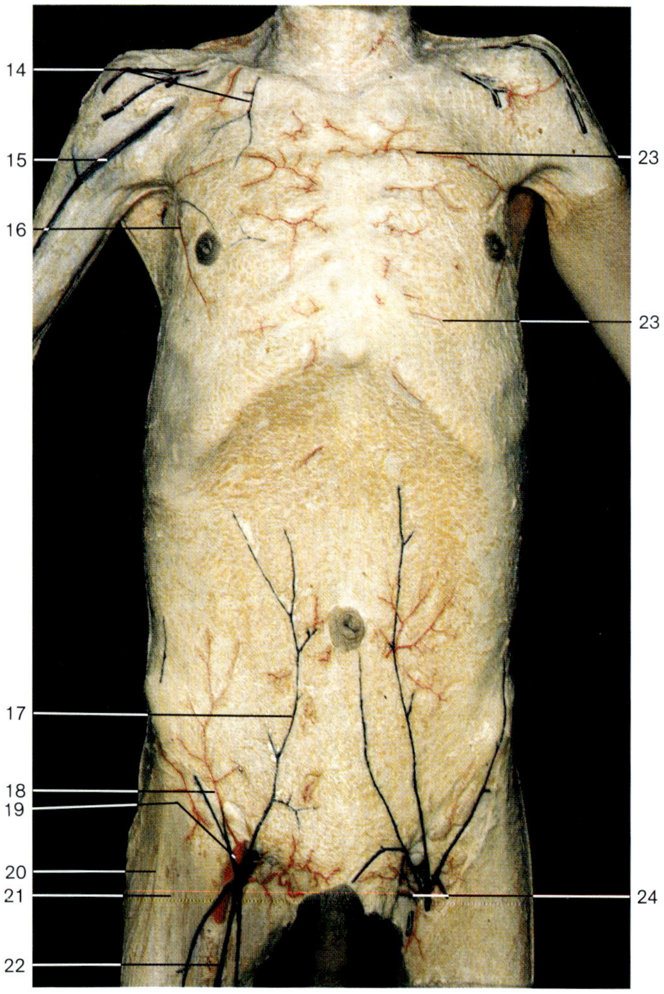

Hautnerven und Venen der vorderen Rumpfwand.

1 Linea mediana ant.
2 Linea sternalis
3 Linea parasternalis
4 Linea mamillaris (medioclavicularis)
5 Linea axillaris
6 Höhe der unteren Thoraxapertur
7 Höhe der vorderen Darmbeinstachel
8 Regio hypochondriaca
9 Regio epigastrica
10 Regio lat.
11 Regio umbilicalis
12 Regio inguinalis
13 Regio pubica
14 Nn. supraclaviculares
15 V. cephalica
16 V. thoraco-epigastrica
17 V. epigastrica superf.
18 V. circumflexa ilium superf.
19 A. und V. femoralis
20 N. cutaneus femoris lat.
21 Rr. cutanei ant.
22 V. saphena magna
23 Rr. cutanei ant.
24 V. pudenda ext.

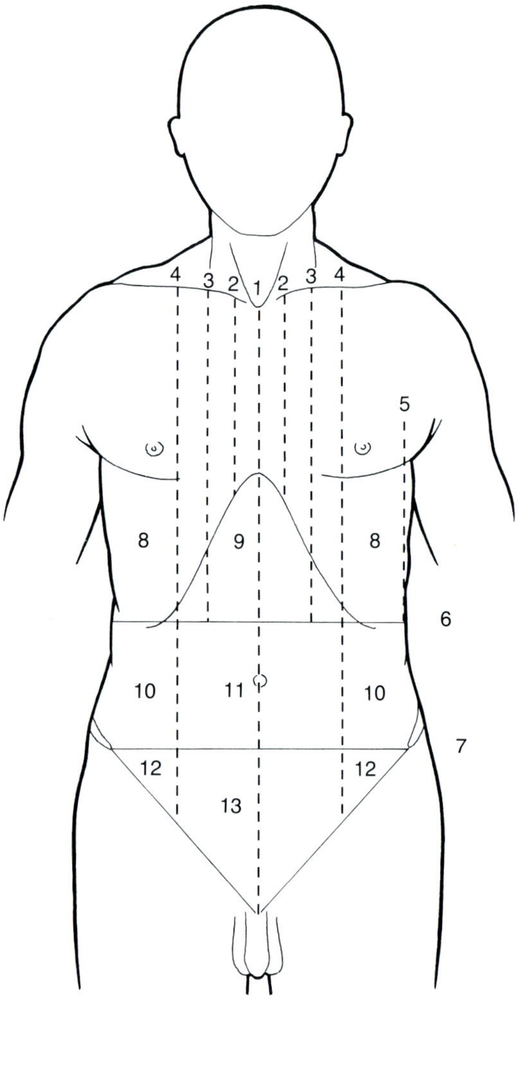

Regionen der Bauchwand (Schema).

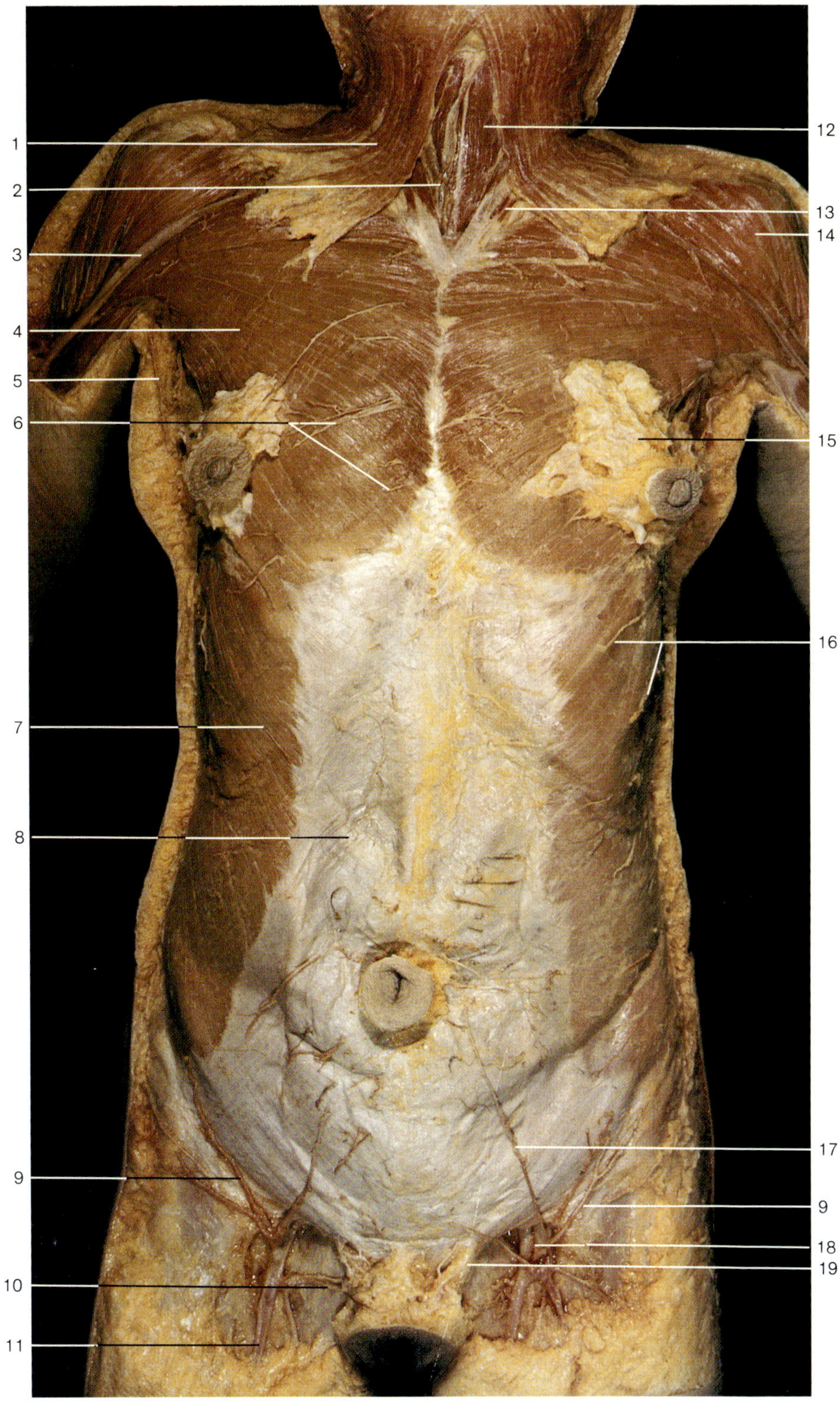

Brust- und Bauchwand (oberflächliche Schicht).

1 Platysma
2 V. jugularis ant.
3 V. cephalica
4 M. pectoralis major
5 V. thoracoepigastrica
6 Rr. cutanei ant.
(Endäste der Interkostalnerven)
7 M. obliquus abdominis ext.
8 Vagina m. recti abdominis
9 V. circumflexa ilium superf.
10 V. pudenda ext.
11 V. saphena magna
12 M. sternohyoideus
13 M. sternocleidomastoideus
14 M. deltoideus
15 Gl. mammaria
16 Rr. cutanei lat.
(Endäste der Interkostalnerven)
17 V. epigastrica superf.
18 V. und A. femoralis
19 Lig. teres uteri

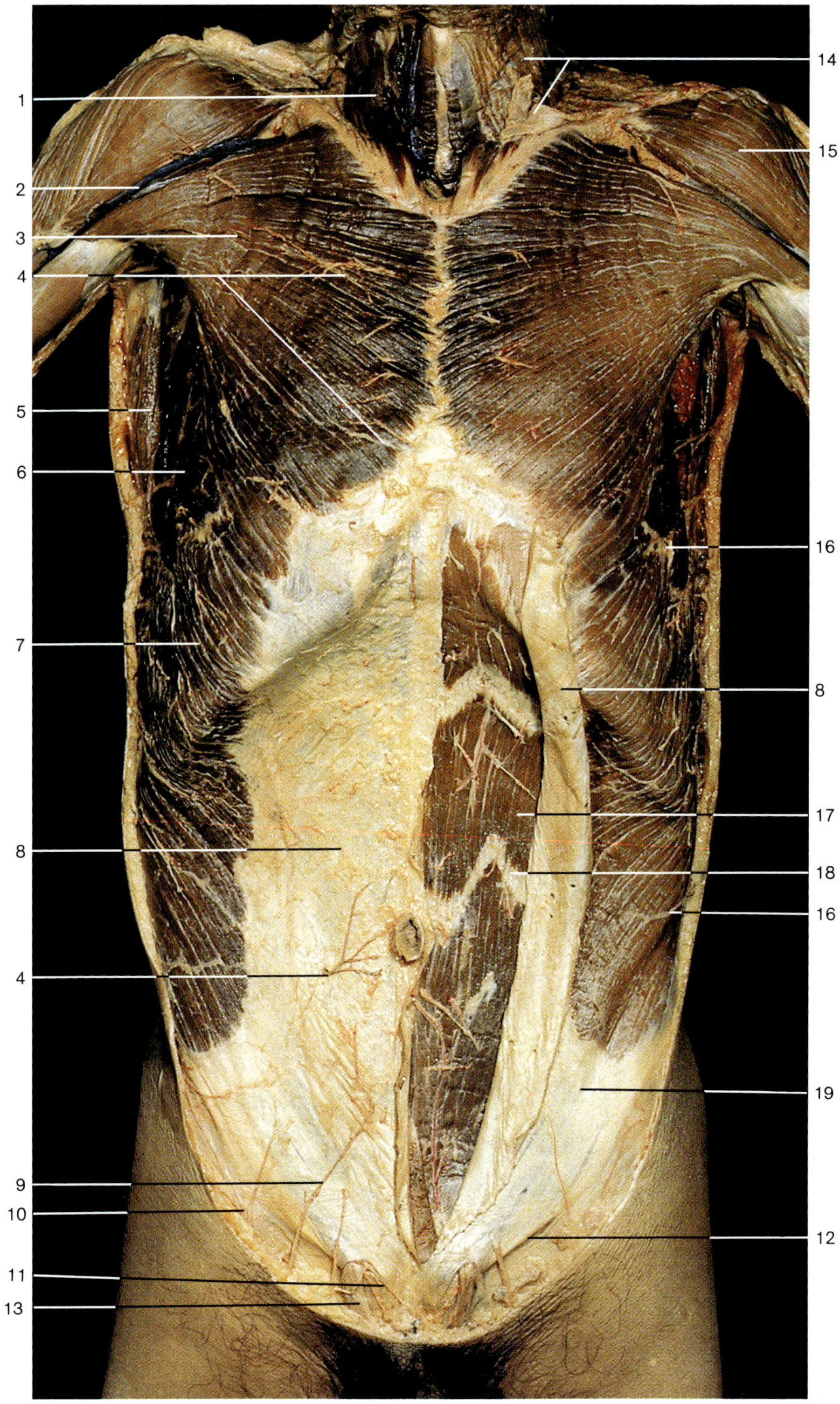

1 M. sternocleidomastoideus
2 V. cephalica
3 M. pectoralis major
4 Rr. cutanei ant.
5 M. latissimus dorsi
6 M. serratus ant.
7 M. obliquus abdominis ext.
8 Vagina m. recti abdominis (Lamina ant.)
9 A. epigastrica superf.
10 A. circumflexa ilium superf.
11 N. iliohypogastricus
12 Lig. inguinale
13 Funiculus spermaticus
14 Platysma
15 M. deltoideus
16 Rr. cutanei lat. aa. et nn. intercostalium
17 M. rectus abdominis
18 Intersectio tendinea
19 Aponeurosis m. obliqui abdominis ext.

Brust- und Bauchwand, Präparation der Muskeln und Nerven. Links ist die Rektusscheide eröffnet.

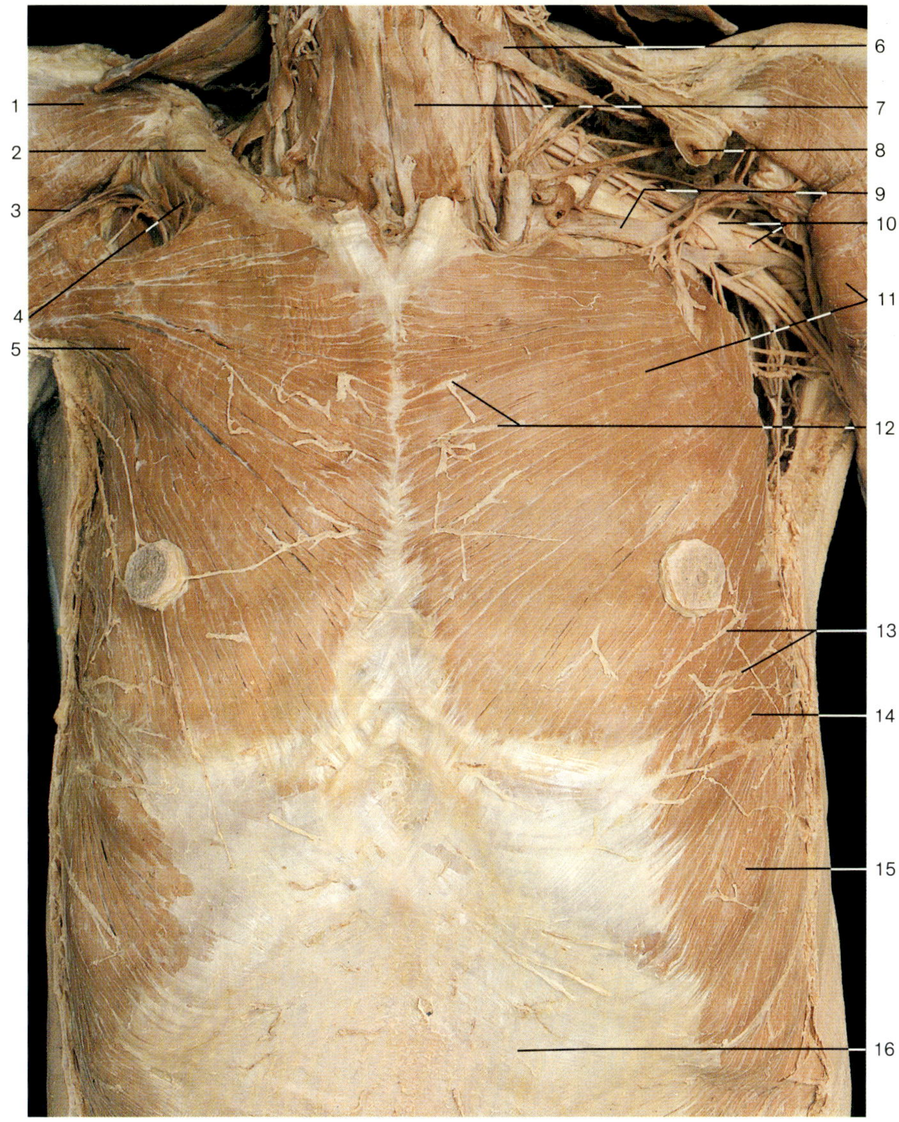

Brustwand I (von vorne). Rechts wurden Clavicula und M. pectoralis major durchtrennt, um den Plexus brachialis zu zeigen.

1 M. deltoideus
2 Clavicula
3 V. cephalica
4 Trigonum deltoideopectorale, Fascia clavipectoralis
5 M. pectoralis major dext.
6 M. omohyoideus sin.
7 M. sternohyoideus
8 Clavicula sin. (Schnittfläche)
9 V. subclavia sin.
10 Plexus brachialis und A. subclavia
11 M. pectoralis major sin.
12 Rr. cutanei ant. pectorales nn. intercostalium
13 Rr. cutanei lat. pectorales nn. intercostalium
14 M. serratus ant.
15 M obliquus abdominis ext.
16 Aponeurose des M. obliquus abdominis ext.

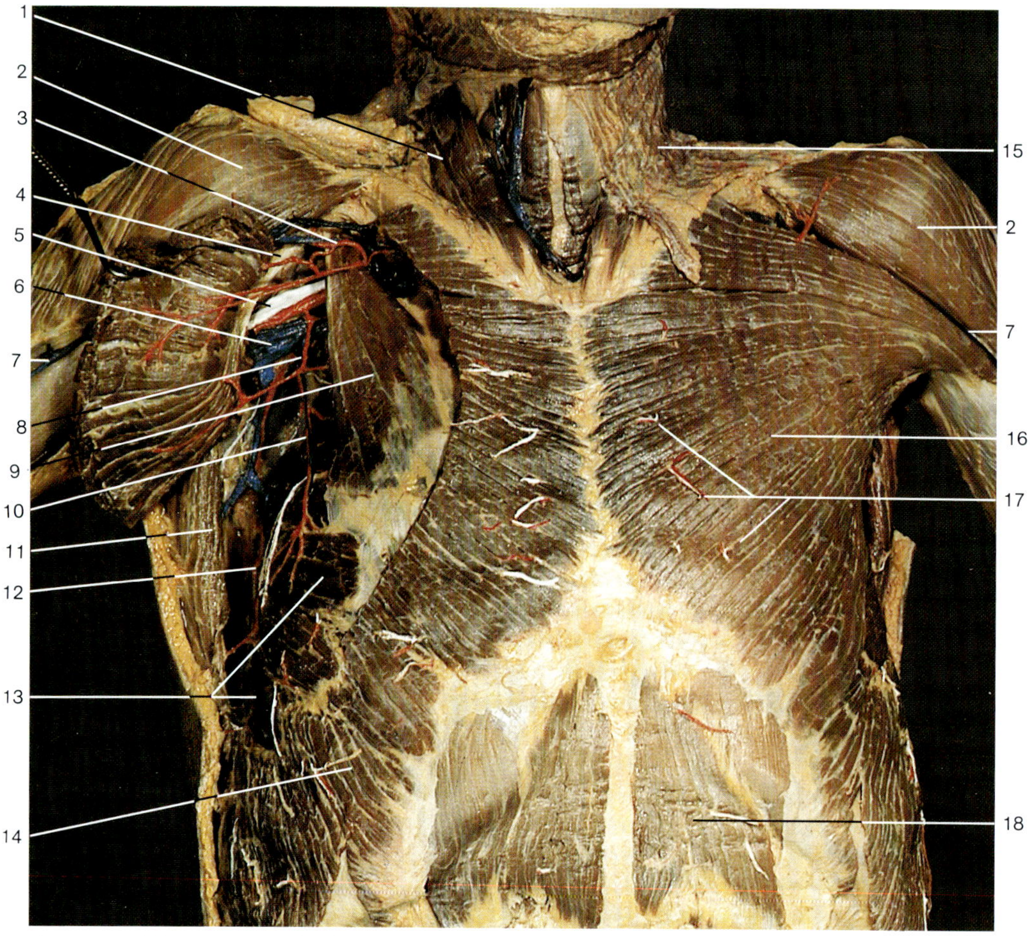

1 M. sternocleidomastoideus
2 M. deltoideus
3 A. thoracoacromialis
4 M. subscapularis
5 Plexus brachialis
6 A. und V. axillaris
7 V. cephalica
8 A. intercostalis suprema
9 M. pectoralis minor
10 A. thoracica lat.
11 M. latissimus dorsi
12 A. und V. thoracodorsalis
13 M. serratus ant.
14 M. obliquus abdominis ext.
15 Platysma
16 M. pectoralis major
17 Rr. cutanei ant. der Interkostalnerven
18 M. rectus abdominis

Brustwand II. Rechts wurde der M. pectoralis major entfernt und die Regio axillaris präpariert.

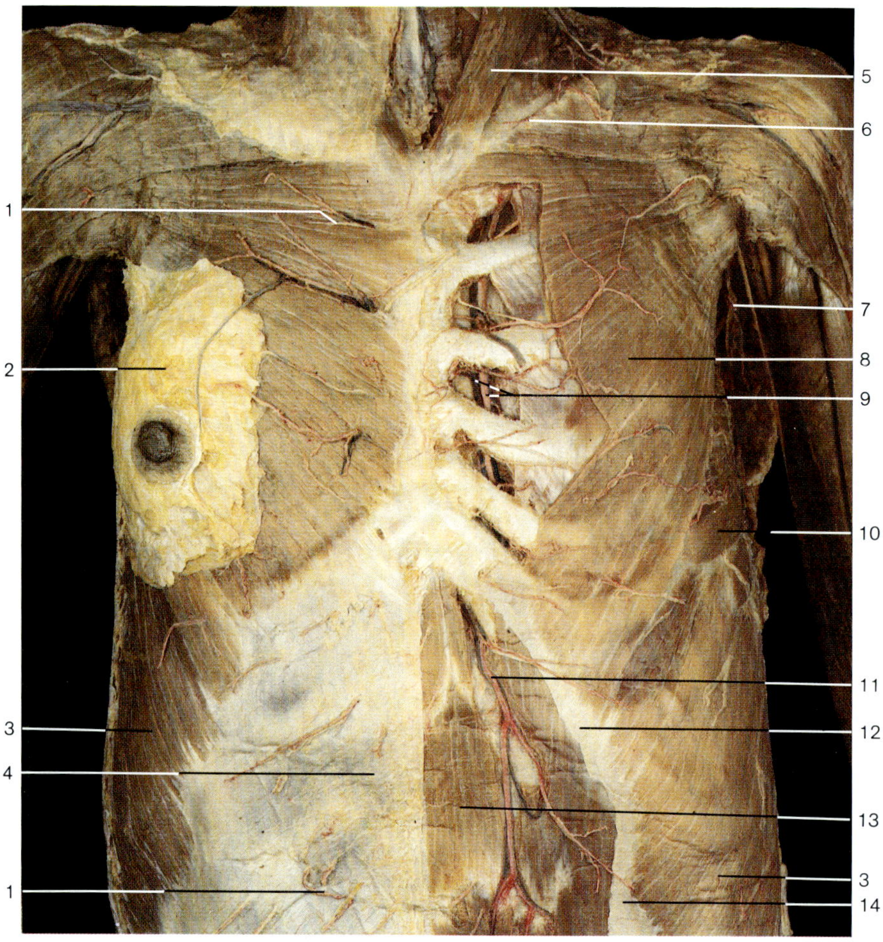

1 Rr. cutanei ant.
2 Gl. mammaria
3 M. obliquus abdominis ext.
4 Vagina m. recti abdominis
5 M. sternocleidomstoideus
6 Clavicula
7 A. und V. thoracica lat.
8 M. pectoralis major
9 A. und V. thoracica int.
10 M. serratus ant.
11 A. und V. epigastrica sup.
12 Arcus costalis
13 M. rectus abdominis
14 Vagina m. recti abdominis (lateraler Rand)

Brustwand III (von vorne). Präparation der A. und V. thoracica int. M. pectoralis major und vorderes Blatt der Rektusscheide (links) teilweise entfernt.

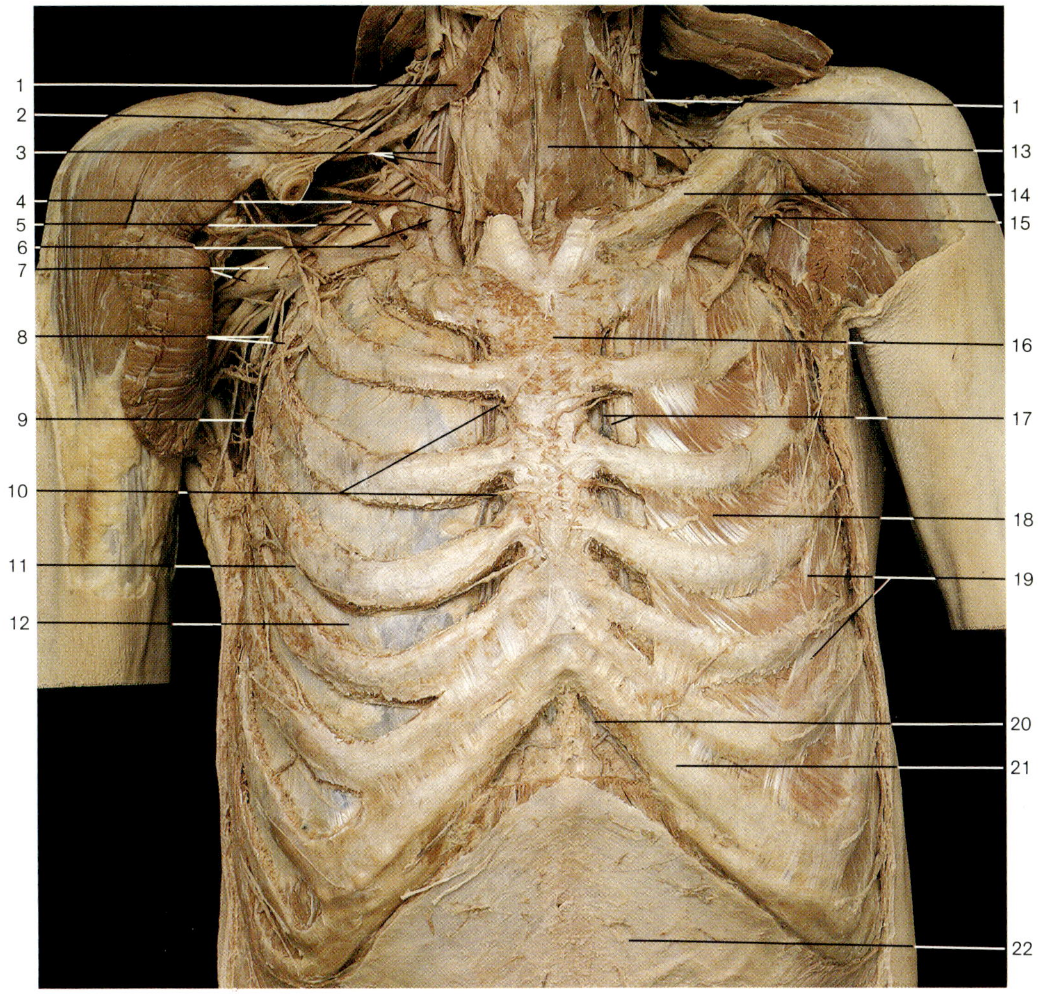

Brustwand IV (von vorne). Präparation der Interkostalmuskeln und Interkostalnerven. Man beachte den Verlauf der Vasa thoracica int.

1 M. omohyoideus
2 Nn. supraclaviculares
3 N. phrenicus, A. cervicalis ascendens
4 Truncus thyreocervicalis
5 A. subclavia
6 V. jugularis int., V. subclavia
7 N. medianus und A. axillaris
8 A. und V. thoracica lat., N. thoracicus longus
9 A., V. und N. thoracodorsalis
10 Rr. cutanei ant. pectorales nn. intercostalium
11 N. intercostalis (Th_4)
12 Fascia endothoracica und Pleura costalis
13 M. sternohyoideus
14 Clavicula
15 A. thoracoacromialis, V. cephalica
16 Manubrium sterni
17 A. und V. thoracica int.
18 M. intercostalis int.
19 M. intercostalis ext.
20 A. und V. epigastrica sup.
21 Arcus costalis
22 Vordere Wand der Rektusscheide

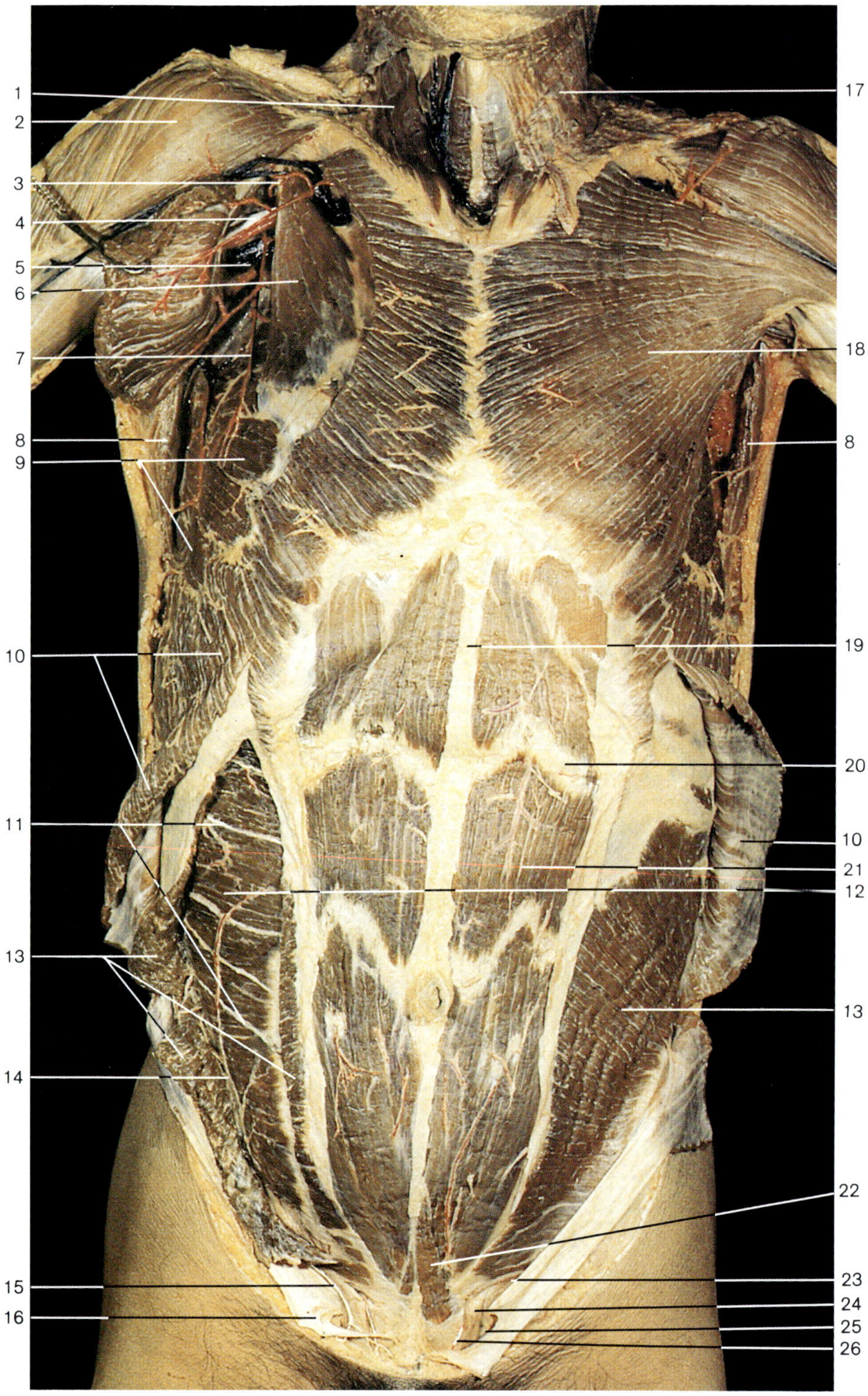

1 M. sternocleidomastoideus
2 M. deltoideus
3 A. thoracoacromialis
4 Plexus brachialis
5 A. und V. axillaris
6 M. pectoralis minor
7 A. thoracica lat.
8 M. latissimus dorsi
9 M. serratus ant.
10 M. obliquus abdominis ext.
11 Nn. intercostales (Th_9–Th_{12})
12 M. transversus abdominis
13 M. obliquus abdominis int.
14 A. circumflexa ilium prof.
15 N. ilioinguinalis
16 Aponeurosis m. obliqui abdominis ext.
17 Platysma
18 M. pectoralis major
19 Linea alba
20 Intersectio tendinea
21 M. rectus abdominis sin.
22 M. pyramidalis sin.
23 Lokalisation des Anulus inguinalis prof.
24 Funiculus spermaticus
25 Anulus inguinalis superf.
26 N. iliohypogastricus

Brust- und Bauchwand I. M. pectoralis major (rechts) und M. obliquus abdominis ext. (links) wurden durchtrennt und zurückgeklappt. Das vordere Blatt der Rektusscheide wurde ganz entfernt. Rechts wurde außer dem M. obliquus abdominis ext. auch der M. obliquus abdominis int. durchtrennt, um die Nn. intercostales zu zeigen.

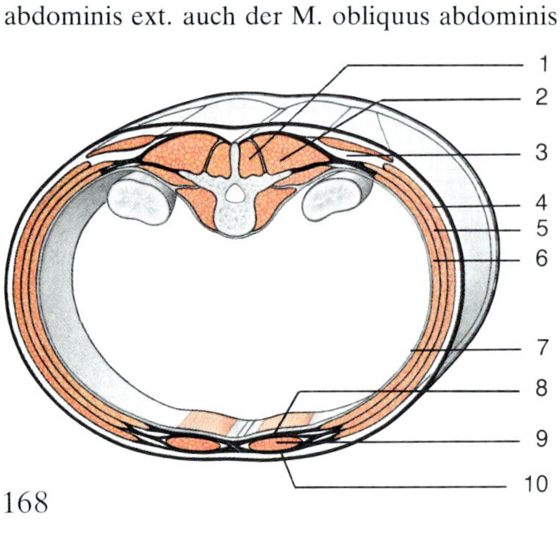

Querschnitt durch den Rumpf zur Darstellung der Rumpfmuskulatur (Schema).

1 Medialer Strang der autochthonen Rückenmuskulatur
2 Lateraler Strang der autochthonen Rückenmuskulatur
3 Fascia thoracolumbalis
4 M. obliquus abdominis ext.
5 M. obliquus abdominis int.
6 M. transversus abdominis
7 Fascia transversalis
8 Lamina post. vaginae m. recti abdominis
9 M. rectus abdominis
10 Lamina ant. vaginae m. recti abdominis

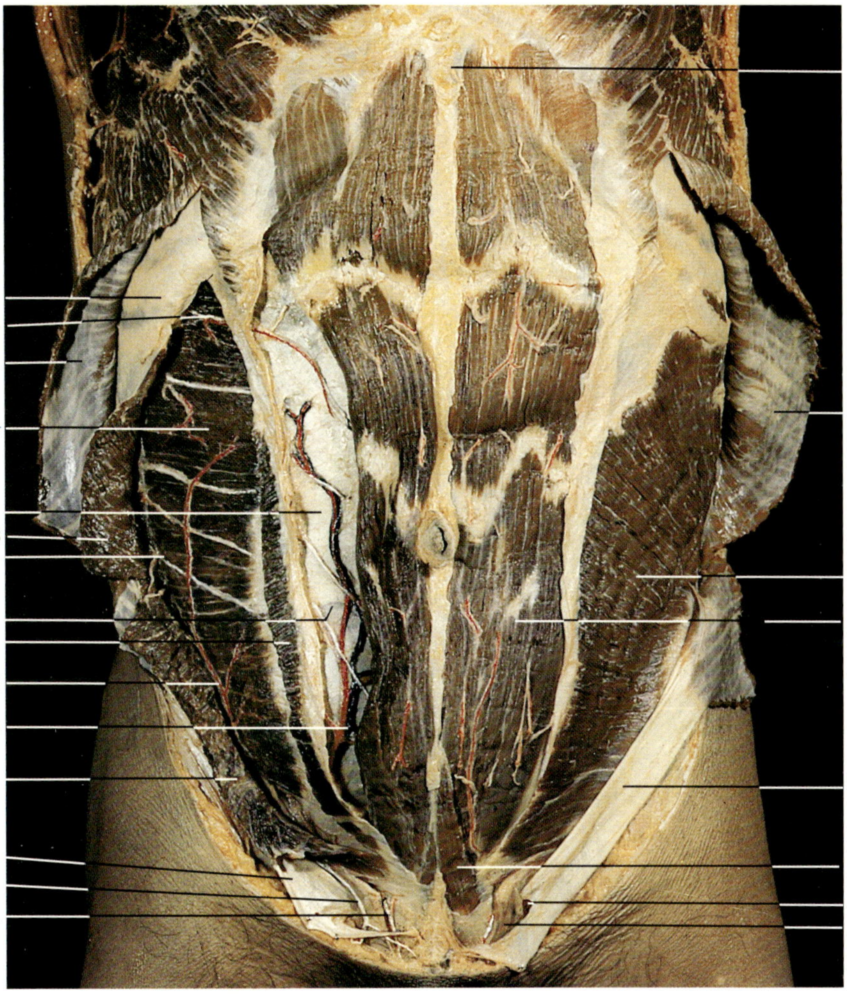

1 Arcus costalis
2 M. obliquus abdominis ext. (zurückgeklappt)
3 M. transversus abdominis
4 Nn. und Aa. intercostales (Th_6–Th_{12})
5 Hinteres Blatt der Rektusscheide
6 M. obliquus abdominis int.
7 Linea arcuata
8 A. und V. circumflexa ilium prof.
9 A. und V. epigastrica inf.
10 Aponeurosis m. obliqui abdominis ext.
11 N. ilioinguinalis
12 N. iliohypogastricus
13 Funiculus spermaticus
14 Proc. xiphoideus
15 M. rectus abdominis
16 M. pyramidalis
17 Anulus inguinalis superf.

Bauchwand II. Rechts wurde der M. rectus abdominis mobilisiert und zur Seite verlagert, um das hintere Blatt der Rektusscheide mit den Vasa epigastrica inf. zu zeigen. Rechts wurde der M. obliquus abdominis int. durchtrennt, so daß die segmental angeordneten Gefäße und Nerven der Bauchwand präpariert werden konnten.

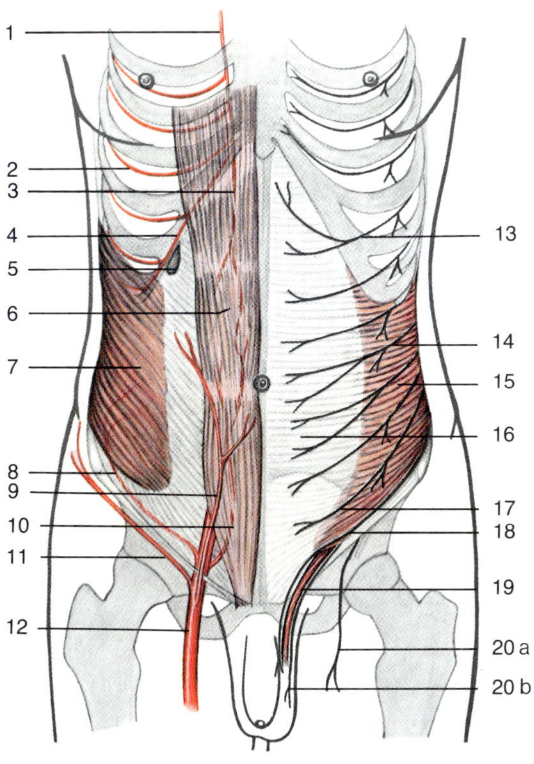

1 A. thoracica int.
2 A. intercostalis
3 A. epigastrica sup.
4 A. musculophrenica
5 Vesica fellea
6 M. rectus abdominis
7 M. obliquus abdominis ext.
8 A. circumflexa ilium prof.
9 A. epigastrica superf.
10 A. epigastrica inf.
11 A. circumflexa ilium superf.
12 A. femoralis
13 N. intercostalis (Th_7)
14 Nn. intercostales
15 M. transversus abdominis
16 Lamina post. vaginae m. recti abdominis
17 N. iliohypogastricus (Th_{12}, L_1)
18 N. ilioinguinalis (L_1)
19 Funiculus spermaticus
20 N. genitofemoralis (L_1, L_2)
a) R. femoralis
b) R. genitalis

Gefäße und Nerven der vorderen Rumpfwand (Schemazeichnung). Die segmentale Anordnung der Leitungsbahnen wird deutlich.

Leistenkanal beim Mann I. Canalis inguinalis, oberflächliche Schicht (von vorne). M. obliquus abdominis ext. ist mit seiner Aponeurose durchtrennt.

1 M. obliquus abdominis int.
2 Aponeurosis m. obliqui abdominis ext.
3 L. inguinale
4 N. ilioinguinalis
5 Funiculus spermaticus
6 A. femoralis
7 R. genitalis des N. genitofemoralis
8 Testis
9 M. rectus abdominis
10 Vagina m. recti abdominis
11 M. pyramidalis
12 Anulus inguinalis superf.
13 Penis
14 M. obliquus abdominis ext.
15 Spina iliaca ant. sup.
16 Fibrae intercrurales
17 Nodi lymphatici inguinales superf.
18 Fascia lata und M. sartorius
19 Hiatus saphenus, V. saphena magna
20 A. und V. femoralis
21 Funiculus spermaticus mit M. cremaster
22 Lig. suspensorium penis
23 Fascia spermatica int.
24 Tunica vaginalis testis
25 Testis und Epididymis

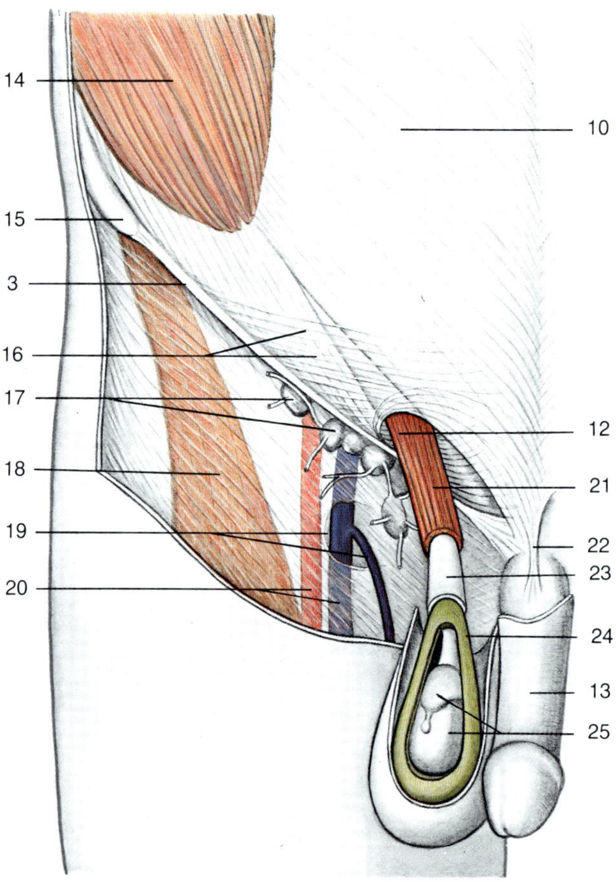

Bau des Leistenkanals und der Bauchwand im Bereich der Regio inguinalis (Schemazeichnung).

1 M. transversus abdominis
2 Anulus inguinalis prof.
3 M. obliquus abdominis int.
4 A. und V. epigastrica inf.
5 Funiculus spermaticus
6 Lig. inguinale
7 Aponeurosis m. obliqui abdominis ext.
8 M. adductor longus
9 Testis
10 M. rectus femoris
11 Fettgewebe
12 N. ilioinguinalis
13 Anulus inguinalis superf.
14 M. pectineus
15 Penis
16 Lig. teres uteri
17 N. genitofemoralis
18 Ausläufer des Lig. teres uteri

Leistenkanal beim Mann II. Canalis inguinalis, tiefere Schicht (von vorn). M. obliquus abdominis ext. und int. wurden durchtrennt.

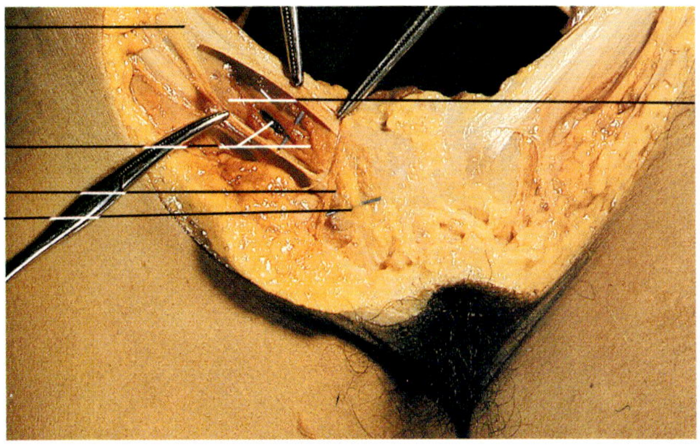

Leistenkanal bei der Frau. (Rechte Seite, Ansicht von vorn.)

Mit dem während der Embryonalentwicklung stattfindenden Descensus testis, bei dem sich der Hoden nach außen in den Skrotalsack verlagert, entwickelt sich der Leistenkanal, der die Bauchwand oberhalb des Leistenbandes in schräger Verlaufsrichtung durchsetzt. An der Wandung des 4–6 cm langen Kanals beteiligen sich alle Schichten der Bauchwand, die auch auf den Hodensack übergehen. Der M. transversus abdominis überkreuzt mit seinen unteren Muskelbündeln den unteren Leistenkanal, wobei er häufig auch die Vorderwand überdeckt. Die Muskelverhältnisse sind an dieser Stelle jedoch sehr variabel, was auch für die Disposition zu Brüchen eine Rolle spielt. Leistenbrüche können entweder dem Kanal folgen (indirekte Inguinalhernien) oder die Bauchwand in Höhe des Anulus inguinalis superf. durchsetzen (direkte Hernien). Unterhalb des Leistenbandes kommen die Schenkelhernien (Herniae femorales) heraus, die meist den Hiatus saphenus als äußere Bruchpforte benützen. Für die Beurteilung der Lageverhältnisse ist die Lokalisation der Vasa epigastrica inf. von Bedeutung.

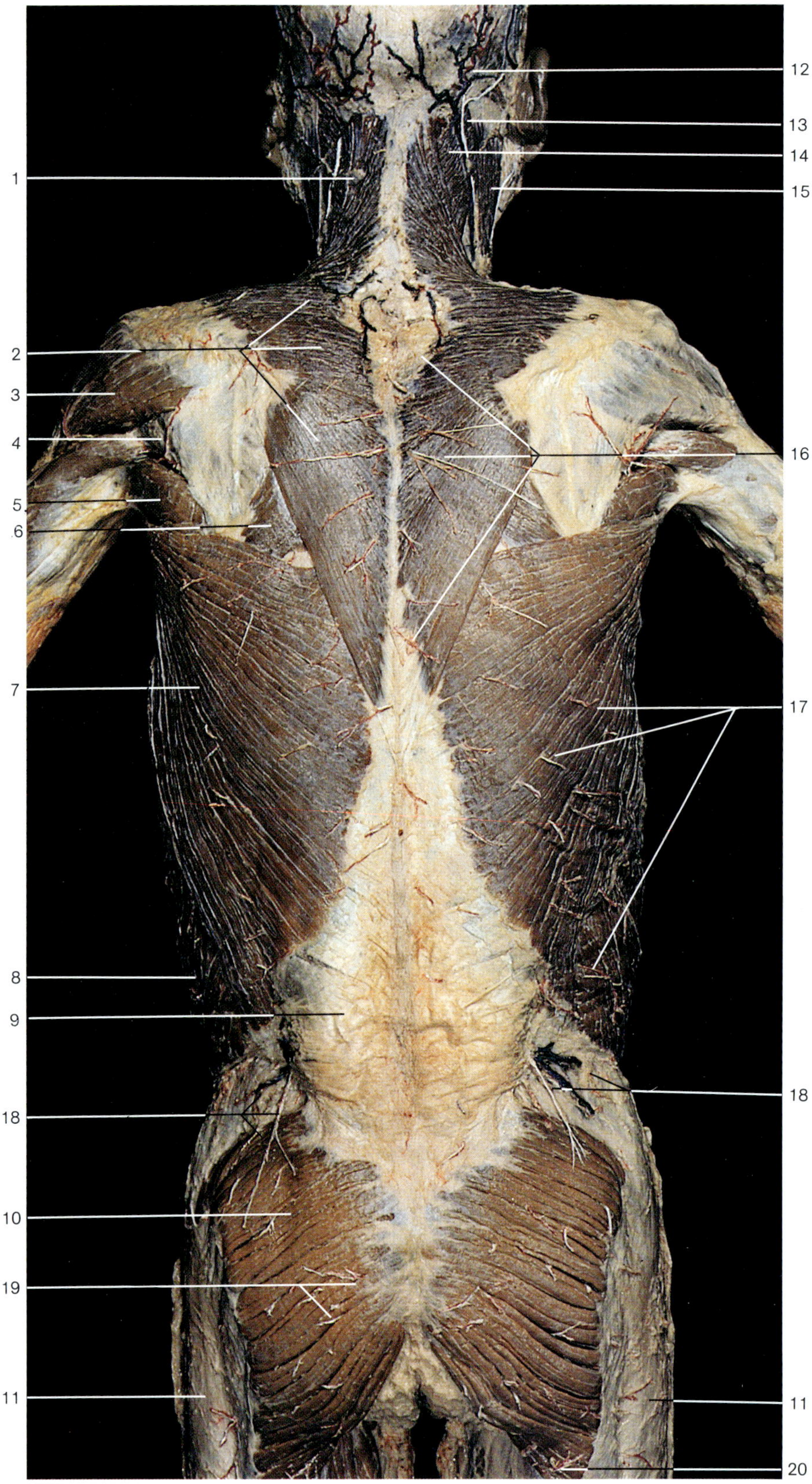

1 Nodus lymphaticus occipitalis
2 M. trapezius
3 M. deltoideus, pars spinata
4 M. teres minor
5 M. teres major
6 M. rhomboideus major
7 M. latissimus dorsi
8 M. obliquus abdominis ext.
9 Fascia thoracolumbalis
10 M. gluteus maximus
11 Tractus iliotibialis
12 N. occipitalis major, A. occipitalis
13 N. occipitalis minor
14 M. splenius capitis
15 M. sternocleidomastoideus
16 Rr. med. rr. dors. n. spinalium
17 Rr. lat. rr. dors. n. spinalium
18 Nn. clunium sup.
19 Nn. clunium medii
20 Nn. clunium inf.

Rückenmuskulatur I. Oberflächliche Schicht.

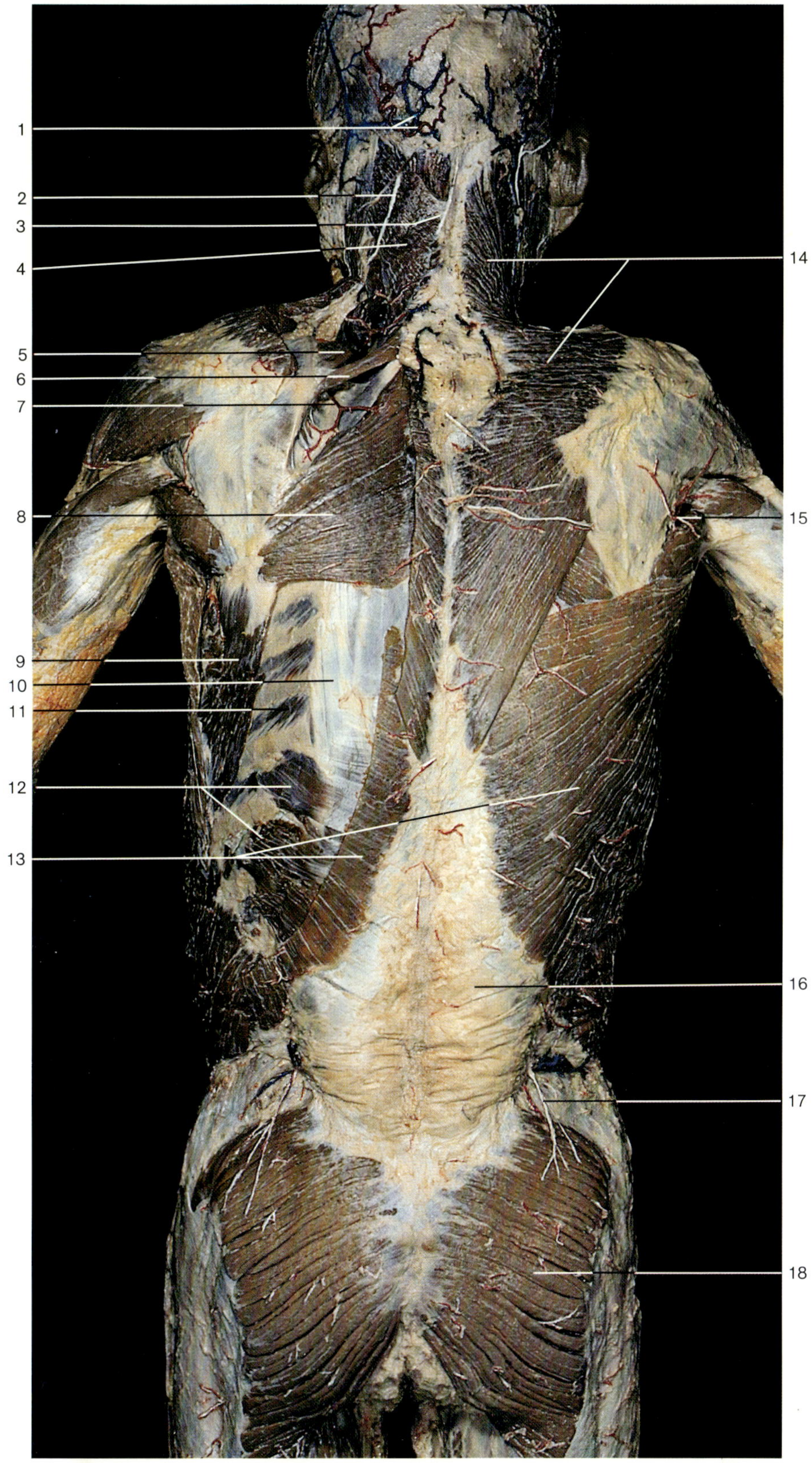

1 A. und V. occipitalis
2 N. occipitalis minor
3 N. occipitalis tertius
4 M. splenius capitis
5 M. levator scapulae
6 M. rhomboideus minor
7 A. scapularis descendens
8 M. rhomboideus major
9 M. serratus ant.
10 Fascia thoracolumbalis mit M. iliocostalis
11 M. intercostalis ext.
12 M. serratus post. inf.
13 M. latissimus dorsi
14 M. trapezius
15 A. und V. circumflexa scapulae
16 Fascia thoracolumbalis
17 N. clunium sup.
18 M. glutaeus maximus

Rückenmuskulatur II. Oberflächliche und mittlere Schicht. Links wurden M. trapezius und M. latissismus dorsi entfernt.

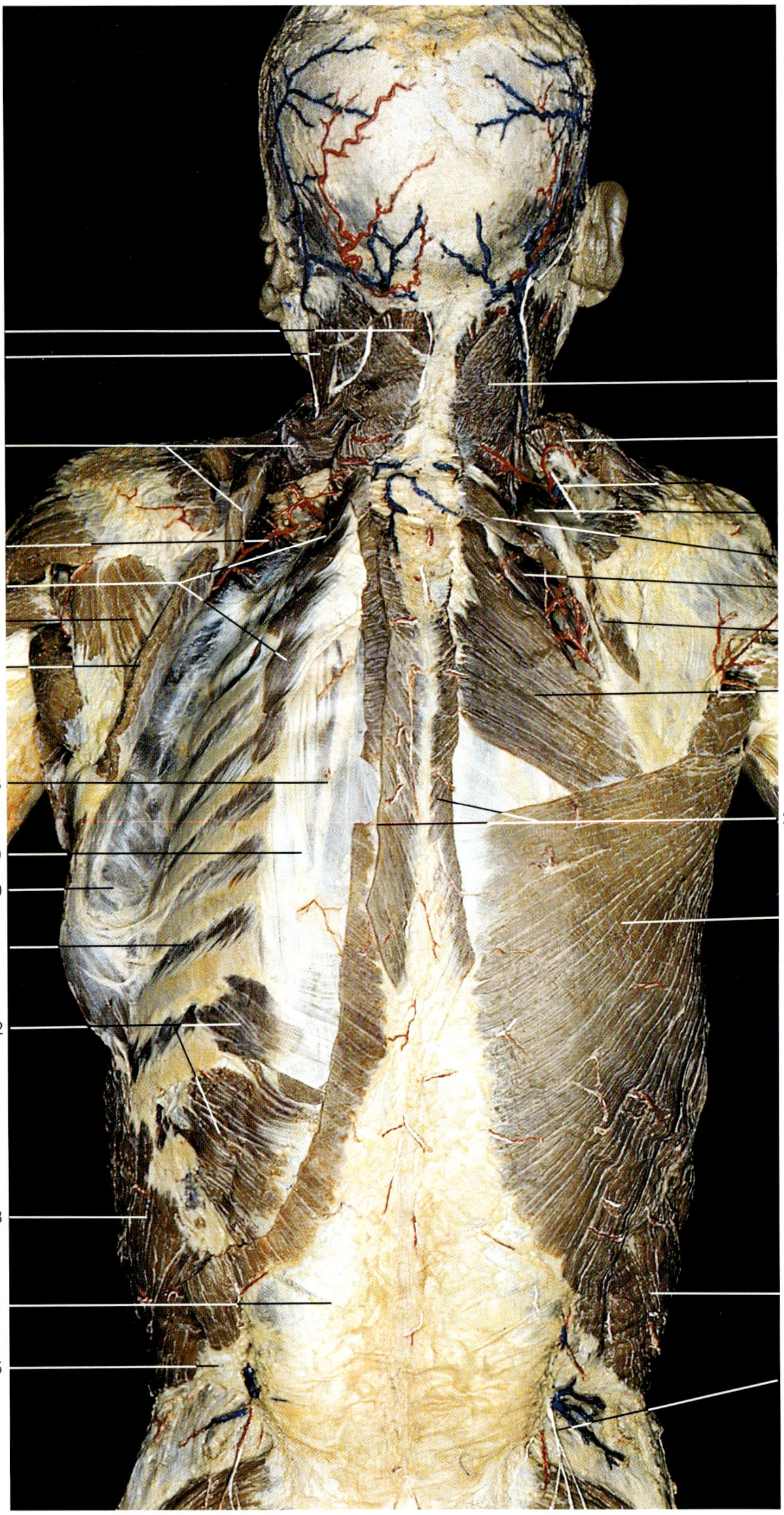

1 M. semispinalis capitis
2 M. sternocleidomastoideus
3 M. levator scapulae
4 R. prof. a. transversae colli oder A. scapularis descendens
5 M. serratus post. sup.
6 M. infraspinatus
7 M. rhomboideus major
8 M. longissimus thoracis mit Faszie
9 M. iliocostalis thoracis mit Faszie
10 M. serratus ant.
11 M. intercostalis ext.
12 M. serratus post. inf.
13 M. obliquus abdominis ext.
14 Fascia thoracolumbalis
15 Trigonum lumbale
16 M. splenius capitis
17 N. accessorius
18 M. rhomboideus minor
19 M. trapezius (Ansatz an der Scapula)
20 M. trapezius (Ursprung an der Wirbelsäule)
21 M. latissimus dorsi
22 N. clunium sup.

Rückenmuskulatur III. Mittlere und tiefe Schicht. Rechts wurde der M. trapezius entfernt; links wurden außer dem M. trapezius auch die Mm. latissimus dorsi und rhomboidei durchtrennt.

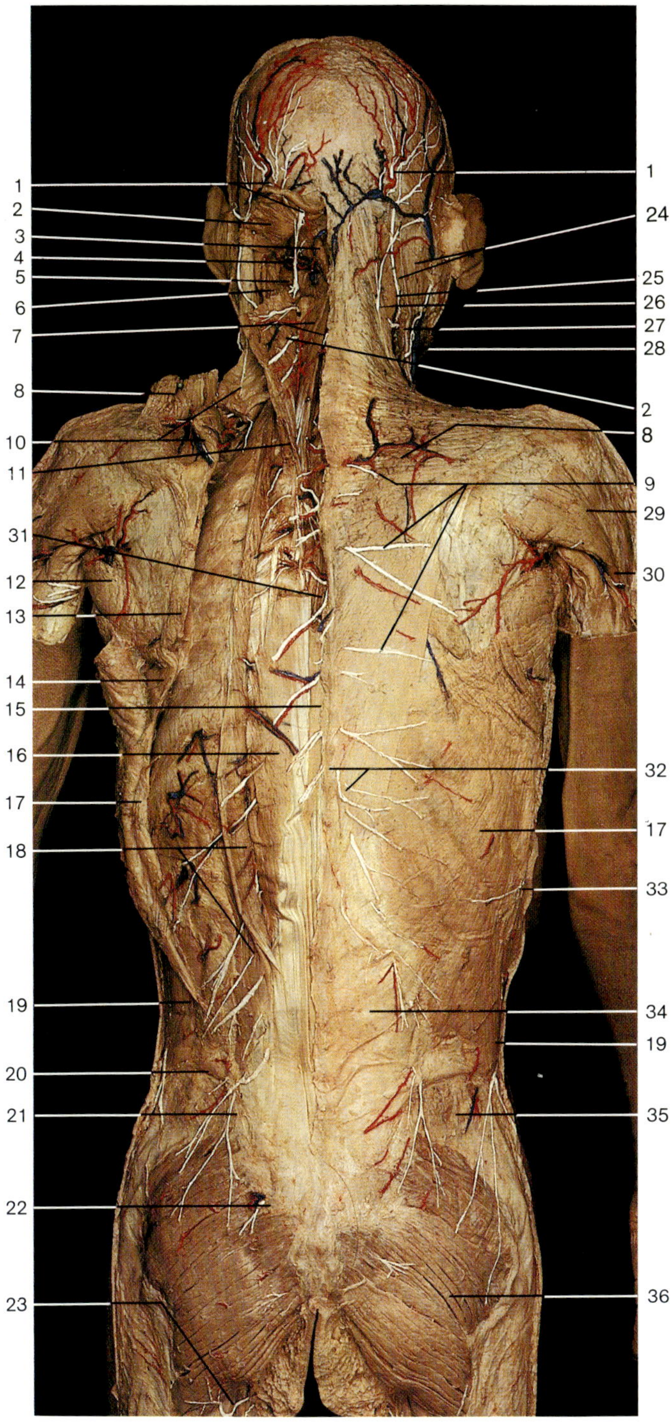

Innervation des Rückens I. Präparation der dorsalen Äste der Spinalnerven. Links wurden die Mm. trapezius u. latissimus dorsi entfernt sowie der M. semispinalis capitis durchtrennt.

1 N. occipitalis major, A. occipitalis
2 M. semispinalis capitis
3 M. rectus capitis post. major
4 A. vertebralis, N. suboccipitalis
5 Arcus atlantis
6 M. obliquus capitis inf.
7 M. semispinalis cervicis
8 M. trapezius
9 Rami med. der dorsalen Spinalnervenäste
10 M. levator scapulae
11 M. longissimus cervicis
12 M. teres major
13 M. rhomboideus major
14 M. serratus ant.
15 M. spinalis dorsi
16 M. longissimus thoracis
17 M. latissimus dorsi
18 M. iliocostalis
19 M. obliquus abdominis ext.
20 Crista iliaca
21 N. clunium sup.
22 N. clunium medius
23 N. clunium inf.
24 N. occipitalis minor, M. sternocleidomastoideus
25 M. splenius capitis
26 N. occipitalis tertius
27 R. cutaneus dors.
28 N. auricularis magnus
29 M. deltoideus
30 R. cutaneus brachii lat. (N. axillaris)
31 M. multifidus
32 R. med. r. dors. n. spinalis
33 R. lat. r. dors. n. spinalis
34 Fascia thoracolumbalis
35 Trigonum lumbale
36 M. glutaeus maximus

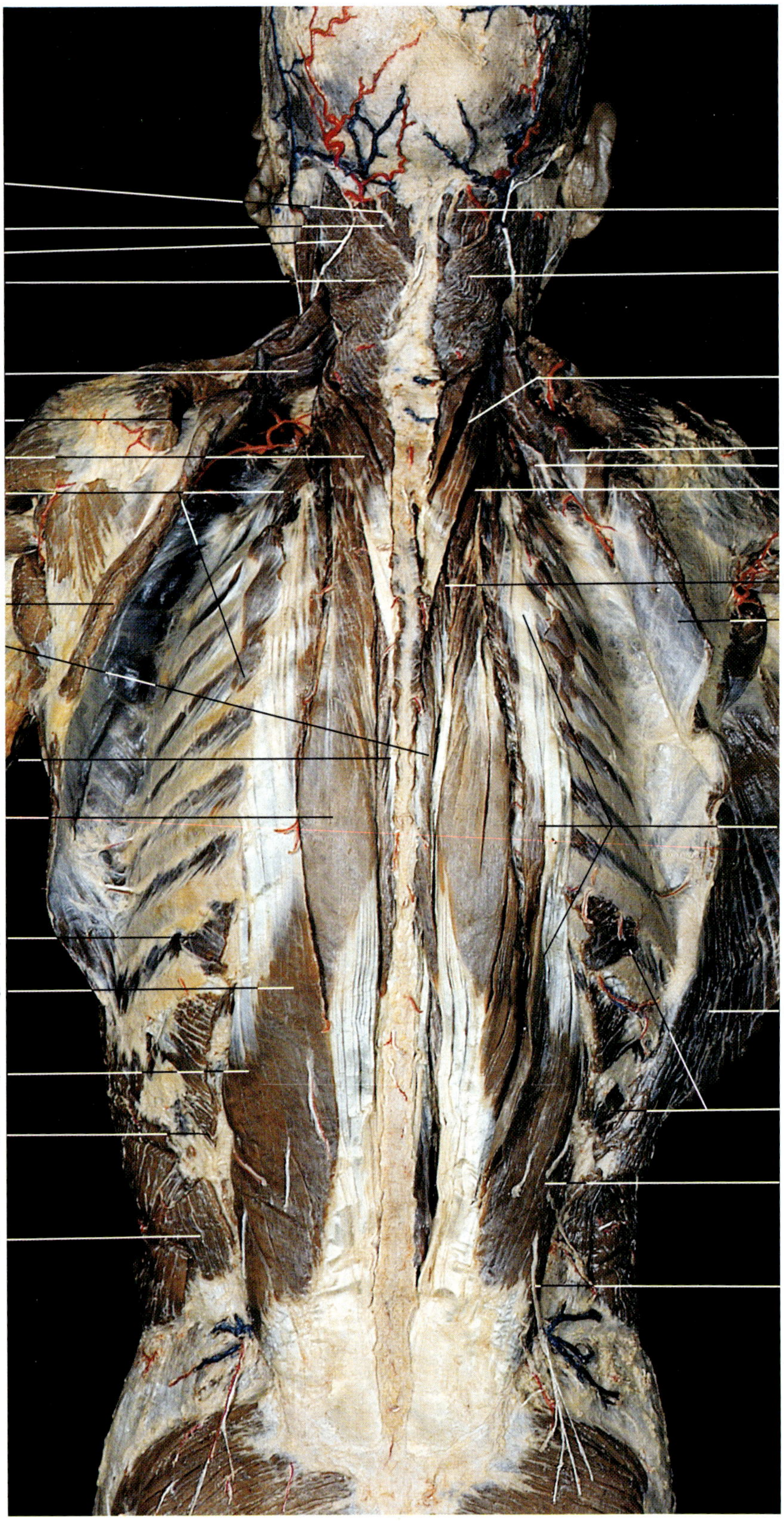

Rückenmuskulatur IV. M. errector spinae, lateraler Muskelstrang.
Der Schultergürtel wurde etwas nach vorne gezogen.

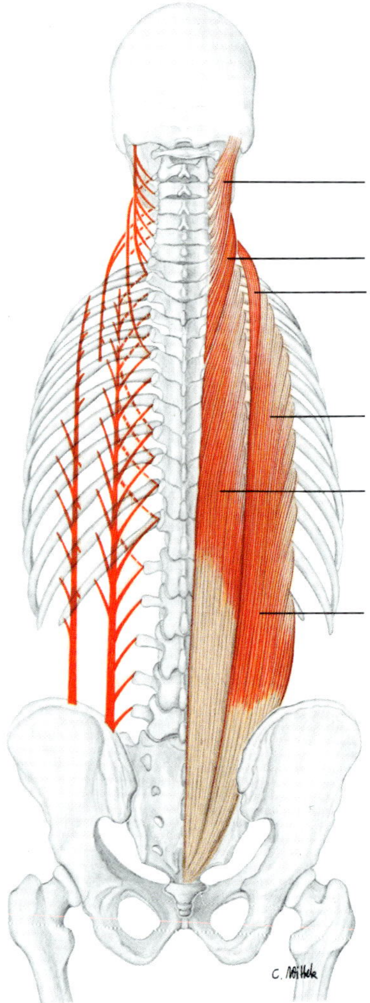

Ursprung und Ansatz des M. errector spinae (sakrospinales System)
(Schemazeichnung) (W.).

1 N. occipitalis major
2 M. semispinalis capitis
3 N. occipitalis minor
4 M. splenius capitis
5 M. levator scapulae
6 M. rhomboideus minor
7 M. splenius cervicis
8 M. serratus post. sup.
9 M. rhomboideus major
10 M. spinalis thoracis dext. et sin.
11 M. longissimus thoracis
12 M. serratus posterior inf.
13 M. iliocostalis thoracis
14 M. iliocostalis lumborum
15 M. obliquus abdominis int.
16 M. longissimus capitis
17 M. splenius capitis
18 M. splenius cervicis
19 M. semispinalis cervicis
20 M. levator scapulae
21 M. iliocostalis cervicis
22 M. longissimus cervicis
23 M. semispinalis thoracis
24 M. latissimus dorsi
25 M. serratus post. inf.
26 N. clunium sup.

Rückenmuskulatur V. Tiefste Schicht. Präparation der autochthonen Rückenmuskulatur (transversospinales und interspinales System). Links wurde der M. longissimus dorsi und M. spinalis thoracis entfernt.
V und X kennzeichnen die Lage der 5. bzw. 10. Rippe.

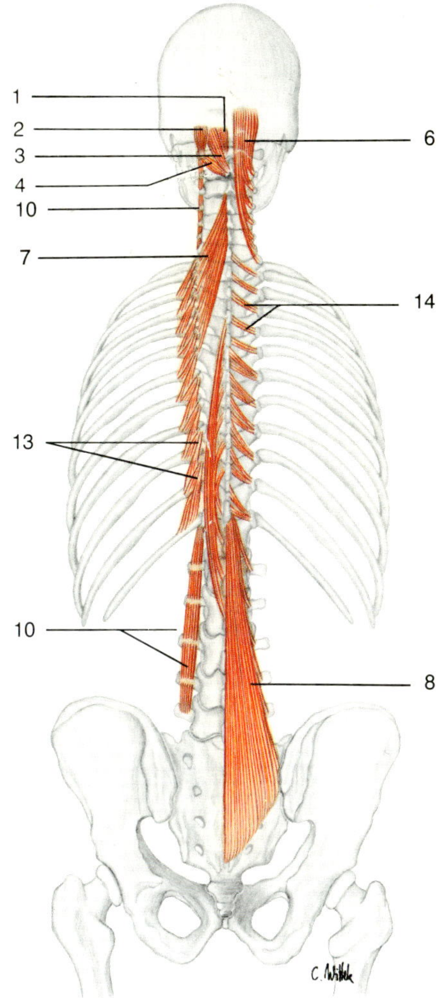

Ursprung und Ansatz der autochthonen Rückenmuskulatur, medialer Strang (transversospinales und intertransversales System) (Schema) (W.).

1 M. rectus capitis post. minor dext. et sin.
2 M. obliquus capitis sup.
3 M. rectus capitis post. major
4 M. obliquus capitis inf.
5 A. vertebralis, N. occipitalis major
6 M. semispinalis capitis
7 M. semispinalis cervicis
8 M. mutifidus
9 M. semispinalis thoracis
10 Mm. intertransversarii
11 M. longissimus
12 M. iliocostalis thoracis
13 Mm. levatores costarum
14 Mm. rotatores
15 M. iliocostalis lumborum
16 M. longissimus capitis
17 M. interspinalis cervicis
18 M. longissimus cervicis
19 M. spinalis thoracis
20 Dornfortsatz des 2. Halswirbels (axis)
21 Dornfortsatz des 1. Lendenwirbels

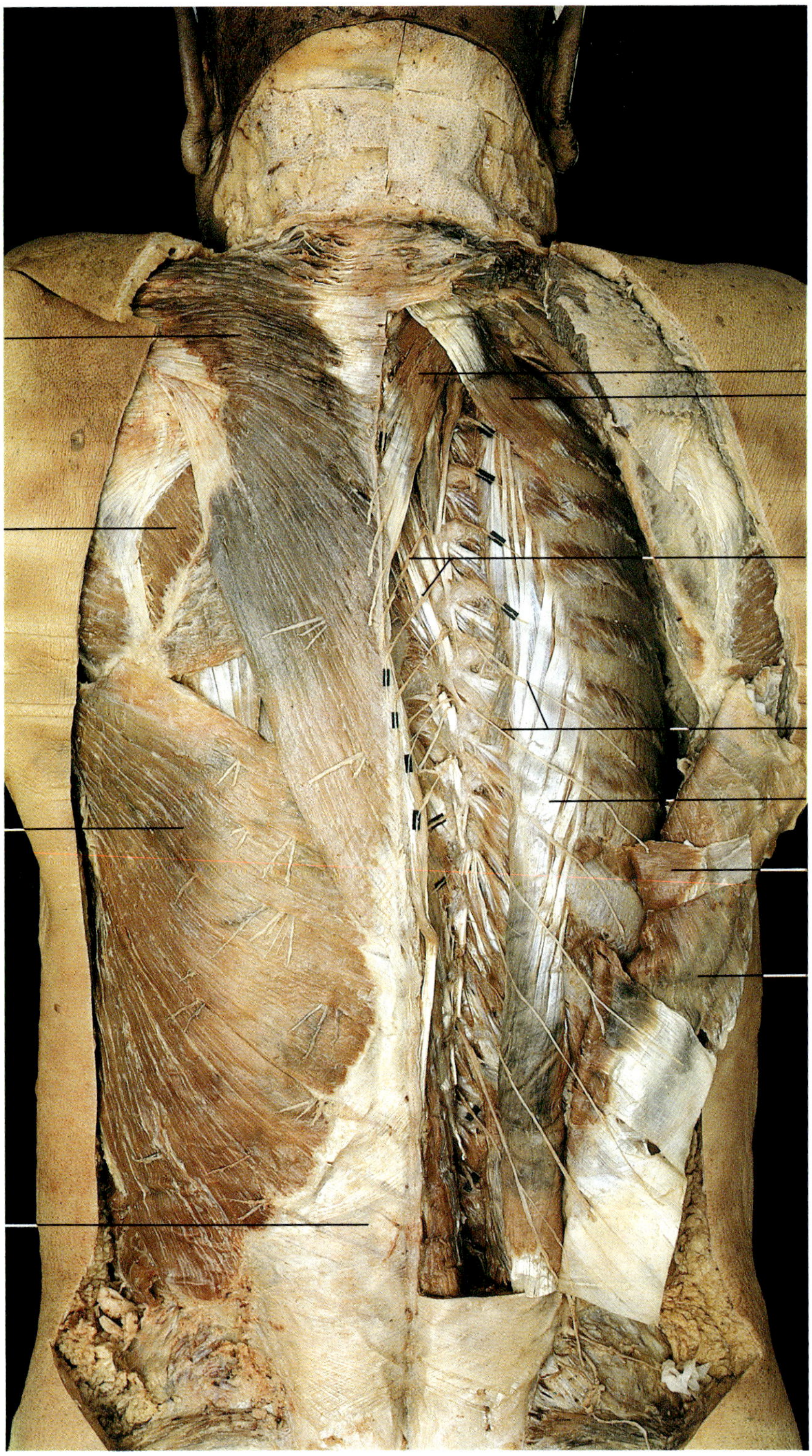

1 M. trapezius
2 M. infraspinatus
3 M. latissimus dorsi
4 Fascia thoracolumbalis
5 M. splenius cervicis
6 M. serratus post. sup.
7 Rr. med. der dorsalen Spinalnervenäste
8 Rr. lat. der dorsalen Spinalnervenäste
9 M. iliocostalis
10 M. serratus post. inf.
11 M. latissimus dorsi

Innervation des Rückens II. Präparation der dorsalen Äste der Spinalnerven. Rechts wurden M. longissimus dorsi und M. iliocostalis durchtrennt und seitwärts verlagert.

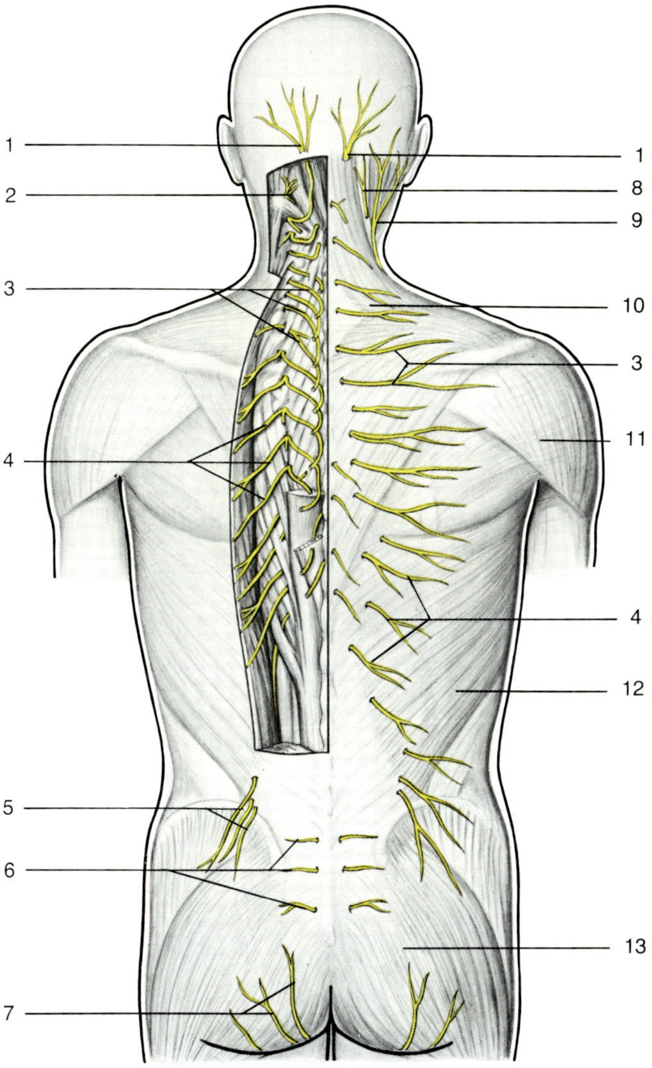

1 N. occipitalis major (C_2)
2 N. suboccipitalis (C_1)
3 Rr. mediales rr. dors. der Spinalnerven
4 Rr. lat. rr. dors. der Spinalnerven
5 Nn. clunium sup. (L1–3)
6 Nn. clunium medii (S1–3)
7 Nn. clunium inf.
8 N. occipitalis minor
9 N. auricularis magnus
10 M. trapezius
11 M. deltoideus
12 M. latissimus dorsi
13 M. glutaeus maximus

Innervation des Rückens (Schemazeichnung). Verlauf und Verzweigungen der dorsalen Äste der Spinalnerven. Man beachte die segmentale Anordnung der Nerven im Bereich des Rumpfes.

Die Innervation der autochthonen Rückenmuskulatur und der dorsalen Hautsegmente zeigt eine fast schematische **metamere Gliederung** (vgl. auch die entsprechenden Abb. in Kap. I). Die dorsalen Äste der Spinalnerven (Rami dorsales) zweigen sich in Höhe der Querfortsätze der Wirbel jeweils in einen medialen und einen lateralen Ast auf. Die medialen Äste durchsetzen den medialen Strang der autochthonen Rückenmuskulatur und treten nahe der Dornfortsätze an die Oberfläche, während sich die lateralen Äste nach lateral wenden und kaudalwärts immer kräftiger werden. Die medialen Äste dominieren andererseits mehr in der oberen Körperhälfte, wo die lateralen Äste oft kaum zu finden sind. In der unteren Hälfte des Rumpfes sind die medialen Äste oft sehr klein. Im **Bereich des Nackens** hat sich eine gewisse Spezialisierung entwickelt. Der dorsale Ast des 1. Spinalnervensegmentes (C_1) versorgt hauptsächlich die Muskulatur der kurzen, autochthonen Nackenmuskeln (nicht den M. trapezius und M. sternocleidomastoideus), während der dorsale Ast des 2. Spinalnervensegmentes (C_2) vornehmlich sensible Funktionen übernommen hat und ausgedehnte Hautareale am Hinterkopf und Nacken sensibel versorgt (N. occipitalis major). Erst vom 3. Segment an läßt sich die typische metamere Gliederung nachweisen. Im Bereich der **Regio glutaea** stammen die Nn. clunium sup. und medii von den dorsalen Ästen der lumbalen bzw. sakralen Spinalnerven. Die Nn. clunium inf. gehören dagegen zum System der Extremitätennerven (Plexus lumbosacralis) und rekrutieren sich aus den ventralen Spinalnervenästen. Die oberflächlichen, von den Extremitäten oder vom Kopf auf den Rücken gewanderten Muskeln (M. trapezius, M. latissimus, Mm. rhomboidei usw.) gehören nicht zum System der metameren Rückenmuskulatur, sondern werden vermittels der Extremitätenplexus aus den ventralen Ästen der Spinalnerven versorgt.

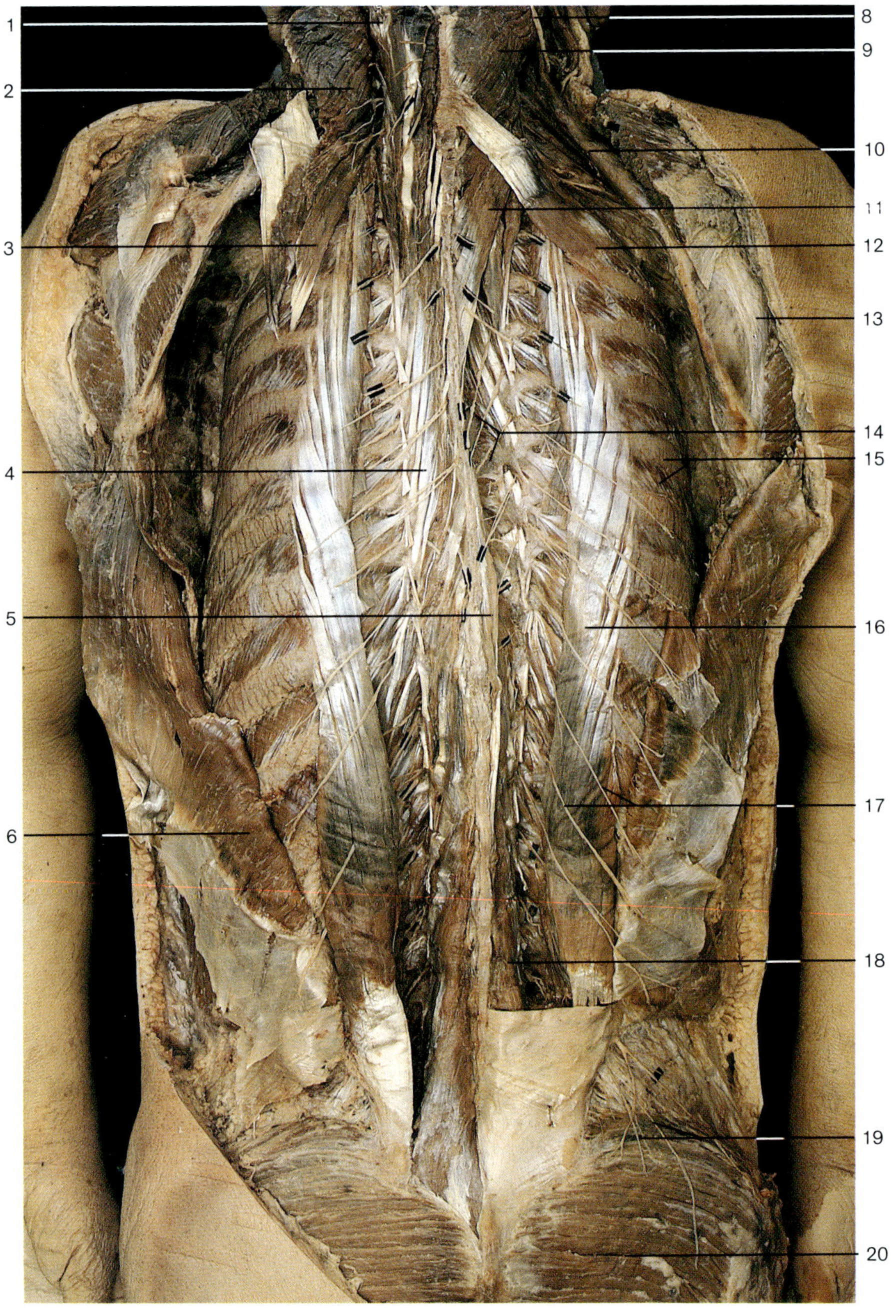

1 M. semispinalis capitis
2 M. splenius capitis sin.
3 M. splenius cervicis sin.
4 M. semispinalis thoracis
5 M. spinalis thoracis
6 M. latissimus dorsi
7 N. occipitalis major
8 N. occipitalis minor
9 M. splenius capitis
10 M. levator scapulae
11 M. splenius cervicis
12 M. serratus post. sup.
13 Scapula (medialer Rand)
14 Rr. med. rr. dors. nn. spinalium
15 Costa und M. intercostalis ext.
16 M. iliocostalis thoracis
17 Rr. lat. rr. dorsalium nn. spinalium
18 M. multifidus
19 Nn. clunium sup.
20 M. glutaeus maximus

Innervation des Rückens III. Tiefe Schicht (von dorsal).

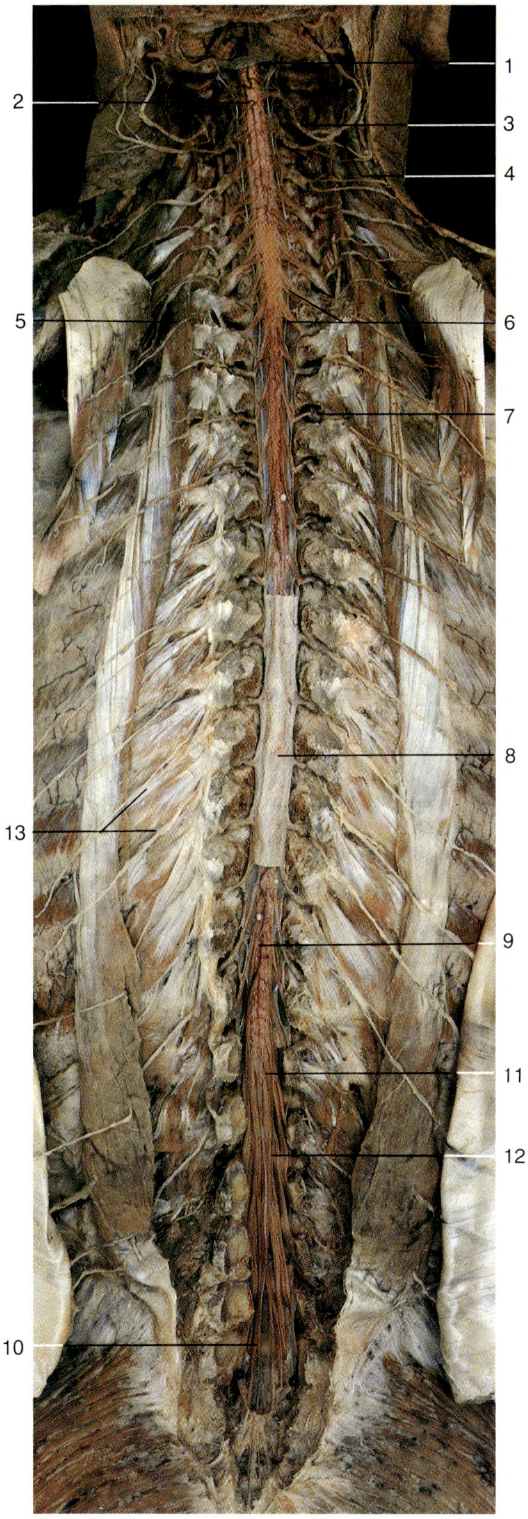

Innervation des Rückens IV. Der Wirbelkanal wurde eröffnet und das Rückenmark mit Spinalnerven und Hüllen präpariert.

1 Cisterna cerebellomedullaris und Cerebellum
2 Medulla oblongata
3 N. occipitalis major (C_2)
4 N. occipitalis tertius (C_3)
5 R. dors. n. spinalis
6 Radices dors. der Spinalnerven des Rückenmarks
7 Ggl. spinale
8 Dura mater spinalis
9 Arachnoidea spinalis
10 Filum terminale
11 Conus medullaris
12 Cauda equina
13 Rr. lat. rr. dors. nn. spinalium
14 Ramus ventralis n. spinalis (n. intercostalis)

Lumbal- und unterer Thorakalbereich. Man beachte die durch unterschiedliche Farbmarkierungen hervorgehobene Verteilung der Segmente.

Cauda equina des Rückenmarks mit Durascheide (von dorsal, Os sacrum aufgemeißelt und Wirbelkanal eröffnet). ▷

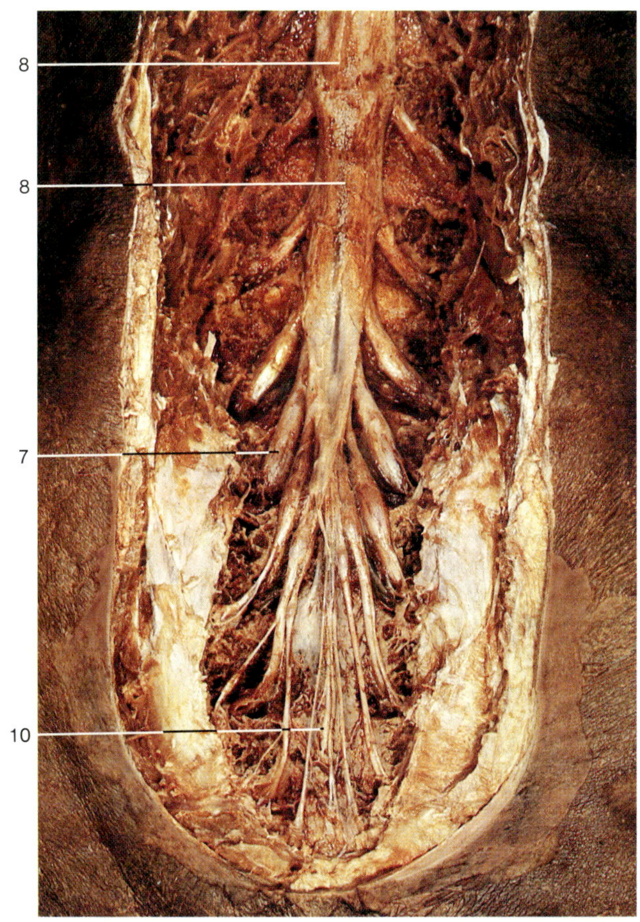

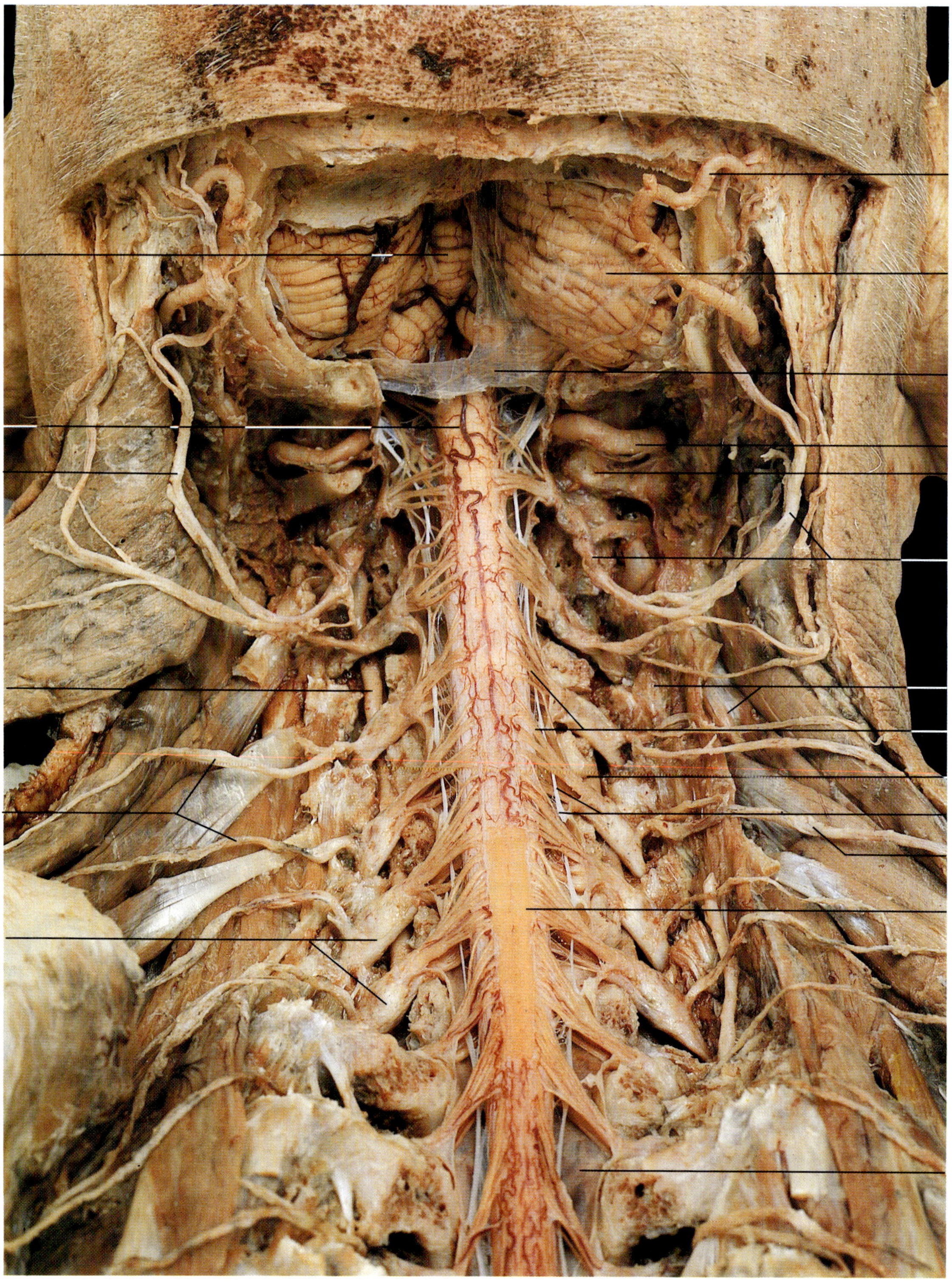

Rückenmark, Medulla oblongata und Spinalnerven im Bereich des Nackens (von dorsal).

1 Vermis cerebelli
2 Medulla oblongata und A. spinalis post.
3 A. vertebralis
4 Ggll. spinalia
5 A. occipitalis
6 Cerebellum (Hemisphäre)
7 Cisterna cerebello-medullaris
8 Arcus post. atlantis (aufgemeißelt)
9 N. occipitalis major (C_2)
10 M. levator scapulae
11 Fila radicularia dors. nn. spinalium
12 Arcus vertebrae (aufgemeißelt)
13 Lig. denticulatum
14 Pia mater
15 Dura mater
16 Rr. dorsales der Spinalnervenäste

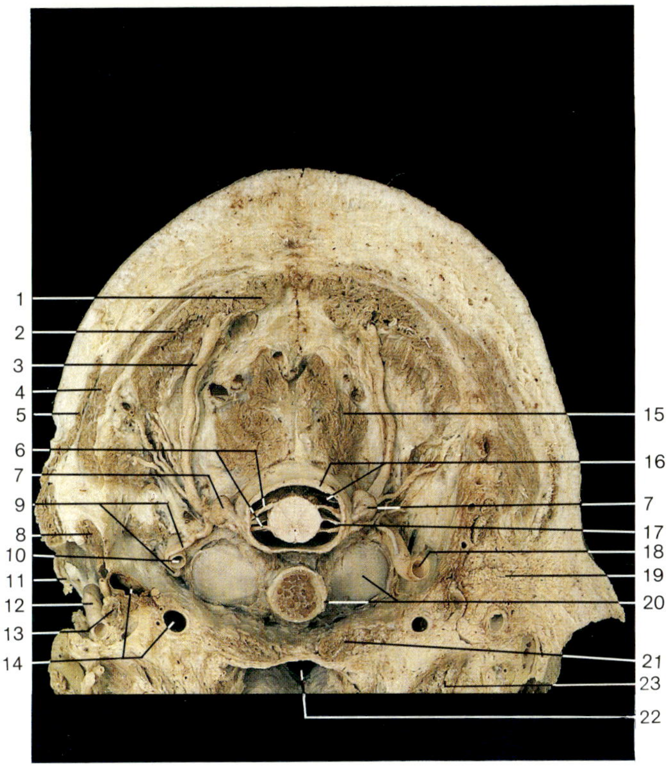

Querschnitt durch den Hals in Höhe des 2. Halswirbels.
Präparation eines Rückenmarksegmentes.

1 M. trapezius
2 M. semispinalis capitis
3 R. dors. n. spinalis
4 M. sternocleidomastoideus
5 Platysma
6 Radix dors. et ventralis medullae spinalis
7 Ggl. spinale
8 M. digastricus, venter post.
9 Ramus ventr. n. spinalis
10 A. vertebralis
11 N. auricularis magnus
12 A. temporalis superf.
13 Proc. styloideus
14 V. jugularis int. und A. carotis int.
15 M. rectus capitis post. major
16 Dura mater und Spatium subarachnoideale
17 Lig. denticulatum
18 A. vertebralis
19 Gl. parotis
20 Dens axis, Fovea articularis inf. atlantis
21 M. longus capitis
22 Pharynx
23 M. pterygoideus med.
24 Periosteum canalis vertebralis
25 Aa. spinales post.
26 A. spinalis ant.
27 Dura mater spinalis
28 Spatium subdurale
29 Cavum epidurale
30 Arachnoidea
31 Cavum subarachnoideale sive leptomeningicum
32 Pia mater

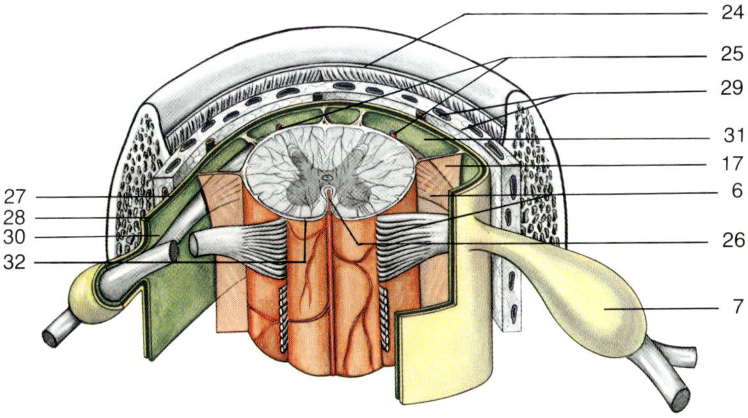

Rückenmark mit Hüllen und Gefäßen (Schemazeichnung).

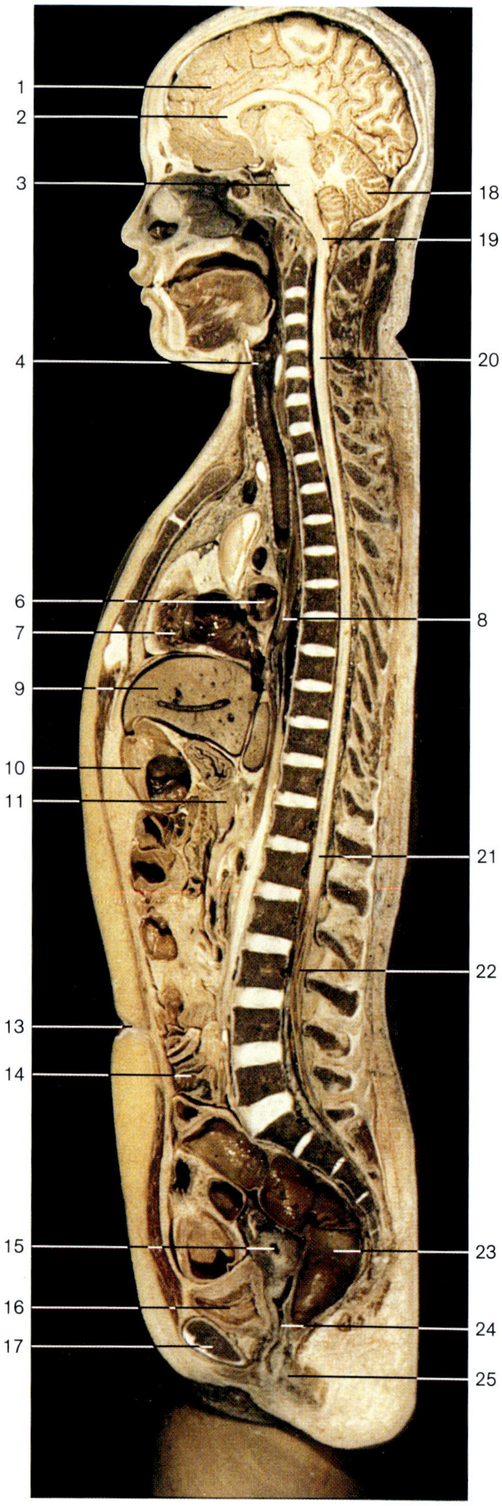

Medianschnitt durch Kopf und Rumpf des Erwachsenen. Der Conus medullaris liegt in Höhe von Th_{12} und L_1.

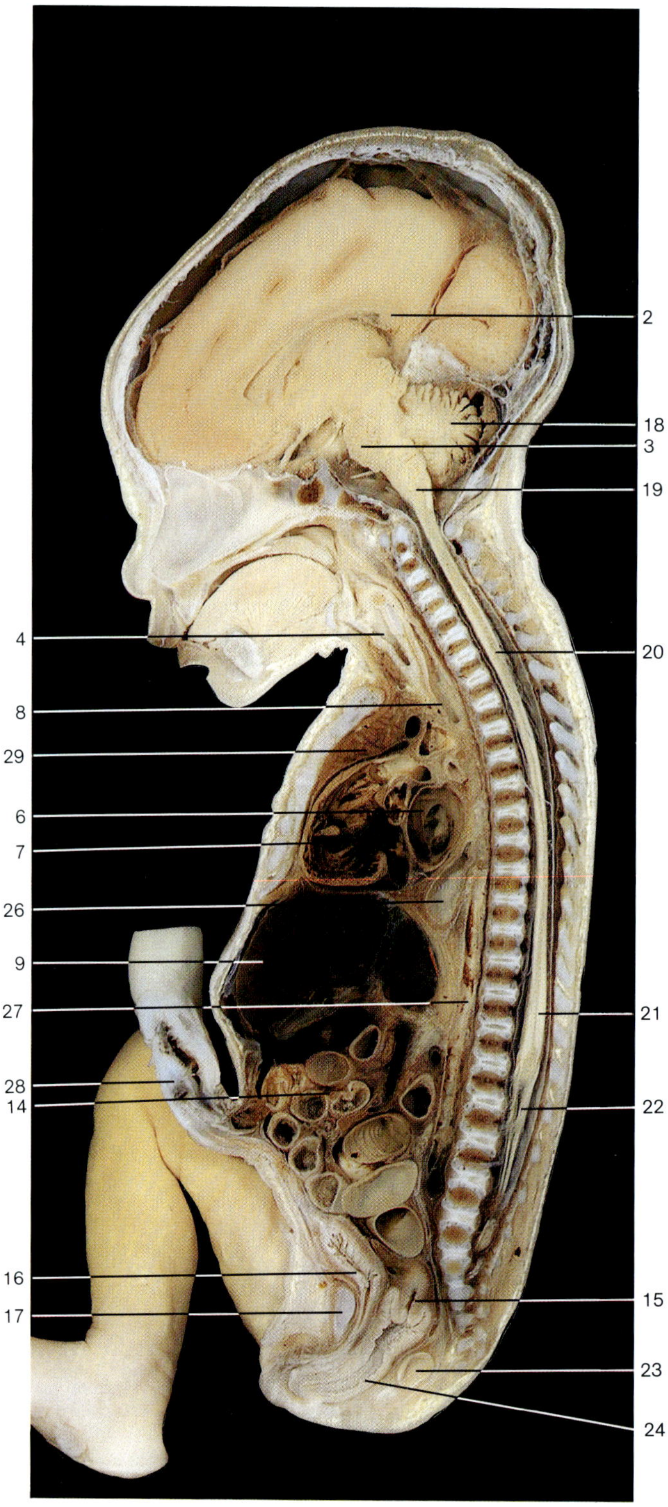

Medianschnitt durch Kopf und Rumpf eines Neugeborenen. Der Conus medullaris reicht weiter kaudalwärts als beim Erwachsenen.

1 Großhirn
2 Corpus callosum
3 Pons
4 Larynx
5 Bronchus principalis
6 Atrium sin.
7 Ventriculus dext.
8 Oesophagus
9 Leber (Hepar)
10 Magen (Ventriculus)
11 Pancreas
12 Colon transversum
13 Nabel (Umbilicus)
14 Dünndarm (Intestinum tenue)
15 Uterus
16 Harnblase (Vesica urinaria)
17 Symphysis pubica
18 Cerebellum
19 Medulla oblongata
20 Medulla spinalis
21 Conus medullaris
22 Cauda equina
23 Colon rectum
24 Vagina
25 Anus
26 V. cava inf.
27 Aorta
28 Funiculus umbilicalis
29 Thymus

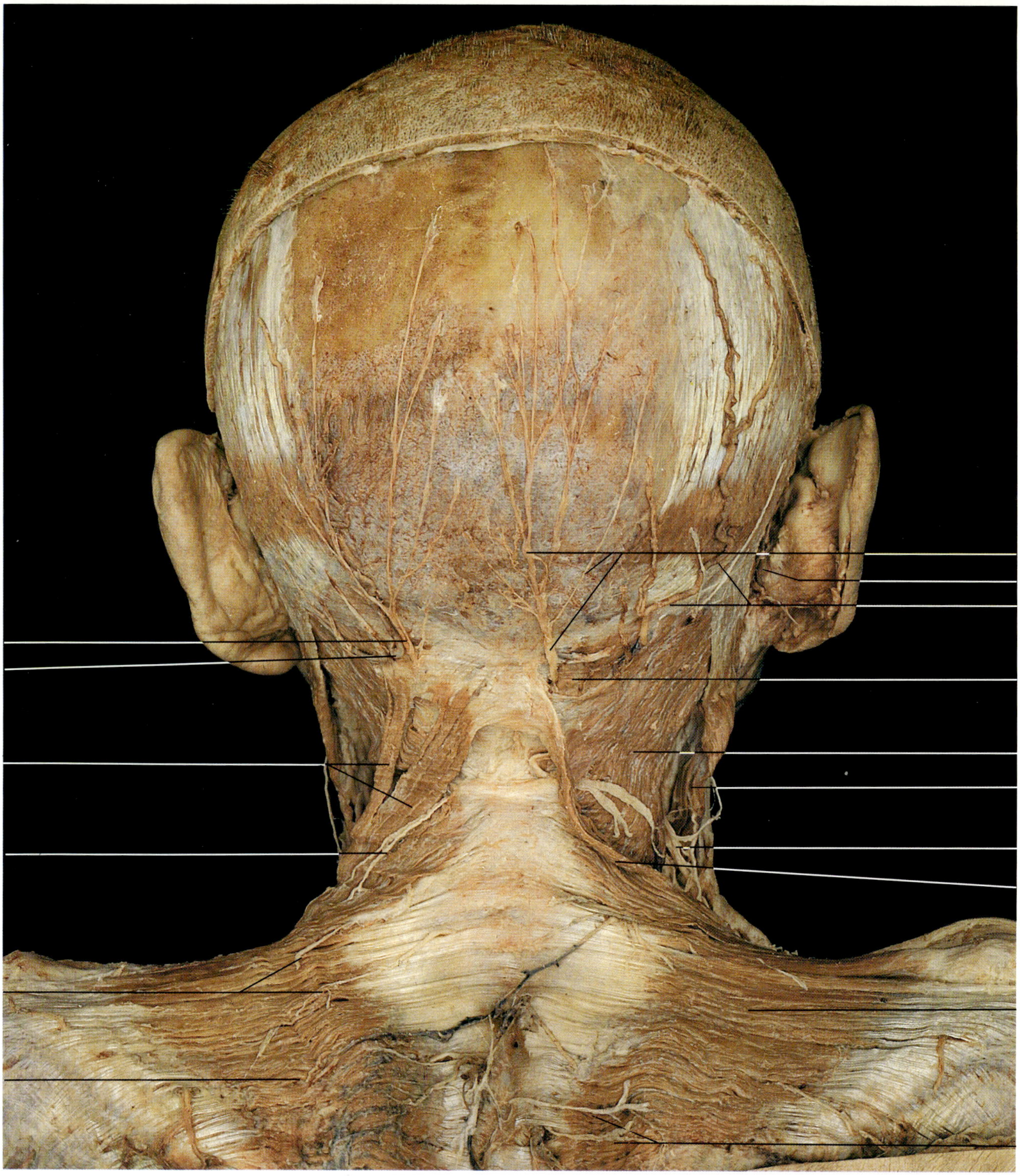

Regio nuchae I, oberflächliche Schicht.

1 N. occipitalis major (C_2)
2 A. occipitalis
3 M. trapezius
4 N. occipitalis tertius (C_3)
5 Rr. med. der dorsalen Spinalnervenäste
6 A. retroauricularis
7 M. semispinalis capitis
8 M. splenius capitis
9 M. sternocleidomastoideus
10 Punctum nervosum mit Hautästen des Plexus cervicalis
11 M. trapezius (Schnittrand)

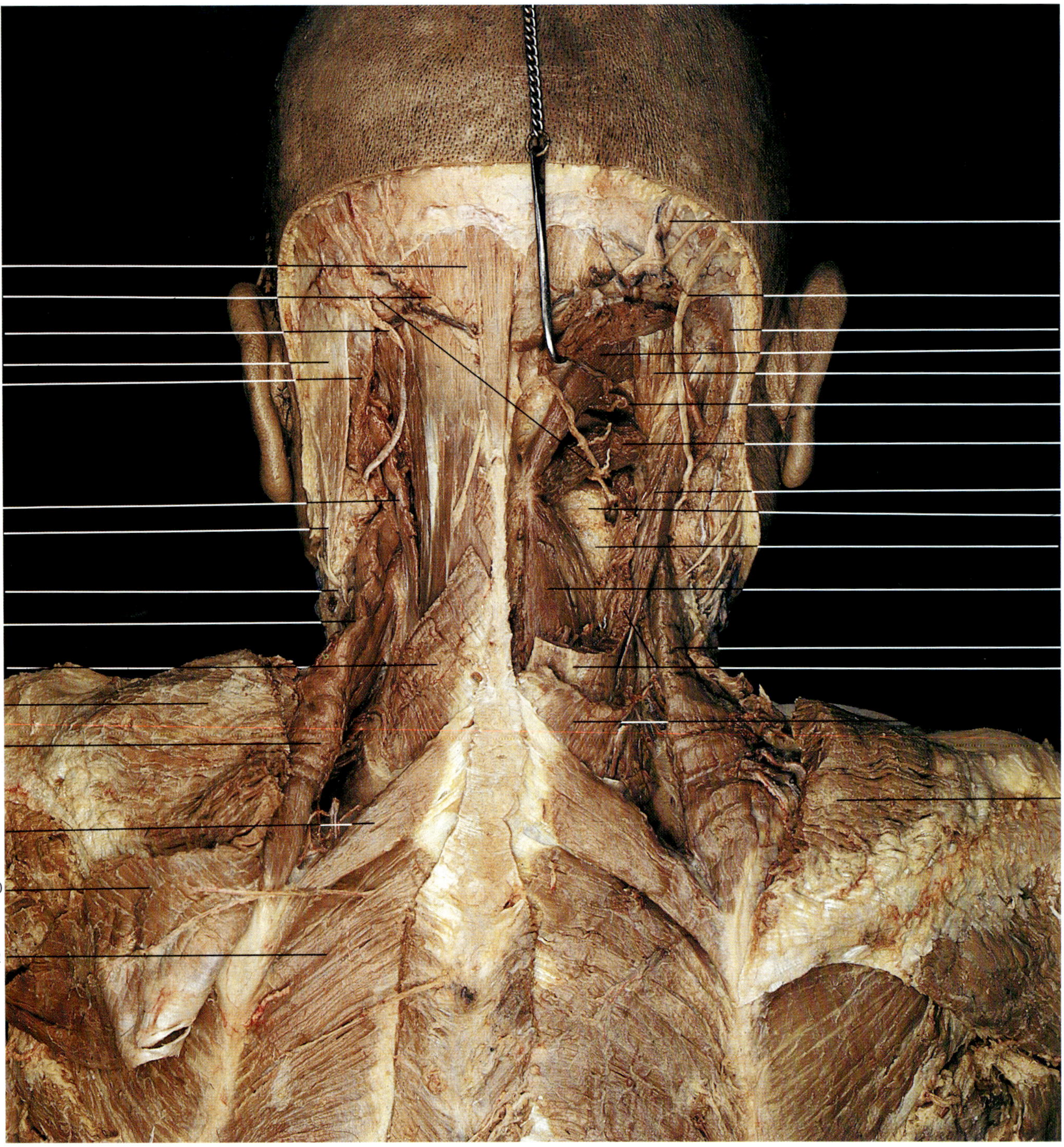

Regio nuchae II, tiefere Schicht. Rechts wurden die Mm. trapezius, splenius capitis und semispinalis capitis durchtrennt, so daß das Muskeldreieck der Mm. recti obliqui in der Tiefe sichtbar geworden ist.

1 M. semispinalis capitis
2 N. occipitalis major
3 N. occipitalis minor
4 M. sternocleidomastoideus (Ansatz)
5 M. splenius capitis (durchtrennt)
6 M. longissimus capitis
7 N. auricularis magnus
8 N. accessorius (N. XI)
9 M. levator scapulae
10 M. trapezius
11 M. rhomboideus minor
12 M. rhomboideus major
13 M. rectus capitis post. major
14 M. obliquus capitis sup.
15 A. vertebralis
16 M. obliquus capitis inf.
17 M. semispinalis cervicis
18 Lokalisation des 2. Halswirbels
19 Lokalisation des 3. Halswirbels

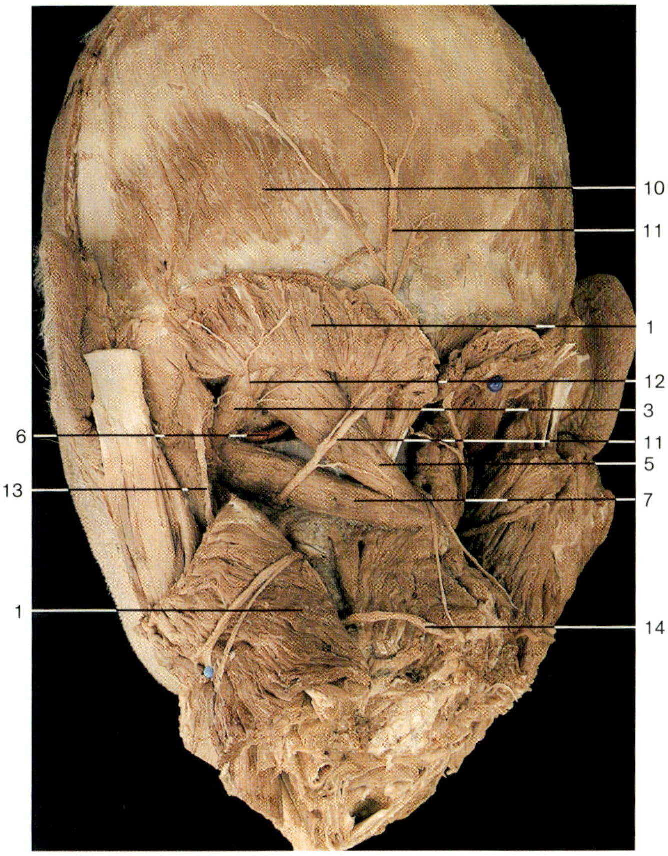

Muskeldreieck des Halses (von links lateral). Der M. semispinalis capitis wurde durchtrennt und zurückgeklappt.

1 M. semispinalis capitis
2 Protuberantia occipitalis ext.
3 M. obliquus capitis sup.
4 M. rectus capitis post. minor
5 M. rectus capitis post. major
6 A. vertebralis
7 M. obliquus capitis inf.
8 Proc. spinosus axis
9 Dritter Halswirbel
10 Venter occipitalis m. occipitofrontalis
11 N. occipitalis major
12 N. suboccipitalis (C_1)
13 N. occipitalis minor
14 N. occipitalis tertius (C_3)
15 Proc. mastoideus und M. splenius capitis
16 Atlas
17 Axis
18 Proc. spinosus vertebrae cervicalis (C_3)

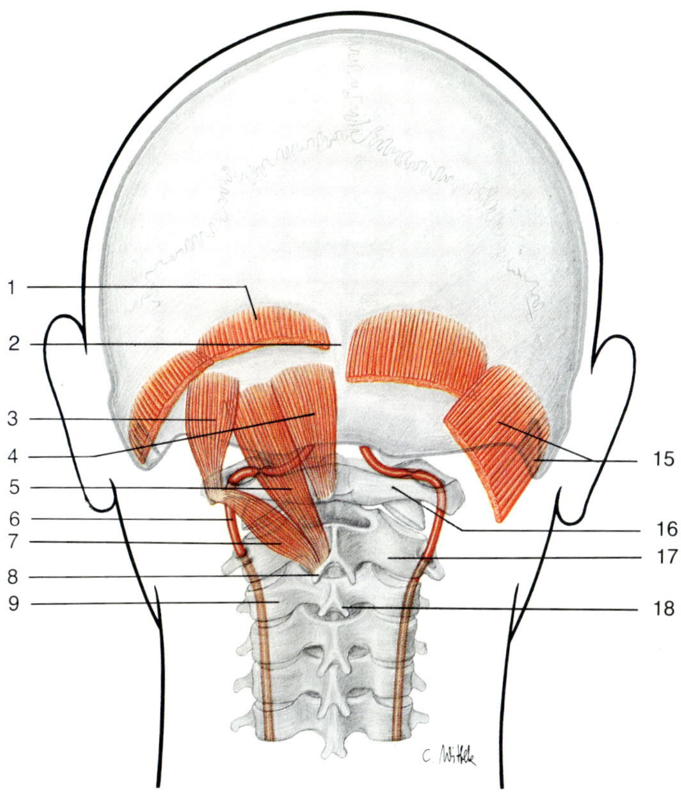

Muskeldreieck des Halses und A. vertebralis (Schemazeichnung) (W.).

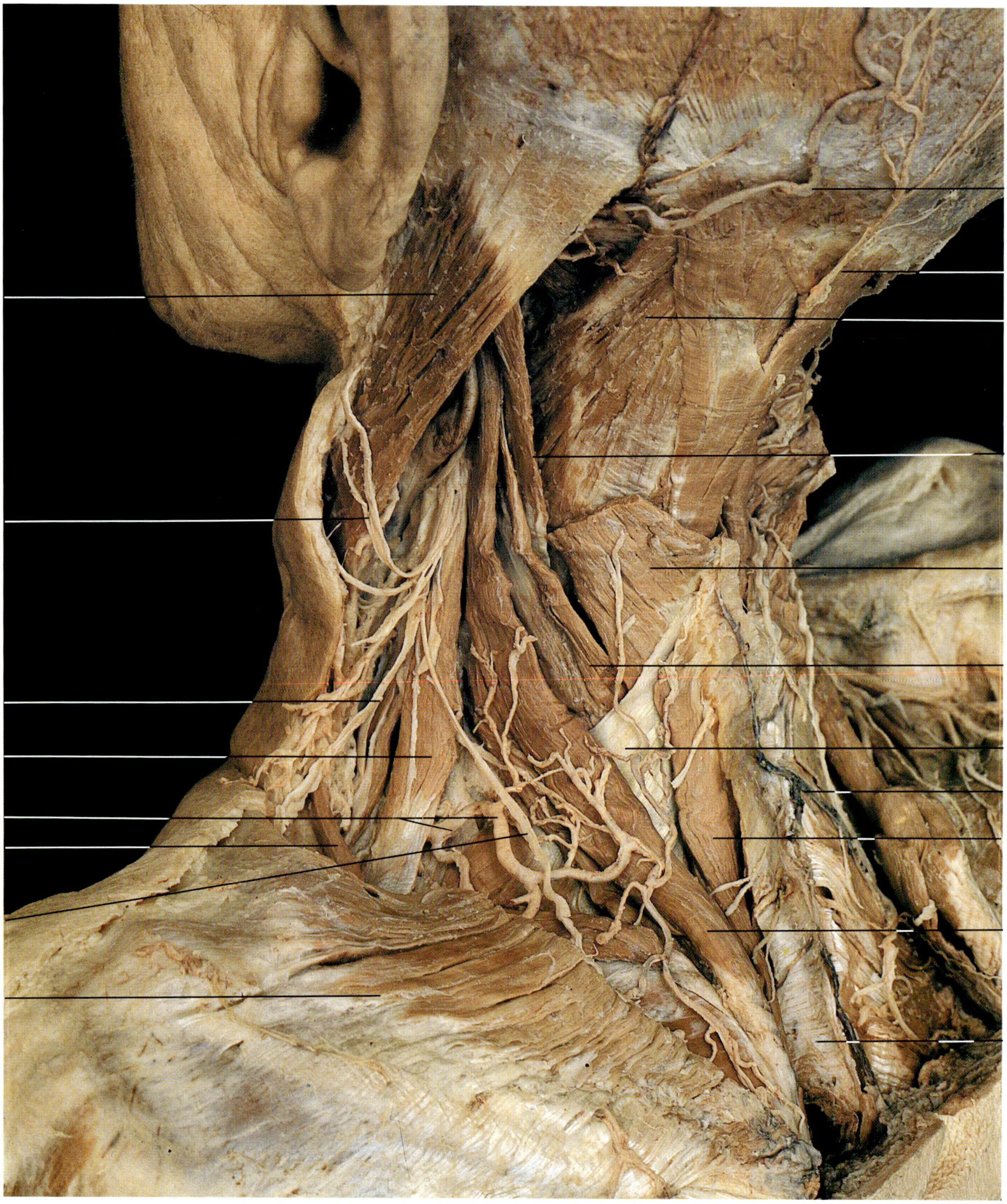

Regio nuchae III, tiefe Schicht (schräg von lateral hinten). M. trapezius und M. semispinalis capitis wurden durchtrennt und teilweise entfernt.

1 N. auricularis magnus
2 N. dorsalis scapulae
3 M. scalenus post.
4 A. transversa colli (A. scapularis descendens)
5 M. omohyoideus, venter inf.
6 N. accessorius (N. XI)
7 M. trapezius
8 A. occipitalis
9 N. occipitalis major
10 M. semispinalis capitis
11 M. longissimus capitis
12 M. splenius capitis
13 M. splenius cervicis
14 M. serratus post. sup.
15 V. azygos dorsi (var.)
16 M. rhomboideus minor
17 M. levator scapulae
18 M. sternocleidomastoideus

Sachverzeichnis